食品营养学

主 编 丁志刚

北京师范大学出版集团
BEIJING NORMAL UNIVERSITY PUBLISHING GROUP
安徽大学出版社

图书在版编目(CIP)数据

食品营养学/丁志刚主编. —合肥:安徽大学出版社，2020.9(2022.1 重印)

ISBN 978-7-5664-2040-4

Ⅰ. ①食… Ⅱ. ①丁… Ⅲ. ①食品营养—营养学 Ⅳ. ①TS201.4

中国版本图书馆 CIP 数据核字(2020)第 066434 号

食品营养学

丁志刚 主编

出版发行:北京师范大学出版集团
安 徽 大 学 出 版 社
(安徽省合肥市肥西路 3 号 邮编 230039)
www.bnupg.com.cn
www.ahupress.com.cn

印　　刷:合肥远东印务有限责任公司
经　　销:全国新华书店
开　　本:184mm×260mm
印　　张:22.75
字　　数:446 千字
版　　次:2020 年 9 月第 1 版
印　　次:2022 年 1 月第 2 次印刷
定　　价:69.00 元
ISBN 978-7-5664-2040-4

策划编辑:刘中飞　武溪溪　刘　贝
责任编辑:刘　贝　武溪溪
责任校对:陈玉婷
装帧设计:李　军
美术编辑:李　军
责任印制:赵明炎

本书编委会

主　审　李景军　赵文红

主　编　丁志刚

副主编　杜传来　翟立公　高红梅　刘　颜
杨剑婷　孙永康　李　雪

编　者(以姓氏笔画为序)
丁志刚　马菲菲　王海梅　朱镇华
刘　颜　孙永康　杜传来　李　雪
杨剑婷　胡荣荣　高红梅　彭　钢
翟立公

前　言

我国经典古籍《千金食治》中关于饮食要义的经典论述为:“安生之本,必资于食。不知食宜者,不足以生存也。”从中可以看出食物对于人类生存的重要性。

随着我国经济的快速发展,人民生活水平日益提高,自身的保健意识不断加强,对食物的质量要求也越来越高。但如何才算吃得“好”,人们对其认识与理解有着很大差异。只有合理、适当地摄入不同的食物,才能更好地满足人体对营养的需求。因此,我们应当主动学习和接受营养知识,树立正确的营养理念,通过平衡膳食达到合理营养、促进健康的目的。

食品营养学作为食品专业的专业基础课,在课程体系中具有承上启下的作用。通过本课程的学习,读者能够掌握各种营养素对人体生长、发育的重要性及人体对各种营养的需求量,熟悉不同人群的能量代谢状况以及特殊生理条件下人群的营养需要,了解由于营养摄入失衡而造成的相关疾病,在此基础上将营养学研究成果应用于生活实践,并且懂得如何进行科学的营养配餐,从宏观上研究解决合理营养与膳食的有关理论、技术和措施等,并对开发营养强化食品、功能性食品提供理论支持。这些能力的培养都要求教材除了具有较强的理论性外,还应有较好的实用性。本教材着眼于应用型高水平大学建设目标,在内容设计上除了包含最新的膳食指南、人体能量需要量等理论的阐述外,还增加了依据肥胖度对能量进行修正、蛋白质互补作用的实现、营养素缺乏症的临床指标与评价及膳食辅助治疗原则、各类慢性非传染性疾病的临床体征与膳食原则等应用性的内容。

本教材在编写过程中,得到了安徽科技学院教务处、食品工程学院和相关院校同仁的大力支持与帮助,承蒙不少同行学者悉心指导并提出宝贵意见,在此表示衷心感谢。同时,参阅了大量国内外相关专业网站资料,在此向这些文献资料的作者表示感谢。

尽管编者有多年的教学和实践经验,同时还有多位国家二级公共营养师和国家三级公共营养师在编写过程中倾注了大量的心血,但本教材涉及内容广,加之编写时间仓促和编者知识水平有限，书中难免存在疏漏、错误和不妥之处，恳请专家同行批评指正。

编　者

2020年4月

目 录

第1章　营养学概述

民以食为天。膳食是人类生存的基本条件，它不但为人体生长发育和维持健康提供所需的能量和营养物质，而且在预防人体的许多疾病方面起着重要的作用，甚至会对人的思想方法和行为举止产生一定的影响。膳食的本质是营养，因此，营养与国计民生的关系密切，对于居民预防疾病、增强体质、提高健康水平等具有重要意义。

1.1　营养学分类与发展

1.1.1　营养学概念

营养(nutrition)是指人体摄取食物后，在体内消化、吸收和利用其中的营养素，以维持生长发育、组织更新和保持健康状态的总过程。

营养素(nutrient)是指具有营养功能的物质，是营养的物质基础。人体通过膳食获得所必需的营养素。营养素通常包括蛋白质、脂类、碳水化合物(糖类)、维生素、矿物质(包括常量元素与微量元素)和水六大类。其中，前三类可称为宏量营养素，又称产能营养素或生热营养素，是为人体提供能量的物质基础。现代研究表明，人体至少需要40多种营养素，其中包括9种必需氨基酸、2种必需脂肪酸(亚油酸与亚麻酸)、14种维生素、7种常量元素、8种微量元素、1种糖(葡萄糖)和水。自20世纪70年代以来，西方学者把膳食纤维列为第七大营养素。近年来，随着人们生活条件改善，膳食能量摄入过多，劳动强度下降，食物过于精细，膳食结构中多糖(如纤维素、淀粉、果胶等)的比例下降等，慢性非传染性疾病在全球范围内呈高发态势，使人们重新认识到膳食纤维的重要作用，并把它称为“被遗忘了的营养素”。

摄取食物是人和动物的本能，而正确合理地摄取和利用食物则是一门科学。营养学就是研究合理利用食物以增进人体健康的科学。营养学属于自然科学范畴(但有较强的社会性)，是预防医学的组成部分，具有较强的实践性。它与生物化学、生理学、病理学、临床医学、食品科学、农业科学等学科都有关系。

1.1.2　营养学分类

营养学(nutriology or nutrition)是研究人体营养规律及其改善措施的一门学

科。随着营养科学的发展，出现了许多营养学分支学科，例如：

①基础营养学(basic nutrition)。它包括各类营养素的结构和在体内的消化、吸收、代谢、生理功能等营养生物化学以及与其有关的细胞与分子生物化学。

②临床营养学(clinical nutrition)。它主要研究营养与疾病的关系。在疾病状态下，运用营养学理论知识和相关手段，对患者进行营养状况评价，同时配合治疗进行营养支持，并作出效果评价。这些措施对治疗疾病有辅助疗效，可促进身体康复。

③食品营养学(food nutrition)。它主要研究食物、营养与人体生长发育和健康的关系，以及提高食品营养价值的措施。

④公共营养学(public nutrition)。它研究正常人群、特殊生理人群(如婴幼儿、老年人、孕妇、哺乳期妇女等)、不同工作与生活环境人群的营养状况和营养干预的评价及改善措施。

营养不良(malnutrition)是指由一种或一种以上营养素的缺乏或过剩造成的机体健康异常或疾病状态。营养标签(nutrition label)是指加工食品上描述其热能和营养素含量的标签。食品营养标签中最常见的是营养素参考值(nutrient reference values，NRV)。2008年5月，卫生部颁布的《食品营养标签管理规范》规定：营养素参考值(NRV)是食品营养标签上比较食品营养成分含量的参考标准，是消费者选择食品时的一种营养参照尺度，营养素参考值(NRV)见表1-1。食品营养标签中营养成分应当以每100 g(mL)和/或每份食品中的含量数值标示，同时标示所含营养成分占营养素参考值(NRV)的百分比。

《食品营养标签管理规范》提供了食品营养标签营养素参考值(NRV)，营养素参考值是依据我国居民膳食推荐营养素摄入量(recommended nutrient intake，RNI)和适宜摄入量(adequate intake，AI)制定的。

表1-1 营养素参考值(NRV)

营养成分	NRV/d	营养成分	NRV/d
能量	8400 kJ 或 2000 kcal	维生素 B_5	5 mg
蛋白质	60 g	生物素	30 μg
脂肪	<60 g	胆碱	450 mg
饱和脂肪酸	<20 g	钙	800 mg
胆固醇	<300 mg	磷	700 mg
碳水化合物	300 g	钾	2000 mg
膳食纤维	25 g	钠	2000 mg
维生素 A	800 μg RE	镁	300 mg
维生素 D	5 μg	铁	15 mg

续表

营养成分	NRV/d	营养成分	NRV/d
维生素 E	14 mg α-TE	锌	15 mg
维生素 K	80 μg	碘	150 μg
维生素 B_1	1.4 mg	硒	50 μg
维生素 B_2	1.4 mg	铜	1.5 mg
维生素 B_6	1.4 mg	氟	1 mg
维生素 B_{12}	2.4 μg	铬	50 μg
维生素 C	100 mg	锰	3 mg
维生素 B_3	14 mg	钼	40 μg
维生素 B_9	400 μg DFE		

注：以上数值经中国营养学会第六届常务理事会第六次会议通过并发布。蛋白质、脂肪、碳水化合物供能分别占总能量的13%、27%、60%。

计算公式为：

$$X/\text{NRV}\times100\% = Y\%$$

式中，X＝食品中某营养素的含量，NRV＝该营养素的营养素参考值，$Y\%$＝计算结果。

营养价值(nutritive value)是指食物中营养素及能量满足人体需要的程度。同一种食物对于不同的人群，其营养价值有时也会不同。因此，营养学中较客观地评价食品营养价值的指标包括INQ(营养质量指数)与NRV。

营养密度(nutrient density)是指食品中以单位热能为基础所含重要营养素(包括维生素、矿物质和蛋白质)的浓度。如乳与瘦肉的营养密度较高，因为其每千焦(或千卡)所提供的维生素、矿物质和蛋白质的含量较高；而纯糖、油脂则全为能量，无维生素、矿物质和蛋白质，故无营养密度可言。

推荐营养素摄入量(RNI)相当于传统使用的推荐每日膳食供给量(recommended daily dietary allowance，RDA)，是可以满足某一特定性别、年龄及生理状况群体中绝大多数(97%～98%)个体需要量的摄入水平。长期摄入RNI水平，可以满足身体对该营养素的需要，保持健康和维持组织有适当的储备。RNI的主要用途是作为个体每日摄入该营养素的目标值。

1.1.3　营养学发展

食品营养学虽然是20世纪的新兴学科，但有关食品与营养方面的问题早已存在，可追溯到5000年前。很久以前，人们只知道哪些动植物可以作为食物，吃了能填饱肚子，维持生命，至于哪些有营养、哪些没有营养却不太清楚，也不太关注，再加上当时各种条件的限制，也不可能搞清楚。随着生产力的发展、物质的丰富以及人们认知水平的提高，人们开始选用更好的、有营养的食物，并且利用部分食物作为药物来治疗疾病，以保持自身的身体健康，达到延年益寿的目的。

我们的祖先很早就认识到饮食营养在保健中的重要作用，远在5000年前的黄帝时代，就有专管营养的御医制度；3000年前的西周时期，在主管医疗卫生的官员下设了四种不同职责的医官：食医、疾医（内科医生）、疡医（外科医生）和兽医。食医负责调配王室贵族饮食的寒温、滋味、营养等，相当于现代的营养师，他们认为“食养居于术养、药养等养生之首”。早在2000多年前，我国《黄帝内经·素问》中就有“五谷为养，五果为助，五畜为益，五菜为充”等膳食与养生的记载，向人们精辟地、纲领性地揭示了饮食的要义，是世界上最早、最全面的饮食指南，迄今仍为西方学者所关注，对人们的饮食营养仍有指导意义。“五谷”含的营养成分主要是碳水化合物，其次是植物蛋白质，脂肪含量不高。古人把豆类作为五谷是符合现代营养学观点的，因为谷类蛋白质缺乏赖氨酸，豆类蛋白质缺少甲硫氨酸，谷类、豆类一起食用，能起到蛋白质相互补益的作用。“五谷”在我国历史上的说法并不一致，一种说法是指黍、稷、菽、麦、稻，见于古书《周礼》；另一种说法是指麻、黍、稷、麦、豆，见于古书《淮南子》。当时人们把大麻子（又称蓖麻子）当食物，所以，麻归于粮食类；后来麻中的纤维主要用于织布，便不列为粮食类。如今，“五谷”已泛指各种主食食粮，称为“五谷杂粮”，包括谷类、豆类、薯类以及其他杂粮。“五果”是指桃、梨、杏、李、枣、栗子等多种鲜果、干果和硬果。它们含有丰富的维生素、微量元素和食物纤维及植物蛋白质。“五畜”原指牛、羊、猪、犬、鸡，现泛指畜、禽、鱼、蛋、奶之类的动物性食物。肉类食物含有丰富的氨基酸，可以弥补植物蛋白质的不足。“五菜”原指韭、葵、藿、葱、薤，现指各类蔬菜，它们能营养人体、充实脏气，使体内各种营养素更完善、更充实。蔬菜种类多，根、茎、叶、花、瓜、果均可食用。它们富含胡萝卜素、维生素C和B族维生素，也是膳食纤维的主要来源。

我国自古就有“医食同源”的思想，滋补膳食历史悠久。南朝齐梁时期陶弘景提出了以肝补血、补肝明目的见解。东晋葛洪在《肘后方》中记载了用海藻酒治疗甲状腺肿。唐代名医孙思邈主张“治未病”的预防思想。我国历代有关营养和饮食方面的重要著作有《食经》《食疗》《千金食治》《食疗本草》《饮膳正要》《食医心鉴》《救荒本草》等。明代李时珍在大量观察人体和实践取得珍贵经验的基础上，在《本草纲目》中记载了350多种药食两用的动植物，并区分为寒、凉、温、热(荔枝味甘酸，性温，归脾、肝两经，可生津益血、健脾止泻、温中理气。但是，食用荔枝也有禁忌：中医认为，荔枝性温，阴虚火旺者慎服，即荔枝属于温性食物，多吃易“上火”，故中医辨证属于阴虚不足、虚火偏旺体质的人不宜食用，民间也有“一颗荔枝三把火”之说。明代医学家李时珍认为：“荔枝气味纯阳，其性畏热。鲜者食多，即龈肿口痛,病齿及火病人尤忌之。")、有毒和无毒等性质,对指导营养与食疗有重要价值。明代姚可成在 1520 年编成《食物本草》一书,列出 1017 种食物,并以中医的观点逐一描述,分别加以归类,这在世界历史上处于前沿地位。但是,限于历史背景和实验科学技术落后,后来西方营养科学研究超前于我国。

国外关于营养方面的记载最早出现于公元前 400 年。被西方尊称为"医学之父"的古希腊医学家希波克拉底(Hippocrates),在公元前 300 多年就认识到食物对健康的重要作用。他用动物肝脏治疗夜盲症,用海藻治疗甲状腺肿,用铸剑淬火时用的含铁的水治疗贫血。他也提出过类似于我国的"药食同源"的理论。1783 年,被后人称为"营养学之父"的法国科学家拉瓦锡(Antoine-Laurent de Lavoisier)发现了氧,并证明了人体的呼吸过程其实和燃烧一样是一个氧化过程,为明确食物在人体中的代谢过程奠定了基础。

19 世纪是自然科学崛起的时期,能量守恒定律与燃烧理论(呼吸是氧化燃烧过程)相继被发现,推动了生理学、生物化学的发展,在此基础上,产生了现代营养学。现代营养学侧重于从生物科学和基础医学的角度研究营养与机体之间的一般规律。从欧洲崛起至今,现代营养学发展突飞猛进,从预防营养缺乏转向预防慢性疾病,其内容已扩展到基础营养学、食物营养学、社会营养学、妇幼及老人营养学、特殊环境营养学、临床营养学、营养流行病学及营养学研究方法诸领域,这些领域彼此之间有相互依赖关系。

基础营养学侧重于从生物学和基础医学的角度,揭示营养与机体关系的一般规律。19 世纪中叶,人们已认识到蛋白质、脂肪、糖类、矿物质对人体健康的重要性,并将其列为人体需要的营养素。1912 年,波兰生物化学家冯克(Funk)提出抗脚气病、抗坏血病、抗癞皮病和抗佝偻病 4 种维生素假说;与此同时,霍普金斯(Hopkins)根据其著名的"人工合成饮食实验"提出"动物不能依靠人工合成饮食生长的原因是缺乏一种与脂肪、蛋白质、碳水化合物、矿物质和水分等同的物质",这一理论推动了维生素的提纯及系列研究。继维生素后的第二个突破是微量元素。20 世纪 30 年代进行了大量的研究,铜、锰、硒、锌、钼等多种微量元素被确认为人体必需的微量元素。其中,自从我国首次发现缺硒是克山病的主要致病因素以来,我国在这一领域的研究一直处于国际领先地位。通过对我国不同硒水平地区人群的调查和研究,制定出的各类人群硒的推荐每日膳食供给量(recommended daily dietary allowance,RDA)已为国际所接受。我国在硒对生物膜的作用、含硒酶及硒蛋白等方面的研究,在国际上也有一定地位。对铁和锌的生物利用率及其对健康影响的研究,对铜、锰、锌、铁、硒之间相互影响的研究,以及对地方性碘缺乏病和地方性氟中毒的发病机理、病理形态及生化代谢等方面的研究均取得明显的进展。

食物营养学主要研究各类食物的营养价值以及食品的加工、运输、保藏对其营养价值的影响。

社会营养学是以人群为对象，在宏观上研究其合理营养与膳食的有关理论、实践和方法。在第二次世界大战后，社会营养学得到了很大发展，其所涉及的范围有人群营养调查与监测、营养素供给量的制定、膳食结构调整、营养性疾病的预防、营养健康教育以及营养立法等。

1.2 我国营养工作及居民营养状况

1.2.1 我国食品发展情况

中华人民共和国成立之前，我国人民的粮食生产与供应情况可以描述为“食不饱腹”“糠菜半年粮”，根本谈不上营养。中华人民共和国成立之后，尤其是党的十一届三中全会以后，党和国家领导人转变了工作中心，实行改革开放政策，充分调动和发挥广大人民群众的生产劳动积极性，使得全国的工农业生产迅速发展，经济实力不断增强，食品供应和居民营养状况也发生了根本变化。我国不但利用世界上7%的耕地养活了占世界22%的人口，而且在粮食、油料、水果、蔬菜、肉类、水产品等方面的产量均居世界第一。

食品生产发展之后带来的就是食品加工业的快速发展。由于食品工业与人类的日常生活密切相关，因此，它是一个永恒不衰的产业。从1996年起，我国的食品工业从过去位居机电、纺织工业之后的第三位，一跃升为工业行业中的第一位。近年来，随着我国经济实力的不断增强，人民生活条件有了极大的改善，在食品加工种类、数量、质量等方面都有了质的提升。如2000年我国人均粮食占有量已达到400 kg，肉、蛋、奶、水产品以及水果、蔬菜的消费量均有较大幅度提升。我国已开展的食物新资源的研究和开发项目有蛋白质、食用油脂及野生植物资源等，研制出了脱脂鱼蛋白粉、种子蛋白等新产品；发现了猕猴桃、金针菇、枸杞等食物的营养、保健及防病治病方面的功能。保健食品的开发和研制在国内迅速发展，海鱼油降血胆固醇的作用得到公认，菌藻类多糖的免疫调节作用等也在研究中。我国对营养强化食品、新资源食品和保健食品制定了管理办法。

1.2.2 我国居民的营养状况

我国于1959年进行了大规模的全国性营养调查。在调查中发现了新疆的癞皮病、湖南的脚气病和山东的营养不良性水肿等，并进行了有效的防治。在1982年和1992年又进行了两次全国性营养调查。这三次调查取得了我国不同时期的居民膳食营养状况的系统资料，掌握了我国各时期的主要营养问题及营养状况变化。我国分别在 1959 年、1979—1980 年和 1991 年进行了三次全国高血压抽样调查，在 1984 年和 1996 年开展糖尿病抽样调查。2002 年，在卫生部、科技部和国家统计局的领导下，在全国 31 个省、自治区、直辖市进行的中国居民营养与健康状况调查，是我国第一次将营养与慢性非传染性疾病流行病学调查作为一项综合卫生调查项目。其中有关居民膳食与营养状况的调查结果表明，我国城乡粮食供给充足，居民温饱得到保障。在粮食供应充足的情况下，居民谷类食物的消费量下降，动物性食物消费比例上升，这种趋势在城市中更为明显。膳食结构趋向优化，但尚未达到合理化，还存在微量营养素摄入不足的问题。高血压、血脂异常、糖尿病等慢性非传染性疾病患病率以及超重率和肥胖率不断上升，而膳食结构与肥胖、高血压、糖尿病和血脂异常密切相关。2010—2012 年，我国又进行了居民营养与健康状况监测。结果显示，我国居民每标准人日口粮摄入量为 377 g，略高于目标消费量 370 g；植物油摄入量为 37 g，比目标消费量 33 g 稍高；豆类摄入量为 11 g，仅达目标消费量 36 g 的 31%；肉类摄入量为90 g，比目标消费量 80 g 稍高；蛋类摄入量为 24 g，为目标消费量 44 g 的 55%；奶类摄入量为 25 g，仅达目标消费量 99 g 的 25%；水产品摄入量为 24 g，仅达目标消费量 49 g 的 49%；蔬菜摄入量为 270 g，比目标消费量 334 g 稍低；水果摄入量为 41 g，仅达目标消费量 164 g 的 25%（图 1-1）。

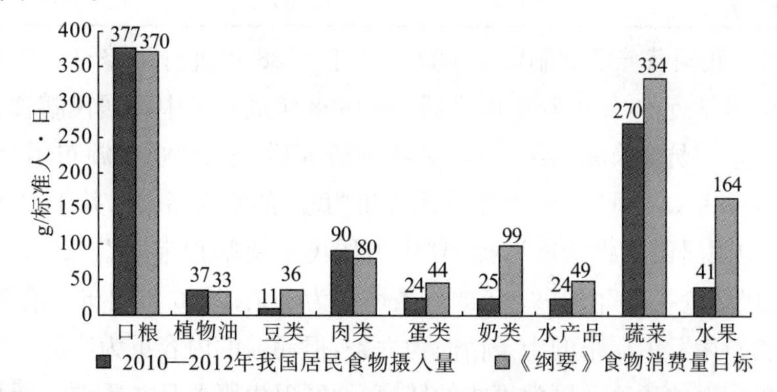

图 1-1　2010—2012 年我国居民食物摄入量与《纲要》食物消费量目标的比较

2010—2012 年，中国居民营养与健康状况监测数据表明，我国 6～17 岁儿童、青少年超重率和肥胖率分别为 9.6% 和 6.4%。与 2002 年相比，我国城市 6～17 岁儿童、青少年超重率从 4.5%上升到 9.6%，肥胖率从 2.1%上升到 6.4%；我国 18 岁及以上成年居民超重率从 22.8%上升到 30.1%，肥胖率从 7.1%上升到 11.9%。与 2002 年相比，我国城市 18 岁及以上成人血脂异常率由 21.0%上升到 38.1%，成人血脂异常率增加了 81%。2010—2012 年，我国居民营养素摄入量与中国居民膳食营养素推荐摄入量比较见表 1-2。

表 1-2　我国居民营养素摄入量与中国居民膳食营养素推荐摄入量比较

营养素	2010—2012 年摄入量	男性推荐摄入量	女性推荐摄入量
维生素当量/μg	443.1	800	700
维生素 B_1/mg	0.9	1.0	0.8
维生素 B_2/mg	0.8	1.0	0.8
维生素 B_3/mg	14.3	15	12
维生素 C/mg	80.5	100	100
α-维生素 E/mg	8.3	14	14
钾/mg	1619.6	2000	2000(AI)
钠/mg	5706.7	1500(AI)	1500(AI)
钙/mg	366.6	800	800
镁/mg	285.4	330	330
铁/mg	21.6	12	20
锰/mg	5.9	4.5	4.5(AI)
锌/mg	10.7	12.5	7.5
铜/mg	1.9	0.8	0.8
磷/mg	956.4	720	720
硒/μg	44.6	60	60

1981 年，我国营养学会制定了 RDA，并于 1988 年进行了修订。中国营养学会在研究营养学近 10 年的新进展之后，于 1998 年成立了中国居民膳食营养素参考摄入量专家委员会及秘书组；历经 2 年的研究后，于 2000 年颁布了“中国居民膳食营养素参考摄入量”。1989 年首次提出“我国的膳食指南”，并于 1997 年修订并发布了“中国居民膳食指南”，提出“中国居民平衡膳食宝塔”。2007 年新提出的“中国居民膳食指南”由 1997 年的八条增加为十条；2016 年颁布了最新版的“中国居民膳食指南”，由原来的十条精简为六条，但涵盖的内容更为广泛。

随着疾病谱的改变及医学模式的转变，社区卫生服务日益重要。慢性疾病的发生发展往往与生活习惯有很大关系，其中膳食因素占比较大。营养工作的社会性和营养健康促进作用不断得到加强。在世界卫生组织（WHO）和联合国粮食及农业组织（FAO）的努力下，各国加强了营养工作的宏观调控，有的国家制定、颁布了有关社会营养的法律法规，有的国家成立了主管营养工作的委员会，有的国家成立了主管公共营养的机构。1993 年，国务院颁布了《九十年代中国食物结构改革与发展纲要》。1997 年，国务院颁布了由卫生部、国家计委、国家教委、国家科委、民政部、财政部、农业部、国内贸易部、国务院扶贫开发领导小组办公室、中国轻工总会、中华全国妇女联合会等联合制定的《中国营养改善行动计划》。

营养对健康的影响贯穿于整个生命过程，而婴幼儿、妇女、哺乳期妇女和老人处于特殊的生理阶段，在营养上有特殊的要求。孕妇和哺乳期妇女的营养状况对于怀孕过程、胎儿及婴儿生长发育起着极为重要的作用。我国的妇幼营养研究涉及孕妇营养与胎儿发育、哺乳期妇女营养与乳汁质量关系、婴幼儿喂养问题、学龄前和学龄儿童的营养。老年人代谢机能降低，合理营养和膳食是保健、防治各种老年性疾病、达到健康长寿的重要条件。衰老的原因及衰老与这些因素关系的研究亦受到重视。

1.2.3 我国营养学的平衡理论

经典营养学有三大平衡理论，分别是能量平衡、蛋白质平衡(简称为氮平衡)和酸碱平衡。而我国营养学则在中医理论的基础上发展为十条平衡理论。

①主食与副食的平衡。有人主张多食肉少吃粮，这不符合养生之道。有人要减肥，只吃主食，结果却适得其反，因为主食中多余的淀粉会在体内分解成葡萄糖，并转化为脂肪储存起来。

②呈酸性食物与呈碱性食物的平衡。常见的呈酸性食物包括肉类、禽类、鱼虾类、米面及其制品等；常见的呈碱性食物包括蔬菜、水果、豆类及其制品等。两者必须平衡，方可益补得当。

③精细与粗杂的平衡。长期吃精米、精面，会导致B族维生素缺乏，诱发疾病。因此，要搭配吃些五谷杂粮，食物搭配多样化，使营养更全面。

④寒与热的平衡。食物也有寒性、热性、温性、凉性之分。中医所谓的“热者寒之，寒者热之”，就是要取得平衡的意思。夏天炎热，喝碗清凉解暑的绿豆汤；冬天寒冷，就喝红小豆汤；外感风寒，吃碗放上葱花、辣椒的热汤面；吃寒性的螃蟹时一定要吃些姜末，吃完还要喝杯红糖姜汤水；冬天吃涮肉，一定要搭配凉性的白菜、豆腐、粉丝等，这些都是寒者以热补、热者以寒补的平衡膳食的方法。如果破坏了这种平衡，就必然伤身。

⑤干与稀的平衡。有些人吃饭只吃干食，不仅影响肠胃吸收的效果，而且容易形成便秘。而光吃稀食，容易造成维生素缺乏。每餐有稀有干，吃着舒服，也易消化吸收。

⑥饥饿与饱食的平衡。太饥则伤肠，太饱则伤胃。有些人对喜欢吃的食物，就无所顾忌地猛吃，把胃塞得满满的；对不喜欢吃的食物，就拒之门外，让胃空空的。结果是饥饱不均，造成偏食，影响胃肠功能，日久就会得慢性消化道疾病。

⑦摄入与排出的平衡。摄入与排出的平衡是指吃进去饭菜的总热量要与活动消耗的热量相等。否则，每日吃进的食物营养过剩，日积月累，多余的热量及各种代谢产物必然会在体内蓄积。人体中脂类物质多了，会沉积在血管壁上，使血

管变硬、变窄;糖的过量摄入会耗竭体内的胰岛素,损害胰岛细胞;蛋白质过剩会蓄积在肠道,所产生的毒素在体内循环,影响肾脏排泄。

⑧动与静的平衡。动与静的平衡是指食前忌动、食后忌静。吃饭后一定要多活动,一是帮助消化吸收,二是舒活筋骨,消除疲劳,但是,活动不要太剧烈。

⑨情绪与食欲的平衡。进餐前,要保持愉快的心情,使食欲旺盛,从而分泌较多的唾液,以利于消化。

⑩进食快慢与口味的平衡。食物的口味有时需要品出来,不能狼吞虎咽。狼吞虎咽不利于消化吸收,一般含淀粉多的主食需要 1~2 h 才能消化,含蛋白质多的食物需要 3 h 才能消化,含脂肪多的食物的消化时间更长。

1.2.4 关于转基因食品的问题

转基因食品(genetically modified food)又称基因改良食品或基因食品,通常是指一种由经基因修饰的生物体生产的或由该物质本身构成的食品。它是通过基因工程技术将一种微生物、植物或动物的基因植入另一种微生物、植物或动物体内,使之获得其本身不能自然拥有的品质,如提高产量、改善质量、抗病虫害、延长保存期等。尤其是转基因食品的产量提高、质量改善,被认为是解决世界人口剧增带来的食物资源不足、营养不良等问题的有效途径。

目前,转基因食品发展很快,已有很多品种,如转基因大米、小麦、玉米、大豆、马铃薯、番茄和油菜等。此外,以转基因食品为原料加工生产的食品品种则更多,如用转基因玉米生产的玉米粉、淀粉、玉米油和用转基因大豆生产的大豆蛋白、大豆粉、大豆油、乳化剂等。据估计,自美国第一批转基因番茄上市以来,全球有 2 亿多人食用过数千种转基因食品。美国是转基因技术发展最快的国家,其公众接受转基因食品的程度也最高。我国进口转基因大豆较多,食用大豆色拉油中约有一半含有转基因成分。

转基因食品与功能食品或保健食品的关系也颇引人注目。日本学者利用基因工程技术研制开发的抗病毒大米和脱敏大米,早在 1993 年就被日本厚生省批准为特种保健大米。吃了这种大米可以防治某些病毒性感染和小儿过敏性腹泻。瑞士和德国学者则研制成功防治儿童失明的转基因大米,他们把水仙的部分基因转移到水稻中,生长出来的大米含 β-胡萝卜素,有助于人体合成维生素 A。

尽管对转基因食品的安全性已有研究,并且认为只要坚持"预先防范"的原则,就可以保证转基因食品安全,更何况至今尚未见到关于食用转基因食品出现安全性问题的报道。但是,人们对转基因食品的安全性提出了新的质疑,不少人对食品中引入的外源基因是否会影响人体健康,甚至有毒或引起过敏,转基因技术是否会破坏自然生态环境,造成食物链的基因污染等产生疑问,甚至对抗病虫害的转基因植物也有可能导致细菌等有害生物增加抵抗力，增大人类战胜有关疾病的难度等方面也存在疑虑。因此，有关转基因食品的安全性问题尚待进一步深入研究。

目前，世界各国对转基因食品的安全性问题倍加重视。国家规定需要对转基因食品进行安全评价，或对其安全性和营养性进行评估；对转基因食品的销售进行严格管理或按要求进行标示。我国也已于2001年和2002年相继颁布了《农业转基因生物安全管理条例》和《农业转基因生物标识管理办法》。转基因食品的安全性值得人们进一步验证和深入研究，以防止它们对环境和人类健康带来新的危害。

第 2 章　食物的消化与吸收

2.1　消化系统概况

为了满足维持生命和保证各种生理功能正常进行的要求，人体需要不断地从外界摄取各种营养素。食品中的天然营养素如碳水化合物、脂肪和蛋白质，一般都不能直接被人体利用，必须先在消化道内分解成小分子物质，如葡萄糖、甘油、脂肪酸、氨基酸等，才能透过消化道黏膜的上皮细胞进入血液循环，供人体组织利用。

食品在消化道内的分解过程称为消化。食品经过消化后，透过消化道黏膜进入血液循环的过程称为吸收。消化包括两种紧密联系的过程：一种是靠消化道运动把大块物质磨碎，称为物理性消化；另一种是靠消化液及消化酶的作用，把食物中的大分子物质分解成可被吸收的小分子物质，称为化学性消化。消化道的运动将磨碎了的食物与消化液充分混合并向前推送，在这个过程中进行分解与吸收，最后把不被吸收的残渣排出体外。

2.1.1　人体消化系统的组成

消化系统由消化道和消化腺两部分组成。消化道既是食物通过的管道，又是食物消化、吸收的场所。根据位置、形态和功能的不同，消化道可分为口腔、咽、食管、胃、小肠（十二指肠、空肠、回肠）、大肠（盲肠、阑尾、升结肠、横结肠、降结肠、乙状结肠、直肠）和肛管，全长 8～10 m。消化腺是分泌消化液的器官，包括唾液腺、胃腺、胰腺、肝脏及小肠腺。有的消化腺存在于消化道的管壁内，如胃腺和小肠腺，其分泌液直接进入消化道内；有的消化腺则存在于消化道外，如唾液腺、胰腺和肝脏，它们经专门的腺导管将消化液送入消化道内。人体消化系统的组成如图 2-1 所示。

2.1.1.1　口腔

口腔（oral cavity）位于消化道的最前端，是食物进入消化道的门户。口腔内参与消化的器官有：

（1）牙齿　牙齿（tooth）是人体最坚硬的器官，通过牙齿的咀嚼，食物由大块变成小块。

（2）舌　在进食过程中，舌（tongue）使食物与唾液混合，并将食物向咽喉部推进，用于帮助食物吞咽。同时舌是味觉器官。

（3）唾液腺　人的口腔内有 3 对大的唾液腺（salivary gland），即腮腺、舌下腺和颌下腺，还有无数散在的小唾液腺。唾液就是由这些唾液腺分泌的混合液。

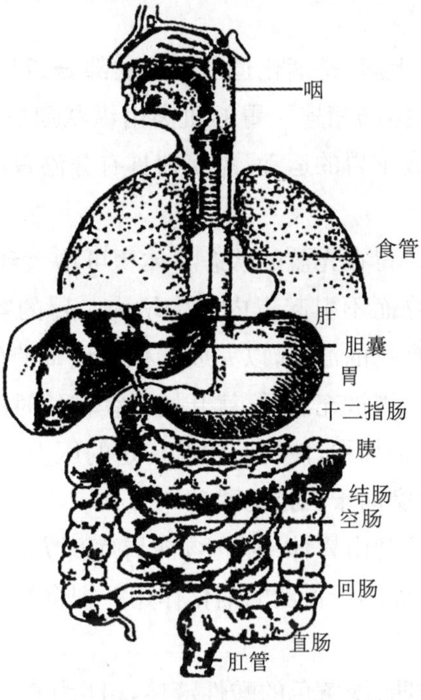

图 2-1　人体消化系统的组成

①唾液的成分和性质。唾液为无色、无味、近于中性的低渗液体。唾液中的水分约占 99.5%，有机物主要为黏蛋白，还有唾液淀粉酶、溶菌酶等，无机物主要有钠、钾、钙、硫、氯等。

②唾液的作用：a. 唾液可湿润与溶解食物，以引起味觉。b. 唾液可清洁和保护口腔，当有害物质进入口腔后，唾液可起冲洗、稀释及中和作用，其中的溶菌酶可杀灭进入口腔内的微生物。c. 唾液中的黏蛋白可使食物黏合成团，便于吞咽。d. 唾液中的淀粉酶可对淀粉进行简单的分解，但这一作用很弱，且唾液淀粉酶仅在口腔中起作用，当其进入胃后，由于胃内 pH 下降，此酶迅速失活。

食物在口腔内的消化过程是：食物经咀嚼后与唾液黏合成团，在舌的帮助下送到咽后壁，经咽与食管进入胃。食物在口腔内主要进行机械性消化，伴随少量的化学性消化，且能反射性地引起胃、肠、胰、肝、胆囊等器官的活动，为以后的消化作准备。

2.1.1.2　咽与食管

咽（pharynx）位于鼻腔、口腔和喉的后方，其下端通过喉与气管和食管（esophagus）相连，是食物与空气的共同通道。当吞咽食物时，咽后壁前移，封闭气管开口，防止食物进入气管而发生呛咳。当食团进入食管后，在食团的机械刺激下，位于食团上端的平滑肌收缩，推动食团向下移动，而位于食团下方的平滑肌舒张，这一过程的往复便于食团通过。

2.1.1.3 胃

胃(stomach)位于左上腹，是消化道最膨大的部分，其上端通过贲门与食管相连，下端通过幽门与十二指肠相连。胃的肌肉由纵状肌肉和环状肌肉组成，内衬黏膜层。肌肉的收缩形成了胃的运动，黏膜则具有分泌胃液的作用。

(1)胃的运动。

①胃的容受性舒张。胃在充盈的状态下体积可增大到1000～1500 mL，这样胃可以很容易地接受食物而不引起胃内压力增大。胃的容受性舒张的生理意义是使胃的容量适应大量食物的涌入，以完成储存和预备消化食物的功能。

②胃的紧张性收缩。胃被充满后，就开始持续较长时间的紧张性收缩。在消化过程中，紧张性收缩逐渐加强，使胃腔内有一定的压力，这种压力有助于胃液渗入食物，且能协助推动食糜向十二指肠移动。

③胃的蠕动。胃的蠕动由胃体部发生，向胃底部方向发展。蠕动的作用是：使食物与胃液充分混合，以利于胃液的消化作用并把食物以最适合小肠消化和吸收的速度向小肠排放。

(2)胃液　胃液为透明、淡黄色的酸性液体，pH为0.9～1.5。胃液主要由以下成分组成：

①胃酸。胃酸由盐酸构成，由胃黏膜的壁细胞分泌，主要具有以下功能：a. 激活胃蛋白酶原，使之转变为有活性的胃蛋白酶。b. 维持胃内的酸性环境，为胃内的消化酶提供最合适的pH，并使钙、铁等矿质元素处于游离状态，利于吸收。c. 杀死随同食物进入胃内的微生物。d. 造成蛋白质变性，使其更容易被消化酶分解。

②胃蛋白酶。胃蛋白酶是由胃黏膜的主细胞以不具活性的胃蛋白酶原的形式分泌的，胃蛋白酶原在胃酸的作用下转变为具有活性的胃蛋白酶。胃蛋白酶可对食物中的蛋白质进行简单分解，主要作用于含苯丙氨酸或酪氨酸的肽键，形成胨，很少形成游离氨基酸。当食糜被送入小肠后，随着pH升高，此酶迅速失活。

③黏液。黏液的主要成分为糖蛋白。黏液覆盖在胃黏膜的表面，形成一个厚约500 μm的凝胶层，它具有润滑作用，使食物易于通过；黏液膜还保护胃黏膜不受食物中粗糙成分的机械损伤；黏液为中性或偏碱性，可降低盐酸酸度，减弱胃蛋白酶活性，防止胃酸和胃蛋白酶对胃黏膜的侵蚀和消化。

④内因子。内因子由壁细胞分泌，可以和维生素B_{12}结合成复合体，有促进回肠上皮细胞吸收维生素B_{12}的作用。

2.1.1.4 小肠

小肠(small intestine)是食物消化的主要器官。在小肠中，食物受胰液、胆汁及小肠液的化学性消化。绝大部分营养成分也在小肠中被吸收，未被消化的食物残渣由小肠进入大肠。小肠位于胃的下端，长 5～7 m，从上到下分为十二指肠、空肠和回肠。十二指肠长约 25 cm，在中间偏下处的肠管稍粗，称为十二指肠壶腹，该处有胆总管的开口，胰液及胆汁经此开口进入小肠，开口处有环状平滑肌环绕，起括约肌的作用，称为 Oddi 括约肌，它防止肠内容物反流入胆管。

(1)小肠的运动。

①紧张性收缩。小肠平滑肌的紧张性是其他运动形式有效进行的基础，当小肠紧张性降低时，肠腔扩张，肠内容物的混合和转运减慢；相反，当小肠紧张性增高时，食糜在小肠内的混合和转运加快。

②节律性分节运动。节律性分节运动通过环状肌的舒缩来完成，在食糜所在的一段肠管上，环状肌在许多点同时收缩，把食糜分割成许多节段；随后，原来收缩处舒张，而原来舒张处收缩，使原来的节段分为两半，相邻的两半则合拢为一个新的节段。如此反复进行，使食糜不断地分开，又不断地混合。分节运动的向前推进作用很小，它的作用在于：使食糜与消化液充分混合，便于进行化学性消化；使食糜与肠壁紧密接触，为吸收创造条件；挤压肠壁，有助于血液和淋巴回流。

③蠕动。蠕动具有把食糜向大肠方向推进的作用。蠕动由环状肌完成。由于小肠的蠕动很弱，通常只进行一段短距离后即消失，因此，食糜在小肠内的推进速度很慢，为 1～2 cm/min。

(2)进入小肠的消化液。

①胰液。胰液由胰腺的外分泌腺分泌，分泌的胰液进入胰管，与胆管合并成胆总管后经位于十二指肠处的胆总管开口进入小肠。胰液为无色、无嗅的弱碱性液体，pH 为 7.8～8.4，含水量与唾液相当。胰液的成分除了水外，还包括无机物和有机物，其中无机物主要为碳酸氢盐，其作用是中和进入十二指肠的胃酸，使肠黏膜免受强酸的侵蚀，同时提供小肠内多种消化酶活动的最适 pH；有机物则为由多种酶组成的蛋白质，如胰淀粉酶(如 α-淀粉酶)、胰脂肪酶类(如胰脂肪酶、磷脂酶 A_2、胆固醇酯酶和辅脂酶)和胰蛋白酶类(分为内肽酶和外肽酶，胰蛋白酶、糜蛋白酶和弹性蛋白酶属于内肽酶，羧基肽酶 A 和羧基肽酶 B 属于外肽酶)。除上述 3 类主要的酶外，胰液中还含有核糖核酸酶和脱氧核糖核酸酶。胰腺细胞最初分泌的各种蛋白酶都是以无活性的酶原形式存在的，进入十二指肠后被肠激酶激活。胰液中酶类的最适 pH 为 7.0 左右。

②胆汁。胆汁是由肝细胞合成的，储存于胆囊中，经浓缩后由胆囊排出至十二指肠。胆汁是一种金黄色或橘棕色、有苦味的浓稠液体，其中除含有水分和钠、钾、钙、碳酸氢盐等无机成分外，还含有胆盐、胆色素、脂肪酸、磷脂、胆固醇和黏蛋白等有机成分。胆盐是由肝脏利用胆固醇合成的胆汁酸和甘氨酸或牛磺酸结合形成的钠盐或钾盐，是胆汁参与消化与吸收的主要成分。一般认为，胆汁中不含

消化酶。胆汁的作用是:胆盐可激活胰脂肪酶,使后者催化脂肪分解的作用加快;胆汁中的胆盐、胆固醇和卵磷脂等可作为乳化剂,使脂肪乳化成细小的微粒,增加胰脂肪酶的作用面积,使其对脂肪的分解作用大大加快;胆盐与脂肪的分解产物如游离脂肪酸、甘油一酯等结合成水溶性复合物,促进脂肪的吸收;通过促进脂肪的吸收,间接帮助脂溶性维生素的吸收;此外,胆汁还是体内胆固醇排出体外的主要途径。

③小肠液。小肠液是由十二指肠腺细胞和肠腺细胞分泌的一种弱碱性液体,pH 约为 7.6。小肠液中的消化酶包括氨基肽酶、α-糊精酶、麦芽糖酶、乳糖酶、蔗糖酶、磷酸酶等;主要的无机物为碳酸氢盐;还含有肠激酶,可激活胰蛋白酶原。

2.1.1.5 大肠

人类的大肠(large intestine)内没有重要的消化活动。大肠的主要功能在于吸收水分,还为消化后的食物残渣提供临时储存场所。一般认为,大肠中不进行消化,大肠中物质的分解多是细菌作用的结果,细菌可以利用肠内较为简单的物质合成 B 族维生素和维生素 K,但细菌更多的是对食物残渣中未被消化的碳水化合物、蛋白质与脂肪进行分解,所产生的代谢产物大多数对人体有害。

(1)大肠的运动　大肠的运动少而慢,对刺激的反应也较迟缓,这些有利于对粪便的暂时储存。

①袋状往返运动。该运动由环状肌无规律收缩引起,可使结肠袋中的内容物向两个方向作短距离位移,但不向前推进。

②分节或多袋推进运动。该运动由一个结肠袋或一段结肠收缩完成,把肠内容物向下一段结肠推动。

③蠕动。该运动由一些稳定向前的收缩波组成,收缩波前方的肌肉舒张,后方的肌肉收缩,使这段肠管闭合并排空。

(2)大肠中的细菌活动　大肠中的细菌来自空气和食物,它们依靠食物残渣生存,同时分解未被消化吸收的蛋白质、脂肪和碳水化合物。蛋白质首先被分解为氨基酸,氨基酸或经脱羧产生胺类,或经脱氨基形成氨,这些可进一步分解为苯酚、吲哚、甲基吲哚和硫化氢等;碳水化合物可被分解为乳酸、乙酸等低级酸以及 CO_2、甲烷等;脂肪则被分解为脂肪酸、甘油、醛、酮等。这些成分中的大部分对人体有害,有的可以引起结肠癌。促进排便的可溶性膳食纤维可加速这些有害物质的排泄,缩短它们与结肠的接触时间,有预防结肠癌的作用。

2.1.2 吸收的部位

吸收的主要部位是小肠上段的十二指肠和空肠。回肠主要是吸收机能的储备处所,用于代偿时的需要,而大肠主要是吸收水分和盐类。

小肠内壁上布满环状皱褶、绒毛和微绒毛(图 2-2)。经过这些环状皱褶、绒毛和微绒毛的放大作用,小肠的吸收面积可达 200 m²。小肠的这种结构使其内径变小,增大食糜流动时的摩擦力,延长食物在小肠内的停留时间,为食物在小肠内的吸收创造有利条件。

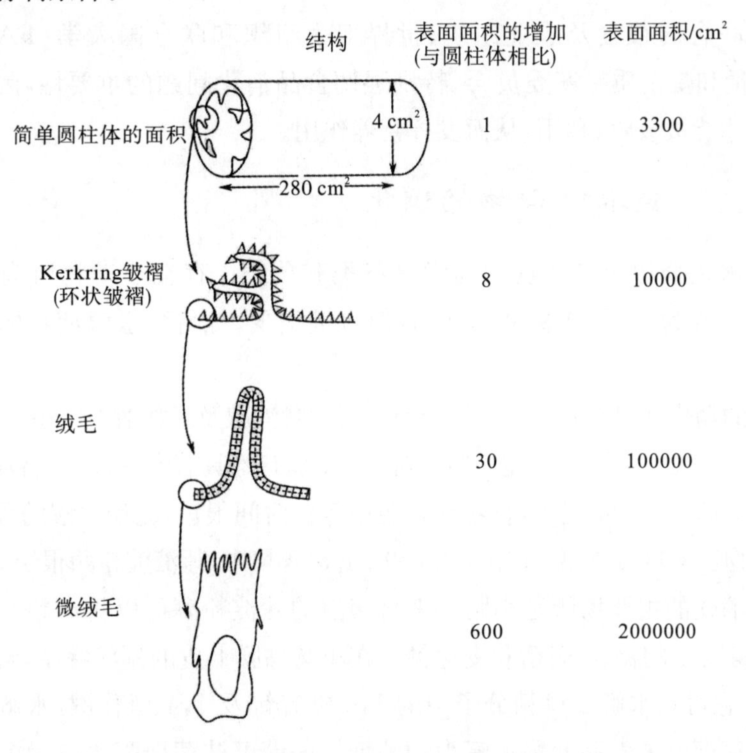

图 2-2　小肠的结构示意图

2.1.3　消化道活动特点

消化道的运行机能由消化道肌肉层的活动完成。消化道中除咽、食管上端和肛门等处含有骨骼外,其余均由平滑肌组成,并具有以下特点:

①兴奋性低,收缩缓慢。

②富有伸展性,最长时可为原来长度的 2～3 倍。消化道的特殊部位是胃,胃通常可容纳几倍于其初始体积的食物。

③有一定的紧张性。消化道的胃、肠等部位能保持一定的形状和位置,肌肉的各种收缩均是在紧张性的基础上发生的。

④进行节律性运动。

⑤对化学、温度和机械牵张的刺激比较敏感,对内容物等刺激引起的内容物推进或排空有重要意义。

2.2 食物的体内消化

食品的消化作用非常重要，过去人们比较重视营养素的供给。1981年，在罗马召开的联合国粮食及农业组织、世界卫生组织和联合国大学(FAO/WHO/UNU)能量和蛋白质专家委员会，特别强调食品消化问题的重要性，因为食品只有消化后才能被吸收、利用，从而发挥营养作用。

2.2.1 碳水化合物的消化

含碳水化合物最多的食物通常是谷类和薯类。存在于动物肌肉与肝脏的碳水化合物称为糖原，亦称动物淀粉，但含量很少。消化、水解淀粉的酶称为淀粉酶。

淀粉的消化从口腔开始。口腔内有三对大唾液腺及无数散在的小唾液腺，主要分泌唾液。唾液中所含的α-淀粉酶仅对α-1,4-糖苷键具有专一性，可将淀粉水解成糊精与麦芽糖。一般情况下，食物在口腔中停留时间很短，淀粉水解的程度不是很高。当食物进入胃后，在酸性(pH为0.9～1.5)环境中，唾液淀粉酶很快失去活性。

淀粉消化的主要场所是小肠。来自胰液的α-淀粉酶可以将淀粉水解为带有1,6-糖苷键支链的糖、α-糊精和麦芽糖。在小肠黏膜上皮的刷状缘中，含有丰富的α-糊精酶，它可以水解α-糊精分子中的1,6-糖苷键及1,4-糖苷键，水解产物为葡萄糖。麦芽糖可被麦芽糖酶水解为葡萄糖。蔗糖可被蔗糖酶水解为葡萄糖和果糖。乳糖酶可将乳糖水解为葡萄糖和半乳糖。此外，α-糊精酶、蔗糖酶具有催化麦芽糖水解生成葡萄糖的作用，其中α-糊精酶的活力最强，约占水解麦芽糖总活力的50%，蔗糖酶约占25%。通常食品中的糖类在小肠上部几乎全部转化成单糖。值得提出的是，根据近期研究发现，淀粉中尚有抗性淀粉存在，它们仅部分在小肠内被消化吸收，其余的则在结肠内经微生物发酵后被吸收。

大豆及豆类制品中含有一定量的棉子糖和水苏糖。棉子糖为三碳糖，由半乳糖、葡萄糖和果糖组成。水苏糖为四碳糖，由两分子半乳糖、一分子葡萄糖和一分子果糖组成。人体内没有水解此类碳水化合物的酶，它们不能被消化吸收，滞留于肠道并在肠道微生物的作用下发酵、产气，“胀气因素”的称呼便由此而来。大豆在加工成豆腐时，大多“胀气因素”已被去除。豆腐乳中的根霉可以分解并去除此类碳水化合物。

食物中含有的膳食纤维如纤维素，是由β-葡萄糖通过β-1,4-糖苷键连接组成的多糖。人体消化道内没有β-1,4-糖苷键水解酶，导致许多膳食纤维(水溶性的和非水溶性的)不能被消化吸收，如由多种高分子多糖组成的半纤维素不能被消化吸收。食品工业中使用的魔芋粉内所含的魔芋甘露聚糖(由甘露糖和葡萄糖聚合而成,两者比例为 2∶1 或 3∶2。其主链以 β-1,4-糖苷键结合,分支中有的以 β-1,3-糖苷键结合)分子,同样不能被消化吸收;食品工业中常用的琼脂、果胶及其他植物胶、海藻胶等多糖类物质,也不能被消化吸收。

2.2.2　脂类的消化

脂类是脂肪和类脂(如磷脂、糖脂、固醇和固醇酯等)的总称。脂类的消化主要在小肠中进行。小肠中存在着小肠液及由胰腺和胆囊分泌的胰液和胆汁。胰液中含有胰脂肪酶,可将脂肪分解为甘油和脂肪酸。小肠液中也含有脂肪酶。胆汁中的胆酸盐能使不溶于水的脂肪乳化,有利于胰脂肪酶对脂肪的消化。胆酸盐主要是由结合胆汁酸形成的钠盐。胆固醇是胆汁酸的前身。胆酸盐和胆固醇等都可以乳化脂肪,形成脂肪微滴,分散于水溶液中,增加与脂肪酶的接触面积,促进脂肪的分解。

脂类不溶于水,它们在食糜这种水环境中的分散程度对其消化具有重要意义。因为酶解反应只在疏水的脂肪滴与溶于水的酶蛋白之间的界面进行,所以,乳化成分或分散的脂肪更容易被消化。脂肪形成均匀乳浊液的能力受其熔点限制。此外,食品乳化剂如卵磷脂等,对脂肪的乳化、分散起着重要的促进作用。

脂类在小肠腔中由于肠蠕动引起的搅拌作用和胆酸盐的渗入,而分散成细小的乳胶体。食物中三酰甘油酯的水解需先经胰液和小肠液中脂肪酶的作用,生成脂肪酸和二酰甘油酯,二酰甘油酯再继续分解生成一分子脂肪酸和单酰甘油酯(单酰甘油酯有很强的乳化力),其酶解的速度视脂肪酸的长度而异。带有短链脂肪酸的三酰甘油酯如黄油,较带有长链脂肪酸的三酰甘油酯易于消化。含不饱和脂肪酸的三酰甘油酯的酶解速度快于含饱和脂肪酸的三酰甘油酯。

2.2.3　蛋白质的消化

2.2.3.1　胃液的作用

蛋白质的消化从胃开始。胃液由胃腺分泌,是无色、酸性液体,pH 为 0.9～1.5。胃腺还分泌胃蛋白酶原,胃蛋白酶原在胃酸或胃蛋白酶的作用下活化成胃蛋白酶,能水解各种水溶性蛋白质。胃蛋白酶主要水解由苯丙氨酸或酪氨酸组成的肽键,对亮氨酸或谷氨酸组成的肽键也有一定的作用。其水解产物主要是胨,肽和氨基酸则较少。此外,胃蛋白酶对乳中的酪蛋白具有凝乳作用。

2.2.3.2　胰液的作用

胰液由胰腺分泌进入十二指肠,是无色、无嗅的碱性液体。胰液中的蛋白酶分为内肽酶与外肽酶两大类。胰蛋白酶、糜蛋白酶(又称胰凝乳蛋白酶)和弹性蛋白酶属于内肽酶，一般情况下，它们均以非活性的酶原形式存在于胰液中。小肠液中的肠激酶可将无活性的胰蛋白酶原激活成具有活性的胰蛋白酶。胰蛋白酶本身和组织液也具有活化胰蛋白酶原的作用。具有活性的胰蛋白酶可以将糜蛋白酶原活化成糜蛋白酶。弹性蛋白酶可使结缔组织中的弹性蛋白消化分解，催化弹性蛋白的肽键或由中性氨基酸形成的其他肽键水解。

胰蛋白酶、糜蛋白酶以及弹性蛋白酶都可使蛋白质肽链内的某些肽键水解，但具有不同的肽键专一性。例如，胰蛋白酶主要水解由赖氨酸及精氨酸等碱性氨基酸残基的羧基组成的肽键，产生羧基端为碱性氨基酸的肽；糜蛋白酶主要作用于芳香族氨基酸，如由苯丙氨酸、酪氨酸等残基的羧基组成的肽键，产生羧基端为芳香族氨基酸的肽，有时也作用于由亮氨酸、谷氨酰胺及蛋氨酸残基的羧基组成的肽键；弹性蛋白酶则可以水解各种脂肪族氨基酸，如由缬氨酸、亮氨酸、丝氨酸等残基的羧基组成的肽键。

外肽酶主要是羧肽酶 A 和羧肽酶 B。前者可水解羧基末端为各种中性氨基酸残基组成的肽键，后者则主要水解羧基末端为赖氨酸、精氨酸等碱性氨基酸残基组成的肽键。因此，经糜蛋白酶及弹性蛋白酶水解产生的肽，可被羧肽酶 A 进一步水解，而经胰蛋白酶水解产生的肽，则可被羧肽酶 B 进一步水解（图 2-3）。

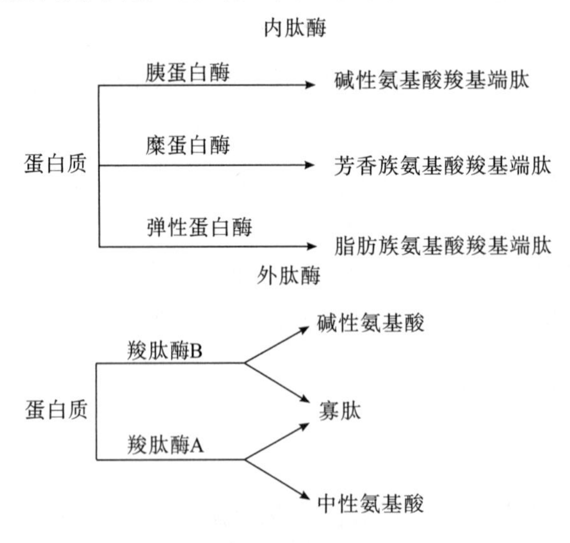

图 2-3　十二指肠内食物蛋白质的连续水解作用

大豆、棉籽、花生、油菜籽、菜豆等（特别是豆类）中含有的能抑制胰蛋白酶、糜蛋白酶等多种蛋白酶的物质，统称为蛋白酶抑制剂。普遍存在并有代表性的是胰蛋白酶抑制剂，或称抗胰蛋白酶因素。因此，这类食物需经适当加工后方可食用。除去蛋白酶抑制剂的有效方法是常压蒸汽加热 30 min，或 98 kPa 压力蒸汽加热 15～30 min。

2.2.3.3　肠黏膜细胞的作用

胰蛋白酶水解蛋白质所得的产物中仅 1/3 为氨基酸，其余为寡肽。肠内消化液中水解寡肽的酶较少，但肠黏膜细胞的刷状缘及细胞液中均含有寡肽酶。它们能从肽链的氨基末端或羧基末端逐步水解肽键，分别称为氨基肽酶和羧基肽酶。刷状缘含多种寡肽酶，能水解各种由 2～6 个氨基酸残基组成的寡肽。细胞液中的寡肽酶主要水解二肽与三肽。

2.2.3.4　核蛋白的消化

食物中的核蛋白可被胃酸或胃液和胰液中的蛋白酶水解为核酸和蛋白质。关于蛋白质的消化已在前文中叙述，核蛋白的进一步消化如图 2-4 所示。在新蛋白质资源的开发中，单细胞蛋白颇引人注意，其中含有较大量的核蛋白，核蛋白常占蛋白质总量的 1/3～2/3。

核酸的消化产物如单核苷酸及核苷虽能被吸收进入人体，但是，人体不一定需要依靠食物供给核酸，因为核苷酸在体内可以由其他物质合成。核苷酸可进一步合成核酸，也可分解。

核苷不经过水解即可直接被吸收。许多组织(如脾、肝、肾、骨髓等)的提取液可以将核苷水解成戊糖及嘌呤或嘧啶类化合物，可见这些组织含有核苷酶。

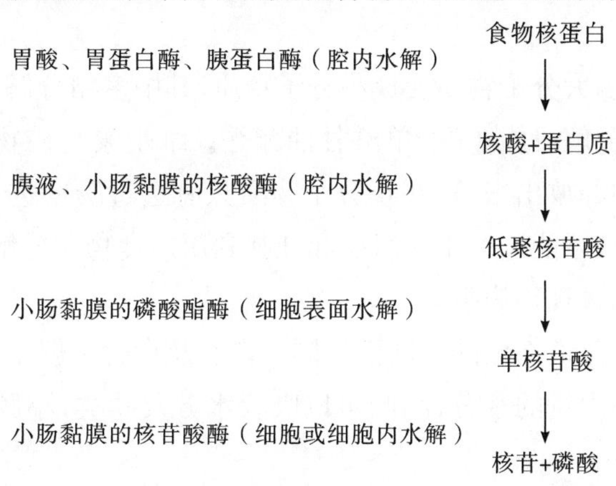

图 2-4　核蛋白的进一步消化

2.2.4　维生素与矿物质的消化

2.2.4.1　维生素的消化

人体消化道内没有分解维生素的酶。胃液的酸性、肠液的碱性等环境条件和其他食物成分以及氧的存在都可能对不同的维生素产生影响。水溶性维生素在动植物性食品中以结合蛋白质的形式存在，在细胞崩解过程和蛋白质消化过程中，这些结合物被分解，释放出维生素。脂溶性维生素溶于脂肪，可随着脂肪的乳化与分散而同时被消化。维生素只有在一定的 pH 范围内，且在无氧的条件下，才具有最大的稳定性，因此，某些易氧化的维生素如维生素 A 在消化过程中也可能会被破坏。摄入足够量的可作为抗氧化剂的维生素 E，能够减少维生素在消化过程中被氧化分解。

2.2.4.2 矿物质的消化

有些矿物质在食品中呈离子状态，即溶解状态，如多种饮料中的钾离子、钠离子和氯离子三种离子既不生成不溶性盐，也不生成难分解的复合物，它们可直接被机体吸收。有些矿物质则相反，它们结合在食品的有机成分上，例如，乳酪蛋白中的钙结合在磷酸根上；铁多存在于血红蛋白中；许多微量元素存在于酶内。人体胃肠道中没有能够将矿物质从这类化合物中分解出来的酶，因此，这些矿物质往往在消化过程中慢慢从有机成分中释放出来，其可利用程度（可利用性）则与食品的性质以及与其他成分的相互作用密切相关。虽然结合在蛋白质上的钙容易在消化过程中被分解释放，但是，也容易再次转变为不溶解的形式，如某些蔬菜所含的草酸就能与钙、铁等离子生成难溶的草酸盐，某些谷类食品中所含的植酸也可与之生成难溶性盐，从而造成矿物质吸收利用率下降。

2.3 营养素的体内吸收

食品经过消化，大分子物质变成小分子物质，其中多糖分解成单糖，蛋白质分解成氨基酸，脂肪分解成脂肪酸、单酰甘油酯等。维生素与矿物质则在消化过程中从食物的细胞中释放出来，这些小分子物质只有透过肠壁进入血液，随血液循环到达身体各部分，才能进一步被组织和细胞利用。食物经分解后透过消化道管壁进入血液循环的过程称为吸收。

吸收情况因消化道部位的不同而不同。口腔及食管一般不吸收任何营养素；胃可以吸收乙醇和少量的水分；结肠可以吸收水分及盐类，小肠才是吸收各种营养成分的主要部位。

人的小肠是消化道最长的一段。肠黏膜具有环状皱褶并拥有大量绒毛和微绒毛。绒毛是小肠黏膜的微小突出结构，长度（人类）为 0.5～1.5 mm，密度为 10～40 个/mm^2，绒毛上还有微绒毛（图 2-2）。环状皱褶与大量绒毛和微绒毛结构使小肠黏膜拥有巨大的吸收面积（总吸收面积为 200～400 m^2），加上食物在小肠内停留时间较长（3～8 h），为食物成分得以充分吸收提供了保障。

一般认为，碳水化合物、蛋白质和脂肪的消化产物大部分是在十二指肠和空肠被吸收的，当食糜到达回肠时已基本吸收完。回肠被认为是吸收机能的储备处所，但是，它能主动吸收胆酸盐和维生素 B_{12}。在十二指肠和空肠上部，由于肠内容物的渗透压较高，水分和电解质由血液进入肠腔和由肠腔进入血液的量很大，交流得较快，因此，肠内容物的量减少得不多，而回肠中的这种交流却较少，离开肠腔的液体也比进入的多，使肠内容物的量大大减少。小肠中各种营养素的吸收位置如图 2-5 所示。

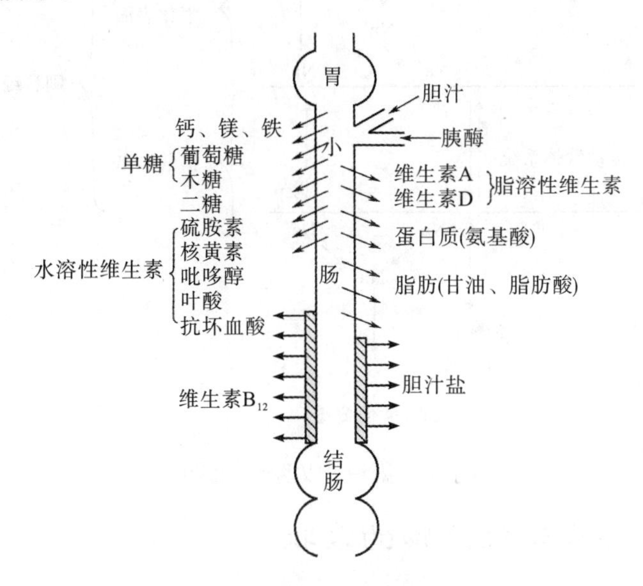

图 2-5　小肠中各种营养素的吸收位置

2.3.1　碳水化合物消化产物的吸收

碳水化合物的吸收几乎都在小肠，且以单糖形式被吸收。肠道内的单糖主要有葡萄糖及少量的半乳糖和果糖等。

各种单糖的吸收速度不同，己糖的吸收速度很快，而戊糖（如木精）的吸收速度则很慢。若以葡萄糖的吸收速度为 100，则人体对各种单糖的吸收速度如下：D-半乳糖（110）＞D-葡萄糖（100）＞D-果糖（70）＞木糖醇（36）＞山梨醇（29）。这与在大鼠身上所观察到的吸收比例关系非常相似（半乳糖∶葡萄糖∶果糖∶甘露糖∶木糖∶阿拉伯糖＝110∶100∶43∶19∶15∶9）。

目前认为，葡萄糖和半乳糖的吸收是主动转运，它需要载体蛋白，是一个逆浓度梯度进行的耗能过程，即使血液和肠腔中的葡萄糖浓度比例为 200∶1，吸收仍可进行，而且速度很快；戊糖和多元醇则以单纯扩散的方式吸收，即由高浓度区经细胞膜扩散和渗透到低浓度区，吸收速度相对较慢；果糖可能在微绒毛载体的帮助下使达到扩散平衡的速度加快，但不消耗能量，此种吸收方式称为易化扩散（facilitated diffusion），吸收速度比单纯扩散快。

蔗糖在肠黏膜刷状缘表层水解为果糖和葡萄糖，果糖可通过易化扩散吸收。葡萄糖则需进行主动转运。葡萄糖先与载体及 Na^+ 结合，一起进入细胞膜的内侧，葡萄糖和 Na^+ 被释放到细胞质中，然后 Na^+ 再借助 ATP 的代谢移出细胞（图 2-6）。

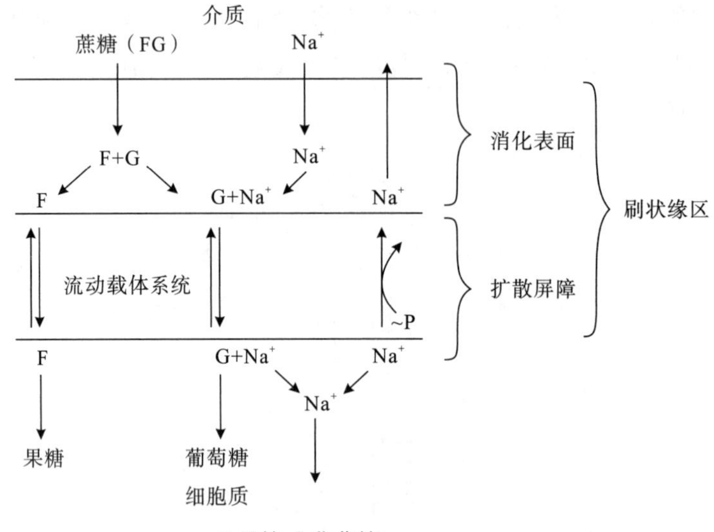

图 2-6　蔗糖吸收模式示意图

2.3.2　脂类消化产物的吸收

脂类的吸收主要在十二指肠的下部和空肠上部。脂肪消化后形成甘油、游离脂肪酸、单酰甘油酯以及少量二酰甘油酯和未消化的三酰甘油酯。由短链脂肪酸和中链脂肪酸组成的三酰甘油酯容易分散和被完全水解。短链脂肪酸和中链脂肪酸循门静脉入肝。由长链脂肪酸组成的三酰甘油酯经水解后，其长链脂肪酸在肠壁被再次酯化为三酰甘油酯，经淋巴系统进入血液循环。在此过程中，胆酸盐将脂肪乳化分散，以利于脂肪的水解、吸收(图 2-7)。

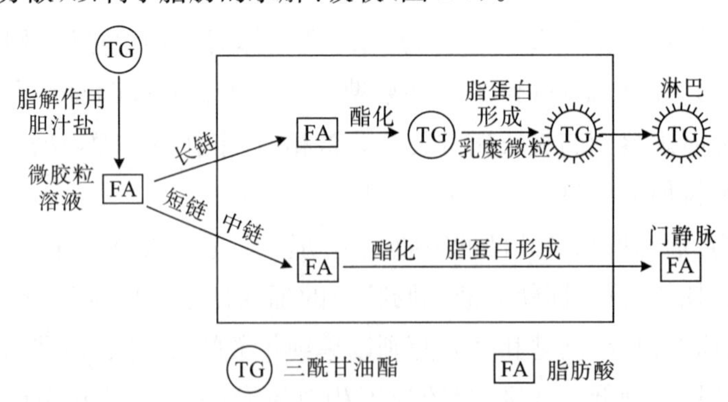

图 2-7　黏膜细胞吸收脂肪示意图

各种脂肪酸的极性和水溶性均不同，其吸收速率也不同。吸收速率的大小为：短链脂肪酸>中链脂肪酸>不饱和长链脂肪酸>饱和长链脂肪酸。脂肪酸的水溶性越小，胆盐对其吸收的促进作用越大。甘油的水溶性大，不需要胆盐即可通过黏膜经门静脉吸收入血。

大部分食用脂肪可被完全消化吸收和利用。如果大量摄入消化吸收慢的脂肪，很容易使人产生饱腹感，而且其中一部分尚未被消化吸收，就会随粪便排出；易被消化吸收的脂肪则不易令人产生饱腹感，且很快被机体吸收利用。

一般脂肪的消化率为 95%，奶油、椰子油、豆油、玉米油与猪油等都能全部在 6～8 h 内被人体消化，并在摄入后 2 h 吸收 24%～41%，4 h 可吸收 53%～71%，6 h 可吸收 68%～86%。婴儿与老年人对脂肪的吸收速度较慢。脂肪乳化剂不足可降低吸收率。若摄入过量的钙，则会影响高熔点脂肪的吸收，但不影响多不饱和脂肪酸的吸收，这可能由钙离子与饱和脂肪酸形成难溶的钙盐所致。

人体从食物中获得的胆固醇称为外源性胆固醇，吸收速率为 10～1000 mg/d，多来自动物性食品；由肝脏合成并随胆汁进入肠腔的胆固醇称为内源性胆固醇，吸收速率为2～3 g/d。肠吸收胆固醇的能力有限，成年人胆固醇的吸收速率约为每天 10 mg/kg。大量进食胆固醇时吸收量可加倍，但每天最多吸收 2 g(上限)。内源性胆固醇约占胆固醇总吸收量的一半。食物中的自由胆固醇可被小肠黏膜上皮细胞吸收。胆固醇酯则经过胰胆固醇酯酶水解后被吸收。肠黏膜上皮细胞将三酰甘油酯等组合成乳糜微粒时，也把胆固醇掺入在内，成为乳糜微粒的组成部分。吸收后的自由胆固醇又可再酯化为胆固醇酯。胆固醇并不是百分之百被吸收，自由胆固醇的吸收速率比胆固醇酯高；禽卵中的胆固醇大多数是非酯化的，较易吸收；植物固醇如 β-谷固醇，不但不易被吸收，还能抑制胆固醇的吸收，可见食物胆固醇的吸收速率波动较大。通常食物中的胆固醇约有 1/3 被吸收。

2.3.3　蛋白质消化产物的吸收

天然蛋白质被蛋白酶水解后，其水解产物约 1/3 为氨基酸，2/3 为寡肽。这些产物在肠壁的吸收速度远比单纯混合氨基酸快，而且吸收后绝大部分以氨基酸形式进入门静脉。

寡肽酶水解寡肽释放出的氨基酸可被迅速转运，透过细胞膜进入肠黏膜细胞，再进入血液循环。一般认为，四肽以上的寡肽首先被刷状缘中的寡肽酶水解成二肽或三肽，吸收进入肠黏膜细胞后，再被细胞液中的寡肽酶进一步水解成氨基酸。有些二肽如含有脯氨酸或羟脯氨酸的二肽，必须在细胞液中才能分解成氨基酸，甚至其中少部分(约 10%)以二肽形式直接进入血液。

各种氨基酸都是通过主动转运方式吸收的，吸收速度很快，在肠内容物中的含量不超过 7%。实验证明，肠黏膜细胞上具有载体，能与氨基酸及 Na^+ 先形成三联结合体，再转入细胞膜内。三联结合体上的 Na^+ 在转运过程中则借助钠泵主动排出细胞，使细胞内 Na^+ 浓度保持稳定，并有利于氨基酸的不断吸收。

不同的转运系统用于不同氨基酸的吸收：中性氨基酸转运系统对中性氨基酸

有高度亲和力,可转运芳香族氨基酸(如苯丙氨酸、色氨酸及酪氨酸)、脂肪族氨基酸(如丙氨酸、丝氨酸、苏氨酸、缬氨酸、亮氨酸及异亮氨酸等)、含硫氨基酸(如蛋氨酸及半胱氨酸等),以及组氨酸、胱氨酸、谷氨酰胺等。此类转运系统的转运速度最快,所吸收氨基酸的顺序为蛋氨酸>异亮氨酸>缬氨酸>苯丙氨酸>色氨酸>苏氨酸。部分甘氨酸也可借此转运系统转运。碱性氨基酸转运系统可转运赖氨酸及精氨酸,转运速度较慢,仅为中性氨基酸转运系统的10%。酸性氨基酸转运系统主要转运天冬氨酸和谷氨酸。亚氨基酸和甘氨酸转运系统则转运脯氨酸、羟脯氨酸及甘氨酸,转运速度很慢。因含有这些氨基酸的二肽可直接被吸收,故此转运系统在氨基酸吸收上意义不大。

2.3.4 维生素的吸收

水溶性维生素一般以简单扩散方式被充分吸收,特别是相对分子质量小的维生素,更容易被吸收。维生素 B_{12} 则需与内因子结合成一个大分子物质才能被吸收,此内因子是一种相对分子质量为53000的糖蛋白,由胃黏膜壁细胞合成。

脂溶性维生素因溶于脂类物质,其吸收与脂类相似。脂肪可促进脂溶性维生素吸收。

2.3.5 水与矿物质的吸收

2.3.5.1 水的吸收

每天进入成人小肠的水分为5~10 L。这些水分不仅来自食品,还来自消化液,而且主要来自消化液。成人每天尿量平均约为1.5 L,粪便中可排出少量水分(约150 mL),其余大部分水分都由消化道重新吸收。

大部分水分的吸收是在小肠内进行的,未被小肠吸收的剩余水分则由大肠继续吸收。小肠吸收水分的主要动力是渗透压。随着小肠对食物消化产物的吸收,肠壁渗透压逐渐增高,形成促使水分吸收的极为重要的环境因素,尤其是钠离子的主动转运。在任何物质被吸收的同时都伴有水分的吸收。

2.3.5.2 矿物质的吸收

矿物质可通过单纯扩散方式被动吸收,也可通过特殊转运途径主动吸收。食物中钠、钾、氯等的吸收主要取决于肠内容物与血液之间的渗透压差、浓度差和pH差。其他矿物质元素的吸收则与其化学形式、食品中其他物质的作用以及机体的机能作用等密切相关。

钠和氯一般以氯化钠(食盐)的形式摄入。人体每天通过食物获得的氯化钠为8~10 g,几乎完全被吸收。钠和氯的摄入量与排出量一般大致相同,当食物中缺乏钠和氯时,其排出量也相应减少。根据电中性原则,溶液中的阴阳离子电荷必须相等，在钠离子被吸收的同时，必须有等量电荷的阴离子朝同一方向或有另一种阳离子朝相反方向转运，故氧离子至少有一部分是随钠离子一同被吸收的。钾离子的净吸收可能随水的吸收被动进行。正常人每天摄入钾量为 2～4 g，绝大部分钾可被吸收。

钙的吸收通过主动转运进行，需要维生素 D。钙盐大多数在可溶状态（即钙为离子状态），且在不被肠腔中其他任何物质沉淀的情况下才被吸收。钙在肠道中的吸收很不完全，有 70%～80%存留在粪中，这主要是由于钙离子可与食物及肠道中存在的植酸、草酸及脂肪酸等阴离子形成不溶性钙盐。机体缺钙时，钙吸收率会增大。

铁的吸收与其存在形式和机体的机能状态等密切相关。植物性食品中的铁主要以 $Fe(OH)_3$ 与其他物质络合的形式存在，它需要在胃酸的作用下解离，进一步还原为亚铁离子才能被吸收。食品中的植酸盐、草酸盐、磷酸盐、碳酸盐等可与铁形成不溶性铁盐而妨碍其吸收，维生素 C 能将高价铁还原为亚铁而促进其吸收。铁在酸性环境中易溶解且易于吸收。在血红蛋白、肌红蛋白中，铁与卟啉结合形成的血红素铁则可直接被肠黏膜上皮细胞吸收，这类铁既不受植酸盐、草酸盐等抑制因素影响，也不受维生素 C 等促进因子影响。胃黏膜分泌的内因子对铁的吸收有利。

铁的吸收部位主要在小肠上段，特别是十二指肠内，铁的吸收速度最快。肠黏膜吸收铁的能力取决于黏膜细胞内的铁含量。经肠黏膜吸收的铁可暂时贮存于细胞内，随后慢慢转移至血浆中。当黏膜细胞刚刚吸收了铁而尚未转移至血浆中时，肠黏膜再吸收铁的能力可暂时失去。这样，积存于黏膜细胞中的铁将成为再吸收铁的抑制因素。机体患缺铁性贫血时，铁的吸收会增加。

2.4　主要营养素的体内运输及代谢

食物中经过消化吸收的营养成分进入血液后，在循环系统的帮助下，被运送到机体的各个部分，才能被代谢和利用。循环系统的组成主要是血液循环系统，由心脏和血管（包括淋巴管）组成。心脏是推动血液流动的动力器官，血管是血液流动的管道，包括动脉、毛细血管和静脉三部分。由左心室射出的血液经动脉流向全身组织，在毛细血管经过细胞间液同组织细胞进行物质交换，再经静脉流回右心房，这一循环途径称为体循环。血液从右心室射出，经过肺动脉分布到肺，与肺泡中的气体进行气体交换，再由肺静脉流回左心房，这一循环途径称为肺循环。体循环与肺循环相互连接，构成一个完整的循环机能体系，心脏的节律性活动及心脏瓣膜有规律地开启与关闭，使血液能按一定的方向循环流动，完成物质运输、体液调节等功能。

2.4.1 碳水化合物的体内运输及代谢

2.4.1.1 碳水化合物的体内运输

血液中的碳水化合物绝大多数为葡萄糖，其相对分子质量小且为水溶性，可游离存在于血液中运输。

2.4.1.2 碳水化合物的体内代谢

体内的碳水化合物主要来源于食物，部分由非糖化合物（如乳酸、甘油、生糖氨基酸等）通过糖异生作用形成。机体摄入的糖类或转变成脂肪，储存于脂肪组织中；或合成糖原，当机体需要葡萄糖时，可以迅速被动用以供急需；或分解产生能量；还可以构成机体组织或合成体内的活性物质。

(1)糖原的合成代谢　糖原的合成代谢主要指葡萄糖聚合成糖原的过程。葡萄糖在 ATP 的参与下发生磷酸化，然后在变位酶的作用下，6-磷酸葡萄糖变成 1-磷酸葡萄糖。1-磷酸葡萄糖与尿苷三磷酸（UTP）缩合生成尿苷二磷酸葡萄糖（UDPG）及焦磷酸（焦磷酸在体内迅速被焦磷酸酶水解），UDPG 可看作“活性葡萄糖”，在体内充当葡萄糖供体。最后在糖原合成酶的作用下，将葡萄糖基转移给糖原引物的糖链末端，形成 α-1,4-糖苷键。糖原引物是指细胞内原有的较小的糖原分子。游离葡萄糖不能作为 UDPG 的葡萄糖基的接受体。以上反应反复进行，使糖链不断延长，但不能产生分支。当糖链长度为 12～18 个葡萄糖基时，分支酶将一段糖链（一般为 6 或 7 个葡萄糖基）转移到邻近的糖链上，以 α-1,6-糖苷键相接，形成分支。

(2)糖的分解代谢　在细胞中，葡萄糖的分解代谢方式在很大程度上受供氧状况的影响。在供氧充足时，葡萄糖进行有氧氧化，彻底氧化成 CO_2 和 H_2O；有氧氧化是糖氧化的主要方式，绝大多数细胞都通过有氧氧化获得能量。在缺氧条件下，葡萄糖则进行糖酵解，生成乳酸；糖酵解最主要的生理意义在于迅速提供能量，这对肌肉收缩更为重要（详见生物化学）。

2.4.2 蛋白质的体内运输及代谢

2.4.2.1 氨基酸的体内运输

氨基酸为水溶性物质，可溶于血液中，因此，氨基酸以游离状态存在于血液中。

2.4.2.2 氨基酸的体内代谢

蛋白质经消化后转变成氨基酸，所以，蛋白质的代谢也就是氨基酸的代谢，主要是合成机体需要的蛋白质，其次是在分解代谢中产生能量。

(1)蛋白质的合成　人体的各种组织细胞均可合成蛋白质，但以肝脏的合成速度最快。蛋白质的合成过程就是氨基酸按一定顺序以肽键相互结合，形成多肽链的过程。不同蛋白质的氨基酸组成和排列顺序不同。由于人体有精确的蛋白质合成体系，因此，机体在大多数情况下都能准确地合成某种有独特氨基酸构成的蛋白质(详见生物化学)。

(2)氨基酸的分解代谢。

1)脱氨基作用。氨基酸分解代谢最主要的反应是脱氨基作用。氨基酸的脱氨基作用在体内大多数组织中均可进行。氨基酸可以通过多种方式脱去氨基，如氧化脱氨基、转氨基、联合脱氨基及非氧化脱氨基等，其中以联合脱氨基最为重要。氨基酸脱氨基后生成的α-酮酸可以进一步代谢，如通过氨基化合成非必需氨基酸；可以转变为糖和脂类；也可直接氧化供能。氨基酸脱氨基作用产生的氨具有毒性，脑组织对氨基尤为敏感。体内的氨主要在肝脏中合成尿素而解毒(详见生物化学)。

2)脱羧基作用。在体内，某些氨基酸可以进行脱羧基作用并形成相应的胺类，这些胺类在体内的含量不高，但具有重要的生理作用。胺类主要有以下4种：

①γ-氨基丁酸。γ-氨基丁酸由谷氨酸脱羧基产生，是抑制性神经递质，对中枢神经系统有抑制作用。

②牛磺酸。牛磺酸由半胱氨酸氧化再脱羧产生，是结合胆汁酸的组成成分。近年来，发现脑组织含有较多的牛磺酸，提示牛磺酸和神经系统的功能有关。

③组胺。组胺由组氨酸脱羧产生，是一种强烈的血管扩张剂，并能增加毛细血管的通透性，参与炎症反应和过敏反应等。

④5-羟色胺。5-羟色胺由色氨酸先羟化再脱羧形成，脑内的5-羟色胺可作为神经递质，具有抑制作用；而外周组织的5-羟色胺则有血管收缩的作用。

2.4.3　脂类的体内运输及代谢

2.4.3.1　脂类的体内运输

脂类物质难溶于水，它们分散在水中往往呈乳糜状。然而正常人血浆中的脂类物质虽多，但仍清澈透明，这是因为血浆中的脂类都是以各类脂蛋白的形式存在的。血浆中的脂蛋白包括乳糜微粒(chylomicron，CM)、极低密度脂蛋白(very low density lipoprotein，VLDL)、低密度脂蛋白(low density lipoprotein，LDL)和高密度脂蛋白(high density lipoprotein，HDL)。它们主要由蛋白质(载脂蛋白)、甘油三酯、胆固醇及胆固醇酯、磷脂等组成，各类血浆脂蛋白都含有这些成分，但在组成比例上却大不相同。载脂蛋白的分子结构中含有双性α-螺旋结构。在双性α-螺旋结构中，疏水性氨基酸残基构成α-螺旋的一个侧面，位于双螺旋的内侧，而另一个侧面由具亲水基团的极性氨基酸残基构成。双性α-螺旋结构是载脂蛋白能结合及转运脂质的结构基础。脂类物质与载脂蛋白内侧的疏水端结合,双螺旋结构使疏水基团完全被包在内侧,暴露在外的为亲水一侧,从而使载脂蛋白成为水溶性物质。

2.4.3.2 脂类的体内代谢

(1)甘油三酯的合成代谢　甘油三酯是机体储存能量的主要形式。机体摄入的糖、脂肪等食物均可合成脂肪并在脂肪组织中储存。

肝、脂肪组织及小肠是合成甘油三酯的主要场所,以肝的合成能力最强。肝细胞能合成脂肪,但不能储存脂肪。甘油三酯在肝细胞内质网中合成后,与载脂蛋白 B100、载脂蛋白 C 以及磷脂、胆固醇结合生成极低密度脂蛋白(VLDL),由肝细胞分泌入血而运输至肝外组织。如肝细胞合成的甘油三酯因机体营养不良、中毒、必需脂肪酸缺乏、胆碱缺乏或蛋白质缺乏不能形成 VLDL 分泌入血,则聚集在肝细胞中形成脂肪肝。

脂肪组织是机体合成脂肪的另一种重要组织。它可利用从食物脂肪而来的 CM 或 VLDL 中的脂肪酸合成脂肪,主要以葡萄糖为原料合成脂肪。脂肪细胞可以大量储存脂肪,是机体合成和储存脂肪的"仓库"。当机体需要能量时,储存脂肪分解释放出游离脂肪酸及甘油入血,以满足心、肝、骨骼肌、肾等的需要。

小肠黏膜细胞则主要利用脂肪消化产物再合成脂肪,以乳糜微粒形式经淋巴进入血循环。

(2)甘油三酯的分解代谢。

1)脂肪动员。储存在脂肪组织中的脂肪被脂肪酶逐步水解为游离脂肪酸(free fatty acid,FFA)和甘油,并释放入血液以供其他组织氧化利用,这一过程称为脂肪动员。机体在正常情况下并不发生脂肪动员,只有在禁食、饥饿等造成血糖降低或交感神经兴奋时,才发生脂肪动员。脂肪组织中的甘油三酯脂肪酶可催化甘油三酯分子中第一或第三位酯键断裂,生成游离脂肪酸和甘油二酯,后者可继续进行酶促水解反应。

脂解作用使储存在脂肪细胞中的脂肪分解成游离脂肪酸和甘油,然后释放入血。血浆白蛋白具有结合游离脂肪酸的能力,FFA 与白蛋白结合后由血液运送至全身各组织,主要被心、肝、骨骼肌等摄取利用。甘油溶于水,直接由血液运送至肝、肾、肠等组织,主要在甘油激酶作用下转变为 3-磷酸甘油,然后脱氢生成磷酸二羟丙酮,循糖代谢途径进行分解或转变为糖。

2)脂肪的 β-氧化。在供氧充足的条件下,脂肪酸可在体内氧化分解成 H_2O 和 CO_2 并释放出大量能量,以 ATP 形式供机体利用。除脑组织外,大多数组织均能氧化脂肪酸,但以肝脏和肌肉最为活跃。

脂肪酸的 β-氧化过程可概括为活化、转移、脂肪酸的 β-氧化及脂肪酸氧化的能量生成等 4 个阶段(详见生物化学)。

第3章 营养与能量平衡

3.1 能量与能量单位

3.1.1 能量

能量是人类赖以生存的基础。人们为了维持生命、生长、发育、繁衍和从事各种活动，每天必须从外界取得一定的物质和能量。这些物质和能量通常由食物提供。唯有食物源源不断地供给能量，人体才能做机械功和进行各种化学反应，如心脏搏动、血液循环、肺的呼吸、肌肉收缩、腺体分泌以及各种生物活性物质的合成等。

1900年以前，关于食品的能量问题几乎影响着整个营养学。其后，由于食物中蛋白质的质量以及维生素和矿物质等问题突出，能量问题被忽视。1939年前后，人们才重新认识到能量供应的重要性。今天，由于营养(能量)过剩引起一系列诸如肥胖症、心血管疾病等问题，因而更为人们所重视。过多的能量摄入，不管它来自哪种产能营养素，最后都会变为体脂而被储存起来。过多的体脂能引起肥胖症的发生和机体不必要的负担，并成为心血管疾病或某些癌症、糖尿病退行性疾病的诱发因素。

食物能量的最终来源是太阳能，这是由于植物利用太阳光能，通过光合作用把二氧化碳、水和其他无机物转变成有机物，如碳水化合物、脂肪和蛋白质，以供其生命活动需要，并将其生命过程的化学能直接或间接保持在三磷酸腺苷(ATP)的高能磷酸键中。动物和人则将植物的贮能(如淀粉)变成自己的潜能，以维持其生命活动。这本身又是通过动物和人的代谢活动将其转变成可利用的形式(ATP)来进行的。

此外，人类尚可以动物为食获取能量。人体能量的获得与自由能的去向如图3-1所示。

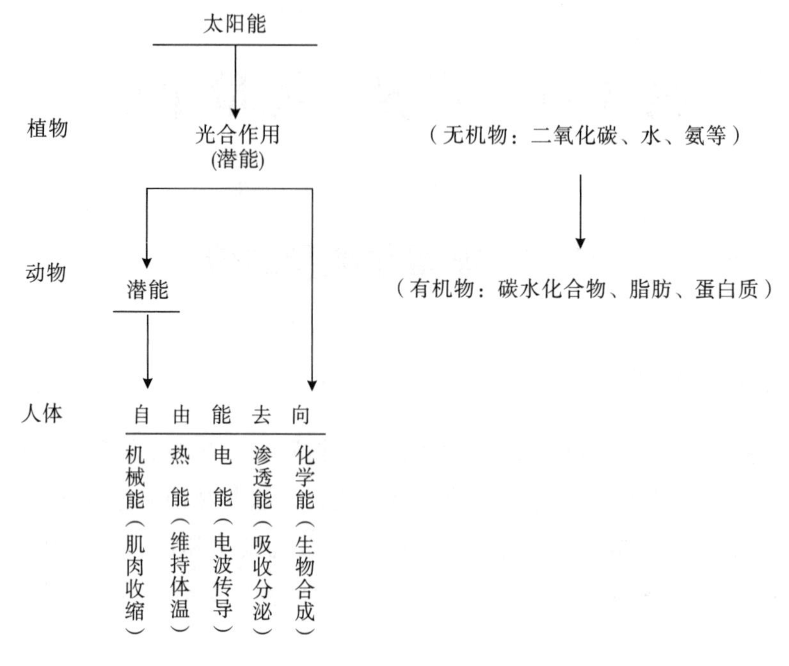

图 3-1　人体能量的获得与自由能的去向

3.1.2　能量单位

能量有多种形式，并且有不同的表示方式。多年来，人体摄食和消耗的能量通常都是用热量单位即卡(calorie)或千卡(kilocalorie)来表示。1 cal 相当于 1 g 水从 15 ℃升高到 16 ℃，即温度升高 1 ℃所需的热量，营养学上通常以它的 1000 倍即千卡为常用单位。1969 年，在布拉格召开的第七次国际营养学会议上推荐采用焦耳(Joule)代替卡。

实际上，从银河系到我们的身体，或一个简单的化学物质，其能量(如原子能、化学能、机械能等)都是一个基本的物理量，只是形式不同而已。过去所用的单位很多，既有米制单位，又有英制单位。而在国际制中则仅用焦耳作为一切能量的单位。这不仅反映了过去被割裂了的几种能量之间的物理关系，也精简了许多换算关系。此外，营养学上所用的卡在定义和数值上既不止一种，也有过混乱。

基于上述情况，尽管 1880—1896 年国际上公认卡是热的单位，并一直沿用到 1950 年。但是，1935 年就有用焦耳取代热化学上卡的做法，到 1950 年焦耳便正式被列为米制的热量单位。

统一以焦耳为单位虽然可以消除以卡为单位的混乱，但是，营养学上的食物成分表至今仍未普遍采用焦耳来代替卡。WHO 建议暂时在食物成分表里平行列出热化学卡和焦耳的数值以作过渡。

1 J 相当于用 1 N 的力将 1 kg 物体移动 1 m 所需的能量。1000 焦耳称为 1 千焦耳。1000 千焦耳称为 1 大焦耳或 1 兆焦耳(1 MJ)。

焦耳与卡的数量换算关系：

1 千卡(kcal)=4.184 千焦耳(kJ)

1 千焦耳(kJ)=0.239 千卡(kcal)

近似计算为:

1 千卡=4.2 千焦耳

1 千焦耳=0.24 千卡

粗略换算时,可采用乘以或除以 4 来表示。

3.2 能值及其测定

3.2.1 食物能值与生理能值

食物能值是食物彻底燃烧时所测定的能值,即物理燃烧值或称总能值。食物中具有供能作用的物质如碳水化合物、脂肪和蛋白质,称为三大产能营养素。碳水化合物和脂肪彻底燃烧时的最终产物均为二氧化碳和水。蛋白质在体外燃烧时的最终产物是二氧化碳、水和氮的氧化物等。它们具体的产能数值见表 3-1 及表 3-2。

表 3-1 脂肪及碳水化合物等的物理燃烧值/每千克干物质

名称	物理燃烧值		名称	物理燃烧值	
	kcal	kJ		kcal	kJ
胆固醇	9.90	41.42	纤维素	4.18	17.49
植物脂肪	9.52	39.83	糊精	4.12	17.24
动物脂肪	9.22	38.58	麦芽糖	3.95	16.53
乙醇	7.10	29.71	葡萄糖、果糖	3.75	15.69
淀粉	4.20	17.57			

表 3-2 含氮物质的物理燃烧值/每千克干物质

名称	物理燃烧值		名称	物理燃烧值	
	kcal	kJ		kcal	kJ
血清蛋白	5.92	24.77	丙氨酸	4.35	18.20
酪蛋白	5.78	24.18	天冬氨酸	2.90	12.13
纤维蛋白	5.58	23.35	尿酸	2.74	11.40
胶原蛋白	5.35	22.38	尿素	2.53	10.59
亮氨酸	5.07	21.28			

生理能值即机体可利用的能值。在体内,碳水化合物和脂肪氧化的最终产物与体外燃烧时相同,但考虑到机体对它们的消化吸收的特殊情况(如纤维素不能

被人类消化),两者的生理能值与体外燃烧时稍有不同。

蛋白质在体内的氧化并不完全,氨基酸等中的氮并未氧化成氮的氧化物或硝酸(这些物质对机体有害),而尚有部分能量的有机物如尿素、尿酸、肌酐等由尿排出。这些含氮有机物的能量均可在体外燃烧时测得。此外,考虑到消化率的影响,便可得到机体由蛋白质氧化而来的可利用的能值。现将主要产能营养素的食物能值和生理能值列于表 3-3。不同食品中碳水化合物、脂肪和蛋白质的含量各异,若需了解某种食物所含能值,则可利用食物成分表或仔细分析其样品的组成进行计算。

表 3-3 主要产能营养素的食物能值和生理能值

名称	食物能值		尿中损失		吸收率	生理能值		生理系数
	kcal/g	kJ/g	kcal/g	kJ/g	/%	kcal/g	kJ/g	
蛋白质	5.65	23.6	1.25	5.2	92	4.0	17	4
脂肪	9.45	39.5	—		95	9.0	38	9
碳水化合物	4.1	17.2	—		98	4.0	17	4

3.2.2 三大产能营养素在供能中的作用

碳水化合物是体内的主要供能物质,是为机体提供热能最多的营养素。食物中的碳水化合物经消化吸收产生的葡萄糖被吸收后,约有 20%以糖原的形式储存在肝脏和肌肉中。肌糖原是储存在肌肉中随时可动用的储备能源,可提供机体运动所需要的热能,尤其是高强度和持久运动时的热能需要。肝糖原也是一种储备能源,储存量不大,主要用于维持血糖水平的相对稳定。

脑组织所需能量的唯一来源是碳水化合物,在通常情况下,脑组织消耗的热能均来自碳水化合物在有氧条件下的氧化,这使碳水化合物在能量供给上更具有特殊重要性。脑组织消耗的能量相对较多,因而脑组织对缺氧非常敏感。另外,由于脑组织代谢消耗的碳水化合物主要来自血糖,因此,脑功能对血糖水平有很大的依赖性。人体虽然可以依靠其他物质供给能量,但必须定时进食一定量的糖,维持正常血糖水平,以保障大脑的功能。

脂肪是单位质量产热量最高的营养素,还储备着丰富的热能。当人体摄入的能量不能及时被利用或过多时,无论是蛋白质、脂肪,还是碳水化合物,都会以脂肪的形式储存下来。所以,在体内的全部储备脂肪中,一部分来自食物的外源性脂肪,另一部分则来自体内碳水化合物和蛋白质转化成的内源性脂肪。当体内热能不足时,储备脂肪又可被动员释放热量,以满足机体的需要。

蛋白质在体内的功能主要是构成组织细胞,而供给能量并不是它的主要生理功能。人体在一般情况下主要利用碳水化合物和脂肪氧化供能,但在某些特殊情况下，当机体所需能源物质供能不足，如长期不能进食或消耗过大时，体内的糖原和储存脂肪已大量消耗后，将依靠组织蛋白质分解产生的氨基酸来获得能量，以维持必要的生理功能。

3.2.3　能值的测定

3.2.3.1　食物能值的测定

食物能值通常用氧弹热量计或称弹式热量计(bomb calorimeter)进行测定。其工作原理一般是将装好待测样品并充氧至规定压力的氧弹放入内筒系统，开始进行水循环，稳定水温，然后向内筒注水，达到预定水量后，开始搅拌，氧弹热量计使内筒水温均衡至室温(相差不超过 1.5 ℃)，此时感温控头测定水温并记录到计算机中。当内筒水温基本稳定后，控制系统指示点火电路导通，点火后，样品在氧气的助燃下迅速燃烧，产生的热量通过氧弹传递给内筒，引起内筒水温上升。当氧弹内所有的热量释放出以后温度开始下降，计算机检测到内筒水温下降信号后判定该样品试验结束，系统停止搅拌并放出内筒水。计算机对采集到的温度数据进行处理。氧弹热量计示意图如图 3-2 所示。

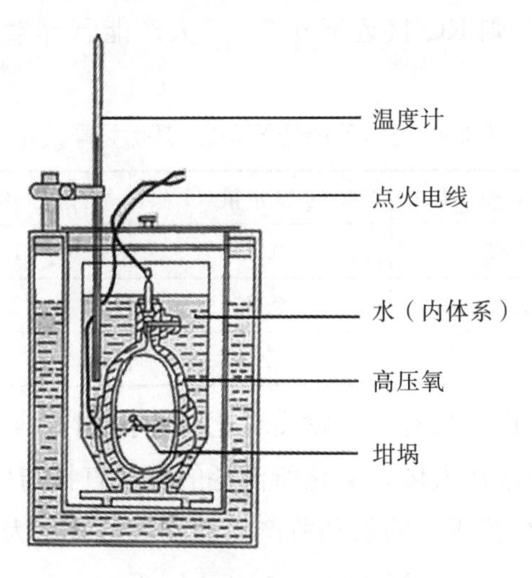

图 3-2　氧弹热量计示意图

3.2.3.2　人体能量消耗的测定

人体能量的消耗实际上就是指人体对能量的需要。较常用的测定方法有以下几种。

(1)直接测定法　这是直接收集并测量人体所释放的全部热能的方法。让受试者进入一间特殊装备的小室，该室四周被水包围并与外界隔热。机体所散发的热量可被水吸收，并通过液体和金属的传导进行测定。此法可对受试者在小室内进行不同强度的各种类型的活动所产生和释放的热能予以测定。此法原理简单，类似于氧弹热量计测定，但实际建造时投资很大，且不适于复杂的现场测定，现已基本不用。

(2)间接测定法。

1)气体代谢法。气体代谢法又称呼吸气体分析法，是常用的测热法，其基本原理是通过测定机体在一定时间内的 O_2 消耗量和 CO_2 产生量来推算呼吸商，根据相应的氧热价间接计算出这段时间内机体的能量消耗。实验时，被测对象在一个密闭的气流循环装置内进行特定活动，从而测定装置内的氧气和二氧化碳浓度变化。

机体依靠呼吸功能从外界摄取氧，以供各种物质氧化需要，同时也将代谢终产物 CO_2 呼出体外，一定时间内机体产生的 CO_2 量与消耗的 O_2 量的比值称为呼吸商(respiratory quotient，RQ)，即：

$$呼吸商=\frac{产生的\ CO_2\ 量(mL/min)}{消耗的\ O_2\ 量(mL/min)}$$

碳水化合物、蛋白质和脂肪氧化时，产生的 CO_2 量与消耗的 O_2 量各不相同，三者呼吸商也不一样，分别为1.0、0.8、0.7。在日常生活中，人体摄入的都是混合膳食，呼吸商为0.7～1.0。若摄入食物主要是碳水化合物，则RQ接近于1.0；若摄入食物主要是脂肪，则RQ接近于0.7。三大产能营养素的氧热价和呼吸商见表3-4。

表3-4 三大产能营养素的氧热价和呼吸商

营养素	消耗的 O_2 量/(L/g)	产生的 CO_2 量/(L/g)	氧热价/(kJ/L O_2)	呼吸商
碳水化合物	0.83	0.83	21.0	1.00
蛋白质	0.95	0.76	18.8	0.80
脂肪	2.03	1.43	19.7	0.71

食物的氧热价是指将某种营养物质氧化时，消耗1 L氧所产生的能量。

食物在热量计中或在人体内氧化所消耗的氧量直接与以热释放的能量有关，葡萄糖不管如何氧化，其所需的氧和所产生的能量可表示为：

$C_6H_{12}O_6+6O_2 \longrightarrow 6H_2O+CO_2+15.5\ kJ/g$

180(g)　　　$6\times22.4=134.4$(L)　　　$15.5\times180=2790$(kJ)

每消耗1 L氧所产生的能量：$\frac{2790}{134.4}=20.76$(kJ)

同样，淀粉或脂肪氧化时每消耗1 L氧所产生的能量也可计算出来，此值很接近食用糖和脂肪的实验测定值。对于蛋白质，由于其结构不同和易变性等，它的氧化不能用简单的方程式表示。实验测定蛋白质氧化的能量为4.49 kcal/L O_2(18.79 kJ/L O_2)。混合食物的糖和脂肪并非单一的糖或单独一种脂肪。通常认为，由混合食物实验测定的平均值很接近由测定氧消耗量所计算的能量消耗。

2)双标记水法。双标记水法是让受试者喝入一定量的双标记水($^2H_2{}^{18}O$)后，机体被这两种稳定的同位素所标记。当它们在体内达到平衡时，^2H 参加 H_2O 的代谢，而^{18}O 参加 H_2O 和 CO_2 的代谢。在一定时间内(8～15 d)连续收集尿样，通过测定尿样中稳定的双标记同位素消失率，计算能量消耗量。该法适用于任何人群和个体的测定，无毒、无损伤，但费用高，需要专业技术人员进行操作，以及高灵敏度、准确度的同位素质谱仪。近年来，其主要用于测定个体不同活动水平的能量消耗值。

3)心率监测法。用心率监测器和气体代谢法同时测量各种活动的心率和能量消耗量，推算出心率-能量消耗的多元回归方程，通过连续一段时间(3～7 d)监测实际生活中的心率，可参照回归方程推算受试者每天能量消耗的平均值。此法可消除一些因素对受试者的干扰，但心率易受环境和心理的影响，目前仅限于实验室应用。

4)活动时间法。活动时间法即记录被测对象一日生活和工作中的各种活动及时间，然后查能量消耗率表，再经过计算得出一日能量消耗量。

例如，某被调查者身高为 173 cm，体重为 63 kg，体表面积为 1.72 m^2，则该被调查者 24 h 能量消耗量见表 3-5。

表 3-5　活动时间法能量消耗量计算表

动作	动作所用时间	能量消耗率		能量消耗量	
	min	kJ/min	kcal/min	kJ	kcal
穿脱衣服	9	9.86	1.64	99.8	14.8
大小便	9	4.10	0.98	36.9	8.8
擦地板	10	8.74	2.09	87.5	20.9
跑步	8	23.26	5.56	186.1	44.5
洗漱	16	4.31	1.03	69.0	16.5
刮脸	9	6.53	1.56	58.8	14.0
读外语	28	4.98	1.19	139.4	33.3
走路	96	7.03	1.68	674.8	161.3
听课	268	4.02	0.96	1077.0	257.3
站立听讲	75	4.14	0.99	310.6	74.3
坐着写字	70	4.08	1.07	285.6	74.9
看书	120	3.51	0.84	421.2	100.8
站着谈话	43	4.64	1.11	199.5	47.7
坐着谈话	49	4.39	1.05	215.1	51.5

续表

动作	动作所用时间	能量消耗率		能量消耗量	
	min	kJ/min	kcal/min	kJ	kcal
吃饭	45	3.51	0.84	158.0	37.8
打篮球	35	13.85	3.31	484.8	115.9
唱歌	20	9.50	2.27	190.0	45.4
铺被	5	7.70	1.84	38.5	9.2
睡眠	515	2.38	0.57	1126.0	293.6
合计	1430			5858.6	1422.5

注：校正体表面积，5858.6×1.72=10076.8(m^2)；加食物热效应，10076.8×(1+10%)=11084.5(kJ)(2690.4 kcal)。

5)要因加算法。要因加算法是将某一年龄和不同人群组的能量消耗量结合他们的基础代谢率(basal metabolic rate，BMR)来计算其总能量消耗量，即用BMR乘以体力活动水平(physical activity level，PAL)来计算人体能量消耗量或需要量。能量消耗量或需要量=BMR×PAL。此法通常适用于人群而不适用于个体，可以避免活动时间法因工作量大且繁杂甚至难以进行的缺陷。BMR可以由直接测量推论的公式计算，或参考引用被证实的本地区BMR资料；PAL可以通过活动时间法或心率监测法等获得。根据一天的各项活动可推算出综合能量指数(integrative energy index，IEI)，从而推算出一天的总能量需要量。推算出全天的体力活动水平(PAL)可进一步简化全天能量消耗量的计算(表3-6)。

$$\text{PAL}=\frac{24\ \text{h 的总能量消耗量}}{24\ \text{h 的 BMR(基础量)}}$$

表3-6 中体力劳动男子的能量需要量

活动类型	时间/h	能量	
		kcal	kJ
卧床(1.0×BMR)	8	520	2170
职业活动(1.7×BMR)	7	1230	5150
社交及家务(3.0×BMR)	2	390	1630
维持心血管和肌肉状况，中度活动不计	—	—	—
休闲时间有能量需要(4.0×BMR)	7	640	2680
总计：1.78×BMR	24	2780	11630

注：25岁，体重58 kg，身高1.6 m，体重指数(BMI)22.4，估计BMR为273 kJ(65.0 kcal)。

3.3　影响人体能量需要的因素

人体能量需要是指个体在良好的健康状况下，以及与经济状况、社会所需体力活动相适应时，由食物摄取的并与消耗相平衡的能量。对于儿童、孕妇或哺乳期妇女，此能量的需要包括与组织的积存或乳汁的分泌有关的能量需要。

对于个体，一旦体重、劳动强度确定，并且生长速度一定，则能达到能量平衡的摄取量，即为该个体的能量需要。若摄取量高于或低于这种需要，除非耗能改变，否则贮能即有所改变。如耗能不变，当摄取量超过需要量时，能量主要以脂肪组织的形式贮存；如果摄取量低于需要量，则体内脂肪减少。事实上，任何个体都有一个可接受的健康体重范围。当然，如果这种不平衡程度太大或持续的时间太长，则体重和身体组成成分的变化对身体的机能和健康会带来危害。

成人正常人体能量的消耗主要由三部分组成：基础代谢；食物热效应；体力活动。生长发育期人群还需要生长发育的能量。

3.3.1　基础代谢

3.3.1.1　基础代谢与基础代谢率

基础代谢（basal metabolism，BM）是维持生命最基本活动所必需的能量需要。具体说，按照 FAO 的方法，在机体处于空腹 12～16 h、清醒、静卧、室温保持在 18～25 ℃、无任何体力活动和紧张思维活动、全身肌肉松弛、消化系统在安静状态下测定的能量消耗。这实际上是机体处于维持最基本的生命活动状态下，即用于维持体温、脉搏、呼吸及各器官、组织和细胞基本功能等最基本的生命活动所需的能量消耗。

在上述条件下所测定的基础代谢速率称为基础代谢率。它是指单位时间内人体所消耗的基础代谢能量。过去常用单位时间内人体每平方米体表面积所消耗的基础代谢能量表示[kJ/(m^2·h)]，现在则多用单位时间内每千克体重所消耗的基础代谢能量表示[kJ/(kg·h)]或每天所消耗的能量表示(MJ/d)。

一般来说，成年男子每平方米体表面积每小时的基础代谢平均为 167.36 kJ (40 kcal)。若按体重计，则每千克体重每小时平均耗能 1 kcal，一个体重为 65 kg 的男子 24 h 的基础代谢为：1×65×24＝1560 (kcal)(6527.04 kJ)。通常女性的基础代谢比男性约低 5%，这可能是由于女性肌肉不发达、脂肪组织相对较多。儿童和青少年正处在生长发育时期，其基础代谢比成人高 10%～15%。一般情况下，基础代谢有 10%～15%的正常波动。至于基础代谢率，年龄越小相对越高。随着年龄的增加，基础代谢率缓慢降低。

3.3.1.2 基础代谢率的测定

过去一直认为，基础代谢率与体表面积有关。尽管对此并没有很好的理论加以说明，但实际上却给出较恒定的数值。由于体表面积与身高、体重密切相关，因而可根据不同个体，按回归方程计算其体表面积，然后再由体表面积进一步计算基础代谢的能量。

此外，为了简化上述由身高、体重按一定公式计算体表面积和基础代谢能量等，曾设计由身高、体重通过列线图求得体表面积，或由身高(cm)、体重(kg)、体表面积(m^2)和正常的标准代谢率[kJ/(m^2 · h)]直接确定其基础代谢的能量。但此列线图解法不适用于婴儿和 6 岁以下儿童，因为他们的基础代谢率太高。

实际上，测定基础代谢率最有用的指标是体重。1985 年，WHO 根据对 11000 名不同性别、年龄以及不同体型和身高、体重的健康个体测定的结果，提出由体重估算人体基础代谢率(表 3-7)。

表 3-7 由体重(m)估算人体基础代谢率

年龄/岁	基础代谢率/(kcal/d)	相关系数/r	标准差[1]	基础代谢率/(MJ/d)	相关系数/r	标准差[1]
男 0～	$60.9m-54$	0.97	53	$0.255m-0.226$	0.97	0.222
3～	$22.7m+495$	0.86	62	$0.0949m+2.07$	0.86	0.259
10～	$17.5m+651$	0.90	100	$0.0732m+2.72$	0.90	0.418
18～	$15.3m+679$	0.65	151	$0.0640m+2.84$	0.65	0.632
30～	$11.6m+879$	0.60	164	$0.0485m+3.67$	0.60	0.686
60～	$13.5m+487$	0.79	148	$0.0565m+2.04$	0.79	0.619
女 0～	$61.0m-51$	0.97	61	$0.255m-0.214$	0.97	0.255
3～	$22.5m+499$	0.85	63	$0.0941m+2.09$	0.85	0.264
10～	$12.2m+746$	0.75	117	$0.0510m+3.12$	0.75	0.489
18～	$14.7m+496$	0.72	121	$0.0615m+2.08$	0.72	0.506
30～	$8.7m+829$	0.70	108	$0.0364m+3.47$	0.70	0.452
60～	$10.5m+596$	0.74	108	$0.0439m+2.49$	0.74	0.452

注："1"表示实测基础代谢率与估算值之间差别的标准差；"m"表示体重(kg)。

由体重按上述公式计算人体基础代谢率简单方便，且与过去习惯上由体表面积(或身高)的计算方法无较大差别，颇为实用。但是，近年来研究结果表明，上述计算公式可能高估了某些地区人群的基础代谢率，导致高估了他们的能量需要。例如，亚洲人的基础代谢率可能比欧洲人低约 10%。我国不同的研究报告表明，对成人和儿童实测的基础代谢率比用 WHO 建议的相同年龄组基础代谢率计算公式算出的结果低。中国营养学会认为，在目前还没有足够的中国人群基础代谢率数值时，建议仍采用上述 WHO 建议的计算公式，并按中国和亚洲实测的结果和情况，将公式计算出的结果减 5%作为中国 18～44 岁人群及 45～59 岁人群的基础代谢率是符合实际的。1985 年，WHO 报告提出以静息代谢率(resting metabolic rate，RMR)代替 BMR，测定过程要求全身处于休息状态，在进食 3～4 h后测定，此种状态测得的能量消耗量与 BMR 很接近，而且测定方法比较简便。粗略估计成人 BMR 的方法是：男性 1 kcal/(kg·h)或 4.184 kJ/(kg·h)，女性0.95 kcal/(kg·h)或 4.0 kJ/(kg·h)。

3.3.1.3　影响基础代谢的因素

影响人体基础代谢的因素很多，主要有以下几种。

(1)年龄　这主要是由生长、发育和体力劳动强度等随年龄增加而变化所致。儿童从出生到 2 岁的相对生长速度最高，青少年的身高、体重和活动量与日俱增，故所需能量增加。中老年人的基础代谢逐渐降低，活动量也逐渐减少，需能下降。老年人的基础代谢较成年人低 10%～15%，因其活动更少，故所需能量也更少。

年龄不同，身体组成差别很大。基础代谢主要取决于身体各组织的代谢活动，每种组织在身体中的比例，以及它们在整个身体能量代谢中的作用。显然，身体组成的变化将影响能量的需要，因为身体的某些器官和组织比另一些在代谢上更为活泼。表 3-8 显示新生儿的大脑约占体重的 10%，而其能量代谢约占身体总量的 44%。此时，肌肉代谢的能量需要很低。此外，肝脏在代谢上比肌肉更活泼，老年人肌肉量减少，基础代谢率下降。

(2)性别　男孩和女孩在青春期以前，其基本的能量消耗按体重计差别很小。成年后男性有更多的肌肉组织。这在用去脂组织表示时，可降低其基础代谢率，因为肌肉的代谢率较低(表 3-8)，但是，女性的体脂含量更多，其基础代谢率比男性低约 5%(2%～12%)。妇女在月经期以及怀孕、哺乳时基础代谢率均增高。

表 3-8　人体器官和组织的代谢率

名称	成人				新生儿			
	质量/kg	代谢率		占总代谢百分率/%	质量/kg	代谢率		占总代谢百分率/%
		kcal/d	kJ/d			kcal/d	kJ/d	
肝	1.6	482	2017	27	0.14	42	176	20
脑	1.4	338	1414	19	0.35	84	352	44
心	0.32	122	510	7	0.02	8	33	4
肾	0.29	187	782	10	0.024	15	63	7
肌肉	30.00	324	1356	18	0.8	9	38	5
其他				19				20
总计	70.00	1800	7530		3.5	197	824	

(3)营养及机能状况　在严重饥饿和长期营养不良时，身体的基础代谢率可降低 50%。疾病和感染可提高基础代谢，体温升高时基础代谢大大增加。某些内分泌腺，如甲状腺、肾上腺和垂体的分泌对能量代谢也有影响，其中甲状腺最显著。甲状腺功能亢进是甲状腺素分泌增加致使代谢加速的结果。反之，则具有低于正常代谢的特征。肾上腺素可引起基础代谢暂时增加，垂体激素可刺激甲状腺和肾上腺而影响代谢。

(4)气候　环境温度对基础代谢有明显影响，在舒适环境(18～25 ℃)中，代谢率最低；在低温和高温环境中，代谢率都会升高。尽管有证据表明，衣服穿得少且处于低气温环境中的人即使没有颤抖，其基础代谢率也增加。但是，一般认为气候的影响不大，因为人们可以通过增减衣服，以及改善居住条件等尽量减少这种影响。但长期处于寒冷和炎热地区的人有所不同，后者的基础代谢率稍低。例如，印度人的基础代谢率比北欧人平均低约 10%。

3.3.2　食物热效应

食物热效应(thermic effect of food，TEF)亦称食物特殊动力作用(specific dynamic action，SDA)，是指人体由于摄食而引起的一种额外的热能损耗。例如，某人的基础代谢率为 1600 kcal(6694 kJ)/d，若摄入含同样能量的食物，则其所产热能经测定是 1700 kcal(7112 kJ)，额外的 100 kcal(418 kJ)并非来自食物，而是机体为利用食物中营养素所额外消耗的能量。这可以增加进食后氧的吸收，并取决于所摄取食物的营养组分和所吸收的能量。

各种营养素中蛋白质的这种反应最强，相当于其本身产能的 30%；糖类则少得多，仅占其所产热能的 5%～6%；脂肪更少，占 4%～5%。当摄入一般的混合膳食时，因对食物的代谢反应而额外增加的热能消耗每日约为 628 kJ(150 kcal)，约为基础代谢率的 10%。

食物热效应除与食物成分有关，还与进食量和进食频率有关。吃的越多，能量消耗越多；进食越快，食物热效应越高。进食快时，中枢神经系统更活跃，激素和酶的分泌速度更快、分泌量更多，吸收和贮存的速度也更快，其能量消耗也相对更多。

需要注意的是，食物热效应只能增加体热的外散，而不能增加可利用的能；换言之，食物热效应对于人体是一种损耗，而不是一种收益。当摄入只够维持基础代谢的食物后，消耗的能量多于摄入的能量，外散的热多于食物摄入的热，而此项额外的能量不是无中生有的，而是来源于体内的营养储备。因此，为了保存体内的营养储备，进食时必须考虑食物热效应额外消耗的能量，使摄入的能量与消耗的能量保持平衡。

3.3.3　体力活动

体力活动特别是体力劳动，是相同性别、年龄、体重和身体组成中影响个体能量需要的最重要因素。显然，劳动强度越大，持续时间越长，工作越不熟练，所需能量越多。而这又与所从事的职业有很大关系。1971 年，FAO/WHO 有关专家委员会曾断言："食物的摄取和能量的需要在人群中最重要的变数是职业所需体力劳动的能量消耗。”但是，由于现代生产工具的不断革新和机械化、自动化程度的日益提高，要确切区分劳动等级也有一定困难。上述专家委员会将职业劳动强度粗略分为轻微、中等、重和极重劳动四级。1981年，FAO/WHO/UNU有关专家委员会将职业活动分成轻、中和重三级。2000年，中国居民膳食营养素参考摄入量(dietary reference intake，DRI)中建议的劳动强度分级标准见表3-9。不同体力活动的能量消耗见表3-10。

表3-9 劳动强度分级标准

劳动强度分级	职业工作时间分配	工作内容举例	能量RNI/kcal(男：18～44岁)
轻	75%时间坐或站立；25%时间站着活动	办公室工作、修理电器钟表、售货、酒店服务、化学试验操作、讲课等	2400
中	25%时间坐或站立；75%时间特殊活动	学生日常活动、机动车驾驶、电工安装、车床操作、金工切割等	2700
重	40%时间坐或站立；60%时间特殊职业活动	非机械化农业劳动、炼钢、舞蹈、体育运动、装卸、采矿等	3200

表3-10 不同体力活动的能量消耗

级别	女				男			
	耗能		平均耗能×BMR		耗能		平均耗能×BMR	
	kcal/min	kJ/min	总	净	kcal/min	kJ/min	总	净
轻：75%的时间坐着或站着	1.51	6.3			1.79	7.5		
25%的时间站着活动	1.70	7.1			2.51	10.5		
平均	1.56	6.5	1.7	0.7	1.99	8.3	1.7	0.7
中：75%的时间坐着或站着	1.51	6.3			1.79	7.5		
25%的时间站着活动	2.20	9.2			3.61	15.1		
平均	2.03	8.5	2.2	1.2	3.16	13.2	2.7	1.7
重：75%的时间坐着或站着	1.51	6.3			1.79	7.5		
25%的时间站着活动	3.21	13.4			6.22	26.0		
平均	2.54	10.6	2.8	1.8	4.45	18.6	3.8	2.8

注：女，18～30岁，体重55 kg，基础代谢率为3.8 kJ/min(0.90 kcal/min)；男，18～30岁，体重65 kg，基础代谢率为4.9 kJ/min(1.16 kcal/min)。

显然，这需要精确地描述不同的活动和从事这种活动的时间。至于特定的职业活动，如种地、开矿、造船或伐木等，所需能量可能变化很大，这取决于机械化程度。影响体力活动的因素有：肌肉越发达，体力活动时消耗的能量越多；体重越重，体力活动时消耗的能量越多；活动强度越大、时间越长、工作越不熟练，体力活动时消耗的能量越多。某些特定活动的能量消耗见表3-11，其能量消耗为估计值，并以基础代谢率(BMR)乘以代谢常数表示。如睡眠的代谢常数为1.0，能量消耗即表示为BMR×1.0。若某人的BMR是4.51 kJ/min(1.08 kcal/min)，进行某一活动的能量消耗为 13.55 kJ/min(3.24 kcal/min),则其代谢常数是 3.24÷1.08=3.0(或 13.55÷4.51=3.0)。

表 3-11 某些特定活动的能量消耗

<table>
<tr><th rowspan="2">项目</th><th colspan="2">能量消耗/(kJ/min)</th><th rowspan="2">项目</th><th colspan="2">能量消耗/(kJ/min)</th></tr>
<tr><th>男</th><th>女</th><th>男</th><th>女</th></tr>
<tr><td>睡眠</td><td>BMR×1.0</td><td>BMR×1.0</td><td>农业:饲养动物</td><td>BMR×3.6</td><td>—</td></tr>
<tr><td>躺着、静坐</td><td>BMR×1.2</td><td>BMR×1.2</td><td>挖水渠</td><td>BMR×5.5</td><td>—</td></tr>
<tr><td>站着</td><td>BMR×1.4</td><td>BMR×1.5</td><td>砍甘蔗</td><td>BMR×6.5</td><td>—</td></tr>
<tr><td>散步(慢走)</td><td>BMR×2.8</td><td>BMR×3.0</td><td>锯木:电锯</td><td>BMR×4.2</td><td>—</td></tr>
<tr><td>洗衣服</td><td>BMR×2.2</td><td>BMR×3.0</td><td>手锯</td><td>BMR×7.5</td><td>—</td></tr>
<tr><td>烹饪</td><td>BMR×1.8</td><td>BMR×1.8</td><td>用斧伐木</td><td>BMR×7.5</td><td>—</td></tr>
<tr><td>办公室工作</td><td>BMR×(1.3～1.6)</td><td>BMR×1.7</td><td rowspan="2">娱乐:坐着活动(玩牌等)</td><td rowspan="2">BMR×2.2</td><td rowspan="2">BMR×2.1</td></tr>
<tr><td>实验室工作</td><td>BMR×2.0</td><td>—</td></tr>
<tr><td>轻工业:化学工业</td><td>BMR×3.5</td><td>BMR×2.9</td><td rowspan="2">轻(打台球、打板球、打高尔夫球、航行等)</td><td rowspan="2">BMR×(2.2～4.4)</td><td rowspan="2">BMR×(2.1～4.2)</td></tr>
<tr><td>电工</td><td>BMR×3.1</td><td>BMR×2.0</td></tr>
<tr><td>机械工具业</td><td>BMR×3.1</td><td>BMR×2.7</td><td rowspan="2">中(跳舞、游泳、网球等)</td><td rowspan="2">BMR×(4.4～6.6)</td><td rowspan="2">BMR×(4.2～6.3)</td></tr>
<tr><td>农业:摘水果</td><td>—</td><td>BMR×3.4</td></tr>
<tr><td>挖地种植</td><td>—</td><td>BMR×4.3</td><td rowspan="3">重(踢足球、田径运动、赛船等)</td><td rowspan="3">BMR×6.6+[①]</td><td rowspan="3">BMR×6.3+[①]</td></tr>
<tr><td>打谷(脱粒)</td><td>—</td><td>BMR×5.0</td></tr>
<tr><td>开拖拉机</td><td>BMR×2.1</td><td>—</td></tr>
</table>

注:"①"表示能量消耗大于此数值。

我国曾将体力劳动分为五级,即极轻、轻、中等、重和极重(女性没有极重,仅有四级)。21 世纪后,由于国民经济迅速发展,人民生活水平不断提高,劳动条件和劳保福利等得以改善,过去被定义为极重体力劳动的已转移为重体力劳动,而过去被定义为极轻体力劳动的(如办公室工作)也因参加一定的体育、娱乐活动而向轻体力劳动转移。因此,中国营养学会建议我国人民的活动强度可由五级调为三级(不排除少数例外)。

3.4 能量的供给与分配比例

3.4.1 能量需要量标准

能量的消耗量是确定能量需要量(energy requirement,EER)的基础。能量的供给应依据能量的消耗而定,不同人群的需要量和供给量不同。2000 年,我国居民膳食营养素参考摄入量中成年男性轻、中、重体力活动人群每日所需的能量为 2400 kcal、2700 kcal、3200 kcal，2013 年修订的标准则降为 2250 kcal、2600 kcal、3000 kcal（女性能量需要变化类似）。2017 年，中国营养学会根据新近资料，结合以往的营养调查数据，考虑消化吸收率等因素，提出修订的每日膳食营养素供给量中的能量需要量，见表3-12。

表 3-12 中国居民膳食能量需要量(EER)

年龄(岁)/生理状况	男性 PAL					
	轻(Ⅰ)		中(Ⅱ)		重(Ⅲ)	
	MJ/d	kcal/d	MJ/d	kcal/d	MJ/d	kcal/d
0～	—	—	0.38[a]	90[b]	—	—
0.5～	—	—	0.33[a]	80[b]	—	—
1～	—	—	3.77	900	—	—
2～	—	—	4.60	1100	—	—
3～	—	—	5.23	1250	—	—
4～	—	—	5.44	1300	—	—
5～	—	—	5.86	1400	—	—
6～	5.86	1400	6.69	1600	7.53	1800
7～	6.28	1500	7.11	1700	7.95	1900
8～	6.90	1650	7.74	1850	8.79	2100
9～	7.32	1750	8.37	2000	9.41	2250
10～	7.53	1800	8.58	2050	9.62	2300
11～	8.58	2050	9.83	2350	10.88	2600
14～	10.46	2500	11.92	2850	13.39	3200
18～	9.41	2250	10.88	2600	12.55	3000
50～	8.79	2100	10.25	2450	11.72	2800
65～	8.58	2050	9.83	2350	—	—
80～	7.95	1900	9.20	2200	—	—
0～	—	—	0.38[a]	90[b]	—	—
0.5～	—	—	0.33[a]	80[b]	—	—
1～	—	—	3.35	800	—	—
2～	—	—	4.18	1000	—	—
3～	—	—	5.02	1200	—	—
4～	—	—	5.23	1250	—	—

续表

年龄(岁)/生理状况	女性 PAL					
	轻(Ⅰ)		中(Ⅱ)		重(Ⅲ)	
	MJ/d	kcal/d	MJ/d	kcal/d	MJ/d	kcal/d
5～	—	—	5.44	1300	—	—
6～	5.23	1250	6.07	1450	6.90	1650
7～	5.65	1350	6.49	1550	7.32	1750
8～	6.07	1450	7.11	1700	7.95	1900
9～	6.49	1550	7.53	1800	8.37	2000
10～	6.90	1650	7.95	1900	9.00	2150
11～	7.53	1800	8.58	2050	9.62	2300
14～	8.37	2000	9.62	2300	10.67	2550
18～	7.53	1800	8.79	2100	10.04	2400
50～	7.32	1750	8.58	2050	9.83	2350
65～	7.11	1700	8.16	1950	—	—
80～	6.28	1500	7.32	1750	—	—
孕妇(1～12周)	7.53	1800	8.79	2100	10.04	2400
孕妇(13～27周)	8.79	2100	10.04	2400	11.29	2700
孕妇(≥28周)	9.41	2250	10.67	2550	11.92	2850
哺乳期妇女	9.62	2300	10.88	2600	12.13	2900

注："—"表示未制定；"a"表示单位为兆焦每天每千克体重[MJ/(kg·d)]；"b"表示单位为千卡每天每千克体重[kcal/(kg·d)]。

碳水化合物、脂肪和蛋白质三大产能营养素在体内各有其独特的生理作用且与身体健康密切相关，但它们又相互影响，尤其是碳水化合物与脂肪，两者在很大程度上可以相互转化，并具有节约蛋白质作用。三大产能营养素在总能的供给中应有一个大致适宜的比例。过去，西方国家的高脂肪、高蛋白膳食结构给当地居民的身体健康带来许多不良影响。世界各地营养调查结果表明，每人每日膳食总能量摄入量中碳水化合物占40%～80%，大于80%和小于40%是对健康不利的两个极端，应控制在50%～65%，最好不低于55%。脂肪在各国膳食中的供能比例曾为15%～40%，尤其是西方国家食用动物脂肪量多，随着对脂肪与心血管疾病和癌症发病关系的深入认识，现在脂肪供能大都控制在30%以下，而以15%～

25%为宜。蛋白质则以 15%～20%较好。

3.4.2　能量的食物来源

碳水化合物、脂肪和蛋白质三大产能营养素普遍存在于各种食物中。但是，动物性食物一般比植物性食物含有较多的脂肪和蛋白质，植物性食物以碳水化合物和蛋白质为主；油料作物则含有丰富的脂肪，其中大豆含有大量油脂和优质蛋白。水果、蔬菜一般含能较少，但硬果类例外，如花生、核桃等含有大量油脂，具有很高的热能。

工业食品中含能的多少是其营养学方面的一项重要指标。为了满足人们的不同需要，许多食品中尚有所谓的“低热能食品”与“高能食品”之别。前者主要由含能量低的食物原料（包括人类不能消化、吸收的膳食纤维等）制成，用于满足肥胖症、糖尿病等患者的需要。后者则是由含能量高的食物，特别是含脂肪量高而含水量少的原料制成，如奶油、干酪、巧克力制品及其他含有高比例的脂肪和糖的原料制成的食品。它们的能量密度高，可以满足热能消耗大、持续时间长，特别是在高寒地区工作和从事考察、探险、运动时的需要。但是，不管哪种食品，都应有一定的营养密度。而且从总的情况来看，人体所需热能和各种营养素之间应保持一定的平衡关系。除了适宜的比例，全天总能量在一日三餐中应有一个适当的比例分配，一般一日三餐热能比为 3∶4∶3，也可根据个人活动特点进行调整，但调整幅度不宜过大。学龄前儿童与青少年、糖尿病人群等可实行“三餐两点”“三餐一点”餐次制度。

3.4.3　能量需要量的修正

当人体摄入的能量与其需要量相适应时，人体能量的摄入与排出达到动态平衡，表现为体重相对稳定。当摄入的能量长期不足时，主要临床表现为消瘦、贫血、神经衰弱、皮肤干燥、脉搏缓慢、工作能力下降、体温低、抵抗力低，儿童出现生长迟缓等。当摄入的能量长期过剩时，则表现为人体超重或肥胖，并发血糖升高、脂肪沉积、肝脂增加、肝功能下降，再现脂肪肝、糖尿病、高血压、胆结石、心脑血管疾病及某些癌症。因此，能量的摄入应适度，一般摄入量与需要量应相适应，但并不是所有人的能量摄入量都应与需要量相当。例如，原本已经超重甚至肥胖的人，若其每日摄入的能量与需要量一致，则该个体的体重将一直维持在原来的状态。同理，营养不良而体重偏低的人群每日摄入的能量应比需要量高，这样才能有更多的能量得以储存。但每日能量摄入量与标准需要量间也不宜有太多偏差，一般控制在总需能的 80%～120%。人体标准能量的摄入量一般依据劳动强度（或职业工种）确定。

3.4.3.1 人体肥胖程度评价确定能量法

摄入能量比标准需要能量高还是低主要取决于人体肥胖程度，而评价肥胖程度常用的指标有体质量指数（body mass index，BMI）、腰围、腰臀比、肥胖度等，较客观与常用的评价指标主要是 BMI 与肥胖度。

①BMI＝体重（kg）/身高（m）的平方（kg/m^2）。不同地区人种差异、饮食结构特点等导致其 BMI 的评价标准也不尽相同，不同地区 BMI 评价标准见表 3-13。

表 3-13　BMI 分级标准

BMI 分类	WHO 标准	亚洲标准	中国参考标准	相关疾病发病的危险性
偏瘦	＜18.5	＜18.5	＜18.5	低（但其他疾病危险性增加）
正常	18.5～24.9	18.5～22.9	18.5～23.9	平均水平
超重	≥25	≥23	≥24	
偏胖	25～29.9	23～24.9	24～26.9	增加
肥胖	30～34.9	25～29.9	27～29.9	中度增加
重度肥胖	35～39.9	≥30.0	≥30.0	严重增加
极度肥胖	≥40.0			非常严重增加

②腰围：男性＞94 cm、女性＞80 cm 为中心性肥胖。

③腰臀比：男性＞0.9、女性＞0.8 可诊断为中心性肥胖。

④肥胖度：一般用理想体重与实际体重间的关系来反应。

理想体重（kg）＝身高（cm）－105（不同经验公式会有一定差异，此公式是认可度最高的经验公式。在现代审美观下，有人认为女性的理想体重可在此基础上减少 2.5 kg）。

$$肥胖度=\frac{(实测体重-理想体重)}{理想体重}\times 100\%$$

肥胖度在±10%以内为正常体重；超过 10%为超重；20%～30%为轻度肥胖；30%～50%为中度肥胖；50%～100%为重度肥胖；大于 100%为病态肥胖。

3.4.3.2 理想体重确定能量法

除上述方法外，还有一种由糖尿病人群膳食设计演变而来的，即按理想体重、依据肥胖度与劳动强度结合确定某人一日膳食能量需要量的方法。该方法既考虑个体体质差异，又考虑劳动强度对能量需要的影响，因此，由此法所得的能量需要量更适合进行个体膳食设计与能量计算使用。不同体力劳动强度的能量需要量见表 3-14。

表 3-14　不同体力劳动强度的能量需要量

劳动强度	举例	所需能量/{kcal/[理想体重(kg)・d]}		
		消瘦	正常	超重
卧床		20～25	15～20	15
轻	办公室职员、售货员、教师	35	30	20～25
中	学生、司机、电工	40	35	30
重	农民、建筑工人、伐木工人	45～50	40	35

例如，男性，58 岁，教师，身高约 172 cm，体重约 75 kg，计算其每日能量供给量。

①计算 BMI 为 25.4 kg/m^2，属于超重体型。

②理想体重＝172－105＝67 kg。

③总能量供给：教师属于轻体力劳动者，按 25 kcal/[理想体重(kg)・d]供给能量，即 67 kg×25 kcal/(kg・d)＝1675 kcal/(kg・d)。

第 4 章　蛋白质

4.1　蛋白质的功能与分类

4.1.1　蛋白质的生理功能

4.1.1.1　构成机体结构与生命活动的重要物质基础

(1)催化作用　生命的基本特征之一是不断地进行新陈代谢。新陈代谢中的化学变化绝大多数都是借助于酶的催化作用迅速进行的。酶的催化效率极高,如每分子过氧化氢酶每分钟可催化 2.64×10^6 个 H_2O_2 分子分解而不致使机体发生 H_2O_2 蓄积中毒。酶催化机体内成千上万种不同的化学反应,而酶大部分为蛋白质。

(2)调节生理机能　激素是机体内分泌细胞产生的一类化学物质。这些物质随血液循环流遍全身,调节机体的正常活动,对机体的繁殖、生长、发育和适应内外环境的变化具有重要作用。这些激素中许多是蛋白质或肽。胰岛素就是由 51 个氨基酸分子组成的分子量较小的蛋白质。胃肠道能分泌 10 余种肽类激素,用于调节胃、肠、肝、胆管和胰脏的生理活动。此外,蛋白质对维护神经系统的功能和智力发育也有重要作用。

(3)参与氧的运输　蛋白质参与血红蛋白与肌红蛋白的合成,从而参与体内氧的运输。

(4)肌肉收缩　肌肉是占人体百分比最大的组织,通常为体重的 40%～45%。

(5)支架作用　胶原蛋白、弹性蛋白等在骨骼和结缔组织中成为身体支架,起支架作用。

(6)免疫物质　人体的免疫物质主要由抗体、补体等构成,其合成需要充足的蛋白质。机体的免疫物质主要由免疫球蛋白组成,体内的免疫球蛋白有 IgG、IgA、IgM、IgD 和 IgE。IgG 在血清中的含量最高,是唯一能够通过胎盘将抗体传给胎儿,对胎儿乃至出生后 3 个月的婴儿起免疫作用的免疫球蛋白;IgA 是外分泌液中的主要免疫球蛋白,在局部抗感染免疫中发挥重要作用;IgM 是巨型免疫球蛋白,其全身抗感染作用较强;IgD 可能与某些超敏反应性疾病,如青霉素过敏和牛奶过敏、红斑狼疮及类风湿性关节炎有关;IgE 被认为可能有利于排除肠道寄生虫。近年来,已开始将免疫球蛋白应用于食品,如鸡蛋中含有丰富的免疫球蛋白(8～20 mg/mL)。鸡蛋作为一种有抗体活性的免疫球蛋白资源已经引起人们的广泛兴趣,鸡蛋生产出的免疫球蛋白主要用在婴儿食品和老年食品中,可增加婴儿和老年人对各种疾病的抵抗力。如从鸡蛋中提取免疫活性成分并加入奶粉中制作高级母乳化奶粉,也可添加到其他奶粉中。吞噬细胞的作用与摄入蛋白质的数量有密切关系,大部分吞噬细胞来自骨髓、脾、肝和淋巴组织,体内缺乏蛋白质时这些组织会显著萎缩,合成白细胞、抗体和补体的能力大为下降,使人体对疾病的免疫力降低,易于感染疾病。

(7)遗传物质　遗传的主要物质基础是染色体,含 DNA 的核蛋白是染色体的主要化学成分。含有丰富遗传信息的核酸也受蛋白质和其他因素的制约。

(8)维持体内的酸碱平衡　蛋白质在体内通过脱氨基与脱羧基反应可以形成游离的碱性或酸性物质,从而调节人体的酸碱平衡。

4.1.1.2　建造新组织与修补更新组织

蛋白质是一切生命的物质基础,是人体最重要的营养素之一。人类的整个生命过程都与蛋白质有关,没有蛋白质就没有生命。正常成人体内蛋白质含量为 16%～19%,大约占整个人体重量的 1/5、人体干物质重量的一半。同时,人体内的蛋白质并不是固定不变的,正常成人体内每天约有 3%的蛋白质进行更新,因此,即使是健康的成人,每天也需要一定的蛋白质摄入量来维持机体的健康(此部分在氮平衡处体现)。

4.1.1.3　供能

蛋白质是生命活动的物质基础,也是一种能源物质。在碳水化合物、脂肪供能不足时,蛋白质也可用来供能,每克蛋白质在体内的生理能值为 4 kcal(17 kJ)。但蛋白质的供能作用是次要的,可由碳水化合物或脂肪代替,即碳水化合物、脂肪有节约蛋白质的作用。

4.1.1.4　对毒物具有解毒作用

蛋白质在体内代谢生成的氨基酸,可以通过毒理学反应中的Ⅱ相反应,通过氨基酸结合作用降低外源化合物的毒性,起到解毒的作用。

4.1.1.5　赋予食品重要的功能特性

蛋白质赋予食品的功能特性包括:①肉类的持水性(与嫩度有关)。②蛋白质的起泡性。③蛋白质的溶胶性质和乳化性质。④蛋白质的热稳定性。⑤小麦中面筋性(蛋白质的独特加工性能)。

肉类成熟后持水性增加(持水性一般是指肉在冻结、冷藏、解冻、腌制、绞碎、斩拌和加热等过程中,肉中的水分以及添加到肉中的水分的保持能力),这与肌肉蛋白质的变化密切相关,而肌原纤维蛋白的变化,特别是肌动球蛋白的变化则与肉的嫩度密切相关。正是由于肉的持水性和嫩度增加,大大提高了肉的可口性。

蛋白质有起泡性，鸡蛋白蛋白就具有良好的起泡能力，在食品加工中常被用于糕点（如蛋糕）和冰淇淋等的生产，可使之松软可口。

由乳酪蛋白制成的酪蛋白酸钠具有很好的乳化、增稠性能，尤其是热稳定性强。例如，大多数球蛋白和肌原纤维蛋白在 65 ℃时发生凝结；乳清蛋白在 77 ℃加热 20 s 实际上已变性；大豆蛋白在同样条件下则开始分散成较小的组成成分。酪蛋白酸钠制成乳化液或应用于午餐肉罐头等食品，虽经 120 ℃高温杀菌 1 h，但无不良影响。

小麦中面筋性蛋白质（包括麦胶蛋白和谷蛋白）胀润后在面团中形成坚实的面筋网，并具有特殊的塑性和延伸性等。它们在食品加工时使面包和饼干具有各种重要、独特的性质。

4.1.2 蛋白质和氨基酸的分类

自然界中的蛋白质以多种形式存在，每一种蛋白质都有独特的化学性质。根据化学结构，蛋白质可以分成简单蛋白质和结合蛋白质两种主要类型。简单蛋白质只含氨基酸及其衍生物，结构比较简单，主要有硬蛋白、白蛋白、球蛋白、谷蛋白、醇溶蛋白等；结合蛋白质则结合了各种非蛋白质物质，结构较为复杂，如色蛋白、核蛋白、糖蛋白、磷蛋白、脂蛋白、卵磷蛋白、金属蛋白、黏蛋白等。

根据蛋白质的营养价值，蛋白质还可分为完全蛋白质、半完全蛋白质和不完全蛋白质三类。

（1）完全蛋白质　所含必需氨基酸种类齐全、数量充足、比例适当，不但能维持成人的健康，还能促进儿童的生长发育，如乳类中的酪蛋白、乳白蛋白，蛋类中的卵白蛋白、卵磷蛋白，肉类中的白蛋白、肌蛋白，大豆中的大豆蛋白，小麦中的麦谷蛋白，玉米中的谷蛋白等。

（2）半完全蛋白质　所含必需氨基酸种类齐全，但有的数量不足、比例不适当，可以维持生命，但不能促进生长发育，如小麦中的麦胶蛋白。

（3）不完全蛋白质　所含必需氨基酸种类不全，既不能维持生命，也不能促进生长发育，如玉米中的玉米胶蛋白、动物结缔组织和肉皮中的胶质蛋白、豌豆中的豆球蛋白等。

氨基酸是组成蛋白质的基本单位，在人体和食物中有 20 余种。氨基酸又分为必需氨基酸、半必需氨基酸和非必需氨基酸。

（1）必需氨基酸（essential amino acid，EAA）　必需氨基酸是指人体不能合成或合成的速度不能满足机体需要，必须从食物中获得的氨基酸，包括亮氨酸（Leu）、异亮氨酸（Ile）、缬氨酸（Val）、赖氨酸（Lys）、苏氨酸（Thr）、蛋氨酸/甲硫氨酸（Met）、苯丙氨酸（Phe）和色氨酸（Trp）8 种。后来发现组氨酸（His，人体组氨酸在肌肉和血红蛋白中贮存量较大，但人体对其需要量相对较少，因此，很难证实人体有无合成组氨酸能力）为婴儿所必需，因此，婴儿的必需氨基酸为9种。

1985年，联合国粮食与农业组织/世界卫生组织/联合国大学(FAO/WHO/UNU)联合专家委员会提出了不同年龄组人群对必需氨基酸的需要量(表4-1)。

表4-1　必需氨基酸需要量的估计值/(mg/kg·d)

必需氨基酸	婴儿	2岁幼儿	10～12岁儿童	成人
组氨酸	28	17	8～12	—
异亮氨酸	70	31	30	10
亮氨酸	161	73	45	14
赖氨酸	103	64	60	12
蛋氨酸＋半胱氨酸	58	27	27	13
苯丙氨酸＋酪氨酸	125	69	27	14
苏氨酸	87	37	35	7
色氨酸	17	12.5	4	3.5
缬氨酸	93	38	33	10
合计	742	368.5	269～273	83.5

年龄对必需氨基酸的需要量有影响，如按千克体重计算，婴儿时期需要量最多，随着年龄的增长，需要量逐渐减少。

(2)半必需氨基酸　人体能够合成，但以必需氨基酸为原料，当其充足时可以起到节约必需氨基酸作用的氨基酸称为半必需氨基酸。因为半胱氨酸可以部分代替必需氨基酸蛋氨酸，代替量可以达到30％(机体可以利用蛋氨酸合成半胱氨酸)；而酪氨酸可部分代替必需氨基酸苯丙氨酸，代替量约为50％(苯丙氨酸在代谢中参与合成酪氨酸)。所以，当膳食中有充足的半胱氨酸和酪氨酸时，机体就不需要消耗必需氨基酸蛋氨酸和苯丙氨酸来合成这两种非必需氨基酸，从而减少机体对蛋氨酸和苯丙氨酸的需要量。

(3)非必需氨基酸(non-essential amino acid，NEAA)　非必需氨基酸可在人体内合成或由其他氨基酸转变而来。

随着营养学和生物学的发展，研究人员发现，虽然有些氨基酸可在人体内合成，但可能受到身体发育不良和疾病等因素的影响，如严重的低体重出生婴儿及应激状态或某些疾病患者易发生缺乏。在某些条件下使氨基酸合成受限的氨基酸称为条件必需氨基酸，如脯氨酸、精氨酸、丝氨酸等。

4.1.3　氮平衡

氨基酸被吸收进入血液循环后，可被体内不同组织细胞迅速地吸收，用于各种组织的生长和更新。组织蛋白更新的速率随组织性质不同而异,肠黏膜蛋白更新只需要 1～3 d,肝脏组织蛋白更新速率也较快,肌肉组织蛋白更新速率较慢,但数量较大,估计成人每天可达 7.5 g。

在肝脏未被用于合成组织蛋白的游离氨基酸,经脱氨基作用后,可转化为生糖氨基酸和生酮氨基酸,进而转化成葡萄糖和甘油三酯作为能源被利用。氨基酸脱氨基作用产生的氨,在正常情况下主要在肝脏合成尿素并被排出体外。

当膳食蛋白质来源适宜时,机体蛋白质处于动态平衡,可以用摄入氮量与排出氮量的关系,即氮平衡来表示。氮平衡是摄入氮量和排出氮量的差值,用公式表示为:

$$B=I-(U+F+S+M)$$

式中,B 代表氮平衡状况,I 代表食物中氮摄入量,U、F、S、M 分别代表尿氮、粪氮、皮肤氮和其他氮排出量。尿氮、粪氮、皮肤氮和其他氮排出量总和为总氮排出量。

①B＝零,摄入氮＝排出氮,此为总氮平衡,简称氮平衡。正常成年人体内蛋白质含量相对稳定,当膳食蛋白质来源适宜时,机体蛋白质代谢处于动态平衡,一部分分解,一部分同时合成,完成人体组织的更新、修复。由于直接测定食物中所含蛋白质和体内消耗蛋白质比较困难,而蛋白质是人体氮的唯一来源,因此,常用氮平衡来表示蛋白质的平衡情况。此时说明机体处于总平衡状态。实际上,人体消化吸收能力等存在波动性,因此,摄入氮应比排出氮多 5%,才确定处于氮平衡状态。

②B＞零,摄入氮＞排出氮,为正氮平衡。在生长发育期的婴幼儿、青少年,其机体所吸收的蛋白质中相当一部分用于生长发育、合成新组织,故处于正氮平衡。孕妇、哺乳期妇女及消耗性疾病恢复期等也应保持正氮平衡。

③B＜零,摄入量＜排出量,为负氮平衡。当食物中氮供应不足或患某些疾病时,由于分解量高于摄入量,机体处于负氮平衡。人在饥饿、消耗性疾病及老年时一般处于这种状况,在太空失重条件也会出现负氮平衡,应注意尽可能减轻或改变负氮平衡。

机体在完全不摄入蛋白质(无蛋白膳食)的情况下,体内蛋白质依然在分解和合成,此时处于负氮平衡状态。这种状态持续几天后,氮的排出将维持在一个较恒定的低水平,此时机体通过粪、尿及皮肤等一切途径所损失的氮,是机体不可避免要消耗的氮,称为必要氮损失。当膳食中的碳水化合物和脂肪不能满足机体能量需要或蛋白质摄入过多时,蛋白质才分别被用作能源或转化为碳水化合物和脂肪。因此,理论上,只要从膳食中获得相当于必要的氮损失量的蛋白质,就可满足人体对蛋白质的需要。

如果长期不能从膳食中摄取足够的蛋白质,那么机体必然会出现负氮平衡,这反映在组织蛋白质分解的同时，机体不能进行相应的蛋白质合成以维持组织、细胞的更新，会导致某些组织、器官结构与功能异常。因此，机体长时间处于负氮平衡状态会导致蛋白质缺乏症，表现为疲乏、体重减轻、抵抗力下降、血浆蛋白含量下降等。女性还可能出现月经障碍，哺乳期妇女乳汁分泌减少，严重者出现消失。婴幼儿和青少年的反应更加明显，特别表现为生长发育停滞、贫血、智力发育受影响，严重者可表现为干瘦型蛋白质缺乏症或水肿型蛋白质缺乏症乃至死亡。

影响氮平衡的因素主要有下列几个方面：

①热能。当热能低于机体需要时，摄入的蛋白质将不可避免地用作热能来源而消耗，从而影响氮平衡的结果。故在氮平衡试验中，应供给充足的热量。

②膳食蛋白质与氨基酸摄入量。如果从原来低氮膳食进入高氮膳食，或相反，那么氮的排出量不会发生立即的应答反应。例如，在无氮膳食开始后，人体还排出一定量的氮，几天后才稳定在一个低水平的排出量，故氮平衡试验的时间不能太短，特别是膳食氮含量变动较大时更是如此。

③激素。参与代谢的激素如生长激素、皮质激素、甲状腺素等，都从不同的方面影响氮的代谢。

④各种应激状态。精神紧张、焦虑、思想负担以及疾病状态对氮的排出都有一定的影响，应在进行试验和对试验结果进行分析时加以考虑。

4.1.4　氨基酸模式

人体中的蛋白质以及各种食物中的蛋白质在必需氨基酸的种类和含量上存在着差异，人体对必需氨基酸的需要不仅有数量上的要求，还有比例上的要求。因为构成人体组织蛋白质的氨基酸之间存在一定的比例，所以，膳食中的蛋白质所提供的各种必需氨基酸除了其数量应足够外，它们相互间的比例也应该与人体中必需氨基酸的比例一致，这样食物蛋白质中的氨基酸才能在体内被机体充分利用，保证人体对蛋白质的需要。

某种蛋白质中各种必需氨基酸的含量和构成比例称为氨基酸模式。营养学上用氨基酸模式来反映食物蛋白质以及人体蛋白质中必需氨基酸在种类和数量上的差异，其计算方法是将某种蛋白质中色氨酸的含量定为 1(即色氨酸含量除以自身，其他氨基酸含量除以色氨酸含量)，分别计算其他必需氨基酸的相应比值，这一系列的比值就是该种蛋白质的氨基酸模式。常见食物和人体蛋白质的氨基酸模式见表 4-2。

表 4-2　常见食物和人体蛋白质的氨基酸模式

氨基酸	人体	整鸡蛋	鸡蛋白	牛奶	猪瘦肉	牛肉	大豆	面粉	大米
异亮氨酸	4.0	2.5	3.3	3.0	3.4	3.2	3.0	2.3	2.5
亮氨酸	7.0	4.0	5.6	6.4	6.3	5.6	5.1	4.4	5.1
赖氨酸	5.5	3.1	4.3	5.4	5.7	5.8	4.4	1.5	2.3
蛋氨酸＋半胱氨酸	3.5	2.3	3.9	2.4	2.5	2.8	1.7	2.7	2.4
苯丙氨酸＋酪氨酸	6.0	3.6	6.3	6.1	6.0	4.9	6.4	5.1	5.8
苏氨酸	4.0	2.1	2.7	2.7	3.5	3.0	2.7	1.8	2.3
缬氨酸	5.0	2.5	4.0	3.5	3.9	3.2	3.5	2.7	3.4
色氨酸	1.0	1.0	1.0	1.0	1.0	1.0	1.0	1.0	1.0

从食物中摄入的蛋白质经消化吸收后的必需氨基酸模式越接近机体蛋白质氨基酸模式，即越接近人体的需要，其蛋白质实际被利用的效率就越高，营养价值也就相对越高。如果食物蛋白质中一种或几种必需氨基酸数量不足，在合成人体组织蛋白质时，只能进行到这一氨基酸用完，即使其他氨基酸含量非常丰富，该种蛋白质的利用也被限制；必需氨基酸含量过多，同样会影响氨基酸间的平衡。所以，食物蛋白质中必需氨基酸的种类齐全、数量充足、比例适当才能维持人体健康，才具有较高的营养价值。鸡蛋蛋白质与人乳蛋白质的氨基酸模式最为接近，在比较食物蛋白质营养价值时常用来作为参考蛋白。参考蛋白是指蛋白质氨基酸模式较好，可用来测定其他蛋白质质量的标准蛋白。

存在于人体各组织、器官和体液中的游离氨基酸，共同参与机体代谢，这些游离氨基酸统称为氨基酸池(amino acid pool)。

当食物蛋白质中一种或几种必需氨基酸含量相对较低或缺乏时，会限制食物蛋白质中其他必需氨基酸被机体利用的程度，使其营养价值降低，这些含量相对较低的必需氨基酸称为限制氨基酸(limiting amino acid)。含量相对最低的氨基酸称为第一限制氨基酸，其余以此类推，根据其不足程度大小可依次称为第二限制氨基酸、第三限制氨基酸。在植物蛋白质中，赖氨酸、蛋氨酸、苏氨酸和色氨酸的含量往往相对较低，其营养价值也相对较低。例如，赖氨酸一般是谷类蛋白质的第一限制氨基酸，小麦、大麦和大米中的苏氨酸含量也较低，为第二限制氨基酸，而玉米的第二限制氨基酸为色氨酸。蛋氨酸则是大豆、花生、牛乳和肉类蛋白质的第一限制氨基酸。常见植物性食物的限制氨基酸见表 4-3。

表 4-3 常见植物性食物的限制氨基酸

食物	第一限制氨基酸	第二限制氨基酸	第三限制氨基酸
小麦	赖氨酸	苏氨酸	缬氨酸
大麦	赖氨酸	苏氨酸	蛋氨酸
大米	赖氨酸	苏氨酸	—
玉米	赖氨酸	色氨酸	苏氨酸
花生	蛋氨酸	—	—
大豆	蛋氨酸	—	—

4.2 蛋白质的营养评价

食物中蛋白质的含量及氨基酸组成是不同的,人体对不同蛋白质的消化、吸收和利用程度也存在差异,因此,其营养价值也不一样。评价食物蛋白质的营养价值,对于食品品质的鉴定、新的食品资源的研究和开发、指导人群膳食等方面都是十分重要的。评定一种食物蛋白质的营养价值有许多方法,但任何一种方法都是以某一现象作为观察评定指标,往往具有一定的局限性,所表示的营养价值也是相对的。具体评定一种食物蛋白质的营养价值,应根据不同方法的结果综合考虑。但总的来说,食物蛋白质的营养价值都是从"量"和"质"两个方面来综合评价的。"量"即食物中蛋白质含量的多少,"质"即食物蛋白质中必需氨基酸的模式,表示食物蛋白质被机体消化、吸收和利用的程度。"质"的评价方法可概括为生物学法和化学分析法。生物学法主要是通过动物或人体试验测定食物蛋白质在体内的消化率和利用率;化学分析法主要是通过对食物中的氨基酸进行分析,并与参考蛋白相比较进行评价。在实验方法上,尽管食物蛋白质的营养价值可以通过人体代谢来观察,但是,为了慎重和方便,往往采用动物实验的方法。常用的食物蛋白质的营养价值评价指标及方法如下所述。

4.2.1 蛋白质含量

食物中的蛋白质含量是评价食物蛋白质营养价值的一个重要方面,是评价食物蛋白质营养价值的基础。如果食物中蛋白质含量太少,即使食物蛋白质中必需氨基酸模式好,也不能满足机体需要(量是基础),无法发挥蛋白质应有的作用。

食物蛋白质含量的测定通常采用凯氏(Kjeldahl)定氮法测定其含氮量。凯氏定氮法是测定化合物或混合物中总氮量的一种方法,即在有催化剂的条件下,用浓硫酸消化样品,将有机氮都转变成无机铵盐,然后在碱性条件下将铵盐转化为氨,随水蒸气蒸馏出来并被过量的硼酸溶液吸收,再用标准盐酸滴定,就可计算出样品中的氮量。由于蛋白质含氮量比较恒定，可由其含氮量计算蛋白质含量，因此，此法是经典的蛋白质定量方法。凯氏定氮法的理论基础是蛋白质中的含氮量通常占其总质量的16%左右(12%～19%)，因此，通过测定物质中的含氮量便可估算出物质中的总蛋白质含量(假设测定物质中的氮全部来自蛋白质)，即蛋白质含量＝含氮量/16%，或蛋白质含量＝含氮量×6.25。通过凯氏定氮法测得的值称为总氮量，总氮量包括嘌呤、嘧啶、游离氨基酸、维生素、肌酸、肌酐、氨基糖等的氮含量。肉类中一部分是游离氨基酸和肽；鱼类中除此之外还含有挥发性碱基氮和甲基氨基化合物，海产软骨鱼类中可能还含有尿素。此外，并不是所有食物蛋白质的含氮量都是16%，故换算系数也不都是6.25，常用食物蛋白质的换算系数见表4-4。

表4-4 常用食物蛋白质的换算系数

食物	蛋白质换算系数	食物	蛋白质换算系数
全小麦粉	5.83	其他如核桃、榛子等	5.30
麦糠麸皮	6.31	鸡蛋(整)	6.25
麦胚芽	5.80	蛋黄	6.12
燕麦	5.83	蛋白	6.32
大麦、黑麦粉	5.83	肉类和鱼类	6.25
小米	6.31	动物明胶	5.55
玉米	6.25	乳及乳制品	6.38
大米及米粉	5.95	酪蛋白	6.40
巴西果	5.46	人乳	6.37
花生	5.46	大豆(黄)	5.71
杏仁	5.18	其他豆类	6.25

4.2.2 蛋白质消化率

蛋白质消化率是指一种食物蛋白质可被消化酶分解的程度。食物蛋白质消化率可用该蛋白质中被消化吸收的氮量与该蛋白质总含氮量的比值来表示。根据是否考虑内源粪代谢氮的因素，消化率可分为表观消化率(apparent digestibility，AD)和真消化率(true digestibility，TD)两种。

表观消化率的公式表示为：

$$\text{表观消化率(AD)}=\frac{\text{食物氮}-\text{粪氮排出量}}{\text{食物氮}}\times 100\%$$

真消化率的公式表示为：

$$\text{真消化率(TD)}=\frac{\text{食物氮}-\text{粪氮排出量}+\text{粪代谢氮}}{\text{食物氮}}\times 100\%$$

粪中排出的氮量由食物中不能被消化吸收的氮和粪代谢氮构成，粪代谢氮则是受试者在完全不吃含蛋白质食物时粪便中的含氮量。此时，粪代谢氮的来源有脱落的肠黏膜细胞、死亡的肠道微生物、少量的消化酶。如果粪代谢氮忽略不计，即为表观消化率。表观消化率要比真消化率低，用它估计蛋白质的营养价值偏低，因此，按此计算需要的蛋白质供给量相应要高些，安全系数也较高。此外，表观消化率的测定方法较为简便，一般情况下最常用。

蛋白质消化率越高，被机体吸收利用的程度越高，营养价值也越高。但由于蛋白质在食物中的存在形式、结构各不相同，食物中还有不利于蛋白质吸收的其他影响因素等，因此，不同的食物或同一种食物的不同加工方式(或人体状态，如全身状态、消化功能、精神情结、饮食习惯、心理因素等)，使其蛋白质的消化率存在差异。食物蛋白质消化率受蛋白质性质、膳食纤维、多酚类物质和酶反应等因素影响。一般来说，蛋白质消化率与其同时存在的膳食纤维有关，动物性蛋白质比植物性蛋白质的消化率高，因为动物性蛋白质含膳食纤维比植物性蛋白质少。在食物加工过程中，如能将植物中的膳食纤维除去或使之软化，则能使植物性蛋白质的消化率提高。食物经过烹调，一般也可以提高蛋白质消化率，如乳类可达 98%，肉类为 92%～94%，蛋类为 98%，豆腐为 90%(黄豆粒蛋白质消化率为 60%；豆芽蛋白质消化率为 70%；豆浆蛋白质消化率为 80%)，白米饭为 82%，面包为 79%，马铃薯为 14%，玉米面为 66%。大豆、花生、菜豆和麻籽等含有能抑制胰蛋白酶、糜蛋白酶的物质，这些物质称为蛋白酶抑制剂，它们的存在妨碍蛋白质的消化吸收，但可以通过加热除去。通常，经常压蒸汽加热半小时，它们即可被破坏。

4.2.3　蛋白质利用率

食物蛋白质利用率是指食物中蛋白质在体内被利用的程度。衡量蛋白质利用率的指标有很多，各指标分别从不同角度反映蛋白质被利用的程度，其测定方法大体上可以分为两大类：一类是以氮在体内储留为基础的方法，另一类是以体重增加为基础的方法。

4.2.3.1　生物价

蛋白质的生物价(biological value，BV)是反映食物蛋白质经消化吸收后在机体内被储留和利用的程度，用食物蛋白质在机体内吸收后被储留的氮与被吸收的氮的比值来表示。

$$\text{蛋白质的生物价}=\frac{\text{储留氮}}{\text{吸收氮}}\times 100\%$$

$$\text{储留氮}=\text{吸收氮}-(\text{尿氮}-\text{尿内源氮})$$

$$\text{吸收氮}=\text{食物氮}-(\text{粪氮}-\text{粪代谢氮})$$

尿内源氮是指无蛋白质摄入(试验对象摄入足够的热量,但完全不摄入蛋白质)时尿液中的含氮量,它与粪代谢氮都属于必要氮损失。其主要是由泌尿系统内皮细胞老化、死亡后脱落形成的。生物价越高,说明蛋白质被机体利用的程度越高,即蛋白质的营养价值越高,生物价最高值为100。常见食物蛋白质的生物价见表4-5。

表4-5　常见食物蛋白质的生物价

蛋白质	生物价	蛋白质	生物价	蛋白质	生物价
鸡蛋蛋白质	94	大米	77	小米	57
鸡蛋白质	83	小麦	67	玉米	60
鸡蛋黄	96	生大豆	57	白菜	76
脱脂牛乳	85	熟大豆	64	红薯	72
鱼	83	扁豆	72	马铃薯	67
牛肉	76	蚕豆	58	花生	59
猪肉	74	白面粉	52		

对肝、肾病患者来讲,生物价高表明食物蛋白质中的氨基酸主要用来合成人体蛋白,极少有过多的氨基酸经肝、肾代谢而释放能量或由尿排出多余的氮,从而大大减少肝、肾的负担,有利于其恢复。因此,肝、肾病患者在选择蛋白质时主要考虑蛋白质的生物价。

蛋白质的生物价受很多因素影响,同一食物蛋白质可因实验条件不同而有不同的结果,故对不同蛋白质的生物价进行比较时应统一实验条件。此外,在测定时多用初断乳的大鼠,饲料蛋白质的含量为100 g/kg(10%)。将饲料蛋白质的含量固定在10%,目的是便于对不同蛋白质进行比较。因为当饲料蛋白质含量低时,蛋白质的利用率较高。

4.2.3.2 蛋白质净利用率

蛋白质净利用率(net protein utilization,NPU)是反映食物中蛋白质实际被利用的程度,用体内储留氮与摄入氮的比值来表示。事实上,它包括食物蛋白质的消化和利用两个方面,因此,评价更为全面。计算公式如下:

$$蛋白质净利用率(\%)=\frac{储留氮}{摄入氮}=蛋白质消化率\times蛋白质生物价$$

除用上述氮平衡法进行动物试验外,还可以分别采用受试蛋白质(占热能供给量的10%)和无蛋白质的饲料喂养动物7～10天,记录其摄食总氮量。试验结束时测定动物体内总氮量,以试验前动物尸体总氮量作为对照进行计算。因为蛋白质净利用率是将消化率和利用率结合在一起的,所以,普通人群进行蛋白选择时,此指标的指导作用更强。

4.2.3.3　蛋白质功效比值

蛋白质功效比值(protein efficiency ratio,PER)表示所摄入的蛋白质被用于生长的效率。这是使用最早的且简便的评价蛋白质质量的方法。此法以幼龄动物(处于生长阶段的幼年动物)体重增加量与摄入的蛋白质质量之比来表示。

$$\text{蛋白质功效比值}=\frac{\text{动物体重增加量(g)}}{\text{蛋白质摄入质量(g)}}$$

这种方法通常用于出生后 21～28 天刚断乳的雄性大鼠(体重为 50～60 g),以含受试蛋白质 10%的合成饲料喂养 28 天,计算动物每摄入 1 g 蛋白质所增加的体重(g)。此法简便实用,被推荐为评价食物蛋白质营养价值的必测指标,广泛应用于许多国家。

动物种属不同,其生长发育曲线不同。即使对于同种动物,其饲养条件的差异也会使其生长发育曲线存在一定差异。为便于比较测定的结果,在进行待测蛋白质试验时,将经过标定的酪蛋白(PER 为 2.5)作为参考蛋白,在同样条件下设置对照组进行测定。将上述测定结果进行换算,可得到校正的待测蛋白质的 PER。

$$\text{校正的 PER}=\frac{\text{实测 PER}\times 2.5}{\text{参考酪蛋白的实测 PER}}$$

蛋白质功效比值体现蛋白质对幼龄动物体生长发育的促进作用,该指标对于婴幼儿选择蛋白质种类和来源具有重要的指导价值。

4.2.3.4　氨基酸评分

氨基酸评分(amino acid score,AAS)也称蛋白质化学评分,是用被测食物蛋白质的必需氨基酸评分模式和推荐的理想模式或参考蛋白质的模式进行比较,可反映蛋白质中氨基酸构成与理想模式的差异关系。

$$\text{氨基酸评分}=\frac{\text{被测蛋白质中每克蛋白质中氨基酸含量(mg)}}{\text{理想模式或参考蛋白质中每克蛋白质中氨基酸含量(mg)}}\times 100\%$$

理想氨基酸模式采用 FAO 提出的模式,同时由于不同年龄人群的氨基酸需要模式不同,食物蛋白质的氨基酸评分也不同,见表 4-6。氨基酸评分最低的必需氨基酸为第一限制氨基酸,见表 4-7 中亮氨酸。

表 4-6　不同年龄人群的氨基酸需要模式及几种食物的氨基酸评分

氨基酸	FAO 提出的模式	人群/(mg/g 蛋白质)				食物/(mg/g 蛋白质)		
		1 岁以下	2～9 岁	10～12 岁	成人	鸡蛋	牛奶	牛肉
组氨酸		26	19	19	16	22	27	34
异亮氨酸	40	46	28	28	13	54	47	48
亮氨酸	70	93	66	44	19	86	95	81

续表

氨基酸	FAO提出的模式	人群/(mg/g蛋白质)				食物/(mg/g蛋白质)		
		1岁以下	2～9岁	10～12岁	成人	鸡蛋	牛奶	牛肉
赖氨酸	55	66	58	44	16	70	78	89
半胱(蛋)氨酸	35	42	25	22	17	57	33	40
苯丙氨酸	60	72	63	22	19	93	102	80
苏氨酸	40	43	34	28	9	47	44	46
缬氨酸	50	55	35	25	13	66	64	50
色氨酸	10	17	11	9	5	17	14	12
合计		460	339	241	127	512	504	480

确定某一食物蛋白质的氨基酸评分一般分为两步：首先计算被测蛋白质中每种必需氨基酸的评分；其次找出第一限制氨基酸的评分。第一限制氨基酸评分亦为该食物蛋白质的最终氨基酸评分。

例如，某小麦粉的蛋白质含量为10.9%，其中100 g小麦粉中各种氨基酸含量见表4-7，试按FAO提出的模式，计算该小麦粉的氨基酸评分。

解：①求出每克蛋白质中氨基酸含量(mg/g)。

②按FAO必需氨基酸需要模式(mg/g)求出氨基酸比值。

③找出最小比值，然后乘以100，即为小麦粉的氨基酸评分(47)，第一限制氨基酸为亮氨酸。

表4-7　小麦粉的氨基酸评分计算

氨基酸	每100 g面粉中氨基酸含量/mg	每克蛋白质中氨基酸含量/mg	FAO提出的模式/(mg/g)	氨基酸比值	最终氨基酸评分
组氨酸	403	36.97	40	0.92	47
异亮氨酸	768	70.46	70	1.01	
亮氨酸	280	25.69	55	0.47	
赖氨酸	394	36.15	35	1.03	
半胱(蛋)氨酸	854	78.35	60	1.31	
苯丙氨酸	309	28.35	40	0.71	
苏氨酸	514	47.15	50	0.94	
缬氨酸	135	12.38	10	1.24	

用氨基酸评分不仅可以看出单一食物蛋白质的限制氨基酸，也可看出混合食物蛋白质的限制氨基酸。机体在利用膳食蛋白质提供的必需氨基酸合成组织蛋白质时，是以氨基酸评分最低的必需氨基酸为准。因此，在进行食物氨基酸强化

时，应根据食物蛋白质的氨基酸模式特点，同时考虑第一限制氨基酸、第二限制氨基酸、第三限制氨基酸的补充量，否则不仅无效，还可能导致新的氨基酸不平衡。

氨基酸评分的方法比较简单，但缺少对食物蛋白质消化率的考量，有些蛋白质的氨基酸模式很好，但很难消化，结果导致对这类食物的估计偏高。因此，在20 世纪 90 年代初，FAO/WHO 有关专家委员会公布及推荐蛋白质消化率校正的氨基酸评分(protein digestibility-corrected amino acids score，PDCAAS)：

蛋白质消化率校正的氨基酸评分＝氨基酸评分×真消化率

相关机构已将这种方法作为评价食物蛋白质的方法之一。表 4-8 是常见食物蛋白质消化率校正的氨基酸评分(PDCAAS)。

表 4-8　常见食物蛋白质消化率校正的氨基酸评分(PDCAAS)

食物	PDCAAS	食物	PDCAAS
酪蛋白	1.00	斑豆	0.63
鸡蛋	1.03	燕麦粉	0.57
大豆分离蛋白	0.99	花生粉	0.52
牛肉	0.92	小扁豆	0.52
豌豆	0.69	全麦	0.40
菜豆	0.68		

除上述方法和指标外，还有一些评价方法，如相对蛋白质值、净蛋白质比值、氮平衡指数等，一般不常使用。

需注意的是，氨基酸模式与氨基酸评分比较类似，但计算氨基酸模式时是与自身色氨酸含量比较，而氨基酸评分则是与每种氨基酸对应的标准值比较。另外，氨基酸模式只能评价某种蛋白质的氨基酸相对比例关系，而氨基酸评分既可评价单一食物蛋白质，也可评价混合膳食蛋白质的氨基酸含量与理想模式的比较关系。

4.2.4　蛋白质能量失衡

4.2.4.1　蛋白质-能量营养不良

蛋白质缺乏常与能量缺乏同时存在。蛋白质-能量营养不良(protein-energy malnutrition，PEM)是现今世界上最普遍的营养不良形式，是世界四大营养缺乏症(蛋白质-能量营养不良、缺铁性贫血、缺钙、维生素 A 缺乏症)中最严重的一种。据世界卫生组织估计，目前世界上大约有 500 万儿童患蛋白质-能量营养不良，其中大多数是由贫困和饥饿引起的，主要分布在非洲、中美洲、南美洲以及中东、东亚和南亚地区。PEM 根据临床表现可分为两种类型：

(1)恶性营养不良综合征　即水肿型 PEM(图 4-1)，是由于蛋白质严重缺乏而能量供应尚可维持最低需要水平的极度营养不良症，多见于断乳期的婴幼儿。

该病主要表现为腹部和腿部水肿，虚弱，表情淡漠，生长滞缓，头发变色、变脆和易脱落，易感染其他疾病等。

（2）消瘦　即消瘦型 PEM（图 4-2），是由于蛋白质和能量均长期严重缺乏而出现的疾病。患儿消瘦无力，易感染其他疾病而死亡。临床表现为精神萎靡、体重减轻、皮下脂肪减少或消失、肌肉萎缩、毛发细黄而无光泽，常有腹泻、脱水、全身抵抗力下降，但无浮肿。主要特征为皮下脂肪和骨骼肌显著消耗和内在器官萎缩，四肢犹如“皮包骨”，腹部因无脂肪呈舟状腹或因胀气呈蛙状腹，腹壁薄，甚至可见肠蠕动或摸到大便包块。患者体重常低于其标准体重的 60%。

图 4-1　水肿型 PEM

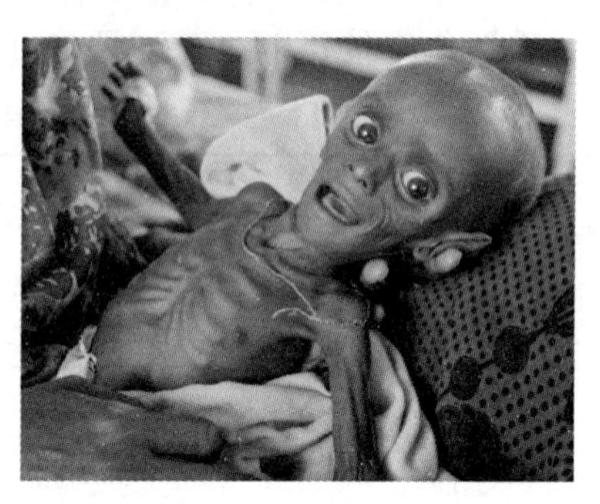

图 4-2　消瘦型 PEM

也有人认为，这两种类型是蛋白质-能量营养不良的两个不同阶段。对成人来说，蛋白质摄入不足，同样可引起体力下降、浮肿、抗病力减弱等现象。

蛋白质缺乏的原因包括：①膳食中蛋白质和热能供给不足。②消化吸收不良。③蛋白质合成障碍。④蛋白质损失过多、分解过甚。

4.2.4.2　蛋白质摄入过量

蛋白质尤其是动物性蛋白质摄入过量，对人体同样有不利影响。高蛋白食品往往也含有高脂肪，因此，摄入过多的动物性蛋白质，会伴随着较多的动物脂肪和胆固醇摄入。实验证明，摄入动物性高蛋白食品，特别是伴随低钙饮食时，将加速骨质疏松，过多的动物性蛋白质摄入造成含硫氨基酸摄入过多，加速骨骼中的钙质丢失，因此，摄入过多的动物性蛋白质和骨折有关。由于蛋白质不在体内储存，过多摄入的蛋白质必须经脱氨分解才能排出体外，这一过程需要大量的水分，因而加重肾脏负担。氨基酸在体内代谢主要以脱氨基作用为主，故蛋白质摄入过多，在氧化产能的过程中会导致体内产生大量的氨，易导致碱中毒。不被消化吸收的蛋白质进入大肠后被肠道菌群分解为苯酚、吲哚、甲基吲哚、硫化氢等对人体有害的物质，易导致肠道癌症的发生。所以，应根据机体需要，摄入适量的蛋白质，维持人体内的氮平衡。

4.3　蛋白质互补作用

把两种或两种以上食物蛋白质按不同比例混合食用，使它们所含的必需氨基酸取长补短、相互补充，其中一种食物蛋白质中不足或缺乏的必需氨基酸由其他食物蛋白质进行补充，使混合后的必需氨基酸比例得以改进，从而提高蛋白质的营养价值，即蛋白质互补作用（complementary action）。蛋白质互补作用在蛋白质生物价的提高、膳食调配等方面有着重要的实际意义。

例如，大豆的蛋白质中富含赖氨酸而蛋氨酸含量较低，玉米、小米的蛋白质中赖氨酸含量较低而蛋氨酸含量相对较高。当单独食用小米、玉米、生大豆时，其生物价分别为 57、60、57，若将它们按 40%、40%、20%的比例混合食用，使赖氨酸和蛋氨酸相互补充，则蛋白质的生物价可提高到 70。若在植物性食物的基础上再添加少量动物性食物，则蛋白质的生物价还会提高。如单独食用小米、小麦、熟大豆、干牛肉时，其蛋白质的生物价分别为 57、66、73、74，若将它们按 25%、55%、10%、10%的比例混合食用，则蛋白质的生物价可提高到 89。由此可见，动物性食物与植物性食物混合后的互补作用比单纯的植物性食物之间的互补作用更好。蛋白质互补示意图如图 4-3 所示。

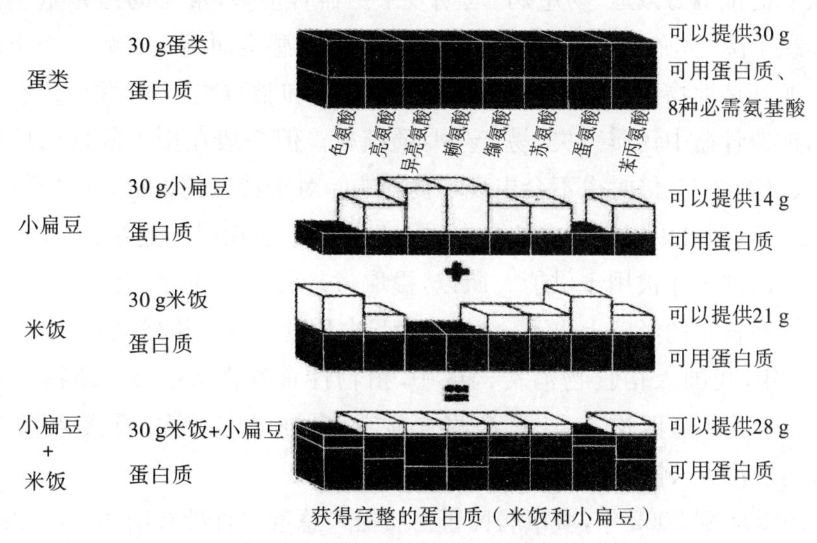

图 4-3　蛋白质互补示意图

为充分发挥食物蛋白质互补作用，在进行膳食调配时，应遵循以下三个原则：①食物的生物学种属越远越好，可将动物性食物与植物性食物进行混合。②搭配的种类越多越好。③食用时间越短越好，同时食用时间间隔不要超过 4 h，且其互补作用随着时间的延长而逐渐降低，如超过 8 h，食物之间便不再有互补作用。这是因为单个氨基酸在血液中的停留时间约为 4 h，然后到达组织器官，再合成组织器官的蛋白质。氨基酸必须同时到达，才能发挥互补作用，合成组织器官的蛋白质。因此，蛋白质互补是解决贫困地区人群膳食蛋白质质量不高、吸收利用率低的重要措施与手段。

4.4 蛋白质的供给及食物来源

4.4.1 蛋白质摄入量与比例

4.4.1.1 蛋白质摄入量

蛋白质摄入量是根据机体对它的需要量来确定的。成人对优质蛋白质的平均需要量为0.6 g/kg。平均需要量加上成人蛋白质需要量的真变异系数的2倍，即安全摄取量，达到此需要量即可满足人群中97.5%的个体对蛋白质的需要。成人对优质蛋白质的安全摄取量为每天0.75 g/kg，因此，以安全摄取量为基础来确定人群的蛋白质摄入量，当然这是指在摄入优质蛋白质的情况下的摄入量。

蛋白质缺乏或摄入过多对人体健康都不利。蛋白质缺乏在成人和儿童中都有发生，但处于生长阶段的儿童更为敏感。蛋白质缺乏的常见症状是代谢率下降、对疾病的抵抗力减退、易患病，远期效果是器官损害，常见的是儿童生长发育迟缓、体质下降、贫血以及干瘦病或水肿，并因为易感染而继发疾病。而蛋白质摄入过多，尤其是动物性蛋白质摄入过多，会导致饱和脂肪酸和胆固醇过量，加重代谢负担，加速骨骼中钙质丢失，易产生骨质疏松。但一般在摄入的蛋白质量超过推荐摄入量的2～3倍时也不会出现不良影响。对于特殊的人群，如孕产妇、运动员、青少年等，则可以摄入更多的蛋白质。只是蛋白质在用于更新、修补组织和生长后，多余的部分才被用于供能。所以，摄取过量的蛋白质除在代谢上加重机体的负担外，在食物的经济上也不合算(因为蛋白质食物的价格较高)。

2000年，我国人均食物消费构成中，植物性食物占83.8%，动物性食物占14.1%。2002年，第四次全国营养调查显示：我国人均蛋白质摄入量为每日66.1 g，是推荐摄入量(RNI)80 g的82.6%。

从1982年到2002年，城市居民蛋白质摄入总量一直没有增加。1982年每人日均66.7 g，1992年每人日均摄入蛋白质量为68 g，2002年每人日均摄入蛋白质量为66.1 g。虽然蛋白质摄入总量未增加，但由于动物性食物消费量明显增加，城乡居民摄入的优质蛋白质比例上升。特别是农村居民膳食结构趋向合理，与1992年相比，优质蛋白质占蛋白质总重的比例从17%增加到31%。

《中国食物与营养发展纲要(2001—2010年)》提出，2010年我国食物与营养发展总体目标是人均每日摄入能量中80%来自植物性食物，20%来自动物性食物。所以，我国居民的膳食结构仍然是以植物性食物为主，动物性食物与植物性食物搭配的膳食结构。在这种情况下，蛋白质的摄入量也可相对高一些。2000年，中国营养学会提出的“中国居民膳食营养素参考摄入量（DRIs）”中指出，成人的蛋白质推荐摄入量为 1.16 g/(kg·d)。对于一个体重为 65 kg 的成人来说，正常状态下蛋白质的需要量是 75 g/d。中国居民膳食蛋白质参考摄入量见表 4-9。

表 4-9　中国居民膳食蛋白质参考摄入量/(g/d)

年龄（岁）/生理状况	男性		女性	
	EAR	RNI	EAR	RNI
0～	—	9[a]	—	9[a]
0.5～	15	20	15	20
1～	20	25	20	25
2～	20	25	20	25
3～	25	30	25	30
4～	25	30	25	30
5～	25	30	25	30
6～	25	35	25	35
7～	30	40	30	40
8～	30	40	30	40
9～	40	45	40	45
10～	40	50	40	50
11～	50	60	45	55
14～	60	75	50	60
18～	60	65	50	55
孕妇(1～12 周)	—	—	50	55
孕妇(13～27 周)	—	—	60	70
孕妇(≥28 周)	—	—	75	85
哺乳期妇女	—	—	70	80

注：“—”表示未制定；“a”表示 AI 值。

4.4.1.2　蛋白质摄入量的相关比例

一般情况下，在确定蛋白质摄入量时，可根据中国营养学会 2000 年修订的中国居民膳食蛋白质推荐摄入量标准，也可按蛋白质提供的能量计算，以占总热能摄入量的 11%～20%为宜。

《中国食物与营养发展纲要（2001—2010 年）》提出，2010 年我国食物与营养发展总体目标是人均每日摄入蛋白质 77 g，其中 30%来自动物性食物。如果膳食中动物性食物蛋白质、大豆蛋白达到总摄入蛋白质量的 40%以上，则蛋白质的摄入量可以减少一些。

《中国食物与营养发展纲要(2014—2020 年)》中营养素摄入量目标是：保障充足的能量和蛋白质摄入量，控制脂肪摄入量，保持适量的维生素和矿物质摄入量。到 2020 年，全国人均每日摄入能量为 2200～2300 kcal，其中谷类食物供能比不低于 50%，脂肪供能比不高于 30%；人均每日蛋白质摄入量为 78 g，其中优质蛋白质比例占 45%以上。

成人的蛋白质摄入量占总热能摄入量的 11%～12%，即可保证正常生理功能的需要。老年人因年龄、身体发生退行性疾病与影响代谢的疾病增加，蛋白质的摄入量也需适当增加，可以总摄入能量的 15%为限。儿童、青少年因处于生长发育期，摄入量可高一些，以蛋白质能量占总热能摄入量的 15%～20%为宜，保证膳食蛋白质中有足够的蛋白质供给生长、发育的需要。

当体力劳动强度增加时，其所消耗的热能增加，这时一般会通过增加谷物类食物的摄入来补充热能的供应。此时，蛋白质所占的热能比值变得相对较低，但由于摄入的提供热能的谷类食物增加，其摄入的绝对蛋白质量也相应增加。

4.4.2 蛋白质的食物来源

目前，我国居民摄入的蛋白质主要来自植物性食物和动物性食物。畜、禽、蛋、鱼、肉类中含有大量的优质蛋白质，含量一般为 10%～20%。牛肉蛋白质含量最高，为 20%左右，猪肉稍低，为9.5%左右；蛋类蛋白质含量为 11%～14%，鸡蛋最高，为 14.7%左右，鸭蛋最低，为 8.7%左右；鱼类蛋白质含量为 20%左右；乳类蛋白质含量为 1.5%～3.8%，其中母乳为 1.5%左右，牛乳为 3.5%左右，水牛乳为 4.7%。植物性食物如谷类一般含蛋白质 6%～12%；薯类一般含蛋白质2%～3%；某些坚果类如花生、核桃、杏仁、松子等一般含蛋白质 15%～30%；豆科植物如某些干豆类的蛋白质含量高达 40%左右，特别是大豆，其蛋白质含量高且质量优，富含豆固醇，可抑制机体对胆固醇的吸收，为谷类蛋白质的理想互补品。另外，食用菌作为蛋白质资源，亦引起各个国家的重视，蛋白质含量为 5%～16%，且因其含有真菌多糖而更具有保健功能。

植物性蛋白质的优点：不含胆固醇；来源经济；植物性蛋白质特别是油料植物蛋白质，具有较好的功能特性(如保水性、乳化性、黏结性等)，既可单独制成食品，也可同蔬菜和肉类配制成多种多样的食品；用其制作的食品中微生物含量少，安全卫生性好。

在蛋白质选择方面，我国有以下谚语："宁尝飞禽四两，不吃走兽半斤"；吃"四条腿的”不如吃“两条腿的”,吃“两条腿的”不如吃“一条腿的”。

这里需要注意的是,参与蛋白质合成的多种氨基酸应按比例同时存在,才能充分发挥互补作用。如果各类食物蛋白质不能被同时摄入,各种食物中必需氨基酸的利用率就会受到影响。因此,最好能使动物性蛋白质占食物总蛋白质的20%～30%(动物性蛋白质和大豆蛋白应占膳食蛋白质总量的30%～50%),并使动物性蛋白质合理地分配于各餐。这也正是饮食上要求不偏食、荤素搭配的科学道理所在。

4.4.3　蛋白质新资源

由于世界人口不断增加,许多地区均有营养不足,尤其是蛋白质摄入不足的现象,因此,如何在经济的原则下生产大量可食性蛋白质,是目前研究发展的主要方向。

4.4.3.1　单细胞蛋白质

单细胞蛋白质泛指微生物菌体蛋白质。它们的结构非常简单,一个个体就是一个细胞,所以,又称单细胞蛋白。它们具有生长速率快、生产条件易控制和产量高等优点,是蛋白质良好的来源。到目前为止,能够用于生产微生物蛋白质的菌种不多,主要是一些不会引起疾病的酵母、细菌、藻类和真菌等。

(1)酵母　产朊假丝酵母(*Candida utilis*)及酵母菌属的卡尔斯伯酵母(*Saccharomyces carlsbergensis*)早已被人们用作食品。前者以木材水解液或亚硫酸废液培养,后者是啤酒发酵的副产物,回收干燥后即可成为营养添加物。产朊假丝酵母中蛋白质含量约为53%(干重),但缺乏含硫氨基酸,若能添加0.3%半胱氨酸,则生物价会超过90,但食用过量会造成生理上的异常。

(2)细菌　细菌可利用纤维状底物(农业产品或其他副产品)作为碳源。诺卡菌属(*Nocardia*)、芽孢杆菌属(*Bacillus*)、微球菌属(*Micrococcus*)和假单胞菌属(*Pseudomonas*)等均已被用于研究生产蛋白质。

(3)藻类　藻类多年来一直被认为是可利用的蛋白质资源,尤以小球藻(*Chlorella vulgaris* Beij.)和螺旋藻(*Spirulina*)在食用方面的研究较多,其蛋白质含量分别为50%及60%(干重)。藻类蛋白质中必需氨基酸含量丰富,尤以酪氨酸及丝氨酸较多,但含硫氨基酸较少。藻类作为人类蛋白质食品来源有两个缺点:①日食量超过100 g时有恶心、呕吐、腹痛等现象。②其细胞壁不易被破坏,影响消化率(仅为60%～70%)。若能除去其中色素成分,并以干燥或酶解法破坏其细胞壁,则可提高其消化率。

(4)真菌　蘑菇是人类食用最广的一种真菌,但其蛋白质含量仅占鲜重的4%,干重也不超过27%。常用的真菌如娄地青霉(*Penicillium roqueforti*)、卡地干酪青霉菌(*P. camemberti*)等主要用于发酵食品,可使产品具有特殊的质地及风味,其他如米曲霉(*Aspergillus oryzae*)、酱油曲霉(*A. sojae*)、少孢根霉(*Rhizopus oligosporus*)等,则为大豆、米、麦、花生等的发酵菌种,能产生蛋白质含量丰富的营养食品。

4.4.3.2 叶蛋白质

植物的叶片是进行光合作用和合成蛋白质的场所,是一种取之不尽的蛋白质资源。许多禾谷类及豆类(如谷物、大豆及甘蔗等)作物的绿叶部分含80%水和2%～4%蛋白质。取新鲜叶片切碎,研磨和压榨后所得的绿色汁液中约含10%固形物、40%～60%粗蛋白质,不含纤维素。其纤维素部分可因压榨而部分脱水,作为反刍动物优良的饲料。汁液部分含有与叶绿体连接的不溶性蛋白质和可溶性蛋白质等。设法除去其中低分子量的生长抑制因素,将汁液加热到90 ℃,即可形成蛋白质凝块,经冲洗及干燥后的凝块约含60%蛋白质、10%脂类、10%矿物质以及各种色素与维生素。由于叶蛋白质适口性不佳,往往不被一般人接受。若将叶蛋白质作为添加剂加入谷物食品中,则会提高人们对叶蛋白质的接受性,且可补充谷物中的赖氨酸。

4.4.3.3 动物浓缩蛋白质

鱼蛋白不仅可作为食品,也可作为饲料。先将生鱼磨粉,再以有机溶剂抽提,除去脂肪与水分,用蒸汽去除有机溶剂,剩下的即蛋白质粗粉,再将其磨成适当的颗粒,即成无臭、无味的浓缩鱼蛋白,其蛋白质含量为75%以上。而用去骨、去内脏的鱼做成的浓缩鱼蛋白称为去内脏浓缩鱼蛋白,其蛋白质含量为93%以上。浓缩鱼蛋白的氨基酸组成与鸡蛋、酪蛋白相似,所以,这种蛋白质的营养价值很高。

4.4.3.4 昆虫蛋白质

世界上的昆虫种类繁多,有100多万种,其中有500多种可以食用。因为昆虫繁殖快,具有高蛋白质、低脂肪、低胆固醇,且富含人体所需的各种必需氨基酸,又易于吸收,营养价值优于植物性蛋白质,所以,引起世界各国的广泛关注。据预测,21世纪,昆虫将成为仅次于微生物和细胞生物的第三大类蛋白质来源。我国卫生行政部门已正式将蚂蚁列为新资源开发项目。

昆虫食品开发起步较早的墨西哥、日本、德国、法国、美国、比利时等,都已生产出多种昆虫食品。从古至今,就有古希腊人吃蝉、古罗马人吃毛虫、中国人吃蚕蛹、北非人吃白蚁等习俗。在墨西哥,人们把蝇卵、蝗虫、蚂蚁、蟋蟀等昆虫作为美味的食物。我国的昆虫资源种类特别丰富,食虫习俗历史悠久。我国云南有名的"跳跳菜"就是用蝗虫做的。

昆虫所含的蛋白质丰富,含量多在50%以上。如干的黄蜂含蛋白质约81%,

蜜蜂含蛋白质43%，蝉含蛋白质72%，草蜢含蛋白质70%，蟋蟀含蛋白质65%，稻蝗含蛋白质60%，柞蚕蛹含蛋白质52%，蝇蛆含蛋白质60%。有的昆虫活性蛋白还含有对人体健康有益的功能成分。

4.5 特殊氨基酸和肽

随着对蛋白质研究的深入，人们已经从单纯以蛋白质的消化性、氨基酸的组成及含量来评价蛋白质的营养价值，发展到更加重视蛋白质序列中的低肽和氨基酸的生理保健功能，它们不仅能提供人体生长、发育所需的营养物质，还具有防病治病、调节生理机能的作用。下面介绍几种有特殊生理功能的氨基酸和肽。

4.5.1 牛磺酸

牛磺酸(taurine)是生物体内的一种含硫氨基酸，由半胱氨酸代谢而来。牛磺酸广泛存在于动物乳汁、脑和心脏中，在肌肉中含量最高，以游离形式存在，不参与蛋白质代谢。牛磺酸在植物中仅存于藻类(如螺旋藻)中，高等植物中尚未发现。

4.5.1.1 牛磺酸的生理功能

(1)促进脂肪乳化　牛磺酸与胆汁酸在肝中结合成牛磺胆酸，促进脂肪类物质的消化吸收，增加脂质和胆固醇的溶解性，预防胆固醇结石的形成，增加胆汁流量等。若食物中缺乏牛磺酸，则会影响脂类物质的吸收，特别是用不含牛磺酸的代乳品喂养婴儿，常出现吐奶、消化不良等现象。

(2)保护心血管系统　牛磺酸是心脏中含量最丰富的游离氨基酸，约占游离氨基酸含量的60%。牛磺酸与心肌钙及心肌收缩有密切关系，能增加心肌收缩期钙的利用，预防钙超载引起的心肌损伤，并且具有抗心律失常、抗心肌缺血等作用。

(3)改善视功能　大量研究显示，牛磺酸对视觉感受器发育、视功能改善有明显效果。人体视网膜中含有大量的牛磺酸，但是，在应激状态下也有缺乏的可能。当视网膜中的牛磺酸含量降低时，会出现视网膜结构和功能的变化，因此，人体色素性视网膜炎可能与牛磺酸缺乏有关。

(4)增加免疫力　牛磺酸可以结合白细胞中的次氯酸生成无毒性物质，降低次氯酸对白细胞的破坏，从而提高人体免疫力。

牛磺酸在人体内可由蛋氨酸、半胱氨酸通过脱羧、氧化作用合成。当体内牛磺酸不足时，可通过肾脏重吸收和减少排泄，成人不会缺乏牛磺酸，婴幼儿由于体内合成牛磺酸所需的半胱亚磺酸脱羧酶活性较低，合成量不能满足需要，因此，需补充牛磺酸。

4.5.1.2 牛磺酸的食物来源

牛磺酸主要由食物供给。若人体缺乏牛磺酸，则各器官系统都会受到影响，特别是婴幼儿和老年人。常见食品中的牛磺酸含量见表4-10。

表4-10 常见食品中的牛磺酸含量

产品名称	制备方法	含量/(mg/100 g)	产品名称	制备方法	含量/(mg/100 g)
鸡(白肉)	生	18±3	金枪鱼	罐装	42±13
	焙烤	15±4		生	39±13
火鸡肉、乌鸡肉	生	169±37	白鱼	焙烤	199±27
	生	151±23		煮熟	172±54
火鸡(白肉)	生	30±7	虾(小)	煮熟	11±1
	焙烤	11±1	虾(中等)	生	39±13
火鸡(熏肉)	生	306±69	牡蛎	生	396±29
	焙烤	299±52	蛤蜊	生	520±97
牛肉	生	43±8	贻贝	生	655±72
	焙烤	38±10	扇贝	生	827±15
小牛肉	生	40±13	鱿鱼	生	356±95
	焙烤	47±10	全脂奶		2.4±0.3
猪肉(腰部)	生	61±11	低脂奶		2.3±0.2
	焙烤	57±12	脱脂奶		2.5±0.3
启达乳酪		没有	瑞士乳酪		没有
火腿	烤	50±6	低脂酸奶		3.3±0.5
意大利香肠	腌制	59±8	低脂桃子酸奶		7.8±0.9
猪肉、牛肉、红肠	腌制	31±4	香草冰淇淋		1.9
火鸡、红肠	腌制	123±5			

由于婴儿合成牛磺酸的能力有限，因此，在婴儿配方奶粉中添加牛磺酸就显得非常重要。由表4-10可见，畜禽类、水产品中含有丰富的牛磺酸，其中水产品中的牛磺酸含量最高，如牡蛎、蛤蜊、扇贝等；禽类中黑肉的牛磺酸含量比白肉高；奶制品中的牛磺酸含量很低。

4.5.2 精氨酸

精氨酸(Arg)是一种含双氨基的条件必需氨基酸。对成人来说，精氨酸不是必需氨基酸。但是，成人在发育不成熟或在严重应激条件下或婴儿在先天性缺乏尿素循环的某些酶时，精氨酸则成为必需氨基酸。此时，如果缺乏精氨酸，机体就不能维持正氮平衡与正常的生理功能。一般认为，对婴儿来说，精氨酸和组氨酸是必需氨基酸。

4.5.2.1　精氨酸的生理功能

(1)促进伤口愈合　精氨酸可促进胶原组织的合成，对伤口起修复作用；并通过一系列酶反应形成一氧化氮，来活化巨噬细胞和中性粒细胞，对伤口起消炎作用。此外，由于精氨酸是形成一氧化氮的前体，而一氧化氮可在内皮细胞合成松弛因子，因此，它可促进伤口周围的微循环，加速伤口恢复。

(2)免疫调节功能　精氨酸能防止胸腺退化，增加胸腺质量，促进胸腺中淋巴细胞增长。若成人胸腺已萎缩，则精氨酸还能刺激人体周围血液中单核细胞对抗原与细胞分裂的反应，增强吞噬细胞的活力，以杀死肿瘤细胞或细菌等靶细胞。

(3)抗肿瘤作用　动物实验表明，补充精氨酸能减小肿瘤体积，降低肿瘤的转移率，提高动物的存活时间和存活率。对于败血症患者，其血浆中的精氨酸含量大大降低。

(4)抗冠心病　一氧化氮可抑制细胞和血小板的黏附和聚集，抑制血管平滑肌细胞增殖，因此，精氨酸可通过多种环节发挥抗冠心病的作用。

此外，精氨酸还可促进很多激素的分泌，如脑下垂体分泌的生长激素、催乳素及胰腺分泌的胰岛素和胰高血糖素(这些都是体内合成的激素)，对促进机体生长有重要作用，又与提高体内的免疫功能有关。

4.5.2.2　精氨酸的食物来源

精氨酸含量在 2%以上的食物有蚕豆、黄豆、豆制品、核桃、花生、牛肉、鸡肉、鸡蛋、干贝、墨鱼与虾等。

4.5.3　谷氨酰胺

谷氨酰胺(Glu)是人体含量最多的氨基酸。在正常的情况下，谷胺酰胺是一种非必需氨基酸。但在剧烈运动、受伤、感染等应激情况下，机体对谷氨酰胺的需要量大大超过了机体合成谷氨酰胺的能力，使体内的谷氨酰胺含量降低，致使蛋白质合成减少，出现小肠黏膜萎缩、免疫功能低下，此时谷氨酰胺又成为一种必需氨基酸。

谷氨酰胺在人体内的主要功能有：生物合成核酸的必需物质；器官与组织之间氮与碳转移的载体；氨基氮从外周组织转运至内脏的携带者；蛋白质合成与分解的调节器；肾脏排泄氨的重要基质；小肠黏膜的内皮细胞、肾小管上皮细胞、淋巴细胞、肿瘤细胞和成纤维细胞能量供应的主要物质；能形成其他氨基酸；能维持机体酸碱平衡。在临床上，谷氨酰胺的主要作用是防止肠黏膜萎缩。核桃、豆制品都是富含谷氨酰胺的食物。

4.5.4 谷胱甘肽

谷胱甘肽(GSH)是由谷氨酸、半胱氨酸和甘氨酸通过肽键连接而成的三肽,化学名称为γ-L-谷氨酰-L-半胱氨酰-甘氨酸。谷胱甘肽分子中含有一个活泼的巯基(—SH),易被脱氢氧化转变为氧化型谷胱甘肽(GSSG)。在生物体中起重要生理功能的是还原型谷胱甘肽。

4.5.4.1 谷胱甘肽的生理功能

(1)神奇的抗氧化剂 谷胱甘肽能够清除影响人体健康的自由基,现代医学认为,自由基是导致衰老和疾病的主要原因之一。人体细胞的抗氧化系统中含量最多和最重要的就是谷胱甘肽,谷胱甘肽是清除自由基的主力军,被科学家誉为"大师级抗氧化剂"和"谷胱甘肽防御系统"。谷胱甘肽不仅直接参与清除自由基,还对外来的抗氧化剂(如维生素 C 和维生素 E 等)起调节作用,保持它们的活性(还原)状态。

在正常状态下,人体细胞内的谷胱甘肽能够及时与人体代谢过程中产生的自由基结合,转化为低活性的物质,消除自由基对人体的伤害。但是,随着年龄的增长,人体自身产生谷胱甘肽的能力变弱,产生的谷胱甘肽量不足以及时清除人体内的自由基,多余的自由基开始破坏细胞内的生物大分子,使细胞功能受到影响,人体便开始出现衰老,疾病开始增多。另外,一些外界因素如紫外线辐射、饮酒、吸烟、环境污染、某些药物等,也会导致人体产生过多的自由基,从而加大人体内谷胱甘肽的需求。一旦谷胱甘肽供应不足,多余的自由基就会损害人体健康,影响人的寿命。

(2)不可替代的解毒剂 肝脏是人体内谷胱甘肽含量最丰富的器官,也是各种生物化合物最重要的解毒器官。谷胱甘肽会结合、排除进入体内的重金属,尤其是结合致癌物质,使其毒性受到抑制;谷胱甘肽与毒素结合并在细胞外分解后,进入胆汁或随尿液排出。肝脏是存放谷胱甘肽的大仓库,酒精性肝炎和病毒性肝炎(如甲肝、乙肝和丙肝)患者体内贮存的谷胱甘肽减少,因此,提升谷胱甘肽水平可恢复肝功能,从而更好地起到保肝护肝的作用。

肾脏也是人体内谷胱甘肽含量丰富的器官,肾脏通过其选择性的过滤作用,将人体新陈代谢中产生的废物通过尿液排出体外。另外,进入人体血液中的外源性有毒物质,如重金属、某些药物、细菌毒素等能通过与谷胱甘肽结合,并通过过滤作用进入尿液而排出体外。肾脏对水电解质平衡以及血压调节起着重要的作用。如果肾脏不能正常工作,导致废物和毒素堆积在体内,将影响其他系统,尤其是神经系统和循环系统。

另外,人的肺泡黏液中也含有较多的谷胱甘肽,研究发现,这与谷胱甘肽的解毒作用密切相关。谷胱甘肽最先和从空气中带入肺部的有毒物质结合，减少由于空气污染而对人体健康造成的损害。

(3)至关重要的免疫增强剂　人体内的嗜中性粒细胞、吞噬细胞、淋巴细胞等组成人体内的免疫系统，使人体具备自发性的免疫能力，既可以对抗外来的致病源，如细菌、病毒、寄生虫等，也可以解决体内的异生理变化，如癌细胞的增殖等。然而要维持免疫系统的正常运作，必须使免疫细胞充分地活化与分化，而谷胱甘肽(GSH)正扮演促进免疫细胞充分活化与分化的角色。

人类的免疫系统是人体对抗病毒最神奇的设计，其中谷胱甘肽(GSH)担负的重任是：活化淋巴细胞；分化增生 T 细胞与 B 细胞，并使 T 细胞具备毒性，以毒杀病毒或癌细胞。提高细胞内的谷胱甘肽水平是增强免疫系统最有力的武器。

(4)性能优秀的抗衰老和美容增白剂　人体衰老最直接从容貌上表现出来，其外在变化表现为皮肤松弛、没有光泽、出现色斑(这是由色素沉积造成的)，而其内部变化则表现为细胞衰老加快和再生能力减弱。谷胱甘肽可以有效地延缓细胞衰老，加快细胞再生，还可以通过影响皮肤细胞中酪氨酸酶活性抑制黑色素生成，防止皮肤色斑产生。

4.5.4.2　谷胱甘肽的食物来源

谷胱甘肽广泛存在于动植物中，面包酵母、小麦胚芽和动物肝脏中的谷胱甘肽含量较高，为 100～1000 mg/100 g；动物血液中的谷胱甘肽含量也较丰富，如鸡血中含谷胱甘肽 58～73 mg/100 g；许多蔬菜、薯类和谷物中也含有谷胱甘肽，如菠菜、黄瓜、茄子、大豆等。

4.6　加工对蛋白质营养价值的影响

食物加工的方法有加热、冷冻、搅拌、高压、盐腌等，其中以加热对蛋白质的影响最大。各种蛋白质的耐热性能不一，多数蛋白质在 60～80 ℃开始变性，但蛋白质的一级结构未变。

烹调和防止食物腐败往往采用 100～200 ℃加热法。在上述温度下和没有糖存在时，蛋白质发生变性，导致维持蛋白质空间构象(conformation)的次级键发生断裂，破坏了肽键原有的空间排列。原来在分子内部的一些非极性基团暴露到分子表面，使蛋白质的溶解度降低，甚至凝固。同时，各种反应基团如—NH_2、—COOH、—OH、—SH 等被释放出来，使蛋白质易于酶解，也容易消化。食物中氨基酸的损失不大。

某些食物中含有阻碍酶作用的抑制剂。如大豆中的抗胰蛋白酶、血球凝集素和蛋清中的卵黏蛋白等受热后因变性而失去活性。解除对酶的抑制作用，就可提高食物的营养价值。大部分食品除含有蛋白质外，还含有具还原性的糖类。蛋白质过度加热，尤其在有还原糖存在的条件下，可产生非酶的美拉德反应（Maillard reaction），使食物变成棕褐色，其中氨基酸（主要是赖氨酸）遭到破坏，降低蛋白质的生物价值；同时蛋白质的酶解能力下降，使食物不易消化。美拉德反应过程极为复杂，即使在较低温度下也能进行，只是反应速率相当缓慢。

4.6.1 加热

加热后绝大多数蛋白质的营养价值得到提高。因为适宜的加热条件使蛋白质发生变性，破坏蛋白酶的活性，杀灭微生物或抑制微生物的生长繁殖，破坏食品原料中原有的有毒成分，提高消化率，增加食品风味和口感。但加热也会损失部分营养成分，使一些蛋白质的营养价值有所降低。最容易受加热影响的氨基酸是赖氨酸，粮食经膨化或烘烤后蛋白质中赖氨酸形成新的酰胺而受到损失，变得难以消化；肉类煮制时约有 1.7%的可溶性蛋白质转移到肉汤中，受热凝固而呈泡沫状浮于汤面，这是肉汤中唯一的全价蛋白质。加热对蛋白质的影响程度与加热时间、温度、湿度以及有无还原性物质等因素有关。

4.6.2 碱处理

对食品进行碱处理，尤其与加工同时进行，对蛋白质的营养价值影响很大。大豆蛋白在 pH 为 12.2、40 ℃条件下加热 4 h 后，胱氨酸、赖氨酸逐渐减少。在更强的碱处理下，温度超过 60 ℃还会引起丝氨酸减少，同时精氨酸亦被分解。在碱处理过程中，赖氨酸、色氨酸、精氨酸、胱氨酸和丝氨酸由 L 型变为 D 型，使蛋白质的营养价值降低。肉类蛋白质在等电点时持水性最差，肉的质量也差。加工过程中适当加入复合磷酸盐（呈碱性），使肉的 pH 偏离（高于）蛋白质的等电点，则其持水性明显增加，可提高肉的品质、嫩度，这是调节 pH 在食品加工中的应用。

4.6.3 脱水干燥

食品经脱水干燥后，便于贮存和运输，但如果温度过高、时间过长，蛋白质中的结合水会遭到破坏，引起蛋白质变性，从而使食品的复水性降低、硬度增加、风味变差，所以，较好的干燥方法是冷冻真空干燥。它能使蛋白质的外层水化膜和蛋白质颗粒间的自由水在低温下结冰，然后在真空下升华除去水分，达到干燥保存的目的。真空干燥不仅使蛋白质变性少，还能保持食品原来的色、香、味。

4.6.4 冷冻

低温冷冻能使肉类食品长期保藏，但冷冻和冻藏时蛋白质胶体中的水分析出，其质点逐渐集结而凝固，从而使蛋白质变性。冻藏温度越高，蛋白质变性程度越高。冻藏时蛋白质虽有分解，但非常微弱，不影响肉的品质。研究证明，冻结速度越快，水结晶就越小，挤压作用就越小，蛋白质变性程度就越低。所以，冷冻肉、鱼时多采用“急冻”，以降低蛋白质变性程度，保持食品原有的风味和品质。

4.6.5　辐射

辐射是近年来发展起来的加工保藏方法，它是利用射线对食品进行杀菌，从而抑制酶的活性，减少营养损失。但蛋白质也会有轻微程度的辐射分解，肉类食品在射线作用下最易发生的变化有脱氨、脱羧、硫基氧化、交联、降解等，使食品风味有所降低。

第5章 脂 类

营养学上脂类(lipids)主要有甘油三酯(triglycerides)、磷脂(phospholipids)和固醇(sterols)。脂类是由各种甘油三酯分子组成的复杂混合物,食物中的脂类95%是甘油三酯,5%是其他脂类;人体内贮存的脂类中甘油三酯含量高达99%。脂类的共同特点是具有脂溶性,不仅易溶解于有机溶剂,而且可溶解其他脂溶性物质,如脂溶性维生素等。

5.1 脂类的分类及功能

5.1.1 甘油三酯

甘油三酯也称中性脂肪,每个脂肪分子由三分子脂肪酸和一分子甘油化合而成。人体内的甘油三酯主要分布在皮下、腹腔等脂肪组织及心、肾等内脏周围包膜中,包括皮下结缔组织、腹腔大网膜、肠系膜等处的甘油三酯,称为"贮存脂"。皮下脂肪包括恒定脂与贮存脂,正常人体内脂肪含量占体重的14%~20%,肥胖者体内脂肪含量约占32%,严重肥胖者体内脂肪含量可达60%左右。这类脂肪是体内过剩能量的一种储存方式,当机体需要时,可以用于机体代谢而释放能量,这类脂肪占体内总脂量的95%左右,并随膳食、能量消耗情况而有较大变化,因此,又称为"可变脂"。这些脂肪主要有以下功能:

(1)体内贮存和提供能量　当人体摄入能量不能及时被利用或过多时,就转变为脂肪而贮存起来。当机体需要时,脂肪细胞的解脂酶立即分解甘油三酯,释放甘油和脂肪酸进入血液循环,与食物中被吸收的脂肪一起被分解,释放出能量以满足机体的需要。人体在休息状态下,60%的能量来源于体内脂肪,而在运动或长时间饥饿时,脂肪供能可占全身供能的98%。按合理营养要求,脂肪供热占一日总能量的比例为20%~30%。

体内脂肪细胞的贮存和供应能量有两个特点:一是脂肪细胞可以不断地贮存脂肪,至今还未发现其吸收脂肪的上限,所以,人体可因不断地摄入过多的能量而不断地积累脂肪,导致越来越胖;二是机体不能利用脂肪酸分解的含2个碳的化合物合成葡萄糖,所以,脂肪不能给脑和神经细胞以及血细胞提供能量。人在饥饿时必须消耗肌肉组织中的蛋白质和糖原来满足机体的能量需要,节食减肥的危害之一就在于此。

(2)维持体温和保护作用 脂肪是热的不良导体,贮存在皮下的脂肪可防止体热散失,起到保温御寒的作用,使体温达到正常和恒定。脂肪在器官周围像软垫一样,有缓冲机械冲击的作用,可保护内部器官免受外力伤害。

(3)内分泌作用 近半个世纪以来,脂肪组织的内分泌功能逐渐被人们重视。现在已发现的由脂肪组织分泌的因子有瘦素(leptin)、肿瘤坏死因子(tumor necrosis factor,TNF)、白细胞介素-6(interleukin-6,IL-6)、纤维蛋白溶酶原激活因子抑制物(plasminogen activator inhibitor, PAI)、血管紧张素原(angiotensinogen)、雌激素(estrogen)等,这些来源于脂肪组织的因子参与机体的代谢、免疫、生长发育等生理过程。脂肪组织内分泌功能的发现是近年来内分泌学领域的重大进展之一,也为人们进一步认识脂肪组织的作用开辟了新的起点。

食物中的甘油三酯除了给人体提供能量和脂肪的合成材料以外,还有一些特殊的营养学上的功能。

①增加饱腹感。食品中的脂肪由胃进入十二指肠时,可刺激产生肠抑胃素,使肠蠕动受到抑制,造成食物由胃进入十二指肠的速度相对缓慢。一次进食含50 g脂肪的高脂膳食,需4~6 h才能在胃中排空。同时,每克甘油三酯在体内完全氧化所产生的能量约为39.7 kJ,由于甘油三酯中的碳、氢含量大大高于碳水化合物和蛋白质中的碳、氢含量,因此,其比碳水化合物和蛋白质产生的能量16.7 kJ/g多1倍多。因此,脂肪摄入多时会产生饱腹感,使碳水化合物摄入量减少。

②改善食物的感官性状。脂肪作为食品烹调加工的重要原料,能吸收和保留食物的香味,改善食物的色、香、味、形,达到美食和促进食欲的良好作用。

③作为脂溶性维生素的载体并协助其吸收利用。脂溶性维生素多伴随着脂类存在,如黄油、麦胚油、豆油等含有维生素D、维生素E、维生素A等。此外,脂类可刺激胆汁分泌,促进脂溶性维生素在消化道的消化吸收。膳食中的脂肪含量低,将影响蔬菜中胡萝卜素的吸收。患肝、胆系统疾病时,因食物中脂类消化吸收功能障碍而发生脂肪泻,往往伴有脂溶性维生素吸收障碍,从而导致脂溶性维生素缺乏症。

此外,人体内的脂肪组织还可以供给必需脂肪酸,防止水分蒸发,具有湿润皮肤的功能。运动学上根据毛细血管的含量将人体内的脂肪分为褐色脂肪和白色脂肪两类。人体运动器官中主要分布的是褐色脂肪,在其他部位分布的主要是白色脂肪。褐色脂肪的主要功能是产热。

5.1.2 脂肪酸

脂肪酸(fatty acid)是构成甘油三酯的基本成分。脂肪因其所含的脂肪酸链的长短、饱和程度和空间结构不同，而呈现不同的特性和功能，常见的脂肪酸见表5-1。

表5-1 常见的脂肪酸

俗名	速记写法	系统名称	食物来源
丁酸(butyric acid)	C4:0	丁酸	奶油
羊油酸 (caproic acid)	C6:0	己酸	黄油
羊脂酸(caprylic acid)	C8:0	辛酸	椰子油
羊蜡酸 (capric acid)	C10:0	癸酸	椰子油
月桂酸(lauric acid)	C12:0	十二烷酸	椰子油
肉豆蔻酸(myristic acid)	C14:0	十四烷酸	椰子油、黄油
棕榈酸(palmitic acid)	C16:0	十六烷酸	多数油脂
棕榈油酸(palmitoleic acid)	C16:1,*n*-7 *cis*	顺-9-十六碳烯酸	氢化植物油
硬脂酸(stearic acid)	C18:0	十八烷酸	多数油脂
油酸(oleic acid)	C18:1,*n*-9 *cis*	顺-9-十八碳烯酸	多数油脂
反油酸(elaidic acid)	C18:1,*n*-9 *trans*	反-9-十八碳烯酸	黄油、牛油
亚油酸(linoleic acid)	C18:2,*n*-6,9,all *cis*	顺-9,12-十八碳二烯酸	植物油
α-亚麻酸 (α-linolenic acid)	C18:3,*n*-3,6,9,all *cis*	顺-9,12, 15-十八碳三烯酸	亚麻籽油、大豆油
γ-亚麻酸 (γ-linolenic acid)	C18:3,*n*-6,9,12 all *cis*	顺-6,9,12-十八碳三烯酸	月见草油
花生酸(arachidic acid)	C20:0	二十烷酸	多数油脂
花生四烯酸 (arachidonic acid)	C20:4,*n*-6,9,12, 15 all *cis*	顺-5,8,11,14- 顺-5,8,11,14, 17-二十碳四烯酸	植物油
EPA(eicosapentaenoic acid)	C20:5,*n*-3,6,9,12, 15 all *cis*	顺-5,8,11,14, 17-二十碳五烯酸	鱼油
芥酸(erucic acid)	C22:1,*n*-9 *cis*	顺-13-二十二碳单烯酸	菜籽油
鰶鱼酸 (clupanodonic acid)	C22:5,*n*-3,6,9,12, 15 all *cis*	顺-7,10,13,16, 19-二十二碳五烯酸	鱼油
DHA(docosahexaenoic acid)	C22:6,*n*-3,6,9, 12,15,18 all *cis*	顺-4,7,10,13,16, 19-二十二碳六烯酸	鱼油
神经酸(nervonic acid)	C24:1,*n*-9 *cis*	顺-15-二十四碳单烯酸	元宝枫

5.1.2.1 短链脂肪酸、中链脂肪酸和长链脂肪酸

动植物中脂肪酸的种类很多，但绝大多数是由4～24个偶数碳原子组成的直链脂肪酸。根据碳原子数的不同，可把脂肪酸分成短链(含4～6个碳原子)脂肪

酸、中链(含8~12个碳原子)脂肪酸和长链(含14个以上碳原子)脂肪酸。多数食物脂肪以及人体储存脂肪主要由长链脂肪酸组成。与长链脂肪酸不同,由中链脂肪酸组成的甘油三酯可不经消化、不需要胆汁酸参与而直接从肠道吸收进入小肠黏膜细胞,由细胞内的脂肪酶分解成脂肪酸后通过肝门静脉进入肝脏。因此,中链脂肪酸可作为由长链脂肪酸消化、吸收和黏膜代谢障碍造成的脂肪泻患者的能量来源。

5.1.2.2 饱和脂肪酸、单不饱和脂肪酸和多不饱和脂肪酸

根据碳链上双键的数量,可把脂肪酸分成饱和脂肪酸(saturated fatty acid)、单不饱和脂肪酸(monounsaturated fatty acid)和多不饱和脂肪酸(polyunsaturated fatty acid)。

饱和脂肪酸有硬脂酸(C18:0)、棕榈酸(C16:0)、肉豆蔻酸(C14:0)、月桂酸(C12:0)等。饱和脂肪酸的主要作用是为人体提供能量,促进消化道对胆固醇的吸收,升高血液中胆固醇水平,并易与胆固醇一起沉积在血管壁上;然而并非所有的饱和脂肪酸都具有升高血胆固醇的作用。月桂酸、肉豆蔻酸和棕榈酸分别是十二碳饱和脂肪酸、十四碳饱和脂肪酸和十六碳饱和脂肪酸,它们升高血胆固醇的作用较强,而十八碳饱和脂肪酸的这一作用则相对较弱。因饱和脂肪酸相对不易被氧化产生有害的氧化物、过氧化物等,故人体不应完全排除饱和脂肪酸的摄入。如果饱和脂肪酸摄入不足,会使人的血管变脆,易引发脑出血、贫血、肺结核和神经障碍等疾病。

单不饱和脂肪酸是指碳链中只含一个不饱和双键,如油酸(C18:1,n-9)等,其在室温下为液态。除橄榄油外,许多单不饱和脂肪酸含量高的油脂的外观、味道和烹调性状与食用的油脂相同。调查发现,在地中海地区的一些国家居民,其冠心病发病率和血胆固醇水平皆远低于欧美国家,但其每日摄入的脂肪量很高,供热比达40%,原因就是食用油主要为橄榄油。

多不饱和脂肪酸是指有2个或2个以上不饱和双键结构的脂肪酸,也称多烯脂肪酸。根据第一个不饱和双键位置不同,可分为n-6、n-3(或ω-3、ω-6)两大系列(n为第一个双键距甲基端的位置)。从甲基端数,第一个双键出现在第三和第四碳原子之间的各种不饱和脂肪酸上,这种脂肪酸就称为n-3或ω-3系列,如α-亚麻酸,如图5-1所示。从甲基端数,第一个双键出现在第六和第七碳原子之间的各种不饱和脂肪酸上,这种脂肪酸就称为n-6或ω-6系列,如亚油酸,如图5-2所示。

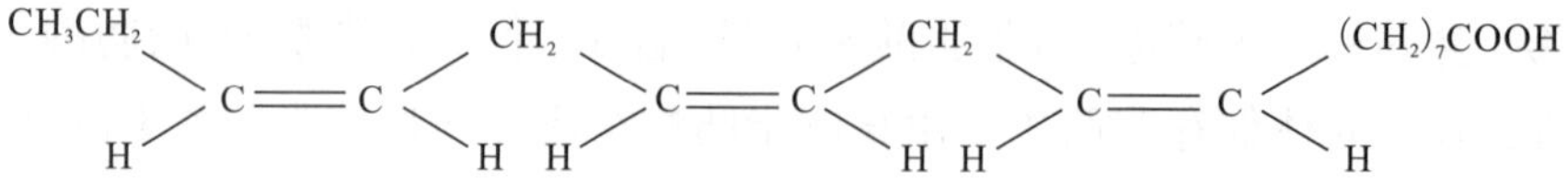

图 5-1 α-亚麻酸结构式

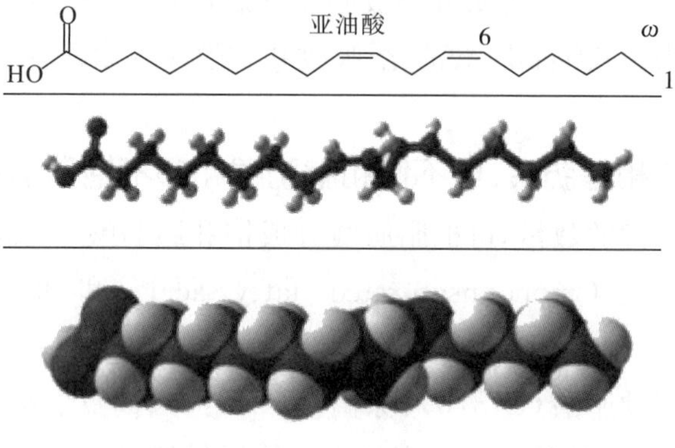

图 5-2 亚油酸结构式

ω-3 系列同维生素、矿物质一样是人体的必需品，摄入不足容易导致心脏和大脑等重要器官障碍。ω-3 系列中对人体最重要的两种是二十碳五烯酸（EPA）和二十二碳六烯酸（DHA）。EPA 具有清理血管中垃圾（如胆固醇和甘油三酯）的功能，俗称“血管清道夫”。DHA 俗称“脑黄金”，DHA 在人脑脂质中约占 10%，可活化大脑细胞，改善大脑细胞和脑神经传导功能，提高人脑的注意、感觉、判断和记忆能力；DHA 在视网膜脂质中含量为 50%以上，对保护视力、维护视觉正常功能起重要作用。EPA 与 DHA 主要来源于深海鱼油，两者同时摄入，可降低血液黏稠度，提高高密度脂蛋白胆固醇（优质胆固醇）的浓度，降低低密度脂蛋白胆固醇（劣质胆固醇）与血浆甘油三酯的水平，预防动脉粥样硬化及冠心病。EPA 和 DHA 可减轻由胶原所致的关节炎的症状，减少前列腺素类的合成和巨噬细胞脂质氧化酶产物，调节细胞多种活性因子。富含 EPA、DHA 的鱼油有显著的抗皮炎作用，使银屑病的发病率降低。EPA 还能使血小板凝聚能力降低，使出血后血液凝固时间变长，预防心肌梗死和脑梗死。

EPA、DHA 共存于鱼油中（海鱼油中 EPA 含量比 DHA 高得多），一般的工艺很难将两者完全分开，目前市场上的鱼油产品都同时含有 EPA 和 DNA。EPA 不具有提高儿童智力的作用，儿童服用可促进性早熟。

近几十年，伴随着工业的快速发展和人们生活方式的改变，我国居民的膳食中多不饱和脂肪酸构成发生了很大变化。研究表明，人们日常广泛使用含有高比例 ω-6 多不饱和脂肪酸，而缺乏 ω-3 多不饱和脂肪酸的大豆油、玉米油、花生油和葵花油等植物油，导致食物中 ω-6 多不饱和脂肪酸含量明显增加，ω-3 多不饱和脂肪酸含量相对降低。另外，肉类食品和奶类制品消费量的增加也是导致 ω-6 多不饱和脂肪酸摄入量增加的一个重要原因。而 ω-3 长链多不饱和脂肪酸如 DHA 和

EPA 的摄入,则主要依赖于鱼类食品,特别是来自深海的鳕鱼、沙丁鱼和鲑鱼等,少量来自植物源 α-亚麻酸,但转化率极低,通常为 2%~10%,甚至更低,因而导致我国居民 ω-3 多不饱和脂肪酸摄取普遍不足。

5.1.3　必需脂肪酸

必需脂肪酸(essential fatty acid,EFA)是指人体不可缺少而自身又不能合成,必须通过食物供给的脂肪酸。必需脂肪酸有两种,一种是 ω-6 系列中的亚油酸(linoleic acid),主要存在于植物油中,如菜油、花生油、大豆油、棉籽油、葵花油等;另一种是 ω-3 系列中的 α-亚麻酸(α-linolenic acid),主要存在于深海鱼类、某些植物类(如亚麻籽)和坚果类(如核桃)中,平常食物中含量较少。人体可以利用亚油酸和 α-亚麻酸来合成脂肪酸,具体过程如图 5-3 所示。

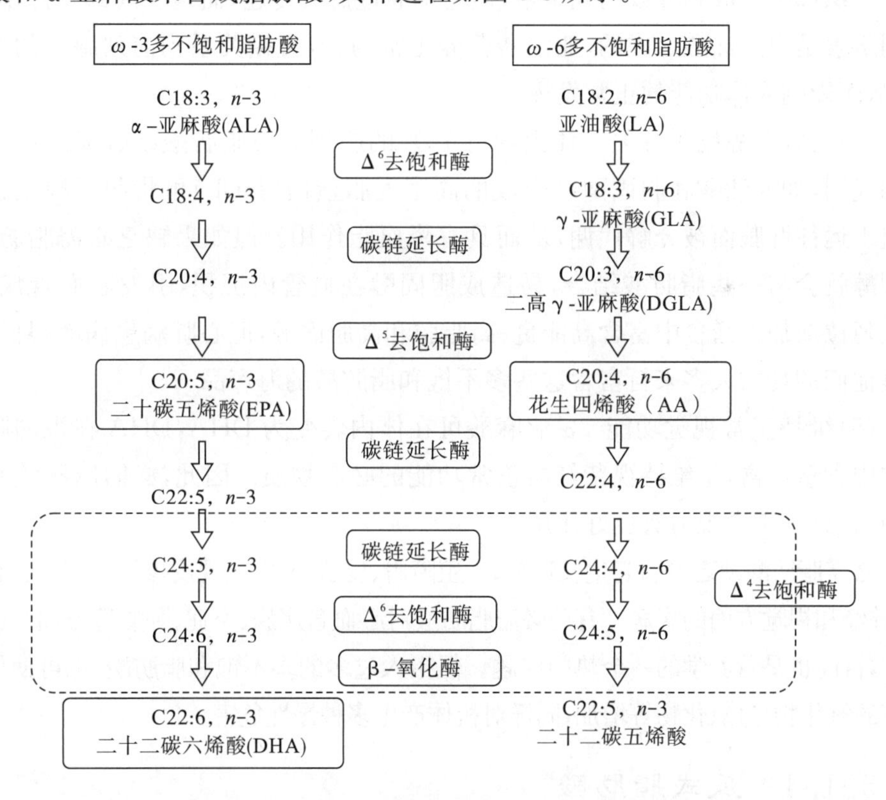

图 5-3　体内多不饱和脂肪酸(*n*-3 类,*n*-6 类)合成途径

图 5-3 表明由亚油酸和 α-亚麻酸在体内合成 ω-6 类和 ω-3 类脂肪酸的过程中,机体在利用这两种必需脂肪酸合成同系列的其他多不饱和脂肪酸时,使用同一系列酶,由于竞争抑制作用,体内合成速度较为缓慢,因此,从食物中直接获得这些脂肪酸是最有效的途径。

必需脂肪酸主要有以下功能:

(1)维持线粒体和细胞膜的结构　ω-6 必需脂肪酸是组织细胞的组成成分,

对线粒体和细胞膜的结构特别重要。膳食中缺乏亚油酸等 ω-6 必需脂肪酸可影响细胞膜的功能，如红细胞的脆性增加而易于溶血，线粒体也可因渗透性改变而发生肿胀。

(2)维持中枢神经功能　ω-3 必需脂肪酸对中枢神经系统的作用是 ω-6 必需脂肪酸不能替代的。如给予生长期实验动物 α-亚麻酸含量很低的饲料后，发现动物的视网膜和视觉功能受损。ω-3 必需脂肪酸与行为发育、脂类代谢也有一定关系。

(3)是合成前列腺素(prostaglandins，PG)、血栓烷(thromboxane，TX)和白三烯(leukotriene，LT)的前体　前列腺素是一组比较复杂的化合物，广泛存在于各组织中，具有多种多样的生理功能，如促进血管扩张和收缩，传导神经刺激，作用于肾脏并影响水的排泄，母乳中的前列腺素可以防止婴儿消化道损伤等。机体的各个组织都能合成和释放前列腺素，但它不通过血液传递，而是在局部发挥作用。前列腺素是由亚油酸合成的，亚油酸营养正常与否，直接关系到前列腺素的合成量，从而影响人体功能的正常发挥。

(4)与胆固醇代谢有关　体内约有 70%的胆固醇与脂肪酸结合成酯后被运转和代谢，如亚油酸和胆固醇结合成的高密度脂蛋白(HDL)可将胆固醇从人体各组织运往肝脏而被分解代谢，从而具有降血脂作用。但如果缺乏必需脂肪酸，胆固醇就会与一些脂肪酸结合，易造成胆固醇在血管内沉积，引发心血管疾病。虽然阿拉斯加人膳食中富含高能量、高脂肪和高胆固醇，但心脏病患病率很低，原因是他们的食物大多来自富含这些多不饱和脂肪酸的海产品。

(5)维持正常视觉功能　α-亚麻酸可在体内转变为 DHA，DHA 在视网膜光受体中含量丰富，是维持视紫红质正常功能的必需物质。因此，必需脂肪酸对增强视力、维护正常视力有良好作用。

必需脂肪酸缺乏可引起生长迟缓、生殖障碍、皮肤损伤(出现皮疹等)以及肾脏、肝脏、神经和视觉方面的疾病。有关必需脂肪酸对心血管疾病、炎症、肿瘤等方面影响的研究，目前也是营养学的一个热门课题。但摄入过多的多不饱和脂肪酸，也可使体内有害的氧化物、过氧化物等增加，同样对机体产生多种慢性危害。

5.1.4　反式脂肪酸

反式脂肪酸(trans fatty acid)又称反式脂肪或逆态脂肪酸。在高温加热和少量的镍、钯、铂或钴等催化条件下，将氢加入植物油中可能发生氢化反应。植物油经过氢化后分子结构发生变化，即由不饱和脂肪酸变成饱和脂肪酸，而一些不饱和脂肪酸的结构发生变化，形成反式脂肪酸。如果氢化反应进行完全，反应最后的油脂产物会因为过硬而没有实际使用价值。植物油脂肪酸异构化成反式脂肪酸，能够延长保质期，增加食物的可口程度。反式脂肪酸在室温下能保持固体形状，使食物外形更加美观，且成本低廉，效果可与天然黄油相媲美。一般的优质脂肪进入体内，只需 7 天就能代谢，而氢化油需要 51 天才能被分解，它在没有被排出之前会沉积到身体各处。

在不饱和脂肪酸中，氢原子在双键同侧的脂肪酸被称为顺式脂肪酸，多为液态，熔点较低；氢原子在双键异侧的脂肪酸被称为反式脂肪酸，多为固态或半固态，熔点较高，结构如图 5-4 所示。天然动植物中的不饱和脂肪酸大多是顺式构型，自然界也存在反式脂肪酸。当不饱和脂肪酸被反刍动物（如牛）消化时，脂肪酸在动物瘤胃中被细菌部分氢化。牛奶、乳制品、牛肉和羊肉的脂肪中都能发现反式脂肪酸，占 2%～9%。鸡和猪通过饲料吸收反式脂肪酸，反式脂肪酸因此进入鸡肉和猪肉中。

	顺式脂肪酸	反式脂肪酸
结构式	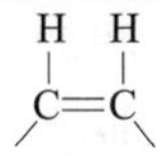 H　H |　| C=C /　　\	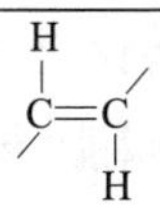 H | C=C /　| H
结构示意图		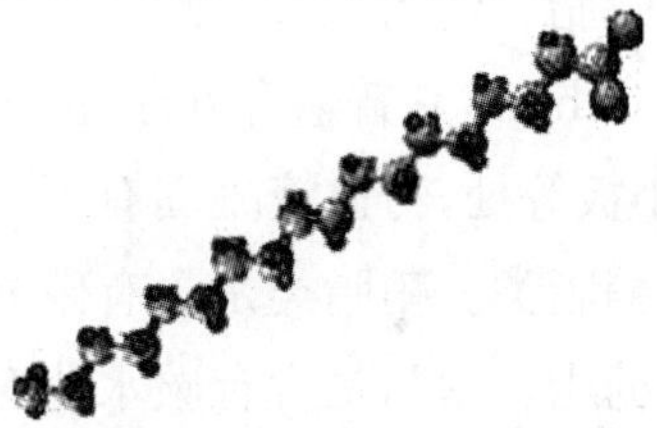

图 5-4　顺式脂肪酸和反式脂肪酸结构示意图

营养专家认为，反式脂肪酸容易导致生理功能出现多重障碍，是一种完全由人类制造出来的食品添加剂。实际上，它也是人类健康的“杀手”，主要表现在以下几个方面。

（1）降低记忆力　研究认为，青壮年时期饮食习惯不好的人，老年时患阿尔茨海默病（又称老年痴呆症）的比例更大。反式脂肪酸对可以促进人类记忆力的一种胆固醇具有抑制作用。

（2）容易发胖　反式脂肪酸不容易被人体消化，容易在腹部积累，导致肥胖。喜欢吃薯条等零食的人应提高警惕，油炸食品中的反式脂肪酸会造成明显的脂肪堆积。

（3）易引发冠心病　研究发现，反式脂肪酸易引发心脏病，使心血管疾病患者体内的高密度脂蛋白胆固醇含量下降。

（4）容易形成血栓　反式脂肪酸会增加人体血液的黏稠度和凝聚力，容易导致血栓的形成，对于血管壁脆弱的老年人来说，危害尤为严重。

（5）影响生长发育　孕妇或哺乳期妇女过多摄入含有反式脂肪酸的食物，会影响胎儿的健康。研究发现,胎儿或婴儿可以通过胎盘或乳汁被动摄入反式脂肪酸,他们比成人更容易患上必需脂肪酸缺乏症,影响生长发育。

(6)影响男性生育能力　反式脂肪酸会减少男性荷尔蒙的分泌,对精子的活跃性产生负面影响,中断精子在身体内的反应过程。

(7)影响生长发育期青少年对必需脂肪酸的吸收　反式脂肪酸会对青少年中枢神经系统的生长发育造成不良影响。

5.1.5　类脂

类脂(lipid)是组成细胞膜、大脑和外周神经组织的重要成分,其在体内的含量一般不随人体的营养状况而改变,故又称为"定脂"。而中性脂肪主要构成机体的储存脂肪,如皮下脂肪等,在机体需要时可被动用,参与脂肪代谢,供给热能。其在体内含量随膳食摄入热能和活动消耗热能的不同而变化较大,故又称为"动脂"。类脂主要有磷脂、鞘脂类、糖脂、类固醇及固醇、脂蛋白等。

①磷脂。磷脂是含有磷酸、脂肪酸和氮的化合物。其中胆碱与磷酸酯化为卵磷脂(lecithin),它普遍存在于组织脏器中。胆胺与磷酸酯化为脑磷脂,它存在于脑、血小板等处,与血液凝固有关。

②鞘脂类。鞘脂类是含有磷酸、脂肪酸、胆碱和氨基醇的化合物。

③糖脂。糖脂是含有碳水化合物、脂肪酸和氨基醇的化合物。

④类固醇及固醇。类固醇及固醇都是相对分子质量很大的化合物,如动植物组织中的胆固醇和植物组织中的谷固醇;固醇是制造固醇激素的必需物质。

⑤脂蛋白。脂蛋白是脂类与蛋白质的结合物。

5.1.5.1　磷脂

磷脂(phospholipid)是生物膜的重要组成部分,其特点是在水解后产生含有脂肪酸和磷酸的混合物。体内含量较多的磷脂是磷脂酰胆碱(卵磷脂)、磷脂酰乙醇胺(脑磷脂)、磷脂酰丝氨酸、磷脂酰甘油、二磷脂酰甘油(心磷脂)和磷脂酰肌醇等,磷脂可因组成的脂肪酸不同而有若干种。其中最重要的磷脂是卵磷脂,它是由一个含磷酸胆碱基团取代甘油三酯中一个脂肪酸形成的。这种结构使它具有亲水性和亲脂性双重特性,卵磷脂经消化吸收后释放胆碱,与乙酰基结合形成乙酰胆碱。乙酰胆碱是一种神经递质,可加快大脑细胞之间的信息传递,增强学习记忆力与思维功能。磷脂具有以下生理功能:

①维持细胞和细胞器的正常形态和功能。磷脂可与蛋白质结合形成脂蛋白,并以这种形式参与细胞膜、核膜、线粒体膜等的构成,维持细胞和细胞器的正常形态和功能。磷脂内的不饱和脂肪酸分子中存在双键,使得生物膜具有良好的流动性与特殊的通透性。这些生物膜在体内新陈代谢中起着重要作用,如细胞膜只允

许细胞与外界发生有选择性的物质交换，摄取营养素，排出废物。酶类可以有规律地排列在膜上，使物质代谢能顺利地进行，保证细胞的正常生理功能。

②稳定脂蛋白的作用。磷脂还是血浆脂蛋白的重要组成成分，具有稳定脂蛋白的作用。组织中的脂类如脂肪和胆固醇在血液中运输时，需要有足够的磷脂。

此外，磷脂不仅和脂肪酸一样能够提供能量，还因其具有极性和非极性双重特性，可以帮助脂类或脂溶性物质如脂溶性维生素、激素等顺利通过细胞膜，促进细胞内外的物质交流。磷脂作为乳化剂可使体液中的脂肪保持悬浮状态，有利于其吸收、转运和代谢。

磷脂缺乏会使细胞膜结构受损，导致毛细血管的脆性和通透性增加，皮肤细胞对水的通透性增高，从而引起水代谢紊乱，产生皮疹等。

5.1.5.2 鞘脂类

鞘脂(sphingolipid)于1884年被Thudichum发现并命名，鞘脂广泛存在于动物、植物、真菌和病毒中，以鞘氨醇为骨架，根据其极性头基的不同可分为鞘糖脂、鞘磷脂和神经酰胺三大类。已被确认的鞘脂类化合物多达300余种，均以长链碱骨架为特征性结构。鞘氨醇第二位碳原子上的氨基酰化生成神经酰胺，神经酰胺是鞘脂类的基本结构单位，也具有较强的生物活性。按其是否含糖基或磷酸，可将鞘脂分为鞘糖脂和鞘磷脂两类，最简单的形式分别为脑苷脂(含有一个葡萄糖和半乳糖)和磷酸神经酰胺(含有一个磷酸基团)。

Thudichum于1876年首次指出大脑中存在一类含有脂肪链的碱，并将其命名为脑苷脂。研究表明，脑苷脂又称酰基鞘氨醇己糖苷，它广泛存在于真核细胞的生物膜上，是一种具有内源性活性的中性鞘糖脂，但含量相对较低。

近年来，对于脑苷脂和神经酰胺的生物学活性的研究逐渐深入。研究表明，脑苷脂和神经酰胺有调节细胞增殖及其骨架迁移、胚胎发育和作为信使传导信号的功能。此外，脑苷脂和神经酰胺还具有以下多方面的生物学活性。

①保护神经。Kurosu等研究表明，脑苷脂可以维持细胞内Ca^{2+}的平衡，结合并转运细胞内过量的Ca^{2+}，减轻脑损伤的后续病理损害。此外，脑苷脂还可以活化神经细胞膜的钠钾泵，促进神经功能的恢复。

②调控细胞生长和凋亡。研究表明，脑苷脂及其代谢产物能促进和维持细胞增生，降低细胞内毒性。其作用机理主要是代谢产物(神经酰胺和长链碱)通过调控相关酶及细胞内靶物质来实现调控细胞的生长和凋亡。此外，神经酰胺可以激活丝裂原活化蛋白激酶(mitogen-activated protein kinase，MAPK)的信号传导通路，介导细胞的生长发育和凋亡。

③免疫调节和抗肿瘤。大量实验证明，脑苷脂和神经酰胺同肿瘤生长密切相关。从板蓝根中分离出脑苷脂和神经酰胺，对其进行活性实验后发现，它们对人

胃癌细胞(BGC-823)、人肝癌细胞(HepG2、Hep3B)均具有细胞毒性。神经酰胺作为第二信使参与介导肿瘤细胞凋亡,并参与肿瘤细胞的耐药机制。

④保护肝细胞。从东北天南星中分离的脑苷脂类化合物,具有显著的保肝活性。张蓓等用海参脑苷脂喂养脂肪肝大鼠,发现其可以明显改善肝脏脂质的积累,并具有明显的剂量效应。此外,脑苷脂还可以促进肝细胞再生,具有肝损伤保护作用。

⑤保护心血管。许多学者已经证实,心血管疾病与神经酰胺介导的跨膜信号传导有关。神经酰胺可以调节增强脂质的过氧化反应以及细胞内的过氧化物。有研究表明,脑苷脂可以阻止动脉粥样硬化。神经酰胺通过抑制动脉粥样硬化的诱发因子——胆固醇酯转移蛋白(cholesterol ester transfer protein,CETP)的活性,达到防治动脉粥样硬化的作用。

⑥抗菌、抗病毒。Mizrahi 等研究发现,葡萄糖脑苷脂可以增强抗乙肝病毒(HBV)免疫反应的活性。从苞萼木干皮中分离的脑苷脂可以显著地抑制革兰氏阳性菌(G^+)和革兰氏阴性菌(G^-)的活性。

5.1.5.3 糖脂

糖脂(glycolipid)是一类含糖类残基的复合脂质化学结构各不相同的脂类化合物,且不断有糖脂的新成员被发现。糖脂分为两大类:糖基酰甘油和糖鞘脂。

(1)糖基酰甘油(glycosylacylglycerid) 糖基酰甘油的结构与磷脂类似,主链是甘油,含有脂肪酸,但不含磷及胆碱等化合物。糖类残基通过糖苷键连接在 1,2-甘油二酯的 C-3 位上,构成糖基甘油酯分子。已知这类糖脂可由各种不同的糖类构成它的极性头。不仅有二酰基油脂,还有一酰基的同类物。

自然界存在的糖脂分子中的糖主要有葡萄糖和半乳糖,脂肪酸多为不饱和脂肪酸。根据国际生物化学命名委员会的命名,单半乳糖基甘油二酯和二半乳糖基甘油二酯的结构分别为 1,2-二酰基-3-*O*-β-D-吡喃型半乳糖基-甘油和 1,2-二酰基-3-*O*-[α-D-吡喃型半乳糖基(1→6)-*O*-β-D-吡喃型半乳糖基]-甘油。此外,还有三半乳糖基甘油二酯、6-*O*-酰基单半乳糖基甘油二酯等。

(2)糖鞘脂(glycosphingolipid) 有人将此类物质与鞘脂和鞘磷脂一起讨论,故又称鞘糖脂。糖鞘脂分子的母体结构是神经酰胺。脂肪酸连接在长链鞘氨醇的 C-2 氨基上,构成的神经酰胺糖类是糖鞘脂的亲水极性头。含有一个或多个中性糖残基作为极性头的糖鞘脂称为中性糖鞘脂或糖基神经酰胺,其极性头带电荷。

5.1.5.4 类固醇及固醇

类固醇(steroid)是一类含有同样多个环状结构的脂类化合物,因其环外基团不同而不同。它是由 3 个六碳环己烷(A、B、C)和 1 个五碳环(D)组成的稠环化合物。类固醇分子中的每个碳原子都按序编号，且不管任一位置有没有碳原子，在类固醇母体骨架结构中都保留该碳原子的编号。存在于自然界的类固醇分子中的六碳环A、B、C都呈“椅”式构象（环己烷结构），这也是最稳定的构象。唯一的例外是雌激素分子内的A环是芳香环，为平面构象。类固醇的A环和B环之间的接界可能是顺式构型，也可能是反式构型；而C环与D环的接界一般都是反式构型，但强心苷和蟾毒素除外。

固醇又称甾醇，是类固醇的一类，是含有羟基的类固醇。胆固醇是最常见的一种动物固醇。胆固醇（cholesterol）是一种环戊烷多氢菲的衍生物，是构成动物组织的重要物质。人体内90%的胆固醇存在于细胞中，能增强细胞膜的坚韧性，同时还参与合成肾上腺素、胆汁酸、甾体激素、维生素D以及形成细胞膜。胆固醇结构式如图5-5所示。

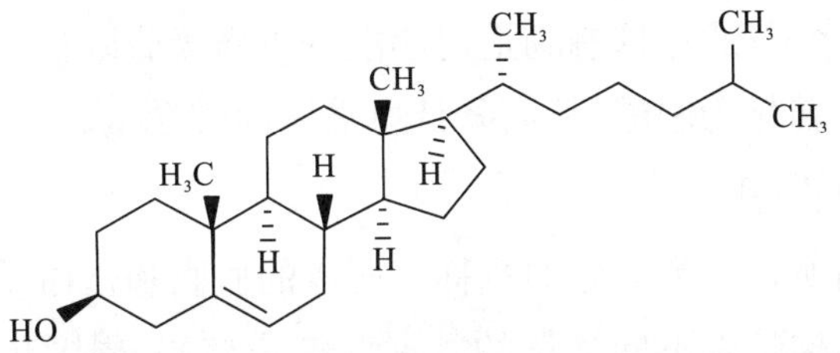

图5-5　胆固醇结构式

人体约含胆固醇140 g，胆固醇广泛存在于全身各组织中，其中约25%分布在脑及神经组织中，肝、肾和肠等内脏以及皮肤和脂肪组织亦含有较多的胆固醇。胆固醇具有以下生理功能：

①细胞膜和细胞器膜的重要结构成分。胆固醇是细胞膜和细胞器膜的重要结构成分，它关系到膜的通透性，有助于细胞内物质代谢的酶促反应顺利进行。

②合成维生素D和胆汁酸的原料。胆固醇还是体内合成维生素D和胆汁酸的原料。胆汁酸的主要功能是乳化脂类，帮助脂类的消化与吸收。

③类固醇激素的前体。胆固醇在体内可以转变成各种肾上腺皮质激素，如影响蛋白质、糖和脂类代谢的皮质醇及能促进水和电解质在体内储留的醛固酮。胆固醇还是性激素如睾酮、雌二醇等的前体。

胆固醇主要来源于动物性食品，植物性食品中含量极少。植物性食品中含有大量的植物固醇，它们可抑制胆固醇的吸收，从而降低血液胆固醇水平。此外，多食含必需脂肪酸和卵磷脂的食品也能使血液胆固醇减少。

对正常人而言，由于人体自身也可以利用内源性胆固醇，对胆固醇具有调节能力，一般不存在胆固醇缺乏，因此，只要维持正常体重，经常食用高胆固醇的食物一般不会导致人体血液胆固醇水平上升。血清总胆固醇的正常值为0.125%～0.250%。由于它与高脂血症、动脉粥样硬化、心脏病等相关，人们往往关注体内过多胆固醇的危害性,因此,在限制摄入胆固醇的同时,更要注意热能摄入平衡,预防内源性胆固醇水平升高。

降低人体血清胆固醇含量较成熟的方法有如下 4 种:

①利用药物作用抑制胆固醇的自体合成。胆固醇合成过程中有众多关键酶参与,药物通过抑制酶的活性减少体内胆固醇合成。常用药物有莫纳可林类、洛伐他汀、普伐他汀等。

②限制含谷固醇、菜固醇、豆固醇等高胆固醇的食物摄入,通过控制胆固醇摄入量竞争性地抑制人体对食物中胆固醇的吸收。

③生物法。通过应用高效降解胆固醇菌种及能直接降解胆固醇的微生物所产生的胆固醇氢化酶来降低食品中的胆固醇。

④抑制胆盐的重新吸收。机体通过将胆固醇转化为胆盐并向体外排泄胆固醇,直接影响血脂水平;通过抑制肠道对胆酸的重新吸收降低肝脏中胆酸含量,使更多胆固醇在肝脏转化为胆酸,从而降低血清胆固醇含量。

5.1.5.5 脂蛋白

血脂是血浆内所含脂类成分的总称。所有的血脂和蛋白质结合形成脂蛋白。而脂蛋白的基本结构是以不同含量的甘油三酯为核心,周围包裹着一层磷脂、胆固醇和蛋白质分子。根据其密度从大至小,可以将血清脂蛋白分为高密度脂蛋白、中密度脂蛋白、低密度脂蛋白、极低密度脂蛋白和乳糜微粒。而甘油三酯的主要组成部分为极低密度脂蛋白和乳糜微粒。胆固醇的主要组成部分为高密度脂蛋白和低密度脂蛋白。

(1)高密度脂蛋白(HDL) HDL 是人体血清中密度最高(1.063~1.21 g/mL)、体积最小(直径为 8~13 nm)的一类脂蛋白,由肝脏及小肠黏膜细胞合成。成熟 HDL 的结构为球形,主要由两部分组成,即由磷脂和载脂蛋白组成的外壳以及由甘油三酯和胆固醇酯组成的内壳。HDL 的基本功能是进行胆固醇的逆向运转,即将周围组织的胆固醇运输至肝脏进行再循环或以胆汁酸的形式排泄,此过程能够减少脂质在组织血管壁中沉积,对清除体内胆固醇有重要作用。HDL 还具有抗氧化作用,主要是因为 HDL 中的血小板激活因子如乙酰水解酶、对氧磷酶等能够参与防止 LDL 衍生的氧化磷脂的形成,且对氧化磷脂具有灭活作用,此作用可以防止 LDL 发生氧化,故可降低 LDL 致动脉硬化的程度。

(2)低密度脂蛋白(LDL) LDL 的结构为球形,由亲脂性的甘油三酯和胆固醇酯内核与亲水性的游离胆固醇和单层磷脂外壳组成。LDL 极易被氧化,这是因为 LDL 结构中含有大量的脂肪酸和不饱和脂肪酸。LDL 被氧化后导致大量氧化低密度脂蛋白(OX-LDL)堆积在体内,有研究证明,大量堆积的 OX-LDL 是导致冠状动脉硬化的重要物质。血清中 LDL 由极低密度脂蛋白(VLDL)异化代谢(主要途径)生成或者由肝脏直接(次要途径)合成,LDL 的主要功能是把胆固醇运输至全身各组织细胞。除此之外,LDL 还可以作为 VLDL 的一种代谢产物,成为天然免疫系统的一部分。血清中的大部分 LDL(65%～70%)是通过受体途径降解消化,只有少量的 LDL 被周围组织摄取异化。需要注意的是,一旦 LDL 受体缺陷,大部分 VLDL 会经肝脏 LDL 受体识别转变成 LDL,从而增加血浆中 LDL 的浓度。

(3)其他血清脂蛋白类型　VLDL 颗粒相对较大(直径为 25～90 nm),携带的胆固醇较少,不易透过血管内膜,因此,正常的 VLDL 没有致动脉硬化的作用,主要负责将肝脏和肠黏膜细胞分泌及合成的内源性甘油三酯转运出去。乳糜微粒(CM)是人体血清中最大的脂蛋白颗粒,在小肠内形成,主要负责将消化道内吸收的外源性甘油三酯运输至小肠进一步分解和消化,其生理意义见表5-2。

表 5-2　血浆脂蛋白组成及生理意义

脂蛋白	密度/(g/mL)	组成/%				生物作用
		蛋白质	甘油三酯	磷脂	胆固醇	
乳糜微粒	<0.96	0.5～2.5	79～94	3～18	2～12	由小肠上皮细胞合成,脂肪来自食物,运送外源性脂肪
极低密度脂蛋白	0.96～1.005	2～13	46～74	9～23	9～23	由肝细胞合成,脂肪来自体脂,运送内源性脂肪
低密度脂蛋白	1.006～1.062	20～25	10	22	43	由肝细胞合成,将胆固醇运往全身
高密度脂蛋白	1.063～1.210	45～55	2	30	18	由肝脏和小肠细胞合成,将组织中不需要的胆固醇运往肝脏处理后排出

5.2　脂类的代谢

储存在脂肪组织中的脂肪被脂肪酶水解为游离脂肪酸和甘油,并释放入血以供其他组织氧化利用的过程,称为脂肪动员。脂肪组织有白色脂肪组织(white adipose tissue,WAT)和褐色脂肪组织(brown adipose tissue,BAT)。WAT 由脂肪细胞、前脂肪细胞、巨噬细胞、内皮细胞和白细胞等组成。脂肪细胞已被证实不仅是贮能细胞,也是一种内分泌细胞,能分泌包括脂联素、瘦素、内脏脂肪素和抵抗素在内的多种脂肪细胞因子。脂肪细胞因子是一组由脂肪细胞表达分泌的细胞因子的总称,包括脂肪细胞特异的细胞因子和非脂肪细胞特异的细胞因子,这些细胞因子和激素对脂肪组织本身和其他器官组织发挥重要的作用。

脂肪组织在维持能量及内环境稳定、葡萄糖及脂质代谢、免疫应答等方面发挥重要作用，并且与人类的某些疾病（如酮血症、酮尿症、脂肪肝、高脂血症、肥胖症和动脉粥样硬化、冠心病等）有密切关系，因此，脂类代谢对人体健康有重要意义。

5.2.1 甘油三酯的代谢

食物进入口腔后，脂肪的消化就已开始，唾液腺分泌的脂肪酶可水解部分食物脂肪。对成人来说，这种消化能力很弱，而婴儿口腔中的脂肪酶则可有效地分解奶中短链脂肪酸和中链脂肪酸。脂肪在胃内的消化也极有限，其主要消化场所是小肠。来自胆囊的胆汁首先将脂肪乳化，胰腺和小肠内分泌的脂肪酶将甘油三酯水解，水解后的小分子如甘油、短链脂肪酸和中链脂肪酸很容易被小肠细胞吸收而直接进入血液。甘油单酯和长链脂肪酸被吸收后先在小肠细胞中重新合成甘油三酯，并和磷脂、胆固醇和蛋白质形成乳糜微粒，由淋巴系统进入血液循环，随血液流遍全身以满足机体对脂肪和能量的需要，最终被肝脏吸收。

肝脏将来自食物中的脂肪和内源性脂肪及蛋白质等合成极低密度脂蛋白（VLDL），并随血流流动以满足机体对甘油三酯的需要。糖类是合成这些脂肪的主要原料，故膳食中摄入糖类过多易使 VLDL 含量增高。随着血中甘油三酯减少，同时又不断地集聚血中胆固醇，最终形成甘油三酯少而胆固醇多的 LDL，它主要供肝外组织利用，占血浆脂蛋白总量的 2/3。血液中的 LDL 一方面满足机体对各种脂类的需要，另一方面也可被细胞中的 LDL 受体结合进入细胞，借此适当调节血中胆固醇的浓度，但 LDL 过多可引起动脉粥样硬化等疾病。HDL 由肝脏合成，约含 50%蛋白质，密度最高，主要把肝外组织中的游离胆固醇、磷脂运送至肝脏代谢，故具有清除血中胆固醇的作用，起到有益的保护作用。

5.2.2 甘油三酯的消化吸收

人类膳食中的脂类主要是甘油三酯，约占 95%，类脂的含量较少。甘油三酯和磷脂的消化主要在小肠内进行。胃液中虽有少量脂肪酶，但因胃中酸度太高，不利于脂肪乳化。食糜通过胃肠时可刺激胰液和胆汁分泌，并进入小肠。胆汁中的胆汁酸是强有力的乳化剂，能使脂肪分散为细小的脂肪微粒，有利于和胰液中的脂肪酶充分接触。胰脂肪酶、磷脂酶等能将甘油三酯和磷脂水解为游离脂肪酸、甘油单酯、溶血磷脂等，这些水解产物进入肠黏膜细胞后，可重新合成与体内脂肪组成成分相近的甘油三酯和磷脂，然后与胆固醇、蛋白质形成乳糜微粒，经肠绒毛的中央乳糜管汇合入淋巴管，通过淋巴系统进入血液循环。但奶油和椰子油中含有的中、短链脂肪酸经水解进入肠黏膜细胞后不需要再酯化，而与白蛋白结合，直接通过门静脉进入肝脏。水解产物甘油因水溶性大，亦通过小肠黏膜经门静脉而吸收入血液。正常人膳食中脂肪的吸收率为90%以上。

吸收后的大部分脂肪酸经过一些必要的代谢转变为人体脂肪并储存于脂肪组织中。吸收进入体内的甘油则迅速氧化、分解、供能。在脂肪酸的代谢中最具重要性的是亚油酸和α-亚麻酸。它们不仅和其他脂肪酸一样可以再合成组织中的甘油三酯和磷脂或氧化分解供能，还可在肝脏、肠黏膜、脑和视网膜的内质网中经Δ^6去饱和酶、碳链延长酶和Δ^5去饱和酶等的相继作用后，转变成具有生物活性的花生四烯酸、EPA和DHA。花生四烯酸和EPA又可经环氧化酶和脂氧合酶的代谢生成一系列生物活性物质，如前列腺素、血栓素、前列环素、脂质素、白三烯等。人体还可在肝脏中利用葡萄糖合成少量非必需脂肪酸，但脂肪组织合成脂肪酸的能力很有限，体内储存的脂肪主要还是来源于膳食脂肪。

5.2.3 胆固醇的代谢

食物中的胆固醇在肠道被吸收，一般情况下，胆固醇的吸收率约为30%。如果食物中的胆固醇和其他脂类呈结合状态，则先被酶水解成游离的胆固醇，再被吸收。胆固醇是胆汁酸的主要成分，胆汁酸在乳化脂肪后一部分被小肠吸收，随血液到肝脏和胆囊被重新利用；另一部分和食物中未被吸收的胆固醇一起被膳食纤维吸附，由粪便排出体外。随着胆固醇摄入量的增加，其吸收率相对减少，但吸收总量增多。膳食脂肪有促进胆固醇吸收的作用，使胆汁分泌增加，同时也增加胆固醇在肠道中的可溶解性。而食物中的植物固醇如豆固醇、谷固醇以及膳食纤维则减少胆固醇的吸收。

5.2.3.1 胆固醇的消化吸收

食物中的胆固醇以游离胆固醇和胆固醇酯两种形式存在。其中游离胆固醇含量占总量的80%～90%，它与胆汁酸盐、磷脂及脂肪的水解产物——甘油、脂肪酸等结合成混合微团，被小肠黏膜吸收。而食物中的胆固醇酯需经胆汁酸盐乳化后，在小肠中被胆固醇酯酶水解成游离胆固醇，进一步被消化吸收。80%～90%吸收的游离胆固醇在肠黏膜细胞内又与长链脂肪酸结合成胆固醇酯，后者中大部分参与组成乳糜微粒，少部分参与组成极低密度脂蛋白，经淋巴进入血液，参与全身的血液循环。未被吸收的胆固醇在小肠下段及结肠被细菌还原转化后，随粪便排出体外。

5.2.3.2 胆固醇的转化

胆固醇在体内虽不能彻底氧化生成CO_2和水，也不能提供能量，但可以转化成一系列重要的类固醇化合物，参与或调节机体物质代谢。其转化途径主要为：

①转变为胆汁酸。人体内约有80%的胆固醇可以在肝脏中转变为胆汁酸，胆汁酸以钠盐或钾盐的形式存在，称为胆盐，其主要生理作用是促进脂类的消化吸收。

②转变为维生素 D_3。在肝脏和肠黏膜细胞内,胆固醇可氧化转变为7-脱氢胆固醇,后者经血液循环转运至皮肤。7-脱氢胆固醇经紫外线照射可转变为维生素 D_3,促进钙、磷吸收。

③转变为类固醇激素。胆固醇在内分泌腺(如肾上腺、睾丸和卵巢等)中转变生成类固醇激素,如睾酮、皮质醇和雄激素等。这些激素发挥调节作用后,可在肝脏内通过还原、水解及结合等反应失去活性,然后随尿液排出体外。

5.2.3.3 胆固醇的排泄

胆固醇离开体内的两种主要形式为胆汁酸盐和中性固醇(胆固醇及其肠道细菌代谢产物)。体内胆固醇由肝脏转变为胆汁储存于胆囊内,经释放进入小肠,与被消化的脂肪混合,将大颗粒的脂肪变成易吸收的小颗粒。在小肠下段,85%～95%的胆汁通过肝肠循环被重新吸收入肝脏,剩余的胆汁(5%～15%)随粪便排出体外。此外,尚有少量胆固醇以皮脂形式由皮肤排出,小部分随表皮细胞脱落而一起排出体外。

肝脏能够合成胆固醇,控制胆固醇的转化,参与胆固醇的重吸收和排泄等,是胆固醇内稳态平衡的主要控制位点。而肠道参与胆固醇的(再)吸收和粪便排泄,对胆固醇体内平衡具有重要影响。此外,肝脏与肠道之间也存在着密切联系,如图5-6所示。

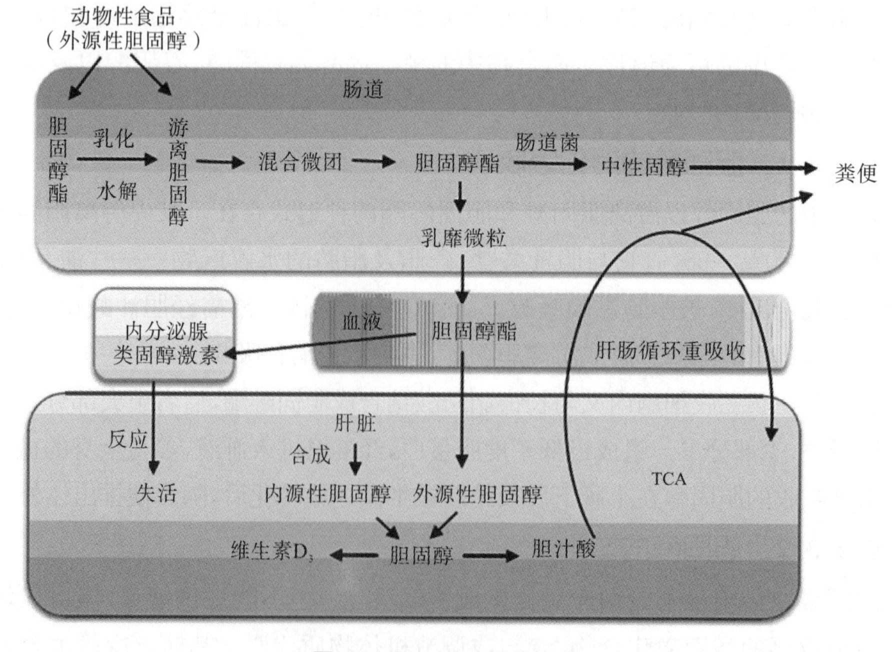

图5-6 胆固醇的肝肠代谢

5.2.4 脂类代谢与自由基理论

自由基理论产生于20世纪50年代，随后大量研究证实，自由基能够导致细胞内脂质、蛋白质和DNA损伤，且与人类衰老和许多慢性疾病的发生有关，从而使该理论得到迅速发展。机体内自由基的产生，是正常生理活动和新陈代谢的一部分，如正常细胞吞噬及脂质过氧化过程、线粒体内氧化磷酸化、电子传递链系统等都会产生自由基；机体在呼吸过程中不断消耗氧气，经过酶促反应也会生成活性较强的超氧阴离子自由基。同时，机体内存在着自身防御体系，包括酶促氧化系统（如超氧化物歧化酶、谷胱甘肽过氧化物酶、过氧化氢酶等）和非酶促氧化系统（如维生素、矿物质和多肽类物质）。这两个系统互为补充，相互配合，通过抑制自由基的氧化反应、打断自氧化链式反应、抑制促氧化物活性等方式清除过量的自由基，共同维护机体内氧化还原状态平衡。

当机体长期受各种有害刺激时，体内的自由基就会异常增多，同时机体对自由基的清除能力下降，造成细胞和组织损伤，导致衰老、心脑血管疾病、2型糖尿病和癌症等的发生。长期高脂饮食，会导致细胞线粒体呼吸链上的氧化途径被激活，产生过量的活性氧（reactive oxygen species，ROS）而得不到及时清除，便会攻击细胞生物膜上的多不饱和脂肪酸，造成脂类过氧化，损伤线粒体呼吸链，形成严重的恶性循环。许多研究已证明，长期高脂饮食会引起机体氧化还原状态紊乱，导致慢性疾病的发生与发展。

很早以前就有流行病学研究显示，虽然地中海地区人群的脂肪摄入量很高，据估计为30～50 g/d，并且希腊居民饮食中脂肪所提供的能量更是占总能量摄入的40%以上，但该地区人群的心血管疾病、冠心病等慢性病的发生率与其他地区相比要低很多。经研究发现，这与该地区的膳食结构密不可分。“地中海饮食”不仅包括许多果蔬、海洋鱼类，而且橄榄油在其中占据着重要的地位。研究表明，初榨橄榄油中含有许多多酚类物质，与精炼橄榄油相比，可以显著降低餐后血浆总甘油三酯（TG）、总胆固醇（TC）和LDLC水平并提高HDLC的含量，增强LDLC的抗氧化能力。因此，初榨橄榄油中酚类成分所发挥的有益作用，越来越引起人们的兴趣与关注。同样，我国产量较高的山茶油和芝麻油之所以被认为是健康油脂，是因为其中含有较多的多酚和木脂素类抗氧化物质，它们能够在人体内发挥积极的作用。所以，世界各地的营养研究者都推荐人们通过补充抗氧化剂来平衡高脂饮食带来的危害。

5.2.5 脂类代谢紊乱引起的常见疾病

脂类代谢受多种因素影响，特别是受到神经体液的调节，如肾上腺素、生长激素、胰高血糖素、促肾上腺素、糖皮质类固醇、甲状腺素等。促甲状腺激素促进脂肪组织释放脂肪酸，而胰岛素和前列腺素的作用则相反。适量的含脂类食物的摄入和适当的体育锻炼，有利于脂类代谢保持正常。一旦某种因素发生变化，引起脂类代谢异常，就会导致疾病，危害人体健康。

5.2.5.1 高血脂

通常，总胆固醇（TC）、总甘油三酯（TG）、高密度脂蛋白（HDLC）和低密度脂蛋白（LDLC）是血脂检测的四项主要指标。当机体脂质代谢紊乱或运转异常时，血清或血浆中 TC 和 LDLC 水平过高，会引起内皮细胞功能障碍和血管壁功能及结构损伤，增加心血管疾病及胰腺炎等严重危害人体健康的疾病的患病风险，因此，积极预防和治疗高血脂是防治糖尿病的关键措施。

正常情况下，血浆脂类水平处于动态平衡，能保持在一个稳定的范围。若在空腹时血脂水平升高，超出正常范围，称为高脂血症。因血脂是以脂蛋白形式存在的，故血浆脂蛋白水平也升高，称为高脂蛋白血症。根据国际暂行的高脂蛋白血症分型标准，可将高脂蛋白血症分为 6 种类型，各型高脂蛋白血症的血浆脂蛋白及脂类含量变化见表 5-3。

表 5-3 各型高脂蛋白血症的血浆脂蛋白及脂类含量变化

类型	血浆脂蛋白变化	血脂含量变化	发生率
Ⅰ	高乳糜微粒血症 （乳糜微粒升高）	甘油三酯升高 胆固醇升高	罕见
$Ⅱ_a$	高 β-脂蛋白血症 （低密度脂蛋白升高）	甘油三酯正常 胆固醇升高	常见
$Ⅱ_b$	高 β-脂蛋白血症 高前 β-脂蛋白血症 （低密度脂蛋白及极低密度脂蛋白升高）	甘油三酯升高 胆固醇升高	常见
Ⅲ	高 β-脂蛋白血症 高前 β-脂蛋白血症 （出现宽 β-脂蛋白，低密度脂蛋白升高）	甘油三酯升高 胆固醇升高	较少
Ⅳ	高前 β-脂蛋白血症 （极低密度脂蛋白升高）	甘油三酯升高 胆固醇升高	常见
Ⅴ	高乳糜微粒血症 高前 β-脂蛋白血症	甘油三酯升高 胆固醇升高	不常见

按发病原因，高脂蛋白血症又可分为原发性高脂蛋白血症和继发性高脂蛋白血症。原发性高脂蛋白血症是由遗传因素缺陷造成的脂蛋白代谢紊乱，常见的是$Ⅱ_a$型和Ⅳ型；继发性高脂蛋白血症是由肝、肾病变或糖尿病引起的脂蛋白代谢紊乱。

高脂蛋白血症发生的原因可能是载脂蛋白、脂蛋白受体或脂蛋白代谢的关键酶缺陷，引起脂质代谢紊乱，包括脂类产生过多、降解和转运发生障碍，或两种情况兼有，如脂蛋白脂肪酶活力下降、食入胆固醇过多、肝内合成胆固醇过多、胆碱缺乏、胆汁酸盐合成受阻及体内脂肪动员加强等。动脉粥样硬化是严重危害人类健康的常见疾病之一，发生的原因主要是血浆胆固醇增多，沉积在大、中动脉内膜上。其发病过程与血浆脂蛋白代谢密切相关。现已证明，低密度脂蛋白和极低密度脂蛋白增多可促使动脉粥样硬化的发生，而高密度脂蛋白则能防止病变的发生。这是因为高密度脂蛋白能与低密度脂蛋白争夺血管壁平滑肌细胞膜上的受体，抑制细胞摄取低密度脂蛋白的能力，从而防止血管内皮细胞中低密度脂蛋白的蓄积。所以，在预防和治疗动脉粥样硬化时，可以考虑应用降低低密度脂蛋白和极低密度脂蛋白及提高高密度脂蛋白的药物。肥胖者与糖尿病患者的血浆高密度脂蛋白水平较低，故易发生冠心病。

5.2.5.2　酮血症、酮尿症及酸中毒

正常情况下，血液中酮体含量很少，通常小于 1 mg/100 mL。尿中酮体含量很少，用一般方法不能测出。但患糖尿病时，糖利用受阻或长期不能进食，机体所需能量不能从糖的氧化中获取，于是脂肪被大量动员，肝内脂肪酸大量氧化，肝内生成的酮体超过肝外组织所能利用的限度，血中酮体即堆积起来，临床上称为酮血症。患者随尿排出大量酮体，即酮尿症。酮体中的乙酰乙酸和羟丁酸是酸性物质，体内积存过多时会影响血液酸碱度，造成酸中毒。

5.2.5.3　脂肪肝及肝硬化

由于糖代谢紊乱，大量动员脂肪组织中的脂肪，或由于肝功能损害，或由于脂蛋白合成的重要原料卵磷脂、其组分胆碱、参加胆碱合成的甲硫氨酸及甜菜碱供应不足，肝脏脂蛋白合成发生障碍，不能及时将肝细胞脂肪运出，造成脂肪在肝细胞中堆积，占据很大空间，影响肝细胞的机能，肝脏脂肪的含量超过 10%，即形成脂肪肝。脂肪的大量堆积，甚至使许多肝细胞被破坏，导致结缔组织增生，造成肝硬化。

5.2.5.4　动脉粥样硬化

动脉粥样硬化一旦形成，将伴随患者一生，目前尚无彻底清除和治愈的方法。当动脉粥样硬化发展到一定程度时，就会形成斑块，造成动脉血管堵塞，进而导致血栓的发生，最终引发严重的心脑血管疾病。在所有的动脉粥样硬化性疾病中，冠心病是最常见的类型。粥样硬化导致冠状动脉管腔狭窄或闭塞，引起心肌一过性缺血、缺氧或持续缺血坏死而引起的心脏病称为冠心病。

冠心病已经成为威胁人类健康的第一杀手。临床患者多因心绞痛、心肌梗死而就诊。在正常情况下，冠脉循环具有强大的储备能力，在剧烈运动时，其血流量可增加到静息时的 6～7 倍；在缺氧情况下，正常的冠状动脉也可以扩张，使其血

流量增加 4～5 倍。当动脉粥样硬化导致冠状动脉管腔狭窄或闭塞时，其对应激状态下血流的调节能力明显下降。也就是说，动脉粥样硬化继发性导致血管壁增厚、冠状动脉狭窄并使其弹性减弱，因供需失衡造成心肌缺血、缺氧。一般情况下，当患者冠状动脉有效管腔存在一定程度的狭窄（50%～75%）时，安静时尚能代偿；而负荷状态下（如情绪激动、心动过速、运动等），当心肌需氧量增加并大于其供氧量时，可致短暂、可逆性不平衡，诱发心绞痛。同时，长期的缺血可致心脏形态及功能改变，形成缺血性心肌病，并发心律失常及心功能不全，预后较差。冠心病所致的并发症也是心源性猝死最常见的原因，故冠心病不仅发病率高，致死致残率也高。

虽然胆固醇是高等动物真核细胞膜的组成部分，在细胞生长发育中是必需的，但是，血清中胆固醇水平增高常使动脉粥样硬化的发病率增高。动脉粥样硬化斑的形成和发展与脂类，特别是胆固醇代谢紊乱有关。从理论上讲，有效控制低密度脂蛋白水平，提高高密度脂蛋白水平可以控制胆固醇的转运，进而达到抗动脉粥样硬化，甚至逆转斑块的效果。

近年来发现，遗传性载脂蛋白基因突变造成外源性胆固醇运输系统不健全，使血浆中低密度脂蛋白与高密度脂蛋白比例失调，此时食物中胆固醇的含量就会影响血中胆固醇的含量，因此，应采用控制膳食中胆固醇的方法进行治疗。引起动脉粥样硬化的另一个原因是低密度脂蛋白的受体基因的遗传性缺损，低密度脂蛋白不能将胆固醇送入细胞内降解，因此，内源性胆固醇降解受到障碍，致使血浆中胆固醇增高。

5.2.5.5 肥胖症

现代医学认为，肥胖是由慢性能量平衡失调造成的。当机体能量摄入与能量消耗之间通过中枢神经系统和内分泌系统调节取得动态平衡时，可以维持体重；当能量摄入增加或者消耗减少时，平衡被打破，多余的能量以脂肪的形式积存于体内，则导致肥胖。目前，肥胖症的病因尚未完全明确，通常认为肥胖症可由一种或多种影响因素共同作用而产生。

肥胖症按病因可分为单纯性肥胖和继发性肥胖两种类型。其中无明显基础性（内分泌代谢）疾病的肥胖称为单纯性肥胖症，占整个肥胖症的绝大多数。单纯性肥胖以年龄及脂肪组织病理表现为依据，又可细分为体质性肥胖和获得性肥胖。

①体质性肥胖。多有肥胖家族史，自幼年起病，青春发育期进一步加重，脂肪分布于全身各处，脂肪细胞出现肥大且增生现象。对于体质性肥胖者，饮食控制和运动锻炼的疗效较差。

②获得性肥胖。获得性肥胖也称过食性肥胖或外源性肥胖，多因营养过度，使摄入的热量远远大于机体活动的需要而形成肥胖。其脂肪主要分布于躯干，由

脂肪细胞单纯性肥大引起，但无明显数目增多，饮食控制及运动锻炼疗效较好。

5.3 脂类的食物来源及参考摄入量

5.3.1 脂类的食物来源

人类膳食脂肪主要来源于动物的脂肪组织和肉类以及植物的种子，如大豆、花生、核桃、松子、葵花子、杏仁等。陆生动物脂肪如猪油及人造奶油中饱和脂肪酸含量较多，如月桂酸、豆蔻酸、软脂酸（又称棕榈酸）等。它们对人体健康的影响表现在当摄入量过高时与高脂血症及某些恶性肿瘤的发生有关。

大多数植物油主要含不饱和脂肪酸，可降低血液胆固醇含量，对预防高脂血症和冠心病有一定的益处。如亚油酸普遍存在于植物油中，亚麻酸在豆油和紫苏籽油中较多，椰子油则主要含饱和脂肪酸，棕榈油的饱和脂肪酸含量也较高，橄榄油、茶油中单不饱和脂肪酸含量很高。近年来的研究表明，*n*-6多不饱和脂肪酸虽能降低LDL胆固醇含量，但同时也能使HDL胆固醇含量下降；而单不饱和脂肪酸只降低LDL胆固醇含量，对HDL胆固醇无降低作用。此外，多不饱和脂肪酸摄入量过多，可引起体内脂质过氧化反应增强。

动物脂肪相对含饱和脂肪酸多，而多不饱和脂肪酸和单不饱和脂肪酸含量较少。鱼油中含有EPA和DHA，具有降低血液胆固醇和甘油三酯的作用，同时还有抗血小板凝集和扩张血管的作用，因此，有利于防治冠心病。一般功能食品的配方可以直接采用鱼油或DHA制品。长链饱和脂肪酸能诱发血小板凝集，加速血栓形成。

5.3.1.1 *n*-3系列多不饱和脂肪酸的主要来源

蔬菜油是*n*-3系列多不饱和脂肪酸的主要来源，它存在于绿色叶菜的叶绿体中，如马齿苋、菠菜以及胡桃等，其中以亚麻籽油中α-亚麻酸含量最高（高达57%），其次是菜籽油、大豆油、小麦胚芽油（7%～13%）。其他来源包括一些坚果、水果、蛋黄、禽肉等。

鱼是主要的EPA和DHA来源，各种鱼油中的DHA和EPA含量见表5-4。在鱼肝与鱼体的脂肪中，*n*-3系列多不饱和脂肪酸含量明显不同。鱼肝油中主要含维生素A和维生素D，含*n*-3系列多不饱和脂肪酸较少（13%～22%），而鱼体脂肪中含*n*-3系列多不饱和脂肪酸较多（25%～59%）。

表 5-4　各种鱼油中的 DHA 和 EPA 含量

名称	DHA/%	EPA/%	名称	DHA/%	EPA/%
沙丁鱼	10.2	16.8	黑鲔	18.8	8.7
鲑鲈	18.2	8.5	肥壮金枪鱼	37.0	3.9
竹刀鱼	11.0	4.9	鲐鱼	9.4	8.0
明太鱼	6.0	12.6	步鱼	7.4	12.8
黄金枪鱼	26.5	5.1			

海洋微生物以及一些藻类植物也是多不饱和脂肪酸的良好来源。用于生产多不饱和脂肪酸的藻类主要有三角褐指藻（*Phaeodactylum tricornutum*）、紫球藻(*Porphyridium cruentum*)、盐生微小绿藻（*Nannochloropisis salina*）、球等鞭金藻(*Isochrysis galbana*)、硅藻（*Diatom*)及异养的小球藻(*Chlorella vulgaris* Beij.)、隐甲藻（*Crypthecodinium cohnii*）、菱形藻（*Nitzschia*）、卡德藻(*Tetraselmis*)和单衣藻(*Chlamydomonas*)等。

5.3.1.2　*n*-6 系列多不饱和脂肪酸的主要来源

亚油酸属于 *n*-6 系列多不饱和脂肪酸，是多价不饱和亚油酸，因人体无法合成或合成很少，必须从食物中获得。蔬菜是重要的 *n*-6 系列多不饱和脂肪酸的来源。*n*-6 系列多不饱和脂肪酸主要存在于芝麻、葡萄籽、沙蒿籽、甜杏仁、山胡萝卜籽和樱桃仁等中。

5.3.1.3　反式脂肪酸的主要来源

根据卫生行政部门的数据显示，中国人的反式脂肪酸日均摄入量是 0.6 g。中国农业大学食品科学与营养学专家李再贵认为，这个数据值得分析。基数中包括数量巨大的农村人口，但他们平时很少吃蛋糕、蛋黄派及喝咖啡，接触到反式脂肪酸的机会不多。在城市人群中，有一部分人每天的反式脂肪酸摄入量可能远远超过国际标准，即 2～3 g。比如某种饼干，如果含油量为 20%，按反式脂肪酸占油脂总量 20%这个平均水平算，吃 100 g 饼干，可能就有 4 g 反式脂肪酸。

据健康专家介绍，在人们经常吃的饼干、薄脆饼、油酥饼、巧克力、色拉酱、炸薯条、炸面包圈、奶油蛋糕、大薄煎饼、马铃薯片、油炸干吃面等食物中，均含有不等量的反式脂肪酸。目前，市面的珍珠奶茶多是用奶精、色素、香精和木薯粉(指奶茶中的珍珠)及自来水制成。而奶精的主要成分是氢化植物油，它是一种反式脂肪酸。专家指出，每天喝一杯 500 mL 的珍珠奶茶，其中反式脂肪酸含量已超出正常人体承受极限，易患心血管疾病。应多吃水果、蔬菜和全谷物，这些食物中含少量或不含反式脂肪酸和饱和脂肪。

目前，反式脂肪酸没有列在现行的食品营养标签中，但有其他方法确定产品中是否含反式脂肪酸。最好的方法是看食品组分，如果一种食品标示使用转化脂肪、氢化棕榈油、人造植物黄油等,那么这种产品可能含有反式脂肪酸。现行的营养标签起源于1990年,新营养标签强制列出14种营养素含量,包括热量、脂肪热量、总脂肪、饱和脂肪、胆固醇、钠、总碳水化合物、膳食纤维、糖、蛋白质、维生素A、维生素C、钙和铁。常量营养素因与慢性病的关系而被列出百分比,如总碳水化合物、蛋白质和脂肪。由于空间有限,其他营养素成为可选项目,如维生素B、饱和脂肪的热量、多不饱和脂肪、单不饱和脂肪、钾、可溶性纤维、不溶性纤维、糖醇、其他碳水化合物、维生素和矿物质。

5.3.1.4 磷脂的主要来源

含磷脂较多的食物有蛋黄、肝脏、大豆、麦胚和花生等。含胆固醇丰富的食物有动物脑和肝、肾等内脏以及蛋类,肉类和奶类也含有一定量的胆固醇。例如,猪脑中的胆固醇含量高达2571 mg/100 g,禽蛋黄、蟹黄、肝、肾、墨鱼等中的胆固醇含量也高。植物性食物中则含胆固醇较少。由表5-5可以看出,畜肉中的胆固醇含量大致相近,肥肉中的胆固醇比瘦肉中高,内脏中的胆固醇比肥肉中高,脑中的胆固醇含量最高。一般鱼类的胆固醇含量和瘦肉差不多,但少数鱼如凤尾鱼、墨鱼的胆固醇含量不低,而海蛰、海参的胆固醇含量很少。蛋类的胆固醇含量较高,一个鸡蛋约含300 mg胆固醇。所有的动植物均含有卵磷脂,但脑、心、肾、骨髓、肝、卵黄、大豆中的卵磷脂含量较丰富。我国膳食指南中提出少吃荤油。奶油和黄油都是从牛乳中提炼而成的。奶油是从全脂鲜牛乳中分离出来的,含脂肪20%左右;将奶油进一步加工,则为黄油,约含85%脂肪。它们都含维生素A,易被人体吸收利用,但胆固醇和饱和脂肪酸含量高,对高脂血症和冠心病患者不利。

表5-5 食物中的胆固醇含量/(mg/100 g)

食物名称	含量	食物名称	含量	食物名称	含量
猪肉(肥)	107	全脂奶粉	104	墨鱼	275
猪心	158	鸭蛋	634	小白虾	54
猪肚	159	松花蛋	649	对虾	150
猪肝	368	鸡蛋	680	青虾	158
猪肾	405	鲳鱼	68	虾皮	608
猪脑	3100	大黄鱼	79	小虾米	738
牛肉(瘦)	63	草鱼	81	海参	—
牛肉(肥)	194	鲤鱼	83	海蜇头	5
羊肉(瘦)	65	马哈鱼	86	海蜇皮	16
羊肉(肥)	173	鲫鱼	93	猪油	85
鸭肉	101	带鱼	97	牛油	89

续表

食物名称	含量	食物名称	含量	食物名称	含量
鸡肉	117	梭鱼	128	奶油	168
牛奶	13	鳗鲡	186	黄油	295

5.3.1.5 鞘脂类的主要来源

鞘脂类是食物中的微量成分，食物中的鞘脂类主要分布在乳及乳制品、脂蛋白、蛋类及豆类、哺乳动物的组织中。如乳酪中的鞘脂类含量为1326 μmol/kg，牛奶中的鞘脂类含量为160 μmol/kg，鸡肉中的鞘脂类含量为530 μmol/kg。在动物源性制品中，鞘脂类主要是鞘磷脂，通常含22个左右碳原子的酰胺结合的饱和脂肪酸和鞘氨醇骨架。乳制品是鞘脂类的主要来源，其次是肉类、鱼、蛋及蔬菜。从现有的数据估计，从蔬菜中摄取鞘脂类是最困难的。每年人均摄入鞘脂类量是154 mmol，相当于116 g。如果水果和蔬菜的鞘脂类能被人体吸收，那么人均鞘脂类年摄入量将增加28 mmol，总计每年182 mmol(139 g)。基于每年人均消费食品873 kg，鞘脂类占总消费量的0.01%～0.02%。但个人消耗的食物中鞘脂类含量可能差别很大，尤其是富含鞘脂类的个体之间，所以，有必要适当补充鞘脂类物质。目前，已开发出鞘脂类的休闲食品、烘焙食品及各种饮料。

5.3.1.6 胆固醇的主要来源

人体内约1/3的胆固醇是从食物中摄取的，也称外源性胆固醇；约2/3的胆固醇在肝脏内合成，也称内源性胆固醇。食物中胆固醇的吸收率较低(3%)，但对胆固醇代谢调节能力较差的中老年人，特别是心血管疾病以及糖尿病患者，则应严格限制，其胆固醇的摄入量应小于300 mg/d(一个中等大小的鸡蛋黄含胆固醇200～300 mg)。

胆固醇广泛存在于动物性食物中，含量最高的是脑和脊髓，其次是蛋类、动物内脏及一些软体动物(如螺、蛤蜊、乌贼等)，人体也能合成，一般不易缺乏。体内胆固醇水平的升高主要是内源性的，因此，在限制摄入胆固醇的同时，更要注意热能摄入平衡，预防内源性胆固醇水平升高。

脂类营养状况不良也包括中年后长期高胆固醇饮食导致的高胆固醇血症，进而并发动脉粥样硬化与心脑血管疾病。但如前所述，胆固醇具有众多的生理功能，是重要的营养物质，只有长期过多摄入、血中浓度过高，才会导致动脉粥样硬化，故不应盲目摒除胆固醇的正常摄入。

食物中具有降低血清胆固醇能力的成分包括：①活性多糖、功能性低聚糖、抗性淀粉和糖醇。②膳食纤维。③磷脂、植物固醇和中链脂肪酸。④必需脂肪酸、EPA、DHA和花生四烯酸。⑤多不饱和脂肪酸。

5.3.2 脂肪参考摄入量

我国要求脂肪提供能量占每日摄入总能量的25%～30%。儿童、青少年所占比例略高(年龄越小,所占比例越高)。一般情况下,脂肪的消耗随着人均收入的增加而增加。近年来,我国经济发达的城市和地区,居民膳食中脂肪提供的能量已超过摄入总能量的30%,应该引起高度重视。因为过多地摄入脂肪,与退行性疾病如冠心病、肿瘤的发生有关。

FAO/WHO专家报告(1993年)推荐膳食中亚油酸摄入量应占总能量的3%～5%。研究表明,当亚油酸摄入量占总能量的2.4%时,啮齿类动物组织中的花生四烯酸含量可达最高值,并可预防婴儿和成人出现必需脂肪酸缺乏症;当膳食中α-亚麻酸的摄入量占总能量的0.5%～1%时,组织中的DHA含量达最高值,可避免出现任何明显的缺乏症。

从孕晚期至婴儿出生后6个月,胎儿脑和视网膜发育最快,需要充足的DHA,若DHA摄入偏低,则婴儿出生体重可能偏低,并易早产。临床调查表明,乳汁中含DHA较多的母亲,小孩的学习记忆力较高。人体自身可以合成EPA和DHA,适量补充EPA和DHA对儿童、老年人、孕妇是有益的,但摄入过多,反而有副作用。儿童过多服用DHA,可造成神经过度兴奋。

随着生活水平的不断提高,我国人民膳食中动物性食品的数量不断增多,脂肪摄入过多,可导致肥胖、心血管疾病、高血压和某些癌症发病率升高。限制和降低脂肪的摄入,已成为发达国家及我国许多地区预防此类疾病发生的重要措施。如美国的膳食和健康委员会(Committee on Diet and Health)向美国人提出如下建议:①总脂肪摄入量降低到占总能量的30%以下。②饱和脂肪酸的摄入量降到占总能量的10%以下。③胆固醇的摄入量每天不超过300 mg。我国营养学会2000年制定的脂肪适宜摄入量(AI)对各类人群脂肪摄入量有较为详细的推荐,成人一般脂肪摄入量应控制在总能量的20%～30%。

一般认为,必需脂肪酸的摄入量应不少于总能量的3%,*n*-3系列多不饱和脂肪酸摄入量不低于总能量的0.5%,*n*-6系列多不饱和脂肪酸摄入量不低于总能量的3%。大多数学者建议*n*-3系列多不饱和脂肪酸与*n*-6系列多不饱和脂肪酸摄入比为1∶(4～6)较适宜。只要注意摄入一定量的植物油,一般就不会出现必需脂肪酸缺乏。

膳食中脂肪的适宜摄入量不如蛋白质明确,主要原因是根据目前的资料很难确定人体脂肪的最低需要量。因为能满足人体需要的脂肪量是非常低的,即使为了供给脂溶性维生素、必需脂肪酸以及保证脂溶性维生素的吸收等作用,所需的脂肪也不太多,一般成年人每日膳食中有50 g脂肪即能满足。

5.3.3 脂肪替代品

脂肪在食品加工中的重要作用及其可产生良好的感官性状使人类对脂肪有一定的依赖性,而过多摄入脂肪又会对人体产生多种危害。解决这一矛盾的有效措施就是生产出具有脂肪的性状而又不能被人体吸收的脂肪替代品(fat substitutes)。

5.3.3.1 蔗糖聚酯

由蔗糖和脂肪酸合成的蔗糖聚酯(sucrose polyester)的各种性状和膳食脂肪相似,但不被肠道吸收,经长期人体和动物实验证明食用安全。美国 FDA 于 1996 年批准其可用于制作某种休闲食品,如马铃薯、饼干等,但必须在标签上注明:“本品含蔗糖聚酯,可能引起胃痉挛和腹泻,蔗糖聚酯可抑制某些维生素和其他营养素的吸收,故本品已添加了维生素 A、D、E 和 K。”

5.3.3.2 以碳水化合物为基质的油脂替代品

以碳水化合物为基质的油脂替代品如木薯糊精,是将淀粉通过酸或酶法水解为具有低葡萄糖值(DE 值)的糊精,在浓度为 20%左右时可以形成热可逆的凝胶,具有类似脂肪的特点,能量仅为脂肪的 1/9。除了糊精以外,还有改性淀粉类、胶体类、纤维素型、葡聚糖型等油脂替代品。与蔗糖聚酯类油脂替代品相比,碳水化合物型油脂替代品比较安全,不会引起肛瘘等不良反应;但不能用于高温食品,而且其替代脂肪的量有限,一般均为 1/4～1/3,用量过多时会带来不良的风味。该类油脂替代品主要应用于冰淇淋、色拉酱、甜食等。

5.3.3.3 燕麦素

燕麦素是从燕麦中提取的脂类物质,该物质对热稳定,口感中有脂肪的细腻感,主要用于冷冻食品(如冰淇淋)、色拉调料和汤料中。该产品保留大量的纤维素,不仅可作为饱和脂肪酸的代用品,而且有一定的降胆固醇作用。

5.4 膳食脂类的营养价值评价

5.4.1 脂肪的营养价值评价

脂肪的营养价值与脂肪酸的种类、含量和比例有关,一般不饱和脂肪酸含量较高的油脂,其营养价值相对较高。对于正常人体,最理想的膳食脂肪构成是:多不饱和脂肪酸∶饱和脂肪酸∶单不饱和脂肪酸=1∶1∶1(如按能量计算,则三者相等,互相平衡);ω-3 系列多不饱和脂肪酸和 ω-6 系列多不饱和脂肪酸的比例也要适宜。

一般认为,膳食脂肪的营养价值可从脂肪的消化率、油脂稳定性、脂肪中必需脂肪酸含量及脂肪酸构成和脂溶性维生素含量4个方面进行评价。

5.4.1.1 脂肪的消化率

脂肪的消化率与脂肪的熔点密切相关，熔点高的脂肪在常温下多为固态，消化率低。消化率的影响因素通常包括以下2个方面：

①脂肪酸在甘油三酯分子上的分布。肠道中的脂肪酶有选择性地水解甘油1位和3位，而脂肪酸在甘油分子3个羟基上的分布并不是随机的，而是特定的脂肪酸位于特定的位置，植物中饱和脂肪酸几乎全部在1位和3位上酯化，动物脂肪则不具备这种规律性。带短链脂肪酸的甘油三酯如黄油较易消化。含不饱和脂肪酸的脂肪的脂解速度快于含饱和脂肪酸的脂肪。

②脂肪的熔点可影响其消化率。一般而言，以饱和脂肪酸为主的油脂(如畜类脂肪)熔点高，如牛脂，熔点为50 ℃以上，习惯上称为脂肪或脂。以多不饱和脂肪酸为主的脂肪(如植物油)熔点低，其消化率为91%～98%，常温下可以流动，习惯上称为油。食用油的消化率见表5-6。含不饱和双键较多以及熔点接近或低于人体温度的脂肪消化率高，而熔点在50 ℃以上的脂肪则不易被消化。含不饱和脂肪酸和短链脂肪酸越多的脂肪熔点越低，越易消化。一般植物油中不饱和脂肪酸含量高，熔点大多低于室温，故消化率高。黄油和奶油所含不饱和脂肪酸虽然不多，但消化率较高。碳链较短、双键较多的脂肪熔点较低，消化率较高。

表5-6 食用油的消化率

食用油名称	消化率/%	食用油名称	消化率/%
菜籽油	99	橄榄油	98
豆油	98	鱼肝油	98
芝麻油	98	乳脂	98
花生油	98	猪油	94
玉米油	97	牛油	89
葵花籽油	96.5	羊油	81

5.4.1.2 油脂稳定性

脂类在食品加工、保藏过程中的变化对其营养价值的影响日益受到人们的重视，这些变化可能有脂肪的水解、氧化、分解、聚合或其他的降解作用，可导致脂肪的理化性质变化，在某些情况下可以降低能值，呈现一定的毒性和致癌作用。此部分内容在后面会有较详细的阐述。

5.4.1.3 必需脂肪酸含量及脂肪酸构成

必需脂肪酸含量越高，营养价值越高；反之，营养价值越低。此外，构成脂肪的脂肪酸不同，其营养价值也不同。一般而言，在脂肪供给量相同的情况下，由不饱和脂肪酸或多不饱和脂肪酸构成的脂肪比由饱和脂肪酸构成的脂肪更有利于健康。

多数植物油中的亚油酸含量较高，如棉籽油、大豆油、麦胚油、玉米油、芝麻油、花生油等。鱼油、大豆油和菜子油中的 *n*-3 脂肪酸含量较高。它们的营养价值均优于陆生动物脂肪。但椰子油的不饱和脂肪酸(包括亚油酸)含量较低。

5.4.1.4 脂溶性维生素含量

脂溶性维生素含量越高，营养价值越高；反之，营养价值越低。麦胚油、大豆油等植物油富含维生素 E，海水鱼肝脏脂肪以及奶类和蛋类的脂肪中富含维生素 A、维生素 D，这些脂溶性维生素含量较高的脂肪营养价值也较高。动物贮存脂肪中几乎不含维生素，一般器官脂肪中维生素含量不多。

考虑到饱和脂肪酸、反式脂肪酸和胆固醇摄入过多可能带来的负面影响，在评价膳食脂类营养价值时也应当注意饱和脂肪酸、反式脂肪酸和胆固醇的含量。在一些发达国家，含饱和脂肪酸、反式脂肪酸和胆固醇较多的食物不被列为营养价值较高的健康食品。

5.4.2 人体脂类的营养状况评价

由于碳水化合物可以取代脂肪提供能量，过量摄入的碳水化合物也可转化为体脂而造成肥胖，因此，人体脂类的营养状况与膳食脂类的关系不甚密切，其评价远不如蛋白质的营养状况评价明确易行，通常主要是评价人体必需脂肪酸的营养状况。

当膳食中亚油酸摄入不足或吸收不良时，吸收进入血液循环的亚油酸含量少而油酸相对较多。由于亚油酸和油酸在去饱和代谢中竞争 Δ^6 去饱和酶，由亚油酸生成的二十碳四烯酸(C20:4，*n*-6)减少，而由油酸生成的二十碳三烯酸(C20:3，*n*-9)增多，后者没有必需脂肪酸活性。因此，可以将血液中二十碳三烯酸与二十碳四烯酸的比值作为人体必需脂肪酸营养状况的评价指标。当比值>0.2 时，可认为必需脂肪酸不足；当比值>0.4 时，可认为必需脂肪酸缺乏，并可能出现临床症状。

人体脂类总量占体重的 10%～20%，肥胖者的脂类总量可占体重的 30%，过度肥胖者的脂类总量甚至可占体重的 60%。平时体内脂类都以液态或半固态形式存在。

5.4.3 衰老与脂肪分布

衰老引起脂肪分布的改变众所周知。衰老是一种自然规律，从生物学上讲，它既是一种极为复杂的生命现象，又是一个必然发生的生理过程。当人的生命周期进入中老年阶段时，身体机能往往会在许多方面出现衰老的迹象，如心肺等内脏器官功能的退行性变化、骨骼肌衰减征的发生以及机体适应能力和抵抗力的下降等，这些症状不仅会增加心脑血管疾病的发生几率，使老年人长期处于亚健康状态，还为其日常活动带来诸多不便，从而大大降低老年人自主参加社会生活的积极性。除了这些“内在”的变化，衰老也会呈现在人体表面，如皮肤(特别是面部和四肢皮肤)失去弹性、变薄、褶皱增多以及体形改变。因此，人体衰老往往最先从外表察觉到，皱纹增多、肚腩凸显都是其最直观的表现。但是，人们往往只把这些变化当作影响外貌美观的“元凶”，却忽略了它们与身体健康之间存在的密切联系，而脂肪就是其中至关重要的纽带。有研究表明，它们的出现很可能是由衰老引起的人体脂肪比例不断升高以及脂肪分布位置发生改变造成的，如图 5-7 所示，即脂肪通过重新分布由皮下脂肪组织向腹部转移。其实脂肪在人体内的分布是一个动态过程，会随着年龄的增长发生相应的变化，具体表现为躯干及四肢的皮下脂肪含量减少、内脏脂肪含量增加。

随着衰老过程的进行，机体的基础代谢率往往呈现出下降的趋势，特别是随着肢体骨骼肌质量下降和力量衰减，大多数老年人行动不便，日常活动量减少，导致体内利用脂肪氧化供能比率下降，于是脂肪沉积在腹部脂肪组织以及非脂肪组织(如肝脏、肌肉等)中。

一般来讲，人体的大部分脂肪会储存在白色脂肪组织中，而正常情况下这些脂肪组织有着很强的储存脂质的潜能。脂肪组织的储存能力是有一定限度的，特别是随着机体慢慢衰老，白色脂肪组织的相关功能出现失调，导致最大储脂量下降。一旦其储存脂肪数量达到饱和，过剩的脂肪就会堆积到肝脏、心脏和胰腺等非脂肪组织中，这种脂肪在非脂肪组织中沉积的现象称为脂肪的异位沉积。年龄增长引起的脂肪分布变化如图 5-7 所示。

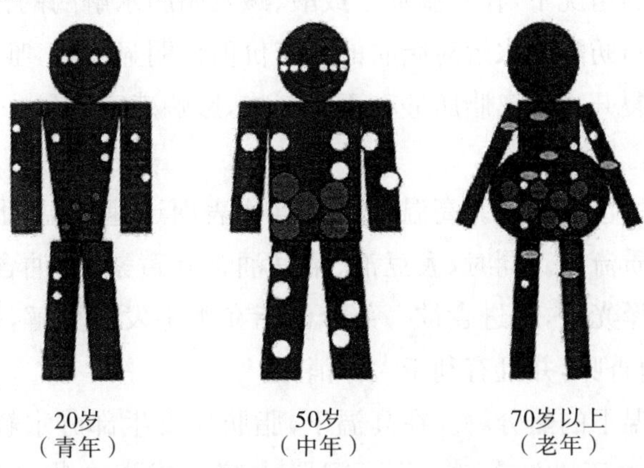

图 5-7　年龄增长引起的脂肪分布变化

游离脂肪酸在非脂肪组织中的去路有以下几条途径：一是作为能源物质直接进行氧化分解，为机体提供能量；二是进入甘油三酯代谢，以脂肪的形式贮存起来;三是合成结构脂类如磷脂、胆固醇等或进入细胞内非氧化的特殊代谢途径。当人体内的脂质过多,沉积于非脂肪组织中,尤其是在超过其缓冲甘油三酯能力时,脂类很可能会进入其他“危险”的代谢循环,从而导致该组织细胞功能障碍,并产生所谓的“脂毒性”。如果任由其发展下去,就会出现脂质介导的细胞程序性死亡。因此,随着年龄的增长,特别是进入中年期或者老年期,人体内的非脂肪组织往往由于处理过剩脂肪酸的能力不足而出现慢性脂肪沉积的现象,从而引起细胞衰竭、胰岛素抵抗、动脉粥样硬化以及肝细胞纤维化,进而对肝脏、心脑血管、胰腺等人体重要器官产生极为不利的影响,这些与老年人肥胖、脂肪肝、心脑血管疾病以及糖尿病等疾病的高发有着密切的关系。

5.4.4 脂类稳定性

脂类稳定性的大小与不饱和脂肪酸的多少和维生素 E 含量有关。不饱和脂肪酸是不稳定的,容易氧化酸败。维生素 E 具有抗氧化作用,可防止脂类酸败。油脂发生变质酸败,不仅有异味,而且营养价值下降,因为其中的维生素、脂肪酸被破坏,发热量下降,甚至产生有毒物质,故不宜食用。

5.4.4.1 油脂的氧化酸败

油脂或油脂含量较多的食品在储藏期间,因空气中的氧气、日光、微生物、酶等作用,产生难闻的气味,口味变得苦涩,甚至产生毒性物质的现象,称为油脂的氧化酸败,俗称油脂哈败。油脂的氧化酸败对其质量影响极大,不仅营养价值降低,而且产生对人体有害的物质。

5.4.4.2 油脂的水解酸败

脂肪在有水的情况下,在高温加工或酸、碱及脂肪水解酶的作用下,发生水解反应而生成游离脂肪酸。水解对脂肪的营养价值无明显影响,唯一的变化是将甘油和脂肪酸分子裂开。游离脂肪酸有不良气味,影响感官质量。食品加工对脂类的影响如下:

①增加食品的色、香、味。高温油炸使食物表面迅速升温、蛋白质凝固,减少食物的可溶性物质流失。同时,大豆油、菜籽油含叶黄素,奶油含胡萝卜素,会使加工后的菜肴色泽光亮,增进食欲。部分油脂在水中发生分解,生成脂肪酸和甘油,使汤汁具有肉香味,并且有利于人体消化。

②脂肪在高温下的热分解。在高温下,脂肪先发生部分水解,分解为甘油和脂肪酸。当油温大于 300 ℃时,分子间脱水缩合成聚合物。当油温为 350～360 ℃时,分解成酮类或醛类物质,同时生成多种形式聚合物,如己二烯环状单聚体、二聚体、三聚体和多聚体,具有一定毒性。当油温达到发烟点温度时,会冒出油烟。油烟中很重要的成分就是丙烯醛(具有挥发性和强烈辛辣气味的物质),它

对人的鼻腔、眼黏膜有强烈的刺激作用。

食用油经高温加热后，不仅脂肪本身结构发生变化，而且影响人体对它的消化、吸收，导致油脂中的其他营养素被破坏，使营养价值降低。因此，烹制菜肴时，掌握好火候十分重要，油的温度过高或过低对炒出来的菜的香味都有影响。特别是做油炸的菜肴时，如油的温度过高，会使所炸的菜肴外焦里不熟；如油的温度过低，所炸菜肴挂的浆、糊容易脱散，使菜肴不酥脆。用于煎炸菜肴的油脂的温度最好控制在180～220 ℃，以减少有害物质的生成。一般炒菜时锅冒烟，即可将菜下锅翻炒。炸菜肴时，因锅内油多，又不好用温度计去测量油的温度，故只能通过感观来进行判断。锅里的油加热后，把要炸的食物放入油中，待沉入锅底，再浮上油面，这时的油温大约是160 ℃。如果做拔丝山药、拔丝白薯等，用这种油温比较合适。油加热以后，把食物放入油中，待食物沉在油的中间再浮上油面，这时油的温度大约是170 ℃。用这种温度的油炸香酥鸡、香酥鸭比较合适，炸出的鸡、鸭外焦里嫩。油炸时，要控制火候；如果把要炸的食物放入油中不沉，这时油的温度大约为190 ℃，比较适合制作各种含水分较少的菜肴，如干炸带鱼、干炸黄鱼、干炸里脊等。

第6章　碳水化合物及膳食纤维

碳水化合物是自然界中含量最丰富的有机物。自然界的生物物质中，碳水化合物约占3/4，从细菌到高等动物都含有碳水化合物，植物体中含量最丰富，占其干重的85%～90%，其中又以纤维素含量最为丰富，其次是节肢动物如昆虫、蟹和虾外壳中的壳多糖(甲壳质)。

碳水化合物是生物体维持生命活动所需能量的主要来源，是合成其他化合物的基本原料，同时也是生物体的主要结构成分。人类从食物中摄取的能量大约有80%由碳水化合物提供，因此，它是人类及动物的生命源泉。我国传统膳食以富含碳水化合物的食物为主食，但近十几年来随着动物蛋白质食物产量的逐年增加和食品工业的发展，膳食的结构也在逐渐发生变化。

碳水化合物这一名词来源于此类由C、H、O三种元素组成的物质，而且它们的经验式都符合通式 $C_nH_{2n}O_n$，即 $C_m(H_2O)_n$，其中氢和氧的比例与水分子中氢和氧的比例相同，就好像是碳同水的化合物，因而得名。后来发现一些不属于碳水化合物的分子也有同样的元素组成比例，如乙酸($C_2H_4O_2$)，而一些碳水化合物如脱氧核糖($C_5H_{10}O_4$)则又不符合这一比例，因而碳水化合物这一名词并不确切。根据糖类的化学结构特征，糖类的定义应是多羟基醛或酮及其衍生物和缩合物，但由于沿用习惯，碳水化合物一词仍被广泛使用。

碳水化合物是生物体细胞结构的主要成分及主要供能物质，并且有调节细胞活动的重要功能。机体中碳水化合物的存在形式主要有三种：葡萄糖、糖原和含糖的复合物。碳水化合物的生理功能与摄入食物的碳水化合物种类和在机体内存在的形式有关。碳水化合物是人类获取能量的最经济和最主要的来源，是构成机体组织的重要物质，可参与细胞的组成和多种活动，还有节约蛋白质作用、抗生酮作用、解毒和增强肠道的功能。例如，脂肪在体内的正常代谢需碳水化合物参与，其代谢产物乙酰基需与葡萄糖的代谢产物草酰乙酸结合进入三羧酸循环，才能彻底氧化。若碳水化合物不足，则脂肪氧化不完全，会产生过量的酮体(如丙酮、乙酰乙酸等)，导致酮血症。

食品根据其含糖量的多少可分为高糖食品(如白糖和蜂蜜)、低糖食品(如黄瓜和瘦肉)和无糖食品(如食用油)。受代谢过程的影响，通常动物性食品中含糖量甚少，糖主要存在于植物性食品中。碳水化合物与食品的加工、烹调和保藏有密切的关系。例如，食品的褐变就与还原糖有关，食品的黏性及弹性也与淀粉和果胶等多糖分不开。蔗糖、果糖等作为甜味剂，更是人类饮食中不可缺少的物质。

6.1　碳水化合物的功能

碳水化合物可分为可消化碳水化合物和不消化碳水化合物,后者的功能将在膳食纤维部分进一步介绍。可消化碳水化合物的功能主要有以下几种。

(1)提供能量　碳水化合物是人类最经济和最主要的能量来源,1 g 葡萄糖可产生 16.7 kJ(4 kcal)热能,产热快而及时,氧化产物对人体无害。在每天的膳食中,大部分的能量来源于碳水化合物。

碳水化合物对维持心脏、神经系统的正常功能具有特殊的意义。大脑组织只能利用葡萄糖作为能量物质,所以,当血糖过低时,脑组织将得不到足够的能量,其功能就会出现抑制和障碍。对于以脑力劳动为主的人,就会出现理解力和记忆力下降,工作效率大大降低。此外,心肌和骨骼肌的活动也主要靠碳水化合物提供能量,而血红细胞只能依赖简单碳水化合物,如单糖和双糖。碳水化合物在体内的消化、吸收和利用较其他生热营养素迅速而完全。在缺氧的情况下,糖类也可以进行无氧氧化,通过酵解作用提供热能,这对于从事紧张劳动和运动以及高空作业和水下作业的人员来说是十分重要的。

(2)构成机体组织和重要生理活性物质　碳水化合物是构成机体的重要物质,可参与细胞的许多生命活动。每个细胞都有碳水化合物,它主要以糖脂、糖蛋白和蛋白多糖的形式存在于细胞膜、细胞器膜、细胞质以及细胞间质中。糖结合物还广泛存在于各组织中,如脑和神经组织中含有大量糖脂,糖脂是细胞膜与神经组织的组成成分;糖蛋白是一些具有重要生理功能的物质,如某些抗体、酶和激素的组成部分;黏蛋白是构成结缔组织的基质;核糖和脱氧核糖是核酸的重要组成成分等。

(3)节约蛋白质作用　在葡萄糖严重供应不足且糖原储备也不足时,身体可以将少量的蛋白质转化成葡萄糖,这种作用叫糖异生作用。脂肪是不能转变成葡萄糖的,如果碳水化合物供应不足,人体很可能会分解食物中甚至身体中(如肌肉、内脏中)的蛋白质来维持血糖恒定,这会对人体及各脏器造成危害。充足的碳水化合物保证了机体能量供应,蛋白质就不必分解供能,从而节省和减轻机体中蛋白质及其他成分的消耗,保护蛋白质,有利于机体氮贮存,这种作用就称碳水化合物节约蛋白质作用。

(4)抗生酮作用　脂肪在体内被彻底氧化分解需要葡萄糖的协同作用,脂肪酸分解所产生的乙酰基需与草酰乙酸结合进入三羧酸循环而最终被彻底氧化,产生能量。若碳水化合物不足,则草酰乙酸不足,脂肪不能完全氧化分解而产生酮体,导致其大量堆积。酮体是酸性物质,血液中酮体浓度过高会发生酸中毒,对大脑有害。而足量的碳水化合物能避免这种状况出现，这称为碳水化合物的抗生酮作用。人体每天至少需要 100 g 碳水化合物，才能防止酮血症的发生。

(5)保肝解毒作用　糖与蛋白质结合成糖蛋白，保持蛋白质在肝脏中的储备量。充足的糖可以增加肝糖原储备，这能增强肝细胞的再生，促进肝脏的代谢和解毒作用。动物实验表明，当肝糖原不足时，其对四氯化碳、酒精、砷等有害物质的解毒作用显著下降。又如葡萄糖醛酸是葡萄糖氧化产物，它对某些药物的解毒作用非常重要，吗啡、水杨酸和磺胺类药物等都是通过与它结合，生成葡萄糖醛酸衍生物而排泄解毒的。

6.2 碳水化合物及其分类

20 世纪 90 年代末期以来，随着对糖尿病等慢性疾病研究的深入和对膳食治疗的认识，科学界认识到碳水化合物的所有性质均来源于它的两大特性——小肠消化和结肠发酵。小肠消化与血糖和供能有关，结肠发酵与肠道健康等功能作用有关。据此，一些新术语如膳食纤维、抗性淀粉、益生元、血糖生成指数等应运而生，这些新术语体现了科学界对不同种类碳水化合物的吸收利用差异上的认识。尽管如此，碳水化合物的分类仍主要根据碳水化合物的化学结构进行，FAO/WHO 于 1998 年根据其化学结构和生理功能，特别是碳水化合物是否具有小肠消化和结肠发酵的生理特点，将碳水化合物分为糖(1～2 个糖单位)、寡糖(3～9 个糖单位)和多糖(≥10 个糖单位)，见表 6-1。

表 6-1　碳水化合物组成及其分类

糖(1～2 个糖单位)
单糖 　丙糖：甘油醛和二羟丙酮 　丁糖：赤藓糖、苏阿糖等 　戊糖：核糖、核酮糖、木糖、木酮糖、阿拉伯糖等 　己糖：葡萄糖、果糖、半乳糖、甘露糖等 　庚糖：景天庚酮糖、葡萄庚酮糖、半乳庚酮糖等 　衍生糖：脱氧糖(脱氧核糖、岩藻糖、鼠李糖)、氨基糖(葡萄糖胺、半乳糖胺)、糖醇(甘露醇、木糖醇、肌糖醇等)、糖醛酸(葡萄糖醛酸、半乳糖醛酸)、糖苷(葡萄糖苷、果糖苷)
二糖 　蔗糖(葡萄糖＋果糖)、乳糖(半乳糖＋葡萄糖)、麦芽糖(葡萄糖＋葡萄糖)、纤维二糖(葡萄糖＋葡萄糖)、龙胆二糖(葡萄糖＋葡萄糖)、密二糖(半乳糖＋葡萄糖)

续表

寡糖或低聚糖(3～9 个糖单位)
三糖:棉子糖(半乳糖＋葡萄糖＋果糖)、松三糖(2 葡萄糖＋果糖)、龙胆三糖(2 葡萄糖＋果糖)、洋槐三糖(2 鼠李糖＋半乳糖) 四糖:水苏糖(2 半乳糖＋葡萄糖＋果糖) 五糖:毛蕊草糖(3 半乳糖＋葡萄糖＋果糖) 六糖:壳六糖
多糖(≥10 个糖单位)
同质多糖(由同一糖单位组成):糖原(葡萄糖聚合物)、淀粉(葡萄糖聚合物)、纤维素(葡萄糖聚合物)、木聚糖(木糖聚合物)、半乳聚糖(半乳糖聚合物)、甘露聚糖(甘露糖聚合物) 杂多糖(由不同单位组成):半纤维素(葡萄糖、果糖、甘露糖、半乳糖、阿拉伯糖、木糖、鼠李糖、糖醛酸)、阿拉伯树胶(半乳糖、葡萄糖、鼠李糖、阿拉伯糖)、菊糖(葡萄糖、果糖)、果胶(半乳糖醛酸的聚合物)、黏多糖(以 *N*-乙酰氨基糖、糖醛酸为单位的聚合物)、透明质酸(以葡萄糖醛酸、*N*-乙酰氨基糖为单位的聚合物)

6.2.1　糖

糖包括单糖、双糖和糖醇等。

6.2.1.1　单糖

单糖(monosaccharide)是最简单的碳水化合物,是所有糖类的基本结构单位,易溶于水,可直接被人体吸收利用。最常见的单糖有葡萄糖、果糖和半乳糖。

(1)戊醛糖　营养学上有两种重要的戊醛糖,它们是 DL-阿拉伯糖和 D-木糖。

①DL-阿拉伯糖。该糖通常不以游离形式存在,而是作为树胶(黏多糖)和半纤维素(大部分的细胞壁多糖)的一个基团出现。阿拉伯糖在配糖键中是一个呋喃糖苷。

②D-木糖。D-木糖即吡喃糖苷戊醛糖,是半纤维素的主要成分。棉籽壳、玉米穗轴以及各种谷物秸秆都是生产该糖的良好原料。

(2)己醛糖　己醛糖包括 D-葡萄糖、D-甘露糖、D-半乳糖、己酮糖和衍生糖。

①D-葡萄糖(右旋糖)。D-葡萄糖是单糖中最重要的一种,主要存在于植物性食物中,人体血液中的糖就是 D-葡萄糖。D-葡萄糖是构成其他食物中各种糖类的最基本单位。有些糖完全由 D-葡萄糖构成,如淀粉和麦芽糖;有些糖则由 D-葡萄糖和其他单糖组成,如蔗糖。

②D-甘露糖。D-甘露糖通常是多糖的组成成分,不以游离形式存在,可以通过酸水解获得。

③D-半乳糖。D-半乳糖是乳糖、蜜二糖、棉子糖等寡糖的组成成分,也是阿拉伯树胶、琼脂及其他树胶等多糖的组成成分。它通常是由乳糖水解的 D-半乳糖

直接结晶获得。D-半乳糖多存在于与葡萄糖结合形成的双糖中，如乳糖。

（3）己酮糖　D-果糖是自然界中最丰富的己酮糖。D-果糖主要存在于水果中，蜂蜜中含量最高。D-果糖是甜度最高的一种糖，它的甜度是蔗糖的 1.2～1.5 倍。D-果糖很容易被消化，适于幼儿和糖尿病患者食用，不需要胰岛素的作用，能直接被人体代谢利用。果糖被吸收后，经肝脏转变成葡萄糖并被人体利用，也有一部分转变为糖原、乳酸和脂肪。几种具有重要营养价值的单糖的结构式如图 6-1所示。

（4）衍生糖　核糖为五碳醛糖，是核酸的碳水化合物组分，存在于活细胞中。

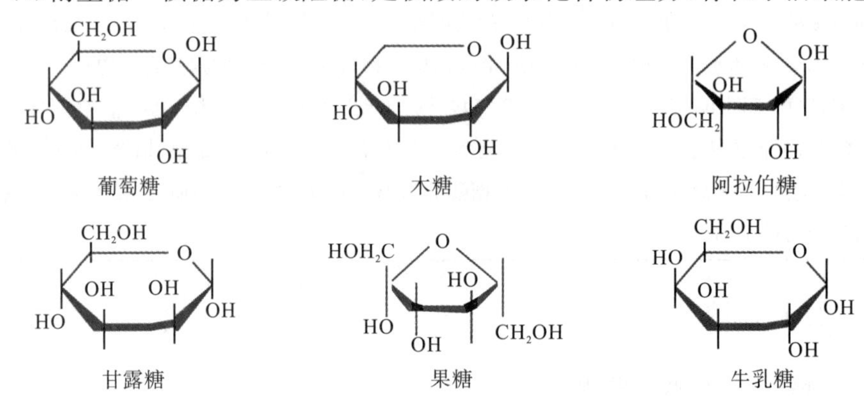

图 6-1　几种具有重要营养价值的单糖的结构式

6.2.1.2　双糖

双糖（disaccharide）含有两个单糖分子，反应式为：$2C_6H_{12}O_6 \longrightarrow C_{12}H_{22}O_{11} + H_2O$。常见的双糖有蔗糖、麦芽糖、乳糖、纤维二糖、海藻二糖、蜜二糖、松二糖和龙胆二糖等。

（1）蔗糖（sucrose）　蔗糖含有一分子葡萄糖和一分子果糖（图 6-2），对金属离子不表现还原性。它广泛地存在于植物中，蔗糖在甘蔗、制糖甜菜和高粱以及有甜味的果实（如香蕉、菠萝等）中含量较高，具有重要的商业意义。但在饲料甜菜、其他块根及青绿饲料中的含量很低。蔗糖在酸处理或酶催化作用下水解成等量的葡萄糖和果糖的混合物，蔗糖的水解常称为蔗糖的转化，其水解产物称为转化糖，转化糖的甜度比蔗糖高，蜂蜜的主要成分就是转化糖。

蔗糖易于发酵，并可产生溶解牙齿珐琅质的物质。牙垢中的某些细菌和酵母菌可作用于蔗糖，在牙齿上形成一层黏着力很强的物质——不溶性葡聚糖，同时产生作用于牙齿的酸，从而引起龋齿。因此，应适当控制蔗糖的食用量，防止出现龋齿、肥胖、糖尿病等。

（2）麦芽糖（maltose）　麦芽糖是还原性双糖（图 6-3），通过淀粉和糖原的酶解获得。麦芽糖是淀粉的基本组成单元，大量存在于发芽的谷粒，特别是麦芽中，由两分子葡萄糖缩合失水形成。天然的麦芽糖存在于植物的组织中，尤其是高等植物的花粉、花蜜和谷物发芽的麦芽中(图6-3)。

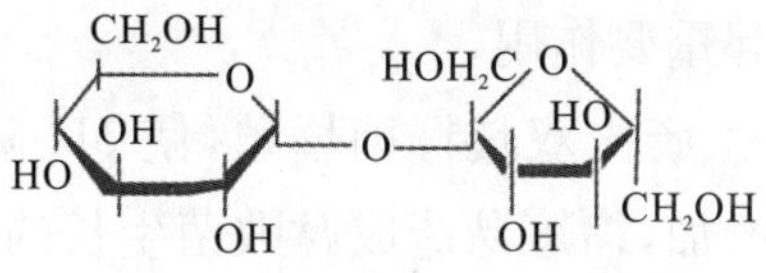

图6-2　蔗糖的环状化学结构

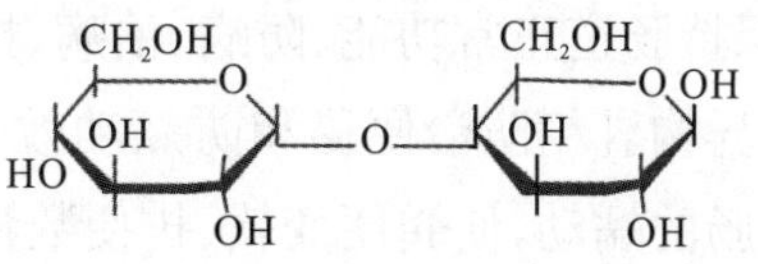

图6-3　麦芽糖的环状化学结构

麦芽糖和糊精的混合物即饴糖，为食品工业中的重要糖质原料。饴糖性微温，味甘，具有补虚冷、健脾和胃、润肺止咳、缓气止痛的作用。饴糖对于肺燥咳嗽以及脾胃阳虚或气虚所引起的脘腹疼痛有一定的疗效。饴糖为白色针状结晶，能分解成单糖，便于人体直接吸收，是少儿、产妇、中老年人、体虚者的滋养品。

麦芽糖在酸和酶的作用下可发生水解反应，生成两分子葡萄糖。麦芽糖不含果糖，所以，在味感上没有蔗糖甜，目前低糖食品都用它作甜味剂。麦芽糖中的胶体不易损失，一旦失去水分，麦芽糖的糖皮就变得较厚。由于麦芽糖分子中不含果糖，烤制后食物的相对吸湿性较差，脆度更好，因此，麦芽糖为烤制肉食品的理想上色糖浆。

饴糖中含有麦芽糖、糊精等，在糕点、面点的制作中，可起到甜爽、黏合、上色、增香等作用。如做烧饼时，在下炉烤之前刷上饴糖，则烤出来的烧饼颜色特别好看，香气更加诱人。

(3)乳糖(lactose)　乳糖由葡萄糖和半乳糖失水缩合形成，植物中鲜见。乳糖不能被一般的酵母发酵。乳糖是乳腺代谢产物，以乳汁的形式分泌。乳糖在乳汁中以游离态或乳糖低聚糖的形态存在。未加热的乳汁中，游离态和化合态乳糖的比例是8∶1，乳糖的甜度是蔗糖的1/6，并且溶解度也相对较低。

哺乳动物的乳汁中含有乳糖，人乳含5%～8%，牛乳含4%～5%，乳糖是婴儿主要食用的糖类物质。2岁以后，幼儿肠道中乳糖酶活性下降，甚至某些个体可下降到0，因而成人大量食用乳糖不易消化，食品中乳糖含量大于15%时可致渗透性腹泻。有些婴儿天生缺乏乳糖酶。

乳糖对婴儿的重要意义是能保持肠道中最合适的肠道菌群，并促进钙的吸收，故在婴儿食品中可添加适量的乳糖。

(4)异构乳糖(lactulose)　异构乳糖是由半乳糖与果糖组成的二糖，与乳糖是同分异构体。异构乳糖成品为淡黄色澄明黏稠体，味甜，其结晶体为不规则的白色粉末，相对密度为1.5，熔点为169 ℃，易溶于水，溶解度为76.4%±1.4%。其甜度小于蔗糖，为蔗糖的48%～60%，带有清凉醇和的感觉，黏度低，热值低，安全性高，稳定性好，不发生美拉德反应。

异构乳糖对人体的健康功能显著。双歧杆菌是人体肠道内的有益菌，异构乳糖是双歧杆菌生长最好的糖源，它在小肠内不被分解，转移到大肠内可被双歧杆菌利用,使双歧杆菌增长占优势,抑制腐败细菌及病原菌的生长,对改变肠内菌丛、保持肠道正常功能、防病、治病、抗老化等起重要作用。

异构乳糖防治便秘和防癌功效也很显著。肠内双歧杆菌增殖,使 pH 降低,促进肠的蠕动,使粪便变软、排便数量及次数增加,缩短易造成腐败菌生长的无用物在肠内的滞留时间,起到防止肠癌的作用。

用母乳喂养的婴儿比人工喂养的婴儿的肠道双歧杆菌更占优势(占总菌的90%以上),前者比后者的抵抗力强,患病率低,生长发育好,因为母乳中有促进婴儿肠内双歧杆菌生长的因子。如在奶粉中加入 0.5%的异构乳糖,可使人工喂养的婴儿肠内双歧杆菌比例增加,接近母乳喂养的婴儿体质,可增强抵抗力,促进生长发育,降低患病率。

异构乳糖可广泛用于保健食品中,可添加到乳饮料、碳酸饮料、果汁饮料、糖果、奶粉等食品中作膳食食品,也可单独作医疗用品。

(5)异麦芽酮糖(isomaltulose)　异麦芽酮糖(6-*O*-α-D-吡喃葡糖基-D-果糖)亦称异构蔗糖,是一种结晶状的还原性双糖,由葡萄糖与果糖以 α-1,6-糖苷键结合而成,其甜度是蔗糖的 50%～60%,具有低吸湿性、高稳定性、高耐受性、低热量、甜味纯正等特点。异麦芽酮糖是一种天然的新型功能性糖,也是目前唯一没有用量限定的甜味剂。对于不宜摄入食糖而需要慎重选择甜味剂的特殊人群来说,异麦芽酮糖是良好的选择,它同样适用于糖尿病人群。

异麦芽酮糖不会被唾液、胃酸和胰液消化,直到小肠才被小肠蔗糖酶-异麦芽糖酶复合物催化水解成葡萄糖和果糖。其结构类似于蔗糖,消化后分解成葡萄糖和果糖而被直接吸收代谢,因此,没有任何食用安全问题。

异麦芽酮糖不能被口腔内引起蛀牙的微生物利用,因此,不会产生不溶性聚葡萄糖,不会形成牙菌斑而造成蛀牙和引起牙周病。当已经形成牙菌斑时,可以防止其 pH 低于 5.5,所以,不会形成蛀牙。异麦芽酮糖不仅不会引起蛀牙,而且有抑制由蔗糖引起的蛀牙的效果。

异麦芽酮糖具有与蔗糖相同的能量,但它只在人体小肠中被分解吸收,而且分解吸收的速度只有蔗糖的 1/5,因此,它能够持续、缓慢、均衡地提供能量,从而提高持久运动、抗疲劳的能力。

异麦芽酮糖是一种与二糖类物质分解酶亲和性强,但分解能力较弱的糖。由于它能较蔗糖等其他二糖类物质先与二糖分解酶结合,并且完全分解需一定的时间,从而抑制人体对其他糖类的吸收,因此,异麦芽酮糖能够平抑蔗糖、葡萄糖等对血糖波动的影响,抑制血糖上升。

异麦芽酮糖被消化吸收后不会引起胰岛素分泌,也就不会激活脂蛋白脂肪酶的活性,所以,异麦芽酮糖使油脂不容易被吸收至脂肪组织中。不仅如此,异麦芽酮糖还能使血糖较长时间稳定在一个水平上，促进体内脂肪的氧化分解。

另外，食用异麦芽酮糖后，大脑的注意力集中时间要大大长于食用蔗糖，对精神紧张的舒缓效果也要大大强于食用蔗糖。

6.2.2　寡糖

寡糖(oligosaccharide)也叫低聚糖，是指由 3～9 个单糖通过糖苷键构成的一类小分子多糖，其甜度相当于蔗糖的 30%～60%。比较重要的寡糖有低聚果糖和大豆低聚糖。低聚果糖多存在于植物中，如菊芋、芦笋、洋葱、香蕉、番茄、大蒜及某些草本植物。大豆低聚糖是从大豆籽粒中提取出的可溶性低聚糖的总称，主要成分为水苏糖、棉子糖和蔗糖。寡糖不能被肠道消化酶分解而消化吸收，但可被肠道益生菌(如双歧杆菌)利用，从而促进益生菌生长，抑制有害菌生长，并产生短链脂肪酸以及气体，降低肠道 pH，减少蛋白质腐败产物，促进结肠蠕动，有利于排便，有益人体健康。

寡糖包括三糖、四糖、五糖、六糖等。据统计，具有一定化学结构的寡糖包括各种结晶形衍生物已达 584 种，其中二糖 310 种，三糖 157 种，四糖 52 种，五糖 23 种，六糖 23 种，其他 19 种。

6.2.2.1　三糖

三糖(trisaccharide)是主要的寡糖，分为非还原性三糖与还原性三糖两类。

(1)非还原性三糖　棉子糖(raffinose)是自然界中最知名的一种非还原性三糖，由半乳糖、果糖和葡萄糖结合而成，也被称为蜜三糖、蜜里三糖，是一种具有较强增殖双歧杆菌作用的功能性低聚糖。棉子糖广泛存在于自然界的植物中，很多蔬菜(如卷心菜、花椰菜、马铃薯、甜菜、洋葱等)、水果(如葡萄、香蕉、猕猴桃等)、稻谷(如小麦、水稻、燕麦等)和一些油料作物的籽仁中(如大豆、葵花籽、棉籽、花生等)都含有数量不等的棉子糖，其中棉籽仁中的棉子糖含量为 4%～5%。人们熟知的功能性低聚糖——大豆低聚糖中的主要功效成分之一就是棉子糖。

(2)还原性三糖　还原性三糖包括甘露三糖(由 2 个 α-D-半乳糖和 1 个 α-D-葡萄糖相连组成)、潘糖(由麦芽糖和葡萄糖通过 α-1,6-糖苷键连接而成)和鼠李三糖(由半乳糖与鼠李糖和鼠李糖组成)。

6.2.2.2　四糖

四糖由 4 个单糖残基组成，主要有水苏糖(stachyose)，它主要存在于水苏(*Stachys japonica* Miq.)的根中，是非还原性糖，由两分子半乳糖、一分子葡萄糖和一分子果糖组成，水解后变为果糖。水苏糖最初是在大豆中发现的。

6.2.2.3　其他

其他寡糖还有由三分子半乳糖、一分子葡萄糖和一分子果糖组成的五糖(如毛蕊草糖）以及六糖等，自然界中很少存在。

6.2.3 多糖

多糖（polysaccharide）是自然界中分子结构复杂且庞大的糖类物质，是由 10 个及以上单糖分子通过 1,4-糖苷键或 1,6-糖苷键相连而成的高分子化合物，无甜味，一般不溶于水，不形成结晶，无还原性。在酸或酶的作用下，可水解成单糖残基数不等的片段，最后成为单糖。重要的多糖包括淀粉、糊精、糖原和膳食纤维。

6.2.3.1 淀粉

淀粉（starch）是由许多葡萄糖组成的能被人体消化吸收的植物多糖，主要储存在植物细胞中，尤其是根、茎和种子细胞中。薯类、豆类和谷类含有丰富的淀粉，马铃薯、木薯和玉米是淀粉的重要来源。淀粉在谷物中的含量可高达 70%，块根的干物质中大约含有 30%的淀粉，植物青绿部分的淀粉含量则较少。不同种类的植物，其淀粉微粒的大小和外观不同，见表 6-2。

表 6-2 不同种类的植物淀粉含量、微粒大小和外观

来源	大小/μm	形状	淀粉含量/%	直链淀粉所占比例/%
玉米	20	圆形、椭圆形	71.0	25
马铃薯	35	椭圆形	69.0	20
木薯	18	圆形、椭圆形	72.0	17
小麦	10	椭圆形、圆形	65.4	25
大米	7	多边形	65.7	17

（1）淀粉的组成及理化特性　淀粉有直链淀粉和支链淀粉两类。直链淀粉又称糖淀粉，是 D-葡萄糖残基以 α-1,4-糖苷键连接而成的线性分子，具有抗润胀性、水溶性较差、不溶于脂肪等特性。直链淀粉不产生胰岛素抗性。直链淀粉糊化温度较高，糯淀粉为 73 ℃，而直链淀粉为 81.35 ℃。直链淀粉的成膜性和强度很好，黏附性和稳定性较支链淀粉差。直链淀粉具有近似纤维的性能，用直链淀粉制成的薄膜具有好的透明度、柔韧性、抗张强度和水不溶性，可应用于密封材料、包装材料和耐水耐压材料的生产。直链淀粉能被淀粉酶水解为麦芽糖。

支链淀粉在淀粉中的含量为 10%～30%，能溶于热水而不成糊状，遇碘显蓝色。支链淀粉又称胶淀粉，分子相对较大，一般由几千个葡萄糖残基组成。支链淀粉难溶于水，其分子中有许多个非还原性末端，而只有一个还原性末端，故不显现还原性。支链淀粉遇碘呈紫红色。在食物淀粉中，支链淀粉含量较高，一般为 65%～81%。支链淀粉中葡萄糖分子之间除以 α-1,4-糖苷键相连外，还有以 α-1,6-糖苷键相连的。所以，支链淀粉带有分支，约 20 个葡萄糖单位就有一个分支，只有外围的支链能被淀粉酶水解为麦芽糖。支链淀粉在冷水中不溶，与热水作用

则膨胀成糊状。

(2)抗性淀粉　淀粉一直被认为能被人体全部消化吸收。1985 年,有人在进行膳食纤维定量分析时发现,淀粉存在被包埋在膳食纤维中的现象。英国食品科学专家 Englyst 等人将这部分淀粉定义为抗性淀粉(resistant starch)。研究表明,工业化食品中所含有的抗性淀粉,在体外试验中无法被淀粉酶水解,且在人体小肠中也无法被水解。1993 年,欧洲抗性淀粉协会将抗性淀粉定义为不被人体小肠吸收的淀粉及其分解物的总称。

1)抗性淀粉的分类。抗性淀粉可以分为 RS1(物理包埋淀粉)、RS2(抗性淀粉颗粒)、RS3(回生淀粉)和 RS4(化学改性淀粉)。

①RS1 即物理包埋淀粉:因淀粉包埋在食物基质(蛋白质、细胞壁等)中,这种物理结构阻碍了淀粉与淀粉酶的接触而阻碍淀粉的消化,一般通过碾磨、破碎等手段破坏包埋体系可将其转变为易消化淀粉。典型代表有谷粒、种子、豆类中的淀粉。

②RS2 即抗性淀粉颗粒:主要存在水分含量较低的天然淀粉颗粒中,由于淀粉颗粒结构排列规律,晶体结构表面致密使淀粉酶不易发挥作用,从而对淀粉酶产生抗性,可通过热处理如蒸煮使其糊化并失去抗性。典型代表有生的薯类、青香蕉中的淀粉颗粒。

③RS3 即回生淀粉:食品加工过程中发生回生作用而形成的抗性淀粉。因淀粉颗粒在大量水中加热膨胀并最终崩解,在冷却过程中,淀粉链重新靠近、缠绕折叠,定向排列成紧密的淀粉晶体结构,但不易与淀粉酶结合。典型代表有加热放冷的马铃薯、红薯以及过夜米饭中的淀粉。

④RS4 即化学改性淀粉:通过化学改性(酯化、醚化、交联作用)或基因改良而引起淀粉分子结构发生变化而不利于淀粉酶作用的淀粉。典型代表有交联淀粉、基质改良黏大米中的淀粉。

2)抗性淀粉的特点。抗性淀粉以色白、颗粒细、风味淡、持水力温和而成为传统膳食纤维的最佳替代物,它可以增加食品的脆性、改善口感、减少食品的膨胀度等,但不会影响食品的质构和风味。日本已经开发用于制作面包、面条和饼干等的抗性淀粉,这些食品具有抗性淀粉的生理功效,但对食品感官无不良影响,较易被消费者接受,具有广阔的市场前景。

3)抗性淀粉的生理功能。抗性淀粉具有许多已证明对健康有利的生理功能,如降血糖、预防结肠癌、抑制脂肪堆积和促进益生菌生长等。

①抗性淀粉和膳食纤维一样不被小肠吸收,能原封不动地进入大肠,促进肠道有益菌群如双歧杆菌、乳酸杆菌的生长繁殖,抑制肠球菌的生长。抗性淀粉到达结肠被肠道益生菌利用,发酵产生短链脂肪酸(如乙酸、丙酸、丁酸等),可有效

降低肠道 pH，而丁酸会阻止癌细胞的生长与繁殖，与直肠癌的预防密切相关。

②抗性淀粉可增加粪便体积，促进肠道蠕动，对便秘、炎症、痔疮、结肠癌等疾病有良好的预防效果。

③抗性淀粉的能量吸收缓慢但较完全，血糖指数较低，与葡萄糖和普通淀粉相比，具有维持餐后血糖稳态、提高胰岛素敏感性的作用。摄入高抗性淀粉食物，具有较少胰岛素反应，可延缓餐后血糖上升，能有效地控制糖尿病病情。

④抗性淀粉可增加脂质排泄，将食物中脂质部分排除可减少热量的摄取，而且抗性淀粉几乎不含热量，作为低热量添加剂添加到食物中，可有效控制体重。

抗性淀粉以其显著优点及特殊的生理功能，引起了生理学家的极大兴趣和广泛的关注，成为食品营养学的一个研究热点。

6.2.3.2 糖原

糖原(glycogen)的结构类似于支链淀粉，分支有 8～12 个葡萄糖单位，也叫动物淀粉，是动物体内贮存葡萄糖的一种形式，主要存在于肝脏和肌肉内。人体内的糖原约有 1/3 存在于肝脏，称为肝糖原，肝糖原可维持人体正常的血糖浓度；其余 2/3 存在于肌肉中，称为肌糖原，肌糖原可提供肌体运动所需要的能量，尤其是满足高强度和持久运动时的能量需要。糖原较多的分支可提供较多的酶的作用位点，以便快速地分解和提供较多的葡萄糖。

糖原是动物代谢过程中储存在肌肉和肝脏中的多糖，它在结构上与支链淀粉密切相关。糖原与碘结合呈棕色。糖原由 8～12 个 α-D-吡喃葡萄糖基通过 α-1，4-糖苷键连接而成，但也有相当一部分糖原中穿插 α-1，6-糖苷键。

由于糖原有较强的抗碱性，因此，通常提取糖原的方式是将组织在 30% KOH 溶液中煮沸(可将其他有机组分降解)，再使糖原在酒精中沉淀和还原。糖原不能还原斐林试剂，但有很强的右旋光性，能被酸降解为 α-D-葡萄糖。

糖原的生理功能对机体极为重要。血液中的葡萄糖称为血糖，动物进食后血糖含量升高，合成糖原的作用增强。肝脏和肌肉储存的糖原可以分解释放能量，供机体组织利用和动物肌肉收缩。当血糖含量低时，糖原又可分解为葡萄糖进入血液，再随血液运输到机体的各个组织、器官、细胞，为机体提供能源。

6.2.3.3 非淀粉多糖

非淀粉多糖(non-starch polysaccharide)主要是由植物细胞壁成分组成的，在体内不能被消化吸收，在营养学上称为膳食纤维，详见本章 6.4。

6.3 碳水化合物的消化吸收和代谢

6.3.1 碳水化合物的消化吸收

碳水化合物的消化吸收有两种主要形式:小肠消化和结肠发酵。消化吸收主要在小肠中完成。单糖直接在小肠中消化吸收;双糖经酶水解后再吸收;一部分寡糖和多糖水解成葡萄糖后再吸收。在小肠不能消化的部分,到达结肠经细菌发酵后再吸收。

碳水化合物的消化过程从口腔开始,食物进入口腔后,由于咀嚼等促进唾液分泌,唾液中的α-淀粉酶可将淀粉部分水解为短链多糖和麦芽糖。因食物在口腔停留时间很短,故这种水解程度有限。食物进入胃后,在胃酸的作用下,淀粉酶失活,但胃酸本身有一定的降解淀粉作用。小肠是碳水化合物分解和吸收的主要场所。胰腺分泌的胰淀粉酶进入小肠,通过水解α-1,4-糖苷键将淀粉等分解为双糖,在小肠黏膜细胞刷状缘上分别由麦芽糖酶、蔗糖酶和乳糖酶将相应的双糖分解为单糖,从而被小肠黏膜上皮细胞吸收。

小肠中未彻底消化以及不能消化的碳水化合物在结肠中经肠道微生物发酵后,产生氢气、甲烷、二氧化碳和短链脂肪酸,如乙酸、丙酸、丁酸等,该过程称为发酵。这个过程能改善肠道微生物菌群,具有降血脂、调节血糖、清除肠道毒素和废物(如氨、酚等)的作用。所以,有人也称碳水化合物为非消化性碳水化合物,如低聚果糖被称为"益生元"。

碳水化合物以单糖形式在小肠上部被吸收,通过主动运输进入小肠细胞,并吸收入血运送到肝进行相应的代谢,或运送到其他器官直接被利用。己糖的吸收速率快于戊糖,己糖中的半乳糖和葡萄糖吸收最快,果糖次之,甘露糖最慢。

6.3.2 乳糖不耐受

由于乳糖酶的缺乏,没有被分解吸收的乳糖进入结肠后,被肠道存在的细菌发酵成为小分子的有机酸,如乙酸、丙酸、丁酸等,并产生一些气体,如甲烷、氢气、二氧化碳等,引起肠鸣、腹痛、排气和腹泻等症状,称为"乳糖不耐受"。

造成乳糖不耐受的原因主要有:先天性缺少或不能分泌乳糖酶;某些药物如抗癌药或肠道感染使乳糖酶分泌减少;年龄增加,乳糖酶水平降低。婴儿极善于消化乳糖,但如果断奶后不再经常食用乳制品,小肠中乳糖酶的活性开始快速下降,可降至出生时的10%以下。

为了克服乳糖不耐受,一是让儿童从断奶后开始经常食用乳制品,并保持良好的肠道健康状态;二是摄入经发酵的乳制品,如酸奶,酸奶中乳糖含量低,含有促进乳糖消化的乳酸菌,且有利于肠道健康;三是不要大量、快速地饮牛奶,不要空腹饮奶,可把少量牛奶和淀粉类食物混合在一起食用。另外,逐渐增加乳制品摄入量也是很好的方法。

6.3.3 碳水化合物的代谢

血糖一方面来源于食物中的碳水化合物,另一方面来源于肝脏组织储存的糖原及乳酸、氨基酸的糖异生作用。

血糖有三条去路:一是部分直接被各组织细胞氧化分解,为这些组织细胞提供能量,特别是神经组织,如大脑神经细胞没有能源贮存,主要依靠血液供给能源物质;二是部分以糖原方式储存于肝脏及肌肉组织;三是多余的葡萄糖转变为储存脂肪。其中,在各组织细胞内氧化分解是碳水化合物的主要代谢途径,它包括不需氧的糖酵解过程和需氧的三羧酸循环(TCA 循环)。

6.4 膳食纤维

6.4.1 膳食纤维概述

"膳食纤维"一词在 1970 年以前的营养学中不曾出现,当时只有"粗纤维"之说,用于描述不能被消化、吸收的食物残渣,且仅包括部分纤维素和木质素。通常认为,粗纤维对人体不具有营养作用,甚至吃多了还会影响人体对食物中营养素,尤其是对微量元素的吸收,对身体不利,一直未被重视。此后,通过一系列的调查研究,特别是近年来人们发现并认识到,那些不能被人体消化吸收的"非营养素"物质与人体健康密切有关,而且在预防人体某些疾病,如冠心病、糖尿病、结肠癌和便秘等方面起着重要作用。与此同时,也认识到"粗纤维"一词的概念已不适用,因而将其废弃并改用"膳食纤维"。

膳食纤维并非单一物质,其组成成分和检测方法等均有待进一步研究确定,现尚无确切的定义。但可以明确,膳食纤维与粗纤维不同。粗纤维是食物经酸、碱处理后的不溶残渣,它不能代表人体不可利用的膳食纤维,而且据报告,通常所测得的粗纤维数值仅为膳食纤维的 20%~50%。

最初,人们认为膳食纤维是木质素与不能被人类消化道内源性消化酶所消化的多糖之和。随后,有人进一步将膳食纤维分成两部分:一部分是不溶性的植物细胞壁成分,主要是纤维素和木质素;另一部分是非淀粉多糖。两者之和即总膳食纤维。1998 年,FAO/WHO 的报告提出,膳食纤维是由非淀粉多糖、木质素、抗性低聚糖和抗性淀粉组成的。食品中的膳食纤维则可认为是由纤维素、半纤维素、果胶物质、亲水胶体(植物胶、黏胶)、抗性淀粉和抗性低聚糖组成的。这主要是指不能被人类胃肠道中消化酶所消化的,且不能被人体吸收利用的多糖(非淀粉多糖等),它们主要来自植物细胞壁,包括植物细胞中所含有的木质素。

由于膳食纤维组成成分复杂,且各自都有独特的化学结构和理化特性,因此,可认为其所显示的生物活性是它们共同的特点。至于早先人们担心的膳食纤维可能影响微量营养素吸收、利用的问题,尽管现已证实纯膳食纤维的确可与小肠腔中的某些维生素和矿物质结合而减少其吸收,但很少有证据表明,摄食营养充足和富含高纤维食品如蔬菜等的人群有维生素和矿物质缺乏的问题。然而,正是由于近期人们在研究中发现膳食纤维有益人体健康,特别是对某些慢性非传染性疾病有预防和保健作用,目前认为膳食纤维和蛋白质、脂肪、碳水化合物、维生素、矿物质、水一样,是人体必需的第七类营养素。

6.4.2　膳食纤维的主要成分

6.4.2.1　纤维素

纤维素是植物细胞壁的主要结构成分,由数千个葡萄糖单位以 β-1,4-糖苷键连接而成,为不分支的线状均一多糖。因人体内的消化酶只能水解 α-1,4-糖苷键而不能水解 β-1,4-糖苷键,故纤维素不能被人体消化酶分解、利用。纤维素有一定的抗机械强度、抗生物降解、抗酸水解性和低水溶性,这是由于其微纤维的氢键缔合。其总纤维的一部分(10%～15%)为“无定形”,易被酸水解而产生微晶纤维素。纤维素(包括改性纤维素)在食品工业中常被用作增稠剂。

6.4.2.2　半纤维素

半纤维素存在于植物细胞壁中,是具有许多分支、由不同糖基单位组成的杂多糖。组成半纤维素的糖基单位包括木糖、阿拉伯糖、半乳糖、甘露糖、葡萄糖、葡萄糖醛酸和半乳糖醛酸。通常主链由木聚糖、半乳聚糖或甘露聚糖组成,支链则带有阿拉伯糖或半乳糖。半纤维素的分子质量比纤维素小得多,由 150～200 个糖基单位组成,以溶解或不溶解的形式存在。谷粒中可溶性半纤维素被称为戊聚糖,而小麦中存在的(1→3)(1→4)β-D-葡聚糖可形成黏稠的水溶液,且具有降低血清胆固醇的作用。它们也是大麦和燕麦中细胞物质的主要成分。富含 β-D-葡聚糖的燕麦糠现已被并入某些谷物食品中,作为降低胆固醇的可溶性膳食纤维成分,其不溶性部分也因具有结合水的能力而起到增稠作用。某些半纤维素中存在的酸性成分尚可有结合阳离子的作用。

半纤维素不能被人体消化酶分解,但在到达结肠后要比纤维素更易被细菌发酵、分解。

6.4.2.3 果胶

果胶的组成与性质可依不同来源而异。通常其主链由半乳糖醛酸通过 α-1,4-糖苷键连接而成,其支链上可有鼠李糖。果胶主要存在于水果、蔬菜的软组织中。果胶因其分子中羧基甲酯化的不同而有高甲氧基果胶和低甲氧基果胶之分,并具有形成果胶凝胶的能力。果胶在食品工业中作为增稠剂、稳定剂被广泛应用,而其所具有的离子交换能力是其作为膳食纤维的重要特性。

6.4.2.4 植物胶与树胶

许多植物种子可贮有淀粉(如谷物种子),而另一些植物种子则贮有非淀粉多糖。不同植物种子所含非淀粉多糖的种类、含量及性质不同。例如,瓜尔豆中所含的瓜尔豆胶是由半乳糖基和甘露糖基以大约 1∶2 的比例构成的多糖。其主链由甘露糖基以 1,4-糖苷键相连,支链由单个半乳糖以 1,6-糖苷键与甘露糖连接,相对分子质量为 20 万～30 万。而刺槐豆种子中所含的槐豆胶则是由半乳糖基和甘露糖基以大约 1∶4 的比例构成的多糖。其主链上的半乳糖支链相对较少,相对分子质量约为 30 万。属于这类的种子胶有田菁胶、亚麻子胶等。

许多树木在树皮受到创伤时,可分泌出一定的胶体物质用于保护和愈合伤口。它们分泌的这些亲水胶体物质同样可依不同种类的树木而有所不同。阿拉伯胶树分泌的阿拉伯胶的组成成分复杂,平均相对分子质量为 26 万～116 万。属于这类的树胶还有黄蓍胶、刺梧桐胶等。

上述这些植物种子胶和树胶都是非淀粉多糖物质,且都是亲水胶,它们都不能被人体消化酶水解,在食品工业中通常作为增稠剂、稳定剂被广泛使用。

6.4.2.5 海藻胶

海藻胶是从天然海藻中提取的一类亲水多糖胶。不同种类的海藻胶,其化学组成和理化特性等不同。来自红藻的琼脂(亦称琼胶)由琼脂糖和琼脂胶两部分组成。其中琼脂糖由两个半乳糖基组成,而琼脂胶则是含有硫酸酯的葡萄糖醛酸和丙酮酸醛组成的复杂多糖。来自褐藻的多糖胶、海藻胶和海藻酸盐则是由 D-甘露糖醛酸和 L-古罗糖醛酸以 1,4-糖苷键相连的直链糖醛酸聚合物,两种糖醛酸在分子中的比例变化以及其所在位置都会影响海藻酸的性质,如黏度、胶凝性和离子选择性等。来自红藻的卡拉胶是一种硫酸化的半乳聚糖。依其半乳糖基上硫酸酯基团的不同,又可形成不同类型和性质。上述这些海藻胶均因其所具有的增稠、稳定作用而广泛应用于食品加工领域。

6.4.2.6 木质素

木质素是使植物木质化的物质。在化学上,它不是多糖,而是多聚(芳香族)苯丙烷聚合物,或称苯丙烷聚合物。因其与纤维素、半纤维素同时存在于植物细胞壁中,进食时往往一并摄入体内,而被认为是膳食纤维的组成成分。通常果蔬植物含木质素甚少。人和动物均不能消化木质素。

此外，膳食纤维还包括抗性淀粉和抗性低聚糖。前者有物理包埋淀粉、抗性淀粉颗粒、回生淀粉和化学改性淀粉；后者有低聚果糖等。抗性淀粉和抗性低聚糖均不能被人体消化酶水解、吸收。

6.4.3　膳食纤维的作用

膳食纤维的组成成分复杂且各具特点，加之与植物细胞结构及其他化合物，如维生素、植物激素、类黄酮等紧密相连，很难完全区分其独自的作用。但已有实验表明，膳食纤维的确有许多对人体健康有益的作用。它们可以通过生理和代谢过程直接影响人类疾病，减少诱发疾病的危险因素。

6.4.3.1　延缓碳水化合物消化吸收，有利于防止肥胖

膳食纤维不能被人体胃肠道消化吸收，易产生饱腹感，并减慢胃排空，因而减少食物摄入量。此外，它还可降低碳水化合物在小肠的消化速度，使之在较长的小肠部分吸收，同时倾向于增加在小肠中逃逸可消化碳水化合物的数量。例如，由小扁豆进入结肠的碳水化合物是来自白面中碳水化合物的 2.5 倍。又如摄食富含膳食纤维的水果、蔬菜等，除其本身脂肪含量少外，还可增加粪便中的脂肪含量。故膳食纤维的摄食有利于防止能量过剩引起体脂积累而产生的肥胖。

6.4.3.2　促进肠道蠕动，有利于防止便秘

膳食纤维吸水膨胀，其容积作用可刺激肠道蠕动。膳食纤维发酵时产生的气体和残渣粪便体积亦可使肠壁扩张，而所产生的短链脂肪酸尚可直接刺激结肠收缩，用于促进肠道蠕动，加速结肠的排便。此外，膳食纤维在肠道中结合的胆汁盐和脂肪在进入结肠发酵时释放出来，亦可刺激乙状结肠和直肠的蠕动，加速排便。

膳食纤维除可加速排便外，还可因增加排泄量及含水量而改善粪便的稠度和成形性，增加排便次数等。

6.4.3.3　降低胆固醇吸收，有利于防治心血管疾病

膳食纤维可以结合胆固醇，从而抑制机体对胆固醇的吸收。这被认为是其防治高胆固醇血症和动脉粥样硬化等心血管疾病的原因。现有证据表明，果胶、瓜尔豆胶、刺槐豆胶、羧甲基纤维素及富含可溶性纤维的食物，如燕麦麸、大麦、荚豆和蔬菜等都可降低人体的血浆胆固醇，以及动物的血浆和肝脏胆固醇水平。其降低程度为 5%～10%，有的可高达 25%，而且降低的都是低密度脂蛋白胆固醇。

另有报告表明，食品中某些非淀粉多糖，如 β-葡聚糖，以纯品形式强化或以增补品形式消费时，均显示有降低血清胆固醇的作用。显然这都对防止冠心病有利。此外，还有报告表明，蔬菜、水果等富含膳食纤维的食品对脑血管疾病也有防护作用。

6.4.3.4 促进结肠菌群发酵，有利于防癌和保护身体健康

非淀粉多糖、抗性淀粉和抗性低聚糖等膳食纤维可在结肠中发酵，产生短链脂肪酸，如乙酸、丙酸和丁酸，以及 CO_2、H_2 和 CH_4 等气体。不同膳食纤维在人类结肠中的发酵率见表 6-3。

表 6-3 不同膳食纤维在人类结肠中的发酵率

名称	发酵率/%	名称	发酵率/%
纤维素	20～80	麦麸	50
半纤维素	60～90	抗性淀粉	100
果胶	100	菊粉、低聚糖（摄入不过量）	100
瓜尔豆胶	100		

通常被消费的膳食纤维多半在结肠被细菌发酵，其所产生的部分产物被细菌利用产能和合成所需的碳，用于细菌的生长。例如，CO_2 和 H_2 经醋酸菌利用产生乙酸，产甲烷菌通过消耗 CO_2 和 H_2 生成 CH_4，而硫酸盐还原菌可利用 H_2 产生硫酸盐，同时产生亚硫酸盐或 H_2S，未被利用的气体由肛门排出。

细菌发酵的主要部分被结肠黏膜吸收，短链脂肪酸的吸收导致碳酸氢盐积累，降低肠道 pH，而丁酸则被认为是结肠上皮细胞的主要营养素，可刺激结肠上皮细胞增殖，从而使之免受由其他刺激引起的结肠癌、直肠癌的基因损伤，可稀释致癌物，维护肠道黏膜屏障，通过促进有益菌如双歧杆菌的生长降低蛋白质腐败产物等。

膳食纤维的细菌发酵可以大大促进机体有益菌的生长，摄食低聚果糖可以促进内源粪便中双歧杆菌的增长，而总厌氧菌的菌数没有改变。据报告，人体摄食低聚异麦芽糖后，粪便中组胺、酪胺等蛋白质腐败产物显著降低。而肠道内的双歧杆菌还可自行合成多种 B 族维生素，并进一步提高机体免疫力。

6.4.4 膳食纤维对微量营养素的影响

膳食纤维可能降低某些维生素和矿物质的吸收率。这是因为膳食纤维在小肠内可与这些营养素结合。新近报告表明，纯膳食纤维可以降低钙在小肠中的有效性。但是，当这些膳食纤维结合的钙进入结肠后，可因膳食纤维被细菌发酵而释放出来，并与所产生的短链脂肪酸一起在结肠末端和直肠促进钙的吸收。

膳食纤维由于其本身的膨胀特性等可以结合一定的营养素。也有证据表明，大多数膳食纤维均能抑制胰酶活性，并归因于 pH 变化、离子交换性质、酶抑制剂和吸附作用等多种因素的作用。这也可进一步影响营养素的吸收和利用，其中包括对微量营养素的吸收和利用。但总的看来，膳食纤维对微量营养素的影响很小。有报告称，天然食物如谷物、水果中的纤维可抑制钙、铁、锌等元素的吸收，这

也可能是其所含植酸干扰的结果。当然，膳食纤维亦不宜摄食过多。

6.4.5 膳食纤维在食品加工中的变化

6.4.5.1 碾磨

在精制米、面的过程中，碾磨可除去谷物的外层皮壳等，降低其总膳食纤维的含量。这主要是降低不溶性膳食纤维的含量。全谷粒和精制粉两者的膳食纤维组成成分不同。燕麦、大麦、稻米和高粱的精制粉主要含葡聚糖，而小麦、黑麦和玉米主要含阿拉伯糖基木聚糖(arabinoxylan)，全谷粒粉含有大量的纤维素。稻谷、大麦和燕麦的壳中所含的大量木聚糖，通常在食用前通过碾磨、精制除去。但是，燕麦和稻壳常被用作纤维制剂，用于强化食品。

此外，碾磨时将整粒或大颗粒中不易被消化酶作用的生理受限淀粉磨成粉，使这部分抗性淀粉减少或消失。

6.4.5.2 热加工

膳食纤维在热加工时有多种变化。加热可使膳食纤维中多糖的弱键受到破坏，这对其功能、营养等都具有重要意义。

加热可降低纤维分子之间的缔合作用或增加解聚作用，从而导致增溶作用。广泛解聚可形成醇溶部分，导致膳食纤维含量降低。中等的解聚或降低纤维分子之间的缔合作用对膳食纤维含量影响很小，但可改变纤维的功能特性(如黏度和水合作用)和生理作用。马铃薯中的抗性淀粉和青香蕉中的生淀粉颗粒和老化淀粉在经过热加工后糊化而易于消化。

加热同样可使膳食纤维中组成成分多糖的交联键等发生变化。由于纤维的溶解度高度依赖于交联键的类型和数量，因而加热期间细胞壁基质及其结构可发生改变，这对产品的营养性、可口性有重大影响。

6.4.5.3 挤压熟化

据报告，小麦粉即使在温和条件下挤压熟化(extrusion-cooking)，膳食纤维的溶解度也增加，此增溶作用似乎依赖于加工时的水分含量。水分含量越低，增溶作用越大，而螺旋转速和温度的作用越小。小麦剧烈膨化也可使纤维的溶解度增加，但焙烤和滚筒干燥对膳食纤维的影响很小。关于喷爆引起的膳食纤维溶解度增加，可能是除去小麦外面的纤维层和不溶性纤维含量降低的结果。此外，另有报告称，小麦粉经高压蒸汽处理时也有不溶性纤维损失，而这主要是由于阿拉伯糖基木聚糖的降解。

6.4.5.4 水合作用

膳食纤维具有一定的膨润、增稠特性。大多数谷物纤维原料被碾磨可影响其水合性质。豌豆纤维的碾磨制品比未碾磨制品更快水合，这与其表面积增大有关。加热也改变膳食纤维的水合性质。煮沸可增加麦麸和苹果纤维制品的持水性,而高压蒸汽处理、蒸汽熟化和焙烤对其影响不大。其中蒸汽熟化的制品比焙烤制品吸水快。此外,有报告称,挤压熟化对豌豆壳、糖用甜菜纤维、麦麸和柠檬纤的持水性稍有影响。

6.4.6 膳食纤维的摄取与食物来源

6.4.6.1 膳食纤维的摄取

由于膳食纤维对人类的某些慢性非传染性疾病具有预防和保健作用,一些国家根据各自调查研究情况提出了膳食中的膳食纤维摄入量标准。美国 FDA 推荐的总膳食纤维摄入量为成人每日 20～35 g。此推荐量的低限是保持纤维对肠功能起作用的量,而上限为不致因纤维摄入过多而引起有害作用的量。此外,美国供给量专家委员会推荐膳食纤维中不溶性纤维的摄入比例以 70%～75%为宜,可溶性纤维的摄入比例以 25%～30%为宜,并且应由天然食物提供膳食纤维,而不是纯纤维素。英国国家顾问委员会建议每日膳食纤维的摄入量为 25～35 g。另据报告,澳大利亚人每日平均摄入膳食纤维 25 g,可明显减少冠心病的发病率和死亡率。

中国人民素有以谷类为主食,并兼有以薯类为部分主食的习惯。副食又以植物性食物如蔬菜为主,兼食豆类及鱼、肉、蛋等食品。摄入的水果则因地区和季节而有所变化。由于我国此前对食品中存在的不溶性膳食纤维、可溶性膳食纤维、总膳食纤维,以及膳食纤维与人体健康和慢性病等研究不够,尚未提出我国膳食纤维的摄入量标准。中国营养学会于 1999 年推出中国居民膳食指南及平衡膳食宝塔。根据指南提出的"平衡膳食宝塔建议不同能量膳食的各类食物参考摄入量"中推荐的各类食物摄入量及其所提供的膳食纤维含量,可计算出中国居民可以摄入的膳食纤维的量及范围,并进一步计算出不同能量摄取者膳食纤维的推荐摄入量(表 6-4)。此推荐量只是在不同食物按一定计算和推算所得结果的基础上建立的。

表 6-4 不同能量摄取者膳食纤维的推荐摄入量/g

食物种类	低能量			中能量			高能量		
	食物量	不溶性膳食纤维	总膳食纤维	食物量	不溶性膳食纤维	总膳食纤维	食物量	不溶性膳食纤维	总膳食纤维
谷类	300	6.60	10.17	400	8.80	13.56	500	11.0	16.95
蔬菜	400	4.50	8.08	450	5.13	9.09	500	5.70	10.10
水果	100	1.10	1.66	150	1.71	2.49	500	2.28	3.32

续表

食物种类	低能量			中能量			高能量		
	食物量	不溶性膳食纤维	总膳食纤维	食物量	不溶性膳食纤维	总膳食纤维	食物量	不溶性膳食纤维	总膳食纤维
豆类及豆制品	50	2.51	4.22	50	2.51	4.22	200	2.50	4.22
总计值		14.71	24.13		18.15	29.36		21.48	34.59
平均摄入量/(g/100 kcal)		8.23	13.40		7.56	12.23		7.68	12.35

6.4.6.2 膳食纤维的食物来源

膳食纤维主要存在于谷物、薯类、豆类及蔬菜、水果等植物性食品中，这通常是人们膳食纤维的主要来源。植物成熟度越高，其纤维含量也越多。值得注意的是，随着人们生活水平提高，作为主食的谷类食品加工越来越精细，致使其膳食纤维的含量显著降低。为此，西方国家提倡吃黑面包(全麦面包)，并多吃蔬菜、水果。部分代表性食物中膳食纤维的含量见表6-5。

表6-5 部分代表性食物中膳食纤维的含量/(g/100 g可食部分)

食物名称	总膳食纤维	不溶性膳食纤维	食物名称	总膳食纤维	不溶性膳食纤维
稻米(粳)	0.6[③]	0.4	玉米面	11.0[①]	5.6
稻米(籼)	10[①] 0.5[③]	0.4	黄豆	12.5[①]	15.5
稻米(糙米)	3.5[①] 2.2[②]	2.0	绿豆	9.6[①]	6.4
糯米	2.8[①]	0.6	红豆		7.7
小麦粉(全麦)	12.6[①] 11.3[②]	10.2	芸豆	19.0[①]	10.5 3.4[①]
小麦粉(标准)	3.9[②]	2.1	蚕豆	14.5[①]	2.5
小麦粉(精白)	2.7[①] 3.9[②]	0.6	豌豆	5.6[①]	10.4 3.4[①]
麦麸	42.2[①]	31.3	豆腐	0.5[①]	0.4
大麦米	17.3[①]	9.9	甘薯	3.0[①]	1.0
燕麦片	10.3[①]	5.3	马铃薯	1.6[①]	0.7 0.4[①]
芋头	0.82[①]	1.0	花椰菜(菜花)	2.4[①] 1.8[③]	1.2 0.85[①]
胡萝卜	3.2[①] 2.2[③]	1.3 1.5[①]	青椒(甜)	1.6[①]	1.4 1.1[①]
白萝卜	1.8[①]	1.0 0.64[①]	橙、橘	2.4[①] 2.6[③]	0.6 0.43[①]
甘蓝(球茎)		3.5 1.50[①]	苹果	1.9[①] 2.2[①②]	1.2 2.27[①]
大白菜	1.0[①]	0.6	梨	2.6[①] 4.7[②③]	2.0 2.46[①]
小白菜	0.6[①]	1.1	桃	1.6[①] 2.6[③]	1.3 0.62[①]

续表

食物名称	总膳食纤维	不溶性膳食纤维	食物名称	总膳食纤维	不溶性膳食纤维
包心菜(圆白菜)	1.5①	1.0　1.1①	柿	1.48①	1.4
芥菜(雪里蕻)	1.1①	1.6　0.6①	葡萄	0.7① 0.3③	0.4
菠菜	2.6①	1.7	西瓜	0.4① 1.1③	0.2　0.2①
苋菜		1.8　0.98①	黄瓜	1.0① 0.9③	0.5　0.5①

注:"①"表示美国食物成分表数据;"②"表示带皮,其余未注明者为中国食物成分数据;"③"表示加拿大食物成分数据。

此外,一些植物中尚含有植物胶和藻类多糖等,尤其是人们还根据不同情况,通过一定的方法进一步开发出某些抗性淀粉和低聚糖。它们大多用于食品加工,也是膳食纤维的良好来源。多吃谷类食物、富含膳食纤维的蔬菜和水果等以预防某些慢性非传染性病的发生,这正是21世纪人类营养学上的新进展。

6.5 功能性低聚糖

功能性低聚糖是指不被人体酶解,在小肠中不被吸收的低聚糖,即不消化性的低聚糖(即通常所说的双歧因子),进入大肠后能促进体内双歧杆菌增殖。

2000年,我国公布的《功能性低聚糖通用技术规则》(QB/T 2492－2000)对功能性低聚糖的定义为:功能性低聚糖(functional oligosaccharides)是由2～10个相同或不同的单糖以糖苷键聚合而成的(可以是直链,也可以是支链);具有糖类的特性,可直接作为食品配料,但不被人体消化道酶和胃酸降解,不被(或难被)小肠吸收;具有促进人体双歧杆菌增殖等生理功能。

功能性低聚糖的制备方法有从天然原料中抽提、利用转移酶使之发生反应而生成、水解酶水解天然多糖生成、酸水解天然多糖生成和化学合成五种方法。其中,化学合成法的应用仅限于低聚糖的功能性研究。其提取和分离提纯的方法也有多种,如脱盐法有浓缩结晶法、膜分离法、电渗析法、离子交换树脂法,脱苦脱色方法有吸附法和包埋法,以及离子色谱法、高效液相色谱法、超声波法和微波辅助法等。

迄今为止,功能性低聚糖有1000多种,国际上研发成功的有70多种。功能性低聚糖作为一种不消化性糖类,摄入后几乎不会增加血糖和血脂,具有促进有益菌增殖、预防衰老、提高人体免疫力等作用;热值低,在提供口感的同时,不会造成肥胖等不良后果。目前,应用较为广泛的功能性低聚糖主要有低聚木糖、低聚果糖、低聚半乳糖、低聚异麦芽糖、半乳甘露低聚糖和大豆低聚糖等。

6.5.1　低聚木糖

低聚木糖(xylooligosaccharide,XOS)是指由2～7个木糖分子以α-1,4-糖苷键结合而成的理化性质稳定且耐酸、耐热的低聚糖,其中以二糖和三糖为主。其生理功能主要包括:调节肠道菌群平衡,促进益生菌增殖,并能选择性地促进双歧杆菌增殖(作用机理:双歧杆菌含有D-木糖苷酶,这种酶可以将低聚木糖分解为木糖,进一步转化为有机酸,为双歧杆菌生长提供碳源,从而促进其增殖),且生物活性高,其功效是其他聚合糖的20倍;促进钙、铁等矿物质的吸收,并能增加钙、镁等离子的溶解度;促进双歧杆菌生长,提高人体免疫力,抗衰老(作用机理:抑制腐败菌生长,从而减少代谢产物中硫化氢、氨、吲哚和粪臭素等有害物质),同时,还能加速致肿瘤物质的排泄,从而降低肿瘤的发生率;促进营养元素的吸收,提高营养物质的利用率;具有保护肝脏功能(作用机理:促进双歧杆菌生长,双歧杆菌能抑制产生毒素的有害菌增殖,从而起到辅助治疗肝脏疾病的作用),减少有毒代谢产物的形成等。

6.5.2　低聚果糖

低聚果糖(fructooligosaccharide,FOS)又可称为蔗果三糖族低聚糖或寡果糖,其结构和组分多种多样,是在蔗糖分子的果糖残基上通过β-2,1-糖苷键结合1～3个果糖的寡糖,其组成主要是蔗果三糖、蔗果四糖和蔗果五糖。低聚果糖提取较为困难,因此,很难形成一定规模,其保湿和吸湿性良好,pH稳定。其主要生理功能包括:促进肠道双歧杆菌增殖;抑制致病菌生长,改变肠腔内的pH,降解致病物质,从而起到排除毒素、清理肠道的作用;增强人体免疫力,增加抗体形成细胞的数量;降低胆固醇合成,改善脂质代谢,防止肥胖;促进对钙、铁、镁等矿物质的吸收(作用机理:低聚果糖到达大肠后,被双歧杆菌发酵分解,释放出矿物质离子,从而有利于盲肠、结肠等对矿物质元素的吸收,此外,pH降低也有利于矿物质的溶解);作为相对分子质量较低的水溶性膳食纤维,在促进排便、缓解便秘等方面具有很重要的作用。

6.5.3　低聚半乳糖

低聚半乳糖(galactooligosaccharide,GOS)是在乳糖酶的水解过程中合成的,以乳糖为原料,经β-半乳糖苷酶水解制得。GOS是一种具有天然属性的功能性低聚糖,作为一种动物源性的功能性低聚糖,其主要的生理功能包括:作为母乳中低聚糖的成分之一,是真正意义上的益生元,促进双歧杆菌增殖(作用机理:GOS中的半乳糖基转移低聚糖很容易被双歧杆菌等肠道有益菌利用,而有害的真菌、芽孢杆菌、大肠杆菌等则不能利用)；促进钙、镁等矿物质元素的吸收，防止骨质减少；改善脂质代谢，降低血清胆固醇含量；降低肠道 pH，增加粪便润湿度，预防便秘；有利于产生 B 族维生素，改善营养状况，同时促进蛋白质吸收，降低血氨浓度；调节肠道菌群平衡，提高机体免疫力；能在一定程度上预防龋齿等。

6.5.4 低聚异麦芽糖

低聚异麦芽糖(isomaltooligosaccharide，IMO)又称为分支低聚糖，是指葡萄糖之间至少有一个 α-1，6-糖苷键结合而成的单糖数为 2～5 个的低聚糖，主要包括异麦芽糖、异麦芽三糖、异麦芽四糖和潘糖。IMO 浆能够使产品具有湿润、细腻柔软的口感，在一定条件下可发生美拉德反应，其生理功能主要包括：当肝功能异常时能起到保护肝功能的作用；促进食物消化、吸收，维持肠道正常功能，改善胃肠道菌群，润肠通便(作用机理：IMO 促进双歧杆菌增殖，双歧杆菌通过糖代谢反应使丙酸、丁酸的分泌量增加，有机酸促进肠道蠕动，同时，通过渗透压增加粪便中的水分，从而起到润肠通便的作用)；合成人体必需的维生素，促进矿物质吸收，调节人体脂类物质代谢；提高免疫力，预防癌症和龋齿；有利于肠道内双歧杆菌菌群增殖；改善血清脂质(作用机理：IMO 促使双歧杆菌等有益菌增殖，而这些有益菌又可使胆固醇转化为人体不吸收的类固醇，从而降低胆固醇的含量)，防腹泻，降血压等。

6.5.5 半乳甘露低聚糖

半乳甘露低聚糖(galacto-mannan-oligosaccharides，GMOS)是由 2～10 个半乳糖和甘露糖分子通过糖苷键聚合而成的低聚糖的总称，是一种新型功能性益生元产品。GMOS 存在于胚乳组织中，其原料有多种，包括瓜尔胶、刺槐豆胶、葫芦巴胶等。GMOS 是半乳甘露聚糖的不完全降解产物，又称为半乳甘露寡糖，其生理功能主要包括：影响肠道微生物菌群；调节营养物质代谢，降低血糖(作用机理：GMOS 属于水溶性膳食纤维，具有膳食纤维的部分生理功能，通过结合、黏附等作用调节机体的脂类代谢，从而降低血脂和胆固醇，改善血糖生成。另外，GMOS 还能够减少肝脏分泌的低密度脂蛋白和极低密度脂蛋白，并降低脂肪酸合成酶的活性及其基因表达，促进双歧杆菌等有益菌增殖。双歧杆菌、乳酸杆菌对胆汁盐有同化和共沉积作用，可降低肠道胆汁酸浓度，增加胆汁酸和胆固醇在粪中的排出量。同时，胆汁酸浓度的降低导致肠道内脂肪酶的活性下降，使食物中脂肪的乳化分解减弱，吸收减少)；调节肠道功能，改善便秘；增强免疫力和抗氧化力；作为饲料添加剂，具有抗生素的功能，促进动物生长、育肥，提高泌乳量等。此外，GMOS 还有较强的清除 DPPH 自由基的作用。

6.5.6　大豆低聚糖

大豆低聚糖(soybean oligosaccharides,SBOS)是大豆中可溶性寡糖的总称,主要由棉子糖、水苏糖和蔗糖组成。大豆低聚糖具有明显的抑制淀粉老化的作用,可用于淀粉类食品中,延长食品的货架期;作用于肉鸡肠道内,可使肉鸡肠道内有益菌增殖,抑制有害菌生长(作用机理:大豆低聚糖可促进双歧杆菌增殖,双歧杆菌发酵低聚糖产生短链脂肪酸和一些抗生素,从而抑制外源致病菌和肠内固有腐败菌的生长繁殖),并降低粪便中氨气的含量。此外,大豆低聚糖还具有以下生理功能:防止便秘;预防癌症(抗癌作用归功于双歧杆菌的细胞、细胞壁和胞外分泌物,它们使机体的免疫力提高);促进营养物质的生成与吸收;调解脂肪代谢;降血压(有研究表明,人体心脏舒张压的高低与其粪便中双歧杆菌数占总菌数的比例呈负相关);保护肝脏等。

6.6　食品加工对碳水化合物的影响

6.6.1　淀粉水解

淀粉受控进行酸水解或酶水解可生成糊精。这在工业上多由液化型淀粉酶水解淀粉或以稀酸处理淀粉所得。当以糖化型淀粉酶水解支链淀粉至分支点时所生成的糊精称为极限糊精。食品工业中常用大麦芽作为酶源水解淀粉,得到糊精和麦芽糖的混合物,称为饴糖。饴糖是甜食品生产的重要糖质原料,食入后在体内水解为葡萄糖并被人体吸收、利用。

糊精与淀粉不同,它具有易溶于水、强烈保水和易于消化等特点,在食品工业中常用于增稠、稳定或保水等。在制作羊羹时添加少许糊精可防止结晶析出,避免外观不良。

淀粉在使用 α-淀粉水解酶和葡萄糖淀粉酶进行水解时,可得到近乎完全的葡萄糖。此后,再用葡萄糖异构酶使其异构成果糖,可得到由 58%的葡萄糖和 42%的果糖组成的玉米糖浆。玉米糖浆可进一步制成果糖含量为 55%的高果糖玉米糖浆,该糖浆是食品工业中重要的甜味物质。

6.6.2　淀粉糊化和老化

淀粉粒在受热(60～80 ℃)时会在水中溶胀,形成均匀的糊状溶液,称为糊化。它的本质是淀粉分子间的氢键断开,分散在水中。糊化后的淀粉又称为 α-淀粉,将新鲜制备的糊化淀粉浆脱水干燥,可得分散于凉水的无定形粉末,即可溶性

α-淀粉。即食型谷物制品的制造原理就是使生淀粉α化。

淀粉溶液缓慢冷却，或淀粉凝胶长期放置，会产生不透明甚至产生沉淀的现象，称为淀粉的老化。其本质是糊化的淀粉分子又自动排列成序，形成致密的不溶性分子微束，分子间氢键重新恢复。因此，老化可视为糊化作用的逆转，但是，老化不能使淀粉彻底复原成生淀粉（β-淀粉）的结构状态，与生淀粉相比，晶化程度低。老化的淀粉不易被淀粉酶作用。

直链淀粉易发生老化，而支链淀粉则不易老化。一般已糊化了的淀粉类食品，其水分含量为30%～60%，温度在0℃附近最易老化。

淀粉能被消化道内的淀粉酶分解成葡萄糖而被吸收，只有糊化后的淀粉才易于消化，所以，我们吃的为熟食。

许多食品在贮藏过程中品质变差，如面包的陈化、米汤的黏度下降并产生白色沉淀等，都是淀粉老化的结果。糊化淀粉在有单糖、二糖和糖醇存在时则不易老化，因此，可用于阻止淀粉分子链的缔合。这类化合物之所以能防止淀粉老化，主要是因为它们能进入淀粉分子的末端链之间，妨碍淀粉分子缔合并且本身吸水性强，能夺取淀粉凝胶中的水，使溶胀的淀粉处于稳定的状态。表面活性剂或具有表面活性的极性脂如单酰甘油及其衍生物硬脂酰乳酸钠（SSL）添加到面包和其他食品中，可延长货架期。直链淀粉的疏水螺旋结构可使其与极性脂分子的疏水部分相互作用形成配合物，从而影响淀粉糊化和抑制淀粉分子的重新排列，推迟淀粉的老化过程。

6.6.3 多糖的黏性

可溶性大分子多糖都可以形成黏稠溶液。在天然多糖中，阿拉伯树胶溶液（按单位体积中同等重量百分数计）的黏度最小，而瓜尔豆胶及魔芋葡甘聚糖溶液的黏度最大。多糖（食用或亲水胶体）的增稠性和胶凝性是其在食品中的主要功能。此外，多糖还可控制液体食品及饮料的流动性与质地，改变半固体食品的形态及O/W型乳浊液的稳定性。在食品加工中，多糖的使用量一般为0.25%～0.50%，可产生很高的黏度甚至形成凝胶。

大分子溶液的黏度取决于分子的大小、形状、所带净电荷和在溶液中的构象。多糖分子在溶液中的构象是围绕糖基连接键振动的结果，一般呈无序状态的构象有较大的可变性。多糖的链是柔顺性的，有显著的熵运动，在溶液中处于紊乱或无规线团状态。但是，大多数多糖不同于典型的无规线团，所形成的线团是刚性的，有时紧密，有时伸展，线团的性质与单糖的组成和连接方式相关。

用淀粉增稠的食品、肉汁和淀粉糊经冷冻再解冻处理后稳定性降低，主要是由于直链淀粉发生老化。樱桃饼馅用普通淀粉增稠，经过冷冻再解冻处理可产生纤维或颗粒状质地结构。在冷冻食品中，糯质淀粉的加工特性要比含大量直链淀粉的加工特性好得多。磷酸交联淀粉在冷冻食品中具有抗老化的能力。淀粉类食品如面包和馒头质地变干硬，是由直链淀粉分子间的缔合造成的，直链淀粉和脂类物质形成复合物可阻止这种作用的发生。干硬的面包加热可促进淀粉分子的热运动和水分的润滑作用，从而使质地变得较柔软。

淀粉在食品工业中主要是作为黏合剂。食品工业中常使用改性淀粉，如可溶性淀粉，它是经过轻度酸处理的淀粉，其溶液在热时有良好的流动性，冷凝时变成坚柔的凝胶，前述的α-淀粉就是用物理方法生成的可溶性淀粉。磷酸淀粉是以无机磷酸酯化的淀粉，具有良好的增稠性，可用于冷冻食品、带馅糕点，改善其抗冻结-解冻性能，降低冻结-解冻过程中水分的离析。

6.6.4　沥滤损失

食品加工期间沸水烫漂后的沥滤操作，可使果蔬装罐时的低分子碳水化合物，甚至膳食纤维受到一定损失。例如，在烫漂胡萝卜和芜菁甘蓝时，其低分子碳水化合物如单糖和双糖的损失率分别为25%和30%。青豌豆的损失率较小，约为12%，它们主要进入加工用水而流失。此外，胡萝卜中低相对分子质量碳水化合物的损失，可依品种不同而不同，且在收获与贮藏时也不相同。贮存后期胡萝卜的损失增加，这可能是因其具有更高的水分含量而易于扩散。

膳食纤维在烫漂时的损失依不同情况而异。胡萝卜、青豌豆、菜豆和抱子甘蓝没有膳食纤维进入加工用水，但芜菁甘蓝则有大量膳食纤维（主要是不溶性膳食纤维）因煮沸和装罐时进入加工用水而流失。

6.6.5　焦糖化作用

糖类在没有氨基化合物存在的情况下，当加热温度超过它的熔点（135 ℃）时，即发生脱水或降解，然后进一步缩合生成黏稠状的黑褐色产物，这类反应称为焦糖化反应。少量酸和某些盐类可加速此反应，使反应产物具有不同类型的焦糖色素、溶解性以及酸性，如蔗糖溶液与亚硫酸氢钠加热得到的棕色焦糖色素可用于可乐饮料、其他酸性饮料、烘焙食品、糖浆、宠物食品以及固体调味料等。在食品工业中，利用蔗糖焦糖化的过程可以得到不同类型的焦糖色素。

①软饮料是世界上焦糖用量最大的领域，一般用亚硫酸铵焦糖。这种焦糖色素带负电荷，饮料中所用的香料含有少量带负电荷的胶体物质，这样在化学上就能相溶，不会形成混浊或絮凝现象。焦糖在使用前部分氢化，可进一步减少产品贮藏中芳香成分的损失，这对使用阿力甜的低糖可乐型饮料尤其显著。

②酱油、醋、酱料等调味品中的焦糖多为Ⅲ类焦糖，带有正电荷。这些调味品

的盐分含量高，例如，酱油含有 17%～20%的盐分，所使用的焦糖必须具有耐盐性，否则就会出现浑浊、沉淀。现今消费者需求的酱油产品不仅要色深，还要颜色红亮、挂碗性好，这就要求选用红色指数高、固形物含量高的焦糖。

③焦糖的耐酒精性使它能够用于酒中。焦糖通常能分散于 50%浓度以下的乙醇溶液中。啤酒含有带正电荷的蛋白质，需选用带正电荷的Ⅲ类焦糖。黄酒中含有大量带负电荷的蛋白质、多糖的胶体，且产品 pH 一般为 3.8～4.6，故要求使用 pI 在 1.5 以下、在酒精中稳定的Ⅳ类焦糖。有些产品如发酵葡萄酒和樱桃酒，在生产中已基本去除了蛋白质，加上本身带有酸性，可以使用耐酸性焦糖。

④焦糖色素也可用来增加焙烤食品外观的吸引力。可选用原浓度或 2 倍浓度的液体和粉末状焦糖色素来弥补特制面包、"表面装饰"蛋糕和曲奇饼精制配料的不充足和不均匀的着色力。此外，焦糖色素也广泛地应用于其他食品中，如罐装肉和炖肉、餐用糖浆及以植物蛋白为原料的模拟肉。肉制品中可以用正负电荷的焦糖色素，选择时应考虑红色指数问题。固化焦糖色素一般用于混合粉末调味料中，如把固化焦糖与淀粉或糊精混合于方便面调味包中，在保证汤料用热水冲调后速溶的同时改善汤料的色泽和风味。

6.6.6 美拉德反应

美拉德反应又称为非酶褐变反应，是法国化学家 L. C. Maillard 在 1912 年提出的。所谓"美拉德反应"，是指广泛存在于食品工业中的一种非酶褐变，是羰基化合物(还原糖类)和氨基化合物(氨基酸和蛋白质)间的反应，经过复杂的过程最终生成棕色甚至是黑色的大分子物质类黑精或称拟黑素，所以，又称羰氨反应。

美拉德反应对食品的影响有：

①产生香气和色泽。美拉德反应能产生人们需要或不需要的香气和色泽。例如，亮氨酸与葡萄糖在高温下反应，能够产生令人愉悦的面包香。而在板栗、鱿鱼等食品生产、储藏过程中和制糖生产中，就需要抑制美拉德反应，以减少褐变的发生。

②降低营养价值。美拉德反应发生后，氨基酸与糖结合可造成营养成分的损失，蛋白质与糖结合的产物不易被酶利用，营养成分不被消化。

③产生抗氧化性。美拉德反应中产生的褐变色素对油脂类自动氧化表现出抗氧化性，这主要是由于褐变反应中生成醛、酮等还原性中间产物。

④产生有毒物质。

6.6.7 抗性低聚糖的生产

利用酶技术生产不同的抗性低聚糖，是食品营养科学中一个新的领域。人们用果糖基转移酶将蔗糖合成低聚果糖，用 β-半乳糖苷酶将乳糖合成低聚半乳糖，以及以乳糖和蔗糖为原料，用 β-呋喃果糖苷酶催化制成的低聚乳果糖等均已进行工业化生产。这是人们用可被机体消化、吸收的蔗糖等来生产通常不被机体消化、吸收的抗性低聚糖的实例。此外，人们还利用玉米芯、甘蔗渣等提取的木聚糖，通过木聚糖酶催化生产低聚木糖等。

尽管抗性低聚糖不被人体小肠消化、吸收，但它们到达结肠后可被细菌发酵，并可促进机体有益菌如双歧杆菌增殖，对人体健康有利。正因如此，这些低聚糖大都是当前功能性食品中的活性成分。

6.7 血糖生成指数

6.7.1 血糖生成指数的概念及分类

血糖生成指数(glycemic index，GI)的概念是由加拿大营养学家于 1981 年首次提出的。根据 WHO 或 FAO 的定义，食物血糖生成指数是指人体进食含 50 g 碳水化合物的待测食物后血糖应答曲线下的面积与食用含等量碳水化合物标准参考物(葡萄糖或面包)后血糖应答曲线下的面积之比。按进食碳水化合物后 2 h 机体血糖反应的大小排列食物的方法，在糖尿病饮食疗法和肥胖控制的临床实践中发挥了举足轻重的作用。现代营养学认为，血糖生成指数是一个比糖类的化学分类更有用的营养学概念，揭示了食物和健康之间的新关系。研究结果表明，血糖生成指数与 2 型糖尿病的发生、发展有一定关系。长期高血糖生成指数饮食可使机体对胰岛素的需求增加，增加糖尿病发病风险。部分食物的血糖生成指数(葡萄糖＝100)见表 6-6。

表 6-6 部分食物的血糖生成指数(葡萄糖＝100)

食物	GI	食物	GI	食物	GI	食物	GI	食物	GI
面包	69	果糖	20	蜂蜜	75	苹果	39	扁豆	29
大米	72	马铃薯	80	乳糖	90	香蕉	62	豌豆	33
糯米	66	新马铃薯	70	蔗糖	60	牛奶	36		
玉米粥	80	胡萝卜	92	麦芽糖	108	黄豆	18		

一般而言，GI>70 的食物为高血糖生成指数食物，以各种主食为主，如点心、饼干、蛋糕、馒头、年糕、米粉、膨化食品、麦芽糖等。它们进入胃肠后消化快，吸收率高，葡萄糖释放快，葡萄糖进入血液后峰值高。

GI<55 的食物为低血糖生成指数食物，如煮山药、未发酵的面食、茎叶及豆类蔬菜、酸乳酪和牛奶、黏性谷物和粗加工的食品、藕粉、山芋等。它们在胃肠中停留时间长，吸收率低，葡萄糖释放缓慢，葡萄糖进入血液后的峰值低，下降速度慢。

GI值居中(56～69)的食物为中等血糖生成指数食物,如冰激凌、蔗糖、荞麦、燕麦、全麦粉等。

6.7.2 影响血糖生成指数的因素

6.7.2.1 食物的化学组成

一般来说,在淀粉类主食中,如果同时富含蛋白质和膳食纤维,则血糖的上升速度比较慢。精白米的蛋白质含量低,膳食纤维非常少,因而升高血糖速度较快。相比之下,黑米、糙米等未经精磨的大米,因为富含膳食纤维,血糖上升速度就要慢得多。此外,粮食类主食和富含蛋白质的食品一起食用,血糖上升速度也会减慢。

6.7.2.2 食物中的碳水化合物存在形式

在天然食品中,淀粉是以淀粉粒形式存在的,而且被严密包裹在植物的种子中。种子外层的包裹严密度不一样,淀粉粒的大小不一样,淀粉粒中直链淀粉和支链淀粉的比例不一样,都会影响食物的血糖反应。直链淀粉不易糊化,从而减缓消化和吸收的速率。红豆、绿豆、蚕豆、扁豆、芸豆等豆类的直链淀粉含量高,血糖生成指数为20～40,远远低于由大米、白面制成的主食。而支链淀粉是由很多直链的线性分子构成的,使其较直链淀粉更容易被吸收,导致血糖生成指数偏高。

6.7.2.3 食物的物理性状

淀粉类食物的颗粒越小、质地越柔软,越容易被消化吸收,血糖上升速度越快。经过切碎、打浆、煮烂、膨化、发酵的同类食物,因淀粉粒充分糊化,消化速度更快,故通常血糖反应也更高。需要注意的是,食物黏稠并不绝对带来血糖上升加快。如果带来黏稠效果的是可溶性膳食纤维,如燕麦中的葡聚糖、山楂中的果胶等,则不仅不会促进血糖升高,反而会降低葡萄糖的吸收速度,从而有利于控制血糖。

6.7.2.4 食物中的可消化碳水化合物含量

大米粥比米饭容易消化,但是,同样重量的大米粥中淀粉含量比较少,人也不太容易吃得过量。如果用中等稠度的米粥配合蔬菜和蛋白质食品一起食用,可有效稀释食物中的淀粉比例,并不一定会造成血糖的迅猛上升。相比之下,米饭和馒头中的淀粉含量相对高一些,相同体积的食糜中,其淀粉含量大大超过米粥形成的食糜;再加上米饭容易多吃,进食后的血糖反应反而有可能更高。因此,也有研究数据证明,吃粥的血糖反应反而低于吃米饭的血糖反应。例如,中国食物成分表(2002)中,大米粥的血糖生成指数为69,而大米饭的血糖生成指数为83。黄豆、黑豆等大豆食品含淀粉极少,因此,没有升高血糖之虑,如黄豆的血糖生成指数仅为18。

6.7.2.5 食物中抗消化因素的存在

一些食物中含有膳食纤维、单宁、植酸、胰蛋白酶抑制剂等,它们平日被人们看成是影响营养吸收的因素，但是对于糖尿病患者来说，这些因素都非常有利。豆类尤其富含这些成分，消化起来比较慢。很多研究报告证明，即便经过 1 h 的蒸煮，很多豆子中的蛋白酶抑制剂仍然能保留 30%以上的活性，单宁和植酸也保留很大比例，它们会减慢淀粉的消化速度。所以，以豆类为主制成的粥是糖尿病人群比较好的食物。

6.7.3　食物血糖生成指数的应用

6.7.3.1　指导合理膳食，有效控制血糖

不同的人对血糖的控制水平要求不同，可选择血糖生成指数不同的食物。如糖尿病患者多选择血糖生成指数低的食物，可有效控制餐后胰岛素和血糖异常，有利于血糖的稳定；而运动员在运动量大的训练和比赛中，尤其是运动时间长的项目，为了持续稳定血糖水平，就需要选择血糖生成指数高的食物。

6.7.3.2　帮助预防慢性病

低血糖生成指数的食物在调节能量代谢、控制食物摄入量等方面优于高血糖生成指数的食物，因此，选择低血糖生成指数的食物有利于预防心脏病、肥胖和其他慢性疾病。研究发现，长期食用高血糖生成指数膳食可能会增加心脏病、糖尿病和肥胖的发生危险。

6.7.3.3　改善胃肠功能

高血糖生成指数的食物易于消化吸收，对消化吸收功能差的人群有益；而低血糖生成指数的食物通常是膳食纤维或蛋白质含量较高或质地紧密、消化吸收较慢的食物，所以，有利于肠道益生菌的生长繁殖，可改善肠道结构和功能。

6.8　膳食参考摄入量和食物来源

6.8.1　碳水化合物的过量

膳食中碳水化合物比例过高，会引起蛋白质和脂肪的摄入减少，对机体造成不良后果。膳食中碳水化合物过多，就会转化成脂肪贮存于体内，使人过于肥胖而导致各类疾病，如高血脂、糖尿病等。

营养调查发现，尽管吃糖可能并不直接导致糖尿病，但长期大量食用甜食会使胰岛素分泌过多、碳水化合物和脂肪代谢紊乱，引起人体内环境失调，进而诱发多种慢性疾病，如心脑血管疾病、糖尿病、肥胖症、老年性白内障、龋齿、近视、佝偻病的发生。多吃甜食还会使人体血液趋向酸性，不利于血液循环，并减弱免疫系统的防御功能。

6.8.2 碳水化合物的缺乏

膳食中碳水化合物过少，可造成膳食蛋白质浪费及组织蛋白质和脂肪分解增强等不良反应。缺乏碳水化合物，将导致全身无力、疲乏、血糖含量降低，产生头晕、心悸、脑功能障碍等，严重者会导致低血糖昏迷。葡萄糖作为大脑唯一的能源物质，若血中葡萄糖水平下降，则出现低血糖，会对大脑产生不良影响。

6.8.3 膳食参考摄入量

膳食中的蛋白质、脂肪和碳水化合物都是提供能量的营养素，但以蛋白质提供能量极不经济，还会增加肝、肾的负担，因此，膳食能量来源主要是脂肪和碳水化合物。但考虑到摄入过量脂肪会因氧化不全产生大量的酮体以及摄入过量脂肪对健康造成不利影响，脂肪不可能大量摄入，故膳食中碳水化合物的供给量所占比例大于其他两种营养素。中国营养学会推荐我国居民碳水化合物的膳食推荐量占总能量的50%～65%，每日从简单糖类中所摄入的能量不要超过总能量的10%。但对碳水化合物的实际需要量，成人随工作种类与性质而异，重体力劳动者比一般人需要量高，随着劳动强度的增强，能量消耗也增加。

6.8.4 食物来源

日常膳食中碳水化合物主要来自于主食、各种食糖、糕点、果脯、蜂蜜及水果。富含碳水化合物的食物主要有面粉、大米、玉米、马铃薯、红薯等。粮谷类一般含碳水化合物60%～80%，薯类含碳水化合物15%～29%，豆类含碳水化合物40%～60%。研究证明，摄入含淀粉的天然食物，如粗粮（全谷类）、豆类、薯类等，对于预防多种疾病有帮助；它们富含B族维生素和多种矿物质以及丰富的膳食纤维，但脂肪含量却非常低。目前，公认富含膳食纤维的主食能通过阻断胆固醇的肝肠循环而控制血胆固醇，膳食纤维在大肠中发酵产生的短链脂肪酸也能抑制肝脏中的胆固醇合成，用于预防心脏病。由于这些食品消化吸收较慢，有利于控制血糖上升，对预防和控制糖尿病有益。同时，其中所含的膳食纤维可促进肠道健康，减少有害物质的附着和吸收，用于预防癌症。

所以，碳水化合物的膳食来源要富含复杂的碳水化合物和膳食纤维，如多种天然食物，包括粗粮（全谷类）、豆类、薯类、水果、蔬菜等。同时，应控制精制食物和蔗糖的摄入。

第7章 维生素

7.1 维生素概述

7.1.1 维生素的基本概念

维生素是一类维持人体正常生理功能所必需的微量有机营养素。虽然各种维生素的化学结构以及性质不同,但它们却有着以下共同点:

①维生素均以维生素原(维生素前体)的形式存在于食物中。

②维生素不是构成机体组织和细胞的组成成分,也不会产生能量,它的作用主要是参与机体代谢的调节。

③大多数的维生素是机体不能合成的或合成量不足,不能满足机体的需要,必须通过食物获得。

④人体对维生素的需要量很小,日需要量常以毫克(mg)或微克(μg)为单位计算,一旦缺乏,就会引发相应的维生素缺乏症,对人体健康造成损害。

维生素与碳水化合物、脂肪和蛋白质三大类物质不同,它在天然食物中仅占极少比例,但又为人体所必需。有些维生素如维生素 B_6、维生素 K 等能由动物肠道内的细菌合成,合成量可满足动物的需要。动物细胞可将色氨酸转变成维生素 B_3(一种 B 族维生素),但生成量不能满足需要。除灵长类(包括人类)及豚鼠不能合成维生素 C 以外,其他动物都可以合成。植物和多数微生物都能合成维生素,不必由体外供给。许多维生素是辅基或辅酶的组成部分。

维生素是人和动物营养、生长所必需的少量有机化合物,对机体的新陈代谢、生长、发育、健康有极为重要的作用。如果长期缺乏某种维生素,就会引起生理机能障碍而发生某种疾病。现在发现的维生素有几十种,如维生素 A、维生素 B、维生素 C 等。

维生素是人体代谢中必不可少的有机化合物。人体犹如一座极为复杂的化工厂,不断地进行着各种生化反应,其反应与酶的催化作用有密切关系。酶要具有活性,必须有辅酶参加。已知许多维生素是酶的辅酶或者辅酶的组成分子。因此,维生素是维持和调节机体正常代谢的重要物质。

7.1.2 维生素的缺乏与过量

当机体缺乏维生素时,物质代谢发生障碍。各种维生素的生理功能不同,缺乏不同的维生素就会产生不同的疾病，这种由于缺乏维生素而引起的疾病称为维生素缺乏症（avitaminosis）。机体中维生素缺乏的原因主要是摄入不足、人体吸收利用率降低、维生素需要量增加、长期食用营养补充剂、抗生素的影响和各种维生素摄入量欠平衡等。

（1）维生素缺乏的原因。

①食物供应严重不足，摄入不足，如食物单一、储存不当、烹饪使维生素 B_9 受热损失等。

②吸收利用率降低，如患有消化系统疾病或摄入脂肪量过少影响脂溶性维生素的吸收。

③维生素需要量相对增高，如孕妇、哺乳期妇女、儿童以及特殊工种、特殊环境下的人群。

④长期食用营养素补充剂的人群对维生素的需要量增加。

⑤不合理使用抗生素会导致对维生素的需要量增加。

（2）维生素过量　维生素摄入过多，尤其是脂溶性维生素摄入过多，会对机体健康产生有害作用。水溶性维生素在体内不能大量储存，当大量摄入时常以原形从尿中排出，几乎没有毒性；当非生理剂量摄入时，常会影响其他营养素的代谢利用。脂溶性维生素可在体内大量储存，排出量很少，大剂量摄入可导致体内积存超过负荷，从而造成中毒。因此，维生素的供给必须遵循合理的原则，不宜盲目增加剂量。

7.1.3　维生素的分类

（1）脂溶性维生素　脂溶性维生素包括维生素 A、维生素 D、维生素 E 和维生素 K，其共同的特点是：化学组成仅含碳、氢、氧，不溶于水而溶于脂肪及有机溶剂（如苯、乙醚及氯仿等）；在食物中常与脂类共存，吸收过程需要脂肪的参与；主要在肝和脂肪中储存；如摄入过多，可引起中毒；如摄入不足，相应的缺乏症状出现缓慢；不能用尿负荷实验进行营养状况评价。

（2）水溶性维生素　水溶性维生素包括 B 族维生素（维生素 B_1、维生素 B_2、维生素 B_6、维生素 B_{12}、维生素 B_3、维生素 B_9、维生素 B_5、生物素等）和维生素 C，与脂溶性维生素不同，其化学组成中除含有碳、氢、氧外，还含有其他元素。它们可溶于水，但不溶于脂肪和有机溶剂；在体内有少量储存，其原形或代谢产物可经尿液排出体外；一般无毒性，但极大量摄入也可引起中毒；摄入过少，可以很快出现缺乏症状。各种维生素的生理功能、缺乏症状及来源见表 7-1。

表7-1　各种维生素的生理功能、缺乏症状及来源

名称	生理功能	缺乏症状	来源
维生素A	维持视觉、上皮组织的完整与健全,促进生长发育	夜盲症、皮肤干燥、脱屑、毛囊角化、发育迟缓	动物肝脏、蛋黄和乳制品、红黄色及绿色蔬菜和水果
维生素D	与钙、磷的代谢有关	儿童:佝偻病 成人:骨质软化病	天然食品中很少,可通过阳光照射进行合成
维生素E	抗氧化剂、降低心血管疾病、防止流产	无	存在广泛,一般不会缺乏
维生素K	促进血液凝固	无	存在广泛,一般不会缺乏
维生素C	维护结缔组织、骨、牙、毛细血管的正常结构与功能,抗氧化,食品中保鲜、助色、护色	坏血病、牙齿松动、骨骼变脆、毛细血管及皮下出血、造血机能障碍	新鲜水果、蔬菜中(如酸枣、柑橘等)
维生素B_1	利于胃肠蠕动和消化液分泌	神经肌肉症状、脚气病、头痛、失眠、便秘	米糠、麦麸、黄豆和瘦肉
维生素B_2	保证物质代谢的进行	物质代谢紊乱	内脏、奶类和蛋类,普遍缺乏

7.2　脂溶性维生素

维生素A、维生素D、维生素E和维生素K等不溶于水,而溶于脂肪及有机溶剂,故称为脂溶性维生素。在食物中,脂溶性维生素与脂质共同存在,因此,其吸收与脂质的吸收有密切关系,吸收后的脂溶性维生素可以在肝脏内储存。

7.2.1　维生素A

维生素A是指含有β-白芷酮环结构的多烯基结构,并具有全反式视黄醇生物活性的一大类物质。维生素A包括维生素A_1(视黄醇)和维生素A_2(3-脱氢视黄醇),前者主要存在于海水鱼的肝脏中,生物活性较高;后者主要存在于淡水鱼的肝脏中,生物活性较低。

维生素A是由美国科学家(Elmer McCollum和Margaret Davis)在1912—1914年发现的。其实早在1000多年前,中国唐代医学家孙思邈(公元581—682年)在《千金方》中就记载了用动物肝脏可治疗夜盲症。巴西土著人以鱼肝油治疗眼干燥症、丹麦人以橄榄油治疗眼干燥症也有文献记载。有研究者从鳕鱼肝脏中提取出一种黄色黏稠液体——维生素A。以前,人们并不了解维生素,因此,他首

先将其命名为“脂溶性A”(A是德文干眼病Augendarre的第一个字母)。随着陆续有新的人体所必需的脂溶性物质被科学家发现，到1920年，“脂溶性A”被科学家正式命名为维生素A。

维生素A呈黄色片状晶体或结晶性粉末，不溶于水和甘油，能溶于醇、醚、烃和卤代烃等大多数有机溶剂。它的化学性质相对稳定，但暴露于热、光或空气中则会被轻易破坏，通常应避光保存。维生素A对酸、碱稳定，但易被氧化，易被紫外线破坏，在食物中多以酯的形式存在。动物体内含有的具有视黄醇生物活性的维生素A包括视黄醇、视黄醛和视黄酸等物质；在红色、黄色、绿色植物中含有的类胡萝卜素中约有1/10为维生素A原，如α-胡萝卜素、β-胡萝卜素、γ-胡萝卜素、玉米黄素等，其中以β-胡萝卜素的活性最高，为人类营养中维生素A的主要来源。

7.2.1.1 维生素A的生理功能

维生素A有助于维持正常视觉，能促进细胞内感光物质视紫红质的合成与再生，维持正常的暗适应能力，从而维持正常视觉。人体眼睛视网膜上有两种视觉细胞，即视锥细胞和视杆细胞，前者与明视有关，后者与暗视有关。这两种细胞中都存在着对光敏感的视色素，两种视色素分别由不同的视蛋白和维生素A组成，如视杆细胞中的视紫红质是黑暗中能够视物的主要物质，视紫红质在光的作用下分解为视黄醛和视蛋白，在黑暗中视物，又需要新的维生素A氧化为视黄醛，并与视蛋白结合成视紫红质。11-顺式视黄醛与视蛋白结合成视紫红质，感光后分离，在异构酶作用下转变成全反式视黄醛，需新的维生素A补充再形成视紫红质，如图7-1所示。

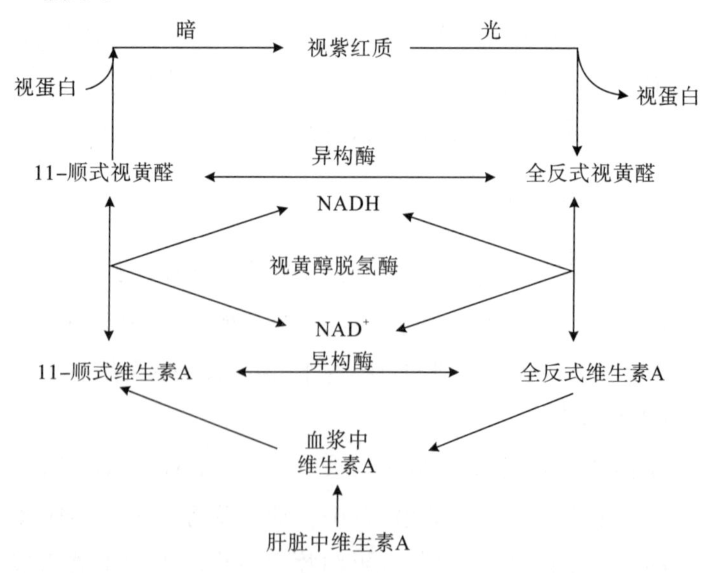

图7-1 视紫红质的合成和再生

维生素A的免疫学功能主要表现在维持上皮组织和呼吸道、消化道及泌尿生殖道黏膜细胞等阻挡病原微生物入侵机体的第一道防线的完整性，参与阻止微生物和外来物黏液的形成，是骨髓产生抗病白细胞的必需营养物质之一。

此外，维生素 A 还可维持上皮细胞的正常生长与分化，促进正常的生长发育、细胞分化、味蕾角质化，主要是由于其能刺激许多组织细胞中的 RNA 合成。同时，维生素 A 具有抗癌、防癌作用，参与维持正常骨质代谢。

7.2.1.2 维生素 A 的缺乏或过量

当维生素 A 缺乏时，将导致机体暗适应时间延长、夜盲症，多发干眼症、角膜软化症、蟾皮病、儿童生长发育迟缓等。其中，干眼症是维生素 A 缺乏的典型临床特征之一。毛囊增厚（毛囊角质化）是维生素 A 缺乏的皮肤表征。维生素 A 缺乏可导致黏膜内黏蛋白生成减少，黏膜形态、结构和功能异常，从而导致疼痛和黏膜屏障功能下降，可累及咽喉、扁桃体、支气管、肺脏和消化道黏膜。维生素 A 缺乏和边缘型缺乏导致儿童患感染性疾病的风险和死亡率升高。维生素 A 缺乏会损伤胚胎生长。严重缺乏维生素 A 的实验动物多发生胚胎吸收，而存活下来的胚胎也会出现眼睛、肺、泌尿道和心血管系统畸形。在免疫功能中，维生素 A 缺乏可导致血液中淋巴细胞、自然杀伤细胞减少和特异性抗体反应减弱。

一次或多次连续大剂量摄入维生素 A，如大于成人推荐摄入量的 100 倍或大于儿童推荐摄入量的 20 倍，可出现恶心、呕吐、头痛、眩晕、视觉模糊、肌肉失调和婴儿的囟门突出等症状；在几周到几年内反复服用维生素 A 制剂，使用量为推荐量的 5～10 倍以上，可导致慢性中毒。常见中毒表现有头痛、脱发、唇裂、皮肤干燥和瘙痒及长骨末端疼痛、肝脏肿大、肌肉僵硬等。孕期过量摄入维生素 A，会导致流产、出生缺陷和子代永久性学习能力丧失等，娩出畸形儿的危险度为 25.6%。

7.2.1.3 维生素 A 的供给量与食物来源

供给量：成年男性推荐营养素摄入量（RNI）为每天 800 μg 视黄醇当量，女性为每天 700 μg 视黄醇当量。

可耐受最高摄入量（UL）：成年人 3000 μg/d，孕妇 2400 μg/d，儿童 2000 μg/d。

食物来源：动物肝脏、鱼肝油、鱼卵、全奶、奶油和禽蛋等，以及深绿色或红黄色的蔬菜和水果。

目前，WHO 对不同高危人群维生素 A 缺乏的防治及未来研究提出以下几点建议：

①5 个月以下的婴儿（包括新生儿）。刚出生的婴儿不推荐补充维生素 A，补充维生素 A 对降低婴儿发病率、死亡率的作用还有待随机对照试验进一步证实，以及对母亲维生素 A 缺乏症高发地、维生素 A 和免疫功能的关系、确定该年龄组维生素 A 缺乏症的合适评价指标作进一步的研究。

②6～59 个月幼儿。建议对维生素 A 缺乏症是公共卫生问题（即该人群维生

素A缺乏症发病率≥20%或夜盲症发病率≥1%)的国家或地区的6～59个月幼儿推行高剂量补充维生素A:6～11个月幼儿(HIV+或HIV−)补充一次10万IU的维生素A;12～59个月幼儿每4～6个月补充20万IU的维生素A。将来还需要进一步研究更好的维生素A补充方法,提高对维生素A和疫苗的共同干预作用的认识,以寻求更好的临床和生化维生素A缺乏症的评价指标。

③孕妇。不推荐将补充维生素A作为预防孕妇和婴儿发病、死亡的常规产前保健的一部分。维生素A缺乏症是严重公共卫生问题(即孕妇或24～59个月幼儿夜盲症发病率≥1%)的国家或地区的孕妇,可补充维生素A预防夜盲症:怀孕12周以上的孕妇每天补充1万IU的维生素A或每周补充2.5万IU的维生素A,但补充的持续时间和补充频率还需进一步研究。将来应关注孕期补充维生素A,尤其是联合其他干预措施对死亡率的影响及孕晚期3个月补充维生素A对母乳维生素A水平的影响。

④哺乳期妇女。不推荐将对哺乳期妇女补充维生素A作为预防母亲和婴儿发病、死亡的干预措施。对产后6周的哺乳期妇女补充20万IU的维生素A,对母乳中视黄醇水平的影响、作用及其新陈代谢、剂量分布、如何排泄等还待进一步研究。尚不建议对HIV母婴感染中HIV阳性的母亲进行维生素A的补充。

7.2.2 维生素D

维生素D为类固醇的衍生物,是指含环戊氢烯菲环结构并具有钙化醇生物活性的一大类物质,以维生素D_2(麦角钙化醇)和维生素D_3(胆钙化醇)最为常见。前者是酵母菌或麦角中的麦角固醇经紫外光照射后的产物,后者由食物和皮下组织中的7-脱氢胆固醇经紫外光照射产生。维生素D的性质稳定,通常的烹调加工不会使其损失。维生素D_2和维生素D_3在人体内的效用相同,维生素D_2与维生素D_3的结构式如图7-2所示。

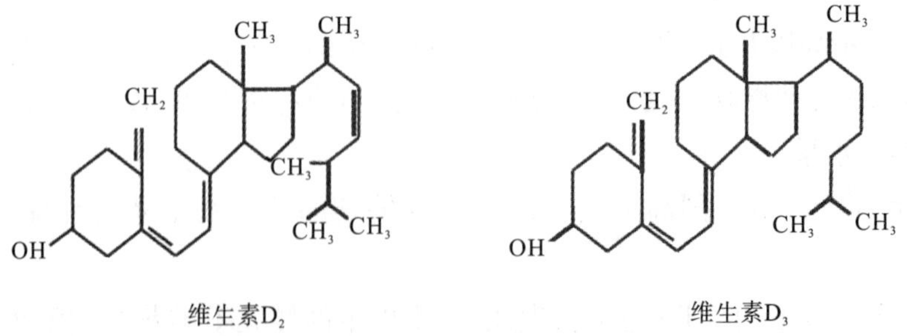

维生素D_2　　维生素D_3

图7-2　维生素D_2与维生素D_3的结构式

膳食中的维生素D_3在胆汁的作用下,在小肠乳化过程中被吸收入血。从膳食和皮肤两条途径获得的维生素D_3与血浆α-球蛋白结合后被转运至肝脏,在肝内经维生素D_3-25-羟化酶作用生成25-羟基维生素D_3,然后被转运至肾脏,在维

生素 D_3-1-羟化酶作用下生成 1,25-二羟基维生素 D_3,即维生素 D 的活性形式。然后在蛋白质的载运下,经血液到达小肠、骨等靶器官中发挥作用。

早在 20 世纪 30 年代初,科学家研究发现,多晒太阳或食用紫外光照射过的橄榄油、亚麻籽油等可以抗软骨病,进一步研究发现并命名人体内抗软骨病的活性组分为维生素 D。维生素 D 是类固醇的衍生物,为白色结晶,溶于脂肪,性质较稳定,耐高温,抗氧化,不耐酸碱,脂肪酸败可使其破坏。维生素 D 一般应存于无光、无酸、无氧或氮气的低温环境中。动物肝脏、鱼肝油、蛋黄中的维生素 D 含量丰富。

7.2.2.1　维生素 D 的生理功能

维生素 D 具有抗佝偻病作用,也被称为抗佝偻病维生素。维生素 D 可以通过增加小肠的钙、磷吸收而促进骨的钙化,即使小肠吸收不增加,仍可促进骨盐沉积。维生素 D 能够促进小肠钙吸收,在小肠黏膜上皮细胞内,诱发一种特异的钙运输的载体,即钙结合蛋白的合成,既能有助于钙的主动转运,又可增加黏膜细胞对钙的通透性,促进肾小管对钙、磷的重吸收;参与血钙平衡的调节,与内分泌系统一起发挥作用。同时,维生素 D 能够对骨细胞起多种作用,可调节基因转录等。维生素 D 具有免疫调节作用,是一种良好的选择性免疫调节剂。当机体免疫功能处于抑制状态时,1,25-二羟基维生素 D_3 增强单核细胞、巨噬细胞的功能,从而增强免疫功能。当机体免疫功能异常增加时,维生素 D 抑制激活的 T 淋巴细胞和 B 淋巴细胞增殖,从而维持免疫平衡。

7.2.2.2　维生素 D 的缺乏或过量

当小儿缺乏维生素 D 时,容易出现鸡胸、串珠肋,患佝偻病。患儿在初期常因血钙浓度降低而引起神经兴奋性增高,出现烦躁、夜惊、多汗、食欲缺乏,易腹泻,如继续加重,其典型的症状为前额突出似方匣、鸡胸等。若佝偻病继续延至2～3岁,则可出现脊柱弯曲、弓形腿等骨骼变形,使婴幼儿的健康受到严重损害。当成人缺乏维生素 D 时,容易出现骨质软化症、四肢酸痛,尤以夜间为甚,严重者出现脊柱、盆骨畸形。当 50 岁以上成人缺乏维生素 D 时,容易患骨质疏松。

当维生素 D 摄入量过多,尤其是药物型维生素 D 摄入或注射过量时会发生中毒。中毒症状包括食欲缺乏、体重减轻、恶心、呕吐、头痛、多尿、烦渴、发热等。维生素 D 摄入量过多可致血清钙磷升高,继而发展成动脉、心肌、肺、肾、气管等软组织转移性钙化和肾结石。当长期维生素 D 摄入过多时,高钙血症可致动脉粥样硬化、广泛性软组织钙化和不同程度的肾功能受损,严重者可致死。母体摄入维生素 D 过多可致胎儿发生高钙血症。胎儿发生高钙血症时,表现为出生体重低,心脏有杂音,严重者出现智力发育不良及骨硬化。发生该情况时应立即停用维生素 D 并限钙,必要时用糖皮质激素降低血钙或肌注降钙素。

7.2.2.3 维生素 D 的供给量与食物来源

食物来源:海鱼(如沙丁鱼、金枪鱼、鲱鱼等)、动物肝脏、蛋黄、奶油及鱼肝油制剂等。瘦肉和牛奶中仅含有少量。

供给量:儿童、少年、孕妇、哺乳期妇女、老人 RNI 为 10 μg/d,16 岁以上成人 RNI 为5 μg/d。

7.2.3 维生素 E

维生素 E 是生育酚和三烯生育酚的总称,是具有 α-生育酚生物活性的一类物质,自然界共有 8 种化合物。因 α-生育酚的生物活性最高,故通常以 α-生育酚作为维生素 E 的代表。脂肪组织、肝和肌肉是其主要贮存场所。α-生育酚含苯并二氢吡喃结构,在氧、碱等存在的情况下,维生素 E 易遭破坏,在一般的烹调温度下受到的破坏不大,但若长期在高温下油炸,则活性大量丧失。维生素 E 溶于脂肪和乙醇等有机溶剂中,不溶于水,对热、酸稳定,对碱不稳定,对氧敏感,油脂酸败可加速其破坏。维生素 E 的转化如图 7-3 所示。

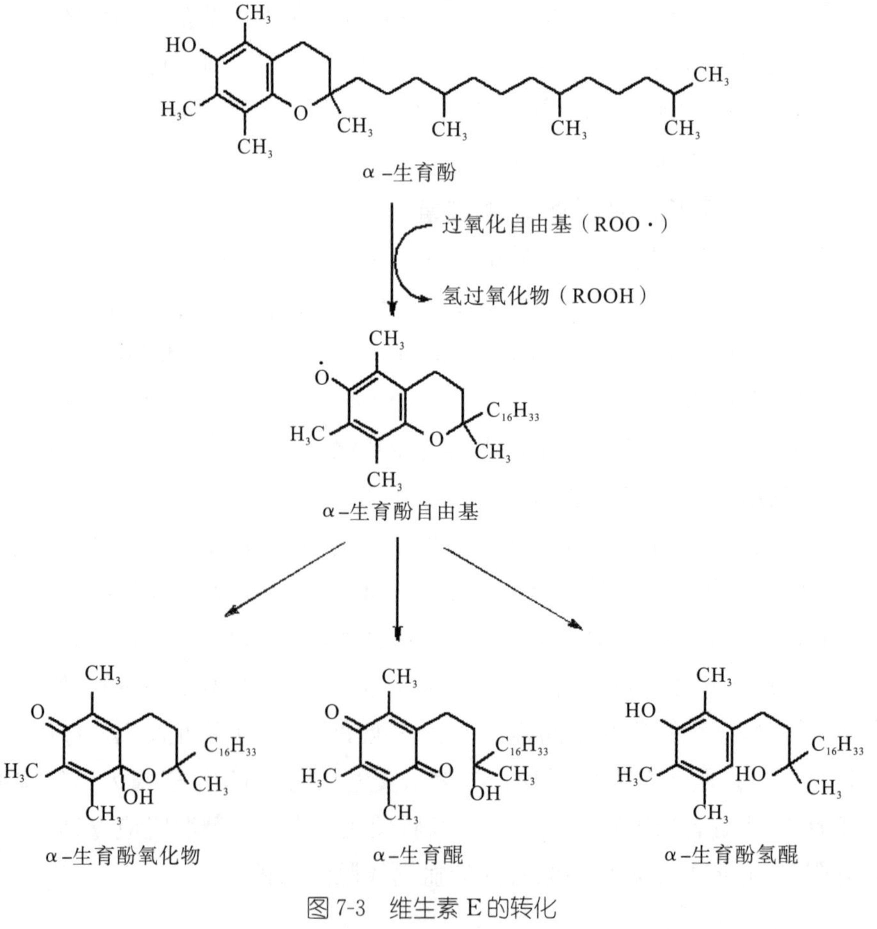

α-生育酚

过氧化自由基(ROO·)

氢过氧化物(ROOH)

α-生育酚自由基

α-生育酚氧化物　α-生育醌　α-生育酚氢醌

图 7-3 维生素 E 的转化

维生素 E 的吸收与肠道脂肪有关，影响脂肪吸收的因素也影响维生素 E 吸收。大部分被吸收的维生素 E 通过乳糜微粒进入肝脏，被肝细胞摄取。维生素 E 主要贮存在脂肪组织中，吸收率为 20%～30%。

7.2.3.1　维生素 E 的生理功能

①维生素 E 能促进生殖。维生素 E 能促进性激素分泌，使男性精子活力和数量增加；使女性雌激素浓度增高，提高生育能力，预防流产。维生素 E 缺乏时会出现睾丸萎缩和上皮细胞变性、孕育异常。在临床上，常用维生素 E 治疗先兆流产和习惯性流产。另外，维生素 E 对防治男性不育症也有一定帮助。

②维生素 E 保护生物膜。维生素 E 能抑制细胞膜、细胞器膜内的多不饱和脂肪酸的过氧化反应，减少过氧化脂质的生成，与硒协同维护细胞膜和细胞器的完整性和稳定性。维生素 E 抗氧化的机理是防止亲脂性过氧化物的生成，为联合抗氧化作用中的第一道防线。这一功能与其保持红细胞的完整性、抗动脉粥样硬化、抗肿瘤、改善免疫功能及延缓衰老等作用有关。维生素 E 在预防衰老、减少机体内氧化脂质形成方面的研究很多。

③维生素 E 保护某些含巯基的酶不被氧化，从而保护许多酶系统的活性。它能调节组织吸收及氧化磷酸化；防止化学污染及衰老，对多种化学污染物，特别是对空气污染物具有防护作用；可消除老年动物脑细胞等中的过氧化脂质色素，并可改善皮肤弹性、延缓性腺萎缩。

④维生素 E 维护机体正常免疫功能，对 T 淋巴细胞的功能十分重要。它能促进蛋白质的更新合成，表现为促进人体新陈代谢，增强机体耐力，维护肌肉、外周血管、中枢神经及视网膜系统的正常结构和功能；与动物的生殖功能和精子的生成有关；调节血小板的黏附力和聚集作用；同时，还能降低血浆胆固醇水平，抑制肿瘤细胞的生长和增殖。

⑤维生素 E 也参与正常的磷酸化反应、维生素 C 的合成、维生素 B_5 的合成以及含硫氨基酸和维生素 B_{12} 的代谢，可以减少镉、汞、砷、银等重金属及有毒元素的毒性等。

7.2.3.2　维生素 E 的缺乏或过量

缺乏维生素 E 将会引起不育、肌肉萎缩、心肌异常、贫血等。新生儿（特别是早产儿）患有维生素 E 缺乏症（因红细胞寿命缩短）时，表现为浮肿、皮肤损伤、血液异常等症状。维生素 E 缺乏症患者不能吸收脂肪，血液和组织中的生育酚水平低，红细胞脆性增加，红细胞的寿命缩短，尿中肌酸的排泄增多。

维生素 E 是相对无毒的，摄入过量时会觉得恶心，摄入过量的维生素 E 能从粪便中排出。长期服用大剂量维生素 E 可引起各种疾病，严重者会出现血栓性静脉炎或肺栓塞，或两者同时发生，这是由于大剂量维生素 E 可引起血小板聚集，形成血栓;血压升高,停药后血压可以降低或恢复正常;男女两性均可出现乳房肥大、头痛、头晕、视力模糊、肌肉衰弱、皮肤龟裂、唇炎、口角炎、荨麻疹等。

7.2.3.3 维生素E的供给量与食物来源

维生素E的适宜摄入量(AI):14岁以上所有年龄组均为14 mg。血清维生素E水平直接反映人体维生素E的储存情况。

食物来源:含量丰富的食物有植物油、麦胚、坚果、豆类、谷类、蛋类、内脏、绿叶蔬菜等。尤其以麦胚油、葵花籽油、棉籽油等植物油中含量最高,其他如花生、芝麻、大豆也含有丰富的维生素E,牛奶、蛋黄等动物食品及所有的绿叶蔬菜都有一定量的维生素E。

7.2.4 维生素K

维生素K是一类含有2-甲基-1,4-萘醌环的脂溶性物质的统称(图7-4)。天然存在的维生素K包括两种类型:维生素K_1(phylloquinone,PK,叶绿醌)和维生素K_2(menaquinone,MK,甲萘醌),两者均可由微生物合成。而维生素K_3和维生素K_4是通过人工合成的,是水溶性维生素。四种维生素K的化学性质都较稳定,能耐酸、耐热,正常烹调中只有少量损失,但对光敏感,也易被碱和紫外线分解。

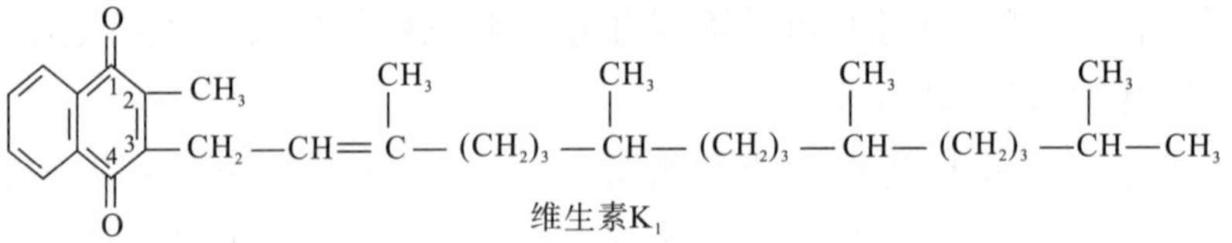

维生素K_1

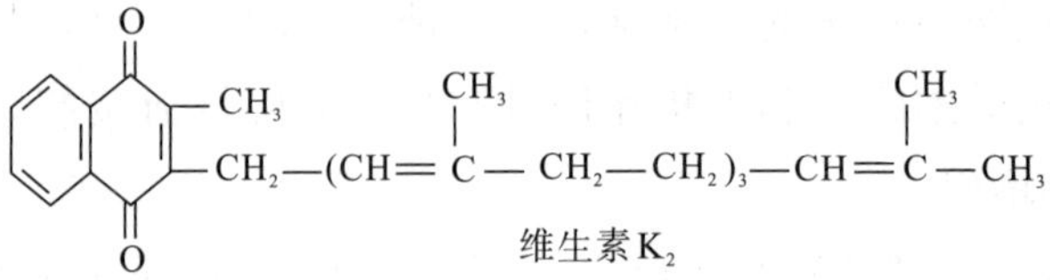

维生素K_2

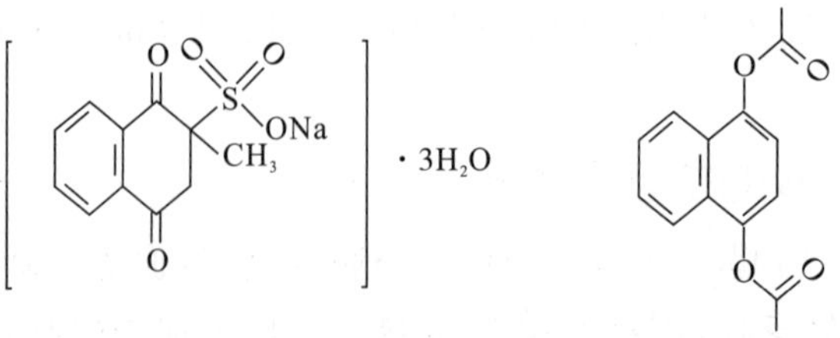

维生素K_3　　维生素K_4

图7-4　维生素K的结构式

维生素K是一种脂溶性维生素,在室温下为黄色晶体粉末,无嗅、无味,对光和碱敏感,对温度、湿度及酸相对稳定,易溶于石油醚、正己烷,溶于乙醇,微溶于甲醇,不溶于水,熔点为35～70 ℃。维生素K主要来源于食物,也可由肠道细菌合成。

7.2.4.1 维生素K的生理功能

维生素K最早为人所知的生理功能是维持机体的正常凝血功能，它是谷氨酸残基-γ-羧化酶的辅酶，将凝血因子2中谷氨酸残基羧化为γ-羧基谷氨酸残基才能发挥凝血作用。它主要促进凝血酶原的形成，从而促进凝血，同时有增加肠道蠕动和分泌的功能。维生素K不仅对白血病、骨髓增生异常综合征等血液系统疾病有抗肿瘤作用，而且可诱导急性髓系白血病细胞系的凋亡和分化。Bhalerao等研究果蝇后发现，维生素K能显著增强线粒体功能，消除由*pink*1和*parkin*基因突变导致的类帕金森病症状，揭示维生素K很可能具有治疗人类神经退行性疾病的作用。

7.2.4.2 维生素K的缺乏或过量

维生素K缺乏症是新生儿及婴儿期最常见的出血性疾病。正常人肠道内会代谢合成维生素K，且许多食物中也含有维生素K，因此，正常人一般不会患维生素K缺乏症。在胎儿期，孕妇体内的维生素K通过胎盘的量较少，肝内储存量较低，新生儿出生时肠道内无细菌，维生素K合成少，致使内源性维生素K不足，故新生儿出生时血中维生素K水平普遍较低，易发生出血。

成年人很少缺乏维生素K，但肠梗阻、自发性脂肪痢引起消化不良或者长期服用广谱抗生素可导致维生素K缺乏。

7.2.4.3 维生素K的供给量与食物来源

我国没有规定维生素K的供给量标准。一般认为，维生素K的需要量为2 μg/kg体重。

维生素K_1在黄绿色蔬菜、菜种子、大豆油、鱼、茶和海藻中含量较高。维生素K_2主要在发酵的豆制品中含量高。人体中MK-7的含量最高，MK-4对骨质疏松的影响也较大，以绿叶蔬菜含量最多，豆油、蛋黄和猪肝等也是维生素K的良好来源。

人类维生素K的来源有两方面：一方面由肠道细菌合成，主要是维生素K_2，占50%～60%。维生素K在回肠内被吸收，细菌必须在回肠内合成，才能被人体利用。有些抗生素抑制上述消化道中的细菌生长，影响维生素K的摄入。另一方面来源于食物，主要是维生素K_1，占40%～50%，绿叶蔬菜中含量高，其次是奶及肉类，水果及谷类中含量低。

7.3 水溶性维生素

水溶性维生素包括维生素C和B族维生素，其中B族维生素主要有维生素B_1、维生素B_2、维生素B_3、维生素B_6、维生素B_5、生物素、维生素B_9和维生素B_{12}等。B族维生素在生物体内通过构成辅酶而发挥对物质代谢的影响。

7.3.1 维生素C

维生素C又称抗坏血酸，首先在柑桔中被发现，用来预防坏血病。坏血病是一种危害人类健康的古老疾病，曾在古代远航的水手中普遍发生，因为他们除了吃面包和咸肉外，其他食物吃得很少。历史上征服坏血病的斗争是营养学作为一门学科发展的重要篇章。

维生素C的结构类似于葡萄糖，是一种不饱和的多羟基化合物，以内酯形式存在。维生素C-2位与C-3位碳原子之间烯醇羟基上的氢可游离成H^+，所以，它具有酸性。维生素C为含6个碳的α-酮基内酯的弱酸，有酸味，为一种还原剂。其水溶液不稳定，在有氧或碱性环境中极易氧化。其氧化过程为：还原型维生素C先被氧化为氧化型维生素C，若进一步氧化为二酮古洛糖酸，则失去维生素C活性。铜、铁等金属离子可促进上述反应。

7.3.1.1 吸收、转运与代谢

维生素C在小肠被吸收，血浆中的维生素C可逆浓度梯度转运至许多组织细胞中，并在其中形成高浓度积累。维生素C从尿中排出，尿中除含有还原型维生素C外，还有多种代谢产物，包括二酮古洛糖酸等。

7.3.1.2 维生素C的生理功能

①电子供体。维生素C作为一种电子供体参与体内氧化还原反应，具有多种生理功能，如抗氧化作用、提高体内巯基水平等。

②在胶原蛋白合成中具有特殊作用。维生素C可以激活胶原蛋白合成中的羟化酶，该过程有氧和铁参与，因此，维生素C对伤口愈合、骨质钙化、增加微血管壁致密性及降低其脆性等方面有明显的影响。

③参与体内多种物质的合成与代谢。维生素C参与体内肉碱、酪氨酸、色氨酸等物质的合成与代谢，其作用原理可能是激活有关的酶。维生素C作为酶的辅因子或辅底物参与多种重要的生物合成过程，包括胶原蛋白、肉碱、神经介质和肽激素的合成及酪氨酸代谢等。维生素C参与构成的酶及其功能见表7-2。

表7-2 维生素C参与构成的酶及其功能

酶	功能
脯氨酰羟化酶(含铁)	胶原蛋白合成
原胶原-脯氨酸2-氧代戊二酸-3-二氧酶(含铁)	胶原蛋白合成
赖氨酸羟化酶(含铁)	胶原蛋白合成
4-羟基丙酮酸二氧酶(含铁)	酪氨酸代谢
γ-三甲铵丁内脂2-氧代戊二酸4-二氧酶(含铜)	肉碱合成

续表

酶	功能
三甲基赖氨酸 2-氧代戊二酸二氧酶(含铜)	肉碱合成
多巴胺 β-单氧酶(含铜)	儿茶酚胺合成
肽酰甘氨酸 α-酰胺化单氧酶(含铜)	肽激素酰胺化

④能增进铁等金属元素的吸收。维生素 C 能将 Fe^{3+} 还原为 Fe^{2+} 以利于吸收,并促进运铁蛋白中的铁转移到器官铁蛋白中,以利于铁在机体内的贮存。

⑤参与肝脏中胆固醇的羟化作用。维生素 C 能使胆固醇转化为胆酸,降低血液中胆固醇的含量。

⑥其他功能。维生素 C 可促进(维生素 B_9)在体内转化为具有活性的四氢叶酸,防止婴幼儿患巨幼红细胞性贫血;解毒、增强抵抗力;清除自由基,维生素 C 作为抗氧化剂可清除·O_2^-、·CCl_3、·OH、NO·、NO_2·等自由基,在保护 DNA、蛋白质和膜结构免遭损伤方面起重要作用;抗癌,防止联苯胺、萘胺及亚硝胺的致癌作用。

维生素 C 具有很强的促进非血红素铁吸收的作用,且与剂量大小成正比。有研究发现,维生素 C 剂量越大,促进铁的吸收作用也越大,大约 25 mg 维生素 C 可促进食物中非血红素铁吸收增加 1～2 倍,200 mg 维生素 C 可促进非血红素铁吸收增加 5～6 倍。

维生素 C 是一种很强的还原剂,在肠道内使 Fe^{3+} 还原为 Fe^{2+} 而促进铁的吸收,但必须同时吃维生素 C 与含铁食物才能起作用。因此,在进食谷类食物时,同时吃肉类和含维生素 C 高的水果,能使铁的吸收提高很多,对治疗贫血效果更好。

7.3.1.3　维生素 C 的缺乏或过量

维生素 C 的典型缺乏症为坏血病,在临床上有多种表现症状:①牙龈肿胀出血、牙床溃烂、牙齿松动。②骨骼畸形、易骨折。③伤口难愈合等,进一步则引起坏血病、贫血。④大出血和心脏衰竭,严重时有猝死的危险。⑤肌肉纤维衰退,包括心肌衰退。

维生素 C 的毒性很低,一次口服过多时可能出现腹泻症状,长期摄入过多而饮水较少时有增加尿路结石的危险。由于人类体内缺乏古洛糖酸内酯氧化酶,不能合成维生素 C,因此,维生素 C 必须从食物中摄取。

7.3.1.4　维生素 C 的供给量与食物来源

机体营养状况评价过程中,血清维生素 C 含量＞28 μmol/L 为正常。白细胞中维生素 C 浓度可反映机体贮存水平。

①供给量。由于维生素 C 具有保健功能,各国颁布的供给量标准较高,且差异较大。我国的供给量为:婴儿 30 mg/d,儿童 30～50 mg/d,成人 100 mg/d,孕

妇 80 mg/d，哺乳期妇女 100 mg/d；成人 RNI 100 mg/d，UL 1000 mg/d。

②食物来源。维生素 C 来源于新鲜蔬菜和水果，青菜、韭菜、塌棵菜、菠菜、柿子椒等深色蔬菜和花椰菜以及柑橘、红果、柚子、枣等的维生素 C 含量较高，野生的苋菜、刺梨、沙棘、猕猴桃、酸枣等的维生素 C 含量尤其丰富。

7.3.2 维生素 B_1

维生素 B_1 即硫胺素，是抗脚气病、抗神经炎和抗多发性神经炎的维生素。维生素 B_1 在氧化剂存在时容易被氧化产生脱氢硫胺素，后者在紫外光照射时呈现蓝色荧光。维生素 B_1 是由嘧啶环和噻唑环通过亚甲基结合而成的一种 B 族维生素。维生素 B_1 为白色结晶或结晶性粉末；有微弱的特殊臭味，味苦，有引湿性，露置在空气中易吸收水分；在碱性溶液中容易分解变质；pH 为 3.5 时可耐 100 ℃高温，pH 大于 5 时易失效；遇光和热效价下降，故应置于遮光、凉处保存，不宜久贮；还原性物质如亚硫酸盐、二氧化硫等能使维生素 B_1 失活。

7.3.2.1 维生素 B_1 的生理功能

①以硫胺素焦磷酸(TPP)辅酶的形式参与体内能量代谢中的两个主要反应。其中，α-酮酸氧化脱羧作用即丙酮酸转变为乙酰辅酶 A，再与 α-酮戊二酸转变为琥珀酰辅酶 A。经此反应后，α-酮酸才能进入柠檬酸循环进行彻底氧化。戊糖磷酸途径的转酮醇酶反应是合成核酸所需的戊糖、脂肪和类固醇合成所需 NADPH 的重要来源。

②作用于神经末梢，对酒精性神经炎、孕期神经炎和脚气病有治疗价值。正常人群中也可出现轻度的维生素 B_1 缺乏，但容易被忽视。维生素 B_1 缺乏的主要症状有食欲缺乏、肌肉软弱无力、肢体疼痛、感觉异常、易浮肿、血压下降和体温降低。通过仔细研究患者的饮食情况及测定红细胞转酮醇酶的活性，便可明确诊断。维生素 B_1 的生理功能是增进食欲，维持神经的正常活动等，缺少维生素 B_1 会得脚气病、神经性皮炎等。

7.3.2.2 维生素 B_1 的缺乏或过量

维生素 B_1 的典型缺乏症为脚气病，它主要损害神经血管系统。

①干性脚气病，以多发性神经炎症为主，出现上行性周围神经炎，表现为肢端麻痹或功能障碍、肌肉萎缩、消瘦，甚至引起瘫痪。

②湿性脚气病，表现为水肿(特别是下肢)、食欲欠佳、气喘和心脏机能紊乱，以及右心室肥大、心动过速和呼吸窘迫等。

③婴儿脚气病，多发于 2～5 个月婴儿，表现为哭声微弱、发绀、心跳过速、心界扩大和心动过速，严重者致死。

7.3.2.3 维生素 B_1 的供给量与食物来源

中国居民膳食维生素 B_1 推荐摄入量(RNI)：成年男性为 1.4 mg/d，成年女性为1.3 mg/d,可耐受最高摄入量为 50 mg/d。

谷类产品是人类维生素 B_1 的最重要膳食来源,可提供 40%的需要量。因为精白面粉和精白米在生产中损失大量的维生素 B_1,所以,一些发达国家对大米和面粉用维生素进行强化。其他影响维生素 B_1 摄入量的食物还有肉制品(尤其是瘦猪肉)、蔬菜、乳和乳制品、豆类、水果以及蛋类。生鱼和某些海产品(如青蛤和虾)中含有硫胺素酶,能分解维生素 B_1,故不要生食鱼和软体海产品。饮食中有大量新鲜酵母会降低维生素 B_1 被肠道吸收的量。饮用大量的茶、嚼发酵的茶叶或饮过量的酒精,都会影响维生素 B_1 的吸收利用率。

7.3.3　维生素 B_2

维生素 B_2 即核黄素,存在于所有活的细胞中,在细胞氧化过程中起着重要作用。它有助于身体利用氧,从氨基酸、脂肪酸和碳水化合物中释放能量,从而促进身体健康。据目前所知,维生素 B_2 没有毒性。体内维生素 B_2 贮存量是很有限的,因此,每天都要从饮食中摄取。维生素 B_2 与维生素 B_6 协同作用,效果最好。摄取高热量食物时,必须配合摄取更多的维生素 B_2。光是维生素 B_2 的"天敌",应尽量避光。空腹服用维生素 B_2 时的吸收不如进食时服用效果好,故宜在进食时或进食后立即服用维生素 B_2。维生素 B_2 不宜与甲氧氯普胺合用。服用维生素 B_2后尿呈黄绿色。

维生素 B_2 在大多数食品加工条件下都较稳定。维生素 B_2 对热的稳定性较强,但在碱性溶液中易被热分解;对光(包括可见光、紫外光和散射光)的稳定性极差,紫外光对其破坏严重,且游离型(与磷酸或蛋白质结合)的光降解作用比结合型的更强。牛奶中的维生素 B_2 有 40%～80%为游离型,若将牛奶放在透明的玻璃瓶中,则 2 h 可使维生素 B_2 破坏一半以上,且破坏的程度随温度升高而增加,同时产生日光异味的可口性问题。

7.3.3.1　维生素 B_2 的生理功能

①参与能量代谢。维生素 B_2 是体内黄素酶类辅酶的重要组成成分,并具有氧化还原特性,在生物氧化即组织呼吸中具有很重要的意义。当维生素 B_2 缺乏时,物质能量代谢发生紊乱而引起多种疾病。

②促进生长发育。蛋白质代谢中某些酶的组分对生长发育的儿童、青少年有重要意义。维生素 B_2 严重缺乏可导致生长停滞、缺铁性贫血(使铁的贮存量下降);孕期缺乏导致婴儿骨骼畸形;老年缺乏导致白内障。

③与行为有关。维生素 B_2 与红细胞谷胱甘肽还原酶的活性有关,缺乏维生素 B_2 时该酶的活性下降,可出现精神抑郁,易疲劳。

④保护皮肤。维生素 B_2 可减弱化学致癌物质对皮肤的损伤作用。

7.3.3.2 维生素 B_2 的缺乏或过量

维生素 B_2 的典型缺乏症是口腔生殖系综合征，主要表现为口角炎、唇炎、舌炎、睑缘炎、结膜炎、脂溢性皮炎、阴囊皮炎、角膜血管增生及上额油汪汪、眼发红、鼻发痒、嘴角干裂、舌头发红、口腔易发炎等。

维生素 B_2 过量可能引起瘙痒、麻痹、流鼻血、灼热感、刺痛等。若服用抗癌药，如氨甲喋呤，则过量的维生素 B_2 会降低这些抗癌药的效用。

7.3.3.3 维生素 B_2 的供给量与食物来源

中国居民膳食维生素 B_2 推荐摄入量(RNI)：成年男性为 1.4 mg/d，成年女性为1.2 mg/d，孕妇、哺乳期妇女为 1.7 mg/d。

维生素 B_2 是水溶性维生素，容易消化和吸收，被排出的量随体内的需要以及蛋白质的流失程度而有所增减。它不会蓄积在体内，所以，时常以食物或营养品来补充。维生素 B_2 最重要的食物来源是肉和肉制品，包括禽类、鱼、蛋以及奶和奶制品。在发展中国家，植物性食物提供膳食中大部分维生素 B_2。绿色蔬菜(如花椰菜、芦笋和菠菜等)是很好的维生素 B_2 来源；天然谷类食品的维生素 B_2 含量比较低，常强化或添加维生素 B_2 以使维生素 B_2 的摄入量大大增加。

食物制备和加工中有些因素可影响维生素 B_2 的实际摄入量。如食物暴露于光(特别是牛奶加热或储存于透明的瓶中)下，导致相当多的维生素 B_2 丢失。水果和蔬菜放在太阳下晒干，也可丢失大量的维生素 B_2。在绿色蔬菜中加碳酸氢钠(如小苏打粉)，虽能使其看上去更新鲜，但会加速维生素 B_2 光解。

7.3.4 维生素 B_3

维生素 B_3 又称维生素 PP 或烟酸或尼克酸，因其典型的缺乏症为癞皮病，故又称抗癞皮病维生素。维生素 B_3 为无色或白色针状晶体，对热、光、酸、碱较稳定，在空气中也较稳定。

7.3.4.1 维生素 B_3 的生理功能

维生素 B_3 在体内以烟酰胺的形式构成呼吸链中的辅酶I与辅酶II，是组织中重要的递氢体，在代谢中起重要作用，参与葡萄糖的酵解、脂类代谢、丙酮酸代谢、戊糖合成以及高能磷酸键的形成等。维生素 B_3 维护皮肤、消化系统和神经系统的正常功能，有扩张末梢血管、降低胆固醇等药理作用，可用来治疗高血脂、缺血性心脏病。

①参与生物氧化还原反应。维生素 B_3 是一系列以 NAD(烟酰胺腺嘌呤二核苷酸)和 NADP(烟酰胺腺嘌呤二核苷酸磷酸)为辅基的脱氢酶类的必要成分，作为氢的受体或供体，与其他酶一起几乎参与细胞内生物氧化还原的全过程(脱氢与能量释放)。

$$NAD(P)^+ + 2H \longleftrightarrow NAD(P)H + H^+$$

②保护心血管。服用维生素 B_3 能降低血胆固醇、甘油三酯、β 脂蛋白浓度及扩张血管。

③增强胰岛素的效能。维生素 B_3 是葡萄糖耐量因子的重要成分。葡萄糖耐量因子具有帮助胰岛素增加葡萄糖的利用及促使葡萄糖转化为脂肪的作用。

7.3.4.2　维生素 B_3 的缺乏或过量

癞皮病的典型症状是皮炎(dermatitis)、腹泻(diarrhea)、痴呆(dementia),故又称为“三 D”症。发病初期一般表现为全身无力、食欲缺乏、腹痛腹泻、头痛失眠、精神不安等。缺乏维生素 B_3 时,神经组织供能不足(糖代谢受阻),故神经症状是主要症状。维生素 B_3 缺乏常与维生素 B_1、维生素 B_2 及其他营养素缺乏同时存在,常伴有其他营养素缺乏症状。发病初期的症状以体重减轻、失眠、头痛等为主,继而出现皮炎、消化管炎、神经损害与精神紊乱,裸露皮肤及摩擦部位呈现对称性皮炎,出现皮肤变厚、脱屑、色素沉着、腹泻、抑郁、记忆力减退,甚至痴呆。

7.3.4.3　维生素 B_3 的供给量与食物来源

中国居民膳食维生素 B_3 推荐摄入量(RNI):成年男性为 14 mg/d,成年女性为13 mg/d,孕妇为 15 mg/d,哺乳期妇女为 18 mg/d。

维生素 B_3 广泛分布在植物性食物和动物性食物中,其良好的来源为酵母、肉类(包括肝)、谷类、菜豆类及种子。乳类、各种绿叶蔬菜、鱼、咖啡和茶中也有相当数量的维生素 B_3。用石灰水预处理玉米可使其结合型维生素 B_3 的生物利用率增加。近年来,通过科学方法处理玉米以及培育出高色氨酸品种玉米,使其利用率增加,因为维生素 B_3 可在体内由色氨酸转化生成。

7.3.5　维生素 B_6

维生素 B_6(又称吡哆素)包括吡哆醇、吡哆醛和吡哆胺,结构式如图 7-5 所示,其中吡哆醇常用于食品的营养强化。维生素 B_6 易溶于水与乙醇,在酸性溶液中耐热,在碱性溶液中不耐热,对光敏感,尤其易被紫外线分解。缺乏维生素 B_6 时,食物中的草酸与滞留在泌尿系统内的钙离子易形成草酸钙沉淀,这也从侧面表明了维生素 B_6 的生理功能非常广泛。维生素 B_6 是合成血红蛋白的构成成分卟啉化合物所必需的原料,当人体缺乏维生素 B_6 时,可引起小细胞低色素性贫血、神经系统功能障碍(如惊厥)、脂肪肝、脂溢性皮炎等。维生素 B_6 在体内尤以肝脏内浓度最高,在氨基酸脱羧酶方面有重要作用。

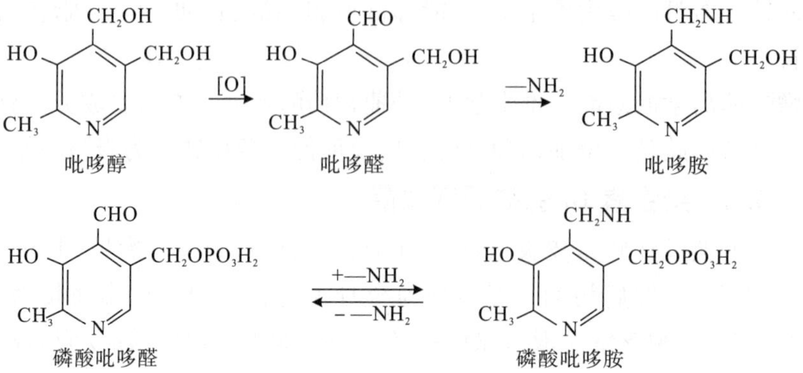

吡哆醇 吡哆醛 吡哆胺

磷酸吡哆醛 磷酸吡哆胺

图 7-5 维生素 B_6 的结构式

7.3.5.1 维生素 B_6 的生理功能

维生素 B_6 主要以磷酸吡多醛(PLP)的形式参与近百种酶反应,多数与氨基酸代谢有关,包括转氨基、脱羧、侧链裂解、脱水及转硫化作用。

①参与蛋白质合成与分解代谢,参与所有氨基酸代谢,如与血红素的代谢、色氨酸合成维生素 B_3 有关。

②参与糖异生、不饱和脂肪酸代谢,与糖原、神经鞘磷脂和类固醇的代谢有关。

③参与某些神经介质(如 5-羟色胺、牛磺酸、多巴胺、去甲肾上腺素和 γ-氨基丁酸)的合成。

④参与一碳单位、维生素 B_{12} 和叶酸盐的代谢,上述物质代谢障碍可造成巨幼红细胞性贫血。

⑤参与核酸和 DNA 的合成,缺乏维生素 B_6 会损害 DNA 的合成,这个过程对维持适宜的免疫功能是非常重要的。

⑥与维生素 B_2 的关系十分密切,维生素 B_6 缺乏常伴有维生素 B_2 缺乏症状。

⑦参与同型半胱氨酸向蛋氨酸的转化,具有降低慢性病的发生风险作用。轻度高同型半胱氨酸血症被认为是血管疾病的一种可能危险因素,维生素 B_6 的干预可降低血浆同型半胱氨酸含量。

7.3.5.2 维生素 B_6 的缺乏或过量

维生素 B_6 广泛存在于动植物性食品中,且人体肠道菌群可合成一部分维生素 B_6,一般情况下人体不会缺乏。但怀孕、受电离辐射、高温工作、服用抗结核药异烟肼的结核病患者及服用含雌激素的避孕药者,可致维生素 B_6 缺乏。体内缺乏维生素 B_6 会引起蛋白质及氨基酸代谢异常,表现为贫血、抗体减少、皮肤损害(特别是鼻尖),小儿还会出现惊厥、生长不良等。严重缺乏时会有粉刺、关节炎、忧郁、头痛、掉发、学习障碍、神经衰弱等症状。儿童缺乏时可出现烦躁、肌肉抽搐、惊厥、呕吐、腹痛及体质下降等症状。

7.3.5.3 维生素 B_6 的供给量与食物来源

中国居民膳食维生素 B_6 推荐摄入量(RNI):14 岁以上各年龄组均为 1.2 mg/d,成人可耐受摄入量为 100 mg/d。

通常认为,维生素 B_6 的需要量与蛋白质的摄入量有关。维生素 B_6 广泛存在于各种食物中,内脏、瘦肉、蛋黄、乳粉、大豆、坚果、香蕉等是维生素 B_6 的良好来源,米糠、麦麸、蔬菜等也含一定量的维生素 B_6。

7.3.6 维生素 B_9

维生素 B_9 又称叶酸,因绿叶蔬菜中含量丰富而得名,在体内的活性形式为四氢叶酸;作为一碳单位(如—CH_3、═CH_2、≡CH、—CHO、—CH ═NH 等)的载体,参与核酸、蛋白质、氨基酸等物质的合成。

维生素 B_9 的主要生理功能是:作为蛋白质和核酸合成的必需因子,在细胞分裂和繁殖中起重要作用;参与血红蛋白的结构物卟啉基的形成、红细胞和白细胞的快速增生;使甘氨酸和丝氨酸相互转化,使苯丙氨酸形成酪氨酸、组氨酸形成谷氨酸、半胱氨酸形成蛋氨酸;参与大脑中长链脂肪酸如 DHA 的代谢及肌酸和肾上腺素的合成等;使酒精中的乙醇胺转化为胆碱。

缺乏维生素 B_9 可使核酸和蛋白质的合成受阻,红细胞生长受阻,发生巨幼红细胞性贫血,还会导致舌炎、胃肠功能紊乱,患者表现为衰弱、苍白、精神萎靡、健忘、失眠等症状。据报道,维生素 B_9 缺乏还会影响神经系统发育,导致婴儿先天性神经管缺陷、脑损伤,影响患儿智力。最近研究发现,维生素 B_9 可降低胃癌、结肠癌的发病率,还可预防心血管疾病。

第8章　矿物质和水

为什么说“一方水土养一方人”？为什么有的人到异地会出现“水土不服”的现象？为什么中国最优质的啤酒产自青岛？为什么第一次泡的茶水不要倒掉？为什么有人会出现内分泌失调？这一切都与人们平时摄入的矿物质和水有关，矿物质和水与人体的健康和营养是密切联系的。

8.1　矿物质

人体体重的96%是碳、氢、氧、氮等构成的有机物和水，其余4%则由数种无机元素组成，也称为矿物质。依据矿物质对人体健康的影响，可将其分为必需元素、非必需元素和有毒元素三大类。

机体中质量分数大于体重0.01%的矿物质称为常量元素或宏量元素(macroelement)，如钙、磷、钠、钾、氯、镁、硫等。常量元素的主要功能包括：构成人体组织的重要成分，体内无机盐主要存在于骨骼中，如大量的钙、磷、镁对维持骨骼刚性起着重要作用，而硫、磷是蛋白质的组成成分；维持细胞的渗透压和机体酸碱平衡，在细胞内外液中，无机盐与蛋白质一起调节细胞通透性、控制水分，维持正常的渗透压和酸碱平衡，维持神经肌肉兴奋性；构成酶的成分或激活酶的活性，参与物质代谢。

机体中质量分数小于体重0.01%的矿物质称为微量元素(microelement)或痕量元素(traceelement)，如铁、锌、铜、锰、碘、硒、氟等。人体对微量元素的需求量很少，但它却很重要，必需微量元素的生理功能主要包括：作为酶和维生素必需的活性因子，许多金属酶均含有微量元素，如超氧化物歧化酶含有铜，谷胱甘肽过氧化物酶含有硒等；构成某些激素或参与激素的作用，如甲状腺素含有碘，铬是葡萄糖耐量因子的重要成分等；参与核酸代谢，核酸是遗传信息的携带物质，含有多种微量元素，如铬、锰、钴、铜、锌等；协助常量元素发挥作用；影响人体的生长、发育等。

1995年，FAO/WHO/IAEA(联合国粮农组织/世界卫生组织/国际原子能机构)认为，维持正常人体生命活动不可缺少的必需微量元素共有8种，包括碘、锌、硒、铜、钼、钴、铬和铁；而硅、镍、硼、钒、锰则为可能必需元素；剩下的为具有潜在毒性的元素，包括氟、铅、镉、汞、砷、铝、锂等，其在低剂量时可能具有某些特殊功能。

矿物质与其他营养素不同，它不能在体内生成，因此，必须通过膳食补充。

矿物质在体内的特点为：分布极不均匀（铁分布在红细胞，碘集中在甲状腺，钴分布在造血组织，锌分布在肌肉组织）；在体内不能合成，必须从食物及饮水中摄取；矿物质元素之间存在拮抗与协同作用（如过量的镁干扰钙的吸收，过量的锌影响铜的代谢，过量的铜抑制铁的吸收，过量的钙、锌会形成沉淀等）；元素特别是微量元素的摄入量具有明显的剂量-反应关系。

人体对矿物质的需求量虽少，但若长期摄入量不足，则会引起机体的代谢障碍，并表现出典型的缺乏症状。矿物质缺乏主要是由于摄入不足。此外，地球环境中各种元素的分布不平衡，食物中含有天然存在的矿物质拮抗物，食物加工过程中造成矿物质损失，摄入量不足或不良饮食习惯，生理上有特殊营养需求的人群，机体需要量的增加等因素都会导致矿物质摄入不足。

矿物质的酸碱理论是其在体内发挥作用的重要理论，与食物的成酸作用或成碱作用密切相关。摄入的某些食物经消化、吸收、代谢后的残余物，如果呈现酸性，该食物就称为成酸性食物，这种作用也称食物的成酸作用；反之，就是成碱性食物和成碱作用。成酸性食物如肉类、鱼类、谷类、蛋类、黄油、干酪和豆类（大豆除外）等，大多含有丰富的蛋白质、脂肪、碳水化合物等，含磷、硫、氯等元素较多，在体内代谢后形成酸性物质。成碱性食物如果蔬、薯类、海藻类（紫菜除外）、大豆、奶类等，一般含钾、钠、钙、镁等元素较丰富，在体内代谢后生成碱性物质。成酸性食物和成碱性食物的摄入量应有一个适宜的比例。若成酸性食物摄食过多，则引起酸过剩并消耗体内固定碱，致使儿童疲劳倦怠，易患皮肤病（由维生素缺乏导致）、龋齿、软骨病等，中老年人易患神经病、血压增高、动脉硬化、脑出血等。

中国居民较易缺乏的矿物质为钙（Ca）、铁（Fe）、锌（Zn）等元素，特别是儿童、青少年、孕妇、哺乳期妇女更易缺乏，在特殊地理环境或其他特殊条件下，也会出现碘（I）、硒（Se）元素缺乏。

8.1.1　钙

钙（calcium，Ca）是人体内含量最丰富的一种矿物质元素，占人体体重的 1.5%～2%。其中，99%的钙存在于骨骼和牙齿中，1%的钙以游离态或结合态（离子钙、蛋白结合钙和少量复合钙）存在于软组织及体液中，这部分钙称为混溶钙池（miscible calcium pool），与骨骼中的钙保持动态平衡。血中钙的浓度相对恒定，为 2.2～2.5 mmol/L。

幼儿骨骼中的钙每 1～2 年会更新一次，随着年龄的增加，更新速度逐渐下降。成年人骨骼停止生长后，每年更新 2%～4%，40～50 岁以后骨钙溶出会大于骨骼生成。

8.1.1.1 钙的生理功能

钙是构成骨骼和牙齿的主要成分；对血液凝结、肌肉收缩、神经传导等有重要作用，当血钙浓度<70 mg/L 时，神经、肌肉的兴奋性上升，表现出抽搐等症状；促进体内某些酶的活化，是多种酶的激活剂，如 ATP 酶等；是生物膜的一种成分，维持细胞膜完整性；参于正常神经脉冲传导，如乙酰胆碱的释放需钙离子的调节；与血压有关，钙摄入不足可能是动脉高血压发生率增高的因素之一，当细胞内游离钙浓度增加时，血管平滑肌收缩，导致高血压；与牙齿发育密切相关；机体长期缺钙会造成人体钙代谢紊乱，首先引起甲状腺功能亢进，造成人体"钙迁徙"，即硬组织中的钙迁移到软组织和血液中，导致硬组织脱钙软化、软组织多钙硬化紊乱；钙缺乏会导致佝偻病或骨质疏松症。

8.1.1.2 钙的吸收与利用

人体的钙吸收情况不仅仅取决于食物中钙的含量，还受钙吸收方式的影响。机体对钙的吸收是主动运输(逆浓度梯度进行)。正常情况下，食物中钙的吸收率只有 20%～30%。

促进钙吸收的因素有维生素 D、乳糖、必需氨基酸、膳食中充足的蛋白质，特别是蛋白质中的赖氨酸，对钙的吸收促进作用最明显。色氨酸、精氨酸也有促进钙吸收的作用。必需氨基酸能和钙形成可溶性钙盐，但蛋白质摄入过多，也会促进尿钙丢失；酸性环境、适宜钙磷比有利于钙的吸收。美国学者认为，婴儿食物中适宜的钙磷比应该为 2∶1(相当于母乳中的钙磷比)，儿童(>1 岁)为 1.5∶1，成人为 1∶1。

有些食物会抑制钙的吸收，谷物中的植酸、膳食中的草酸均可与钙形成难溶性钙盐，从而抑制钙的吸收。膳食纤维过多时，中间代谢产物糖醛酸残基会与钙结合，从而影响吸收，但果胶无影响；过量饮酒会减少钙的吸收；膳食中脂肪过多或消化不良时，脂肪酸可与钙形成不溶性皂化物，抑制钙的吸收；活动量少或长期卧床人群会出现钙吸收不良。此外，男性的钙吸收速度快于女性。运动能促进钙吸收，胃酸缺乏、腹泻等则影响钙吸收。某些蔬菜中的钙和草酸含量及理论可利用钙量见表 8-1。

表 8-1 某些蔬菜中的钙和草酸含量及理论可利用钙量/(mg/100 g)

食物名称	钙含量	草酸含量	理论可利用钙量
小白菜	150	133	100
芹菜	181	231	79
球茎甘蓝	85	99	41
大白菜	67	60	38
厚皮菜	64	471	−145
圆叶菠菜	102	606	−167

8.1.1.3　钙的缺乏与过量

钙的摄入量过低可导致钙缺乏症，主要表现为骨骼病变，即儿童时期的佝偻病和成年人的骨质疏松症。

人体中钙含量过多也会影响机体的代谢。血钙含量过高，会抑制神经、肌肉的兴奋性，导致肌无力。这是因为血钙过高引起钠离子回流减缓，提高了阈电位水平，使静息电位与阈电位距离拉大，爆发动作电位难度加大；若婴儿骨骼过早钙化，则会影响骨骼生长（影响身高）等；钙含量过高也会增加患结石危险（如胆结石、肾结石、膀胱结石等）；发生奶碱综合征（是指高钙血和伴随或不伴随代谢性碱中毒和肾功能不全的症候群）；钙过量还会干扰其他矿物质吸收（抑制铁的吸收、降低锌的利用率）。

8.1.1.4　钙的建议摄入量与食物来源

钙的建议摄入量为：成人 800 mg/d，孕妇 1000～1200 mg/d，哺乳期妇女 1200 mg/d。

含钙较高的食物包括奶与奶制品、虾皮、海带、发菜、豆与豆制品等，见表 8-2。蛋类中钙主要存在于蛋黄，而卵黄磷蛋白会抑制其吸收。

表 8-2　食物中钙的含量/(mg/100 g)

食物	含量	食物	含量	食物	含量
虾皮	991	苜蓿	713	酸枣棘	435
虾米	555	荠菜	294	花生仁	284
河虾	325	雪里蕻	230	紫菜	264
泥鳅	299	苋菜	187	海带(湿)	241
红螺	539	乌塌菜	186	黑木耳	247
河蚌	306	油菜苔	156	全脂牛乳粉	676
鲜海参	285	黑芝麻	780	酸奶	118

钙的食品强化剂常用碳酸钙、乳酸钙、柠檬酸钙、葡萄糖酸钙、磷酸钙、醋酸钙等，它们的吸收率差异不明显。

人体中的钙含量可通过分析血液、头发、尿液中的钙浓度来判断。

睡前补充钙效果最佳。一方面，夜间血钙水平最低，而尿钙需要不断从血钙中获取，故可降解骨钙；另一方面，夜间调节血钙激素受血钙水平影响，即甲状旁腺素(parathyroid hormone，PTH)升高可进一步降解骨钙。空腹补钙不好，因钙需要胃液分解后才能吸收。

8.1.2　磷

磷(phosphorus，P)是占人体质量分数较多的元素之一。成人体内磷含量为

650 g 左右，占体内无机盐总量的 1/4，平均占体重的 1%左右。人体内85%～90%的磷以羟基磷灰石的形式存在于骨骼和牙齿中，其余 10%～15%的磷与蛋白质、脂肪、糖及其他有机物结合，分布于几乎所有的组织细胞中，其中一半左右在肌肉内。

8.1.2.1 磷的生理作用

磷是体内软组织结构的重要成分，很多结构蛋白中都含磷。磷作为核酸、磷脂及辅酶的组成成分参与非常重要的代谢过程，碳水化合物和脂肪的吸收代谢都需要通过含磷的中间产物；参与构成 ATP、磷酸肌酸等供能、贮能物质，在能量产生、传递过程中起非常重要的作用；B 族维生素（如维生素 B_1、维生素 B_2、维生素 B_3等）只有经过磷酸化，才具有活性，发挥辅酶作用；磷酸盐组成缓冲系统，参与维持体液渗透压和酸碱平衡。

8.1.2.2 磷的吸收与排泄

磷主要在小肠中被吸收，当摄入混合膳食时，吸收率为60%～70%。食物中的磷大多以有机物（如磷蛋白、磷脂等）的形式存在，在肠道磷酸酶的作用下，游离出磷酸盐，然后以无机盐的形式被吸收，但已结合成植酸形式的磷不能被机体充分吸收。谷类种子中的磷主要以植酸形式存在，吸收利用率很低。若经酵母发酵或预先将谷粒浸泡于热水中，可大大降低植酸盐含量，提高谷物中磷的利用率。维生素 D 对促进磷的吸收有显著功效，其不仅可以促进磷的吸收，还可以提高肾小管对磷的重吸收，减少尿磷的排泄。此外，人的年龄越小，磷的吸收率越高。婴儿对牛奶中磷的吸收率为 65.5%～75%，对母乳中磷的吸收率更高，可达 85%。磷主要通过肾脏排出体外。

8.1.2.3 磷的缺乏与过量

几乎所有的食物中都含有磷，因此，人体中磷缺乏较少见。过量的磷酸盐可引起低钙血症，导致神经兴奋性增强、手足抽搐和惊厥。

8.1.2.4 磷的建议摄入量与食物来源

关于磷的供给量，许多国家都无明确规定，我国也无规定。这是由于磷的摄入量通常大于钙，只要食物中钙和蛋白质的含量充足，磷就能满足机体的需要。美国根据钙磷比制定标准，原则是婴儿钙磷比为 1.5∶1，1 岁以上为 1∶1。磷的需要量与年龄关系密切，同时还取决于蛋白质的摄入量。据研究，维持平衡时磷的需要量为 520～1200 mg/d，未观察到副作用的水平为 1500 mg。

磷普遍存在于各种动植物性食品中。但谷类种子中的磷因植酸的存在而难以被利用，蔬菜和水果含磷较少。含磷量高的食物有奶制品、牛肉、家禽、花生、核桃、鱼、鸡蛋、黑麦面包等。

8.1.3 镁

成年人体内镁(magnesium,Mg)含量达 28 g,其中 3/5 集中在骨骼,2/5 分散在肌肉和软组织。在软组织中,镁集中在细胞内,它是细胞内的主要阳离子之一;在血液中,镁主要集中在红细胞内。

8.1.3.1 镁的生理功能

镁是多种酶的激活剂,参与 300 多种酶促反应,能与细胞内许多重要组分形成复合物而激活酶系,也可直接作为酶的激活剂发挥功能。镁可维护正常的胃肠道功能。低剂量硫酸镁溶液经十二指肠时,能促进胆囊排空,具有利胆作用。碱性镁盐可中和胃酸,镁在肠道中吸收缓慢,从而促使水分滞留,促进导泄。低浓度的镁可减少肠壁张力和蠕动,有缓解痉挛的作用。镁与神经肌肉活动、内分泌调节作用密切相关。与钙对神经肌肉的兴奋和抑制作用相同,不论血液中镁含量低还是钙含量低,神经肌肉兴奋性都会增高,而血液中高水平的镁具有镇静作用。血浆中镁的变化直接影响甲状旁腺素(PTH)的分泌。正常情况下,血浆中镁的增加可抑制 PTH 分泌。若镁水平下降,则可兴奋甲状旁腺,促使器官中的镁溶出到血液,但其量甚微。而镁含量极端低时甲状旁腺功能反而低下,补充镁可恢复。镁可维持骨细胞的结构和功能,是骨细胞必需的元素,影响骨骼钙的溶出。当机体内镁含量极度低下时,会引起低钙血症,从而导致骨中钙的溶出。

8.1.3.2 镁的吸收与代谢

镁的吸收主要在空肠末端和回肠部位,吸收率一般约为 30%,吸收机制有被动扩散和主动吸收两种。肾脏是排镁的主要器官,经过肾小管后有 85%～95%的镁被重吸收。血清镁水平高,肾小管对镁的重吸收就减少;反之,肾小管对镁的重吸收就增加。该过程有甲状旁腺素参与。在正常情况下,消化液中 60%～70%的镁在小肠被重吸收,因此,粪便中只排出少量内源性镁,汗液中也可排出少量镁。

8.1.3.3 镁的缺乏与过量

酒精中毒、恶性营养不良、吸收障碍、急性腹泻等可导致缺乏镁。缺乏镁会影响钙的代谢,从而影响神经肌肉兴奋性和骨骼健康;缺乏镁对血管功能可能存在潜在的影响,如动脉粥样硬化与缺乏镁有关;缺乏镁可能会引起肌肉抽搐症、惊厥和心律不齐;缺乏镁会影响血压的调节;镁的耗竭还可以导致胰岛素抵抗及胰岛素分泌损害。

在正常情况下,肠、肾及甲状旁腺等能调节镁代谢,一般不会发生镁中毒。只有在肾功能不全、糖尿病早期、肾上腺皮质功能不全、黏液性水肿、草酸中毒等导致血镁升高时方可见镁中毒。

8.1.3.4 镁的建议摄入量与食物来源

我国居民膳食中镁的适宜摄入量为350 mg/d，可耐受最高摄入量为700 mg/d。植物食品含镁较多，花生、芝麻、大豆、全谷、绿叶蔬菜中镁含量丰富，动物性食品一般含镁较少。小麦中镁的含量丰富，但主要集中在胚及糠麸中，胚乳中含量较少。此外，某些海产品如牡蛎中镁的含量也很高。

8.1.4 钠

人体中钠（sodium，Na）的含量与体重相关，一般情况下，每千克体重含钠1.4 g，其中44%～50%的钠存在于细胞外液，9%～10%的钠存在于细胞内液，其余主要在骨骼中。体内的钠分为可交换钠和不可交换钠。

8.1.4.1 钠的生理功能

钠是构成细胞外液渗透压的主要阳离子，占所有阳离子的90%左右，保持细胞外液容量。正常人体能维持细胞外钠与细胞内钾的动态平衡。受Na^{+}-K^{+}-ATP酶驱使，钠离子可主动从细胞内排出，以维持细胞内外液渗透压平衡，并调节水平衡；钠离子可维持体液的酸碱平衡，人体组织细胞需要适宜的氢离子浓度以维持酶的代谢活动，钠离子的含量影响体液的酸碱平衡；钠离子与其他一价阳离子、二价阳离子一起维持神经、肌肉兴奋性。此外，钠还参与ATP的生成和利用，与肌肉运动、心血管功能等有关系。

8.1.4.2 钠的吸收与代谢

钠主要在小肠吸收，吸收率极高，几乎全部被吸收。消化道吸收的钠包括来自食物的外源性钠和消化道分泌的内源性钠。在空肠，钠是被动吸收的，与糖和氨基酸的主动运转相耦联；钠在回肠的吸收大多是主动吸收。

钠主要通过肾脏排出，肾脏对钠吸收较强，每天通过肾小球过滤的钠有20000～40000 mmol，而每天通过尿排出的钠有10～200 mmol，吸收率高达99.5%。汗液中也有部分钠排出，在热环境下大量出汗可丢失大量钠盐。

8.1.4.3 钠的缺乏与过量

钠主要来源于食盐，食盐是食品中重要的调味品，因此，正常饮食中钠盐充足，不会引起钠缺乏。胃肠道消化液丧失、大量出汗、皮肤大面积损伤、体液集聚在间隔、肾脏疾病、肾上腺皮质功能不全、糖尿病、酸中毒等，都会引起钠缺乏，应用利尿剂等药物治疗也会加速钠的丢失。少量的钠缺乏可导致倦怠、淡漠、无神、起立时昏倒等。缺钠严重会导致恶心、呕吐、脉搏细速、血压下降及肌肉痉挛性疼痛等症状，严重的会出现昏迷、周围循环衰竭，甚至休克及急性肾衰竭而死亡。

正常人摄入钠过多并不蓄积，但某些疾病可引起体内钠过多，导致高钠血症的发生。血源性水肿、肝硬化腹水期、肾病综合征、肾上腺皮质功能亢进、某些脑部疾病等，都会引起高钠血症。中国医学科学院心血管病研究所联合全国 29 个单位，对我国 9 个地区的人群膳食与血压的关系进行调查和比较，结果说明人的血压与食盐摄入量呈正相关。食盐日摄入量最高的山西日均食盐摄入量为 17.9 g，高血压患病率高达 15.3%；食盐摄入量最低的广西日均食盐摄入量为 7.5 g，高血压患病率为 8.2%。

8.1.4.4　钠的需要量与食物来源

钠的需要量取决于生长的需要、环境温度、出汗或以其他形式分泌的钠量，据估计每日最低钠需要量为 115 mg(相当于 0.3 gNaCl)。中国营养学会建议正常情况下每日食盐摄入量不超过 6 g。饮食中钠的摄入量与钠钾比值是导致高血压的重要因素，与高血压人群的健康状况有关。减少钠盐或增加钾盐的摄入量对于预防高血压具有重要意义。低钾低钠食物有面筋、南瓜、鲜鸡蛋、鲜鸭蛋等，高钾高钠食物有榨菜、酱、酱油、紫菜、油条等。豆类、谷类、山芋、马铃薯、水果类、笋类等属于高钾低钠食物。

8.1.5　钾

钾(potassium，K)的化学性质与钠类似，但生理作用与钠相反。钾占人体无机盐的 5%，主要存在于细胞内，肌肉中的钾占 70%，皮肤中的钾占 10%，其余在红细胞、脑脊髓、肝脏、心脏、肾脏中，骨骼中较少。细胞内游离状态的钾约为 150 mmol/L，一部分钾与蛋白质结合，一部分钾与糖、磷酸盐结合。

8.1.5.1　钾的生理功能

钾维持细胞的正常代谢。钾与糖、蛋白质及能量代谢中酶的活动关系密切。葡萄糖、氨基酸经细胞膜进入细胞合成糖原和蛋白质时，必然带入相当的钾离子。三磷酸腺苷(ATP)合成也需要钾离子。胰岛素从胰岛 B 细胞外释时亦需要钾离子。钾对于维持细胞内外液渗透压的相对平衡起主要作用：细胞外液渗透压主要靠钠离子维持；细胞内液渗透压主要靠钾离子维持。钾参与维持细胞内外酸碱平衡及电离平衡。钾参与维持神经肌肉细胞膜的应激性。当血钾降低时，神经肌肉细胞膜电位上升、极化过度、应激性降低，发生弛缓性瘫痪；当血钾过高时，细胞膜电位下降，但若电位降至阈电位以下，则细胞不能复极，应激性丧失，导致肌肉瘫痪。钾与维持心肌功能有关。钾过高时心肌自律性、传导性和兴奋性受抑制，缺钾时心肌兴奋性增高，均表现为心律失常。

8.1.5.2　钾的吸收与代谢

钾的主要吸收部位在空肠和小肠。正常情况下，经肾脏排泄的钾占 80%～90%，其余主要从粪便排出，由皮肤汗液排出的钾极少。但是，当在热环境中从事体力活动而大量出汗时，从汗中排出的钾可占钾摄入量的 50%左右。

8.1.5.3 钾的缺乏与过量

钾摄入不足和排出增加会导致钾缺乏，如长期禁食、厌食、少食、偏食等。钾摄入不足而肾脏保钾的功能较差，仍正常排出钾，则导致体内钾不足。当血清钾浓度低于 3.5 mmol/L 时，称为低钾血症。轻度或急性中度钾缺乏无明显症状，当体内钾缺乏达到 10%以上时，症状明显。钾缺乏会导致神经肌肉应激性降低、肌肉无力，严重时可出现软瘫、呼吸困难、心率加快、心律失常，泌尿系统出现肾血流量减少，输尿管和膀胱功能不良、排尿困难，甚至少尿或无尿，出现烦躁不安、倦怠，重者神志不清、水盐代谢及酸碱平衡紊乱、血管麻痹，甚至发生休克。

当血清钾浓度高于 5.5 mmol/L 时，可出现毒性反应，称为高钾血症，表现为软弱无力、躯干和四肢感觉异常、面色苍白、肌肉酸痛、肢体寒冷、动作迟缓、嗜睡、神志模糊等，重者发生呼吸肌瘫痪和窒息。机体在正常情况不会发生高钾血症，当肾功能减退者摄入钾过量，而肾脏排出钾减少时，会导致体内钾增多。急性酸中毒、重度溶血反应、组织创伤、缺氧、应用某些药物、运动过度等会导致细胞内钾外移，出现钾过量。

8.1.5.4 钾的需要量与食物来源

根据人体钾平衡的研究结果，正常情况下，轻体力活动者对钾的需求量为 40 mmol/d(换算成 KCl 为 3 g)。高温环境下出汗较多，钾的需求量增加至 60～80 mmol/d(换算成 KCl 为 4.5～6 g)。若膳食中钾不足，则可适当补充。

许多食物均含钾，加工后钾的含量降低。蔬菜和水果是钾最好的来源。膳食中钾的主要来源有蚕豆、马铃薯、向日葵籽、谷物、茶叶、香蕉、橘子等。

8.1.6 铁

铁(iron，Fe)堪称微量元素的“老大”，是人体必需微量元素中含量最多的一种，总量为 3～5 g。体内 60%～75%的铁存在于血红蛋白中，3%存在在肌红蛋白中，1%存在于含铁酶类中。以上铁的存在形式又称为功能性铁。其余 25%为贮存铁，主要以铁蛋白和含铁血黄素的形式存在于肝、脾和骨髓中。铁在骨髓造血细胞中与卟啉结合形成高铁血红素，再与珠蛋白结合成血红蛋白，以维持正常的造血功能。缺铁可影响血红蛋白的合成，甚至影响 DNA 的合成及巨幼红细胞的增殖。此外，铁还对血红蛋白和肌红蛋白起呈色作用。肌红蛋白中的铁与一氧化氮结合生成一氧化氮肌红蛋白，可以使肉制品保持亮红色。

8.1.6.1 铁的生理功能

铁参与组成血红蛋白与肌红蛋白，参与氧的运输；铁是细胞色素酶、过氧化氢酶与过氧化物酶等酶的重要成分，参与组织呼吸，促进生物氧化还原反应；体内 26%～36%的铁以运铁物质(运铁蛋白)和铁储备(铁蛋白)的形式存在，并及时运送到血红蛋白、肌红蛋白与各种酶系统中；机体内的铁与蛋白质结合在一起而没有游离的铁离子存在时，体内的铁可以反复被机体利用。在新陈代谢过程中，每日约损失 1 mg 铁，只要每日从膳食中摄入的铁能弥补这个损失，就可以满足机体的需要，在体内完成重要的生理功能。

8.1.6.2　铁的吸收与代谢

食物中的铁主要是三价铁的无机物或有机物，其进入消化道内首先要在胃酸作用下从食物成分中溶出，通过食物中的还原性物质和巯基化合物等作用，形成亚铁离子或可溶性络合物，才能被小肠黏膜上皮细胞吸收。一般认为，铁的吸收需要与运铁蛋白结合，进入血液循环，运到骨髓用于合成血红蛋白，运到组织合成肌红蛋白。铁代谢的特征是在封闭系统中进行，铁的排出量与吸收有关，吸收少，排出也少。体内大部分的铁积蓄在全身几个代谢区再分配。除了肠道分泌以及皮肤、消化道、尿道等上皮脱落可造成铁损失（约 1 mg/d）外，铁几乎不从其他途径流失。

影响铁吸收的因素很多。其中，铁在食物中的存在形式对其影响最大，二价铁盐比三价铁盐更容易被机体利用。食物成分对铁吸收的影响比较复杂，维生素 C、维生素 E、维生素 B_2、某些单糖、有机酸、动物蛋白等都有促进非血红素铁吸收的作用。当铁与维生素 C 的重量比为 1∶（5～10）时，可使铁吸收率提高 3～6 倍。维生素 B_6 是合成血红素的催化剂。维生素 B_{12} 和维生素 E 对血红细胞成熟和铁的转运发挥重要作用。膳食中的氨基酸、糖类能与铁形成络合物，在肠道碱性条件下仍能溶解。动物肉类、肝脏可促进铁吸收，一般将肉类中可提高铁吸收利用率的因素称为肉类因子（meat factor）或肉鱼禽因子（MFP factor）。植物性食物中的草酸、植酸、磷酸等与铁形成不溶性铁盐，抑制铁的吸收。动物性食物中的铁吸收率较高，且不受膳食因素的干扰。体内铁的需要量与贮存量对血红素铁或非血红素铁的吸收都有影响。当铁贮存量多时，吸收率降低；反之，需要量及吸收率增高。机体代谢、年龄和胃肠道状态也影响铁的吸收，随着年龄的增长，铁的吸收率会下降。儿童和青少年处于生长发育期，新陈代谢旺盛，铁的吸收率比成年人高；而老年人的胃肠功能低下，对铁的吸收能力差。胃肠道病患者因肠蠕动加快，致使食糜在肠道中停留时间短，影响铁的吸收。慢性胃炎或进行胃与十二指肠切除手术的人，其铁的吸收效果也差。胃酸缺乏、pH 升高不利于 Fe^{3+} 的释放，会阻碍铁的吸收。

8.1.6.3　铁的缺乏及缺铁性贫血

成年男性血红蛋白的正常值为 120～160 g/L，女性为 110～150 g/L，低于此值易发生营养性缺铁性贫血（nutritional iron-deficiency anemia，IDA）。IDA 是由铁摄入不足或吸收不良、需要量增加、丢失过多造成的。尤其是婴幼儿，其生长发育迅速,体内铁储备不足,如果不能及时给予补充,将会影响血红蛋白的合成而引起缺铁性贫血(营养不良性贫血)。这是一种世界性的营养缺乏病,可发生在各个年龄段,尤以婴幼儿多发。发展中国家婴幼儿缺铁性贫血的患病率为25%～60%,我国儿童的患病率为30%～40%,妇女和老年人也有不同程度的发生。该病起病缓慢,轻者可无明显症状,仅表现为皮肤黏膜苍白、易疲劳、头晕、畏寒、白甲、气促、惊动过速、记忆力减退、失眠多梦等。当体内血清铁浓度降低严重时,血中血红蛋白的含量减少。

8.1.6.4 膳食中铁的吸收及影响因素

(1)铁在食物中存在的状态。

血红素铁:主要存在于动物性食品(如鱼、肉、动物内脏等)中,是与血红蛋白和肌红蛋白中的原卟啉结合的铁,其吸收过程不受其他膳食因素的干扰,吸收率为15%～25%。

非血红素铁:主要存在于植物性食品和奶、蛋中,以 $Fe(OH)_3$ 的形式与蛋白质、氨基酸和其他有机酸络合,必须在胃酸的作用下与有机部分分开,还原为亚铁离子后才能被吸收。因此,影响其吸收的因素很多,吸收率约为3%。

(2)铁吸收的抑制因素　植酸盐、草酸盐、磷酸盐、碳酸盐(粮谷、蔬菜中常含)抑制体内铁的吸收。食物中的多酚类物质如鞣酸(茶叶、咖啡中常含)等不利于铁的吸收。若胃酸缺乏或过多服用抗酸药物,则抑制铁的吸收。牛奶本身是贫铁食物,它与其他食物混合食用后,可抑制其他食物中铁的吸收。

(3)铁吸收的促进因素　有机酸(如柠檬酸、乳酸、丙酮酸、琥珀酸等)、氨基酸(如赖氨酸、胱氨酸等)能与铁螯合成小分子可溶性单体,阻止铁的沉淀。维生素C、单糖(如乳糖、葡萄糖、果糖等)等可将 Fe^{3+} 还原为 Fe^{2+},促进铁吸收。动物肉类、肝脏中促进非血红素铁吸收的是肉类因子或肉鱼禽因子。

(4)铁的供给量与食物来源　人一生中有三个时期最需要铁,也最易缺铁:1～4岁、青少年期(特别是女孩)和育龄期,见表8-3。

表8-3　中国居民膳食铁参考摄入量(DRIs)

人群	AI	UL	铁需要量[a]/(mg/d)	膳食中铁生物利用率[b]/%
0～	0.3	10	—	—
0.5～	10	30	0.8	8
1～	12	30	1.0	8
4～	12	30	1.0	8
7～	12	00	1.0	8

续表

人群	AI	UL	铁需要量[a]/(mg/d)	膳食中铁生物利用率[b]/%
11～				
男	16	50	1.1～1.3	8
女	18	50	1.4～1.5	8
14～				
男	20	50	1.6	8
女	25	50	2.0	8
18～				
男	15	50	1.21	8
女	20	50	1.69	8
50～	15	00	1.21	8
孕妇				
中期	25	60	4.0	15
后期	35	60	7.0	20
哺乳期妇女	25	50	2.0	8

注："a"表示各人群对铁的需要量；"b"表示膳食中铁的生物利用率。考虑到我国居民的膳食特点，铁生物利用率估测为 8%。有研究表明，孕妇在第 2 个 3 个月时吸收率提高 1 倍，在第 3 个 3 个月时甚至提高 4 倍，吸收率分别取 15%和 20%。

食物中铁的含量通常不高(表 8-4)，尤其是植物性食物中的铁，因可能与磷酸盐、草酸盐、植酸盐等结合成难溶性盐，溶解度大幅度下降，很难被机体吸收利用。但是，动物性食物中铁的利用率则高得多。其中肌肉、肝脏含铁量高，利用率也高。有报告称，猪血的含铁量为 44.9 mg/100 g，相对生物有效性很高。这是由于食物中血红蛋白、肌红蛋白中的铁与卟啉环结合形成血红素铁，可直接被肠黏膜吸收，不受植酸盐、草酸盐等因素影响。另外，胃黏膜分泌的内因子对这种铁的吸收有利。

虽然蛋黄也属于动物性食品，铁含量也高(含量约为 7 mg/100 g)，但由于卵黄高磷蛋白含量高，铁离子与卵黄高磷蛋白分子中的磷酸基络合(6.1 mg/100 g)而显著抑制铁的吸收，故蛋类的铁吸收率并不高，一般不超过 3%。

为了提高食物中铁的吸收率，可向植物性食品中加入一定量的动物性食品，变素膳为混合膳，一般可取得效果。但并非所有的动物性食品都可促进非血红素铁的吸收。当用畜肉、鸡或鱼代替鸡蛋蛋白时，可使混合膳中铁的吸收率提高2～4 倍；而用乳、蛋、干酪代替鸡蛋蛋白时，铁的吸收率并不提高。

表 8-4 食物中铁的含量/(mg/100 g)

食物	含量	食物	含量	食物	含量
猪肉	3.0	蛏子	33.6	藕粉	41.8
鸡血	25.0	蛤蜊	150.0	芝麻酱	185.0
沙鸡	24.8	海带	22.0	黑木耳	58.0
鸭肝	23.1	发菜	99.3	黄豆	11.4
猪肝	22.6	红蘑	235.1	米	5.1
蚌肉	50.0	香菇	25.3	面	3.5

鲜为人知的缺铁症状如下：

①婴幼儿屏气。有些1～3岁的幼儿在受到委屈或达不到目的时，会大声哭叫，继之出现屏气、呼吸暂停、两眼上翻、面部口唇发紫、头向后仰、头颈变硬、两手握拳、双腿向后屈，约数分钟后停止屏气，发出哭声，面色转红润，四肢变柔软。

②儿童擦腿综合征。有些小儿尤其是女孩，常发作性出现下肢伸直交叉，或使劲夹紧两腿摩擦，两眼发红，上肢屈曲握拳，同时伴有外阴充血、分泌物增多。该症由体内铁不足引起儿茶酚胺代谢混乱所致。

③家庭主妇综合征。育龄妇女感到全身乏力，做事无精打采，早上不想起床，晚上辗转难眠；容易发脾气，常为琐事发火，事后后悔；情绪波动，郁闷不乐；记忆力减退，注意力不集中。该症多见于平时偏食、挑食、月经量多的妇女。

④冷感症。缺铁的妇女体温较正常妇女低，新陈代谢也比正常人低。尤其冬天怕冷，四肢末端温度尤低，手脚冰冷，易患冻疮，即使在被窝内也整夜下肢不温。

⑤异食癖。缺铁可引起异食癖，即对正常饮食不感兴趣，却对粉笔、糨糊、泥土、石灰、布、纸、冰块等异物有癖好。患者机体缺铁、锌明显，补充铁、锌后可以迅速好转。

⑥神经性耳聋。神经性耳聋患者的血清铁含量比正常人低，给予磁石等以含铁为主的药物治疗后疗效显著，绝大多数患者听力明显改善。此外，婴儿缺铁时常常不爱笑，精神萎靡不振，平时不合群，不爱活动，爱哭闹，智商也显著低于正常婴儿。

8.1.7 锌

锌(zinc,Zn)是人体必需的微量元素，人体内锌含量为1.4～2.3 g，是含量仅次于铁的微量元素。锌广泛分布于各组织器官中，其中骨骼与皮肤中较多。头发中锌含量可以反映膳食中锌的长期供应水平和人体锌的营养状况。调查资料表明，中国人中约有1/3缺锌，且年龄越小，越易缺锌。

8.1.7.1　锌的生理功能

锌是很多酶的组成成分或酶的激活剂，人体内有 100 多种含锌酶，且锌为酶的活性所必需；锌参与蛋白质的合成及细胞生长、分裂和分化等过程；锌可提高机体免疫功能，维持细胞膜结构；锌可促进食欲，与唾液蛋白结合成味觉素，可增进食欲；锌对人体的性发育、性功能、生殖细胞的生成有举足轻重的作用，有“婚姻和谐素”之称；锌还有抗氧化、抗衰老、抗癌的作用。机体缺锌会削弱免疫力，使机体易受细菌感染；锌对皮肤和视力具有保护作用，动物和人都可因缺锌而影响皮肤健康，出现皮肤粗糙、干燥等现象。

8.1.7.2　锌的吸收与代谢

锌由小肠吸收，吸收率为 20%～30%。锌的吸收与铁相似，可受多种因素的影响。膳食中的植酸、草酸及过量的膳食纤维、过量的钙和铁都会影响锌的吸收。半胱氨酸、组氨酸有利于锌的吸收。植酸严重妨碍锌的吸收，但面粉经发酵可破坏植酸，有利于锌的吸收。当食物中有大量钙存在时，因可形成不溶性的锌钙(植酸盐复合物)，故对锌的吸收干扰极大。维生素 C 妨碍锌的吸收。膳食纤维中的纤维素与半纤维素影响锌的吸收(果胶除外)。

体内的锌经代谢后主要由肠道排出，少部分随尿排出，汗液和毛发中也有微量锌排出。

8.1.7.3　锌的缺乏与过量

人体缺乏锌时性成熟推迟，性器官发育不全，性机能降低，精子减少，第二性征发育不全，月经不正常或停止；皮肤出现粗糙、干燥等现象，易发生痤疮，伤口难以愈合。人和动物缺锌，T 细胞功能受损，引起细胞介导免疫改变，使免疫力降低。研究提示，锌缺乏是蛋白质-热能营养不良婴儿免疫力缺乏的原因。缺锌表现为生长迟缓、性器官发育受阻、伤口愈合慢、食欲缺乏、嗅觉味觉异常和异食癖(如孕妇嗜酸味食品，发生于伊朗的缺锌性侏儒症中常见食土癖)等症状。婴儿生长发育时期缺锌，使脑部细胞的生长速度下降。儿童患锌缺乏症表现为生长停滞、性成熟推迟、性器官发育不全、第二性征发育不全。孕妇患锌缺乏症可不同程度地影响胎儿的生长发育，引起胎儿畸形。喂给大鼠锌缺乏的食物，可导致恶性肿瘤。成人摄入 2 g 以上锌可发生锌中毒，导致头晕、呕吐、腹泻等。

8.1.7.4　锌的推荐摄入量与食物来源

中国推荐锌的摄入量(RNI)为：成年男性 15.5 mg/d，女性 11.5 mg/d；UL：成年男性 45 mg/d，女性 37 mg/d。大量出汗时锌的需要量略增加。

食物来源：含锌的食物来源很广(表 8-5)，锌普遍存在于动植物组织中。许多植物性食物如豆类、小麦含锌量为 15～20 mg/100 g，但因其可与植酸结合而不易被吸收。谷类经碾磨后，可食部分含锌量显著减少(可高达 80%)，蔬菜、水果含锌量也很少(约 2 mg/100 g)。

动物性食品是锌的良好来源,如猪肉、牛肉、羊肉等含锌量为 20～60 mg/100 g,鱼类和其他海产品含锌量为 5 mg/100 g 以上。通常,当动物蛋白供给充足时,也能提供足够的锌。

表 8-5 食物中锌的含量/(mg/100 g)

食物	含量	食物	含量	食物	含量
小麦胚粉	23.4	山羊肉	10.42	鲜赤贝	11.58
花生油	8.48	猪肝	5.78	红螺	10.27
黑芝麻	6.13	海蛎肉	47.05	牡蛎	9.39
口蘑、白菇	9.04	蛏干	13.63	蚌肉	8.50
鸡蛋黄粉	6.66	鲜扇贝	11.69	章鱼	5.18

8.1.8 碘

8.1.8.1 碘的生理功能

碘(iodine,I)是维持人体正常生理功能不可缺少的微量元素。成人体内碘总含量为 20～50 mg,大部分碘集中在甲状腺内,主要参与甲状腺素的合成,其生理功能也通过甲状腺素的生理作用显示出来。甲状腺聚碘能力很高,其碘浓度可比血浆高 25 倍(甲状腺功能亢进时可高达 100 倍),以甲状腺素(四碘甲状腺原氨酸,T4;三碘甲状腺原氨酸,T3)的形式存在。T3 的含量远低于 T4,但正常甲状腺素的生理总活性有 2/3 是由 T3 完成的,包括促进生物氧化、协调氧化磷酸化过程、促进糖和脂肪代谢等。碘有促进交感神经兴奋性加强的作用。碘也可促进蛋白质合成,促进生长发育,促进神经系统发育、分化,促进维生素吸收和利用。

8.1.8.2 碘的吸收与转运

无机碘极易被吸收,进入肠道后 1 h 内大部分碘被吸收,3 h 内完全吸收。有机碘在消化道降解,脱碘后以无机碘的形式被吸收。与氨基酸结合的碘可被直接吸收。吸收的碘经血浆转运,分布于全身各组织,包括甲状腺、唾液腺、乳腺、生殖腺和胃黏膜。体内的碘主要储存在甲状腺中,占体内碘量的一半以上,但只能维持机体 2～3 个月的需要。

8.1.8.3 碘的缺乏与过量

成人机体缺碘会出现甲状腺肿,幼儿期缺碘可引起先天性心理和生理变化,导致呆小症。对地方性甲状腺肿和呆小症的预防,最简便有效的方法是在流行区采用碘化食盐,即在食盐中加入碘化物或碘酸盐。幼年动物甲状腺机能减退或切除甲状腺,将引起发育迟缓、体型矮小、行动呆笨而缓慢。成年动物甲状腺机能减退，则出现厚皮病、心搏减慢、基础代谢降低、性机能低下等。

碘过量会造成甲状腺功能亢进、动物眼球突出、心跳加快、基础代谢增高、消瘦、神经系统兴奋性提高，表现为神经过敏等。某些地方的外环境中碘含量过高，当人体摄入过多的碘时，反而抑制甲状腺对碘的吸收和利用，造成甲状腺不同程度肿大。

8.1.8.4 碘的推荐摄入量与食物来源

中国推荐碘的摄入量(RNI)：0～4 岁为 50 μg/d，5～10岁为 90 μg/d，14 岁以上为 150 μg/d，孕妇和哺乳期妇女为 200 μg/d。通常认为，碘每日摄入量大于 2000 μg 是有害的。

海产品是含碘最丰富的食物资源，其他食品中的碘含量则主要取决于动植物生长地区的地质化学状况。通常，远离海洋的内陆山区，土壤和空气含碘量少，水和食品含碘量也少，可能成为缺碘的地方性甲状腺肿高发区。日本人常吃海藻和各种海产品，所以，日本是世界上甲状腺肿发病率最低的国家。十字花科植物(如白菜、萝卜、甘蓝等)含硫代葡萄糖苷，可致甲状腺肿。

8.1.9 硒

1957 年，Schwarz 证明硒(selenium，Se)是动物体内必需的微量元素。成人体内硒总含量为 14～21 mg，肝、胰、肾、心、脾、牙釉质和指甲中含量多，脂肪中含量最少，血硒与头发中的硒可以反映体内硒的营养水平。

8.1.9.1 硒的生理功能

过去一直认为，硒对人体有毒，到 20 世纪 50－60 年代，才确认硒是动物体的必需微量元素。1980 年，在第二届“硒在生物和医学中作用”国际讨论会上，我国学者宣读有关硒可预防克山病的论文之后，开始了硒研究的一个新阶段。近年来，已认识到硒是谷胱甘肽过氧化物酶的组成成分，以硒半胱氨酸(selenium cysteine)的形式存在于该酶分子中，每分子结晶酶含 4 个硒原子。作为谷胱甘肽过氧化物酶的组成成分，硒参与辅酶 A 和辅酶 Q 的合成，促进 α-酮酸脱氢酶系的活性，在三羧酸循环及呼吸链电子传递过程中发挥重要作用，在清除自由基、分解过多的 H_2O_2、减少过氧化物、保护细胞膜、保护细胞敏感分子(如 DNA 和 RNA)中占有重要地位。硒具有抗氧化作用，可防止过氧化物损害机体代谢。硒有抗肿瘤作用，可以提高环磷酸腺苷(cAMP)水平，而 cAMP 可抑制肿癌细胞 DNA 的合成，防止肿癌细胞分裂。硒与视力和神经传导有密切关系，虹膜及晶状体含硒丰富，视网膜的视力与硒含量有关。硒是光电管基础物质之一，在视网膜、运动终板中可能起着整流器及蓄电器的作用。硒能拮抗某些有毒元素及物质的毒性，可在体内外降低汞、镉、铊、砷等的毒性作用。硒能刺激免疫球蛋白及抗体的产生，增强机体对疾病的抵抗力。硒可防止镉引起的实验性高血压,并可防止冠心病及心肌梗死。硒参与保护细胞膜的稳定性及正常通透性,抑制脂质的过氧化反应,消除自由基的毒害作用,从而保护心肌的正常结构、代谢和功能。亚硒酸(每周0.5~1 mg)可有效地防治克山病。硒还能调节维生素A、维生素C、维生素E、维生素K的代谢。

8.1.9.2 硒的缺乏与过量

动物体内缺硒,红细胞中谷胱甘肽过氧化物酶的活性明显下降,我国已证实硒缺乏是引起克山病、大骨节病的一个重要原因。

过量的硒可引起中毒,表现为头发和指甲脱落,皮肤损伤及神经系统异常,如肢端麻木、抽搐等,严重者可致死亡。摄入的硒量高达38 mg/d,3~4天头发全部脱落,指甲变形。慢性中毒者平均摄入硒4.99 mg/d,必须引起注意。

8.1.9.3 硒的供给量与食物来源

目前认为,人体对硒的需要量以避免发生克山病为准。人体血硒含量为0.03 μg/mL,或硒含量在0.12 μg/kg以下者,属易感克山病人群,必须补充硒。血硒含量达0.1 μg/mL,或硒含量达0.2 μg/kg水平,即已足够。我国1988年首次将硒列入供给量表中,儿童与少年需要量为15~50 μg/d,成人与老年人各年龄段需要量皆为50 μg/d。成年人的硒UL为400 μg/d。

硒的食物来源受地球化学因素的影响,沿海地区食物的硒含量较高,其他地区则随土壤和水中硒含量的不同而差异显著。海产品及肉类是硒的良好食物来源,硒含量一般超过0.2 mg/kg。动物肝、肾的硒含量比肌肉高4~5倍。蔬菜、水果的硒含量低,常在0.01 mg/kg以下。

在食品加工时,硒可因精制或烧煮而有所损失,越是精制或长时间烧煮的食品,其硒含量就越低。

8.1.10 铜

铜(copper,Cu)在人体内的含量为50~120 mg,分布于体内各组织器官中,其中以肝和脑中浓度最高。血浆中90%的铜与蛋白质结合成铜蓝蛋白。

8.1.10.1 铜的生理功能

铜在体内与十余种氧化酶的活性有关,因此,也以这些酶的形式参与许多作用。铜能维持正常的造血功能,铜结合蛋白催化Fe^{2+}氧化为Fe^{3+},对于形成运铁蛋白促进铁的转运与贮存有重要作用;铜参与蛋白质的交联作用,如铜参与赖氨酰氧化酶的作用而形成醛赖氨酸,有利于胶原的合成;超氧化物转化铜是超氧化物歧化酶的成分,它们催化超氧离子成为氧和过氧化氢,从而保护活细胞免受毒性很强的超氧离子的毒害;铜和多巴胺-β-羟化酶、酪氨酸酶等含铜酶与儿茶酚胺的生物合成、维持中枢神经系统正常功能、酪氨酸转化为多巴以及黑色素有关。

8.1.10.2　铜的吸收与排泄

铜主要在小肠被吸收，胃几乎不吸收铜。铜的排泄主要通过胆汁到胃肠道，再与随唾液、胃液、肠液进入胃肠道的铜以及少量来自细菌的铜一起由粪便排出。

8.1.10.3　铜的缺乏与过量

缺铜会引起贫血。在认识到铜的生理功能之后，人们才了解儿童铜缺乏性贫血的发病机理，这种贫血并不是由于缺铁，而是由于缺铜，血浆铜蓝蛋白不足影响了机体贮备铁的动用或食物铁的吸收。缺铜能影响头发、骨骼、大脑、心脏、肝脏、中枢神经系统和免疫系统的功能，导致毛发色素丧失、生长速度减缓、智力发育不全、精神状态紊乱等；血浆胆固醇升高，增加动脉粥样硬化的危险；营养性贫血、白癜风、骨质疏松、胃癌及食道癌等疾病也与人体缺铜有关。

在某些情况下，如长期完全肠外营养、消化系统功能失调、早产儿等可能导致铜缺乏，主要表现为毛发脱色、精神性运动障碍、骨质疏松等。铜缺乏还会引起小红细胞低色素性贫血。

摄入过量的铜可致急性中毒，引起恶心、呕吐、上腹疼痛、腹泻以及头痛、眩晕等。

8.1.10.4　铜的参考摄入量与食物来源

中国营养学会推荐铜的 RNI 值为成人 2.0 mg/d。

铜的食物来源很广，一般动植物性食品都含铜，但其含量随产地土壤的地球化学因素不同而不同。动物内脏如肝、肾等含铜丰富，甲壳类、坚果类、干豆等含铜较多，牛奶、绿叶蔬菜含铜较少。牡蛎中铜含量特别高。

8.1.11　氟

成人体内含氟(fluorine，F)约 4.9 g，每千克正常骨组织含氟 400～500 mg。氟化物的功能是构成人体骨骼和牙齿的重要成分。氟以氟磷灰石[$Ca_5F(PO_4)_3$]的形式构成牙齿珐琅质，对骨骼和牙齿的生长具有重要作用，氟化物与钙结合能使骨骼和牙齿更强健。

摄入氟化物过少可导致儿童龋齿或骨质疏松等，表现为骨骼过度生长、骨质密度增加，同时使柔韧程度降低而引起骨折、牙齿珐琅质被破坏、氟斑牙等。

氟的推荐摄入量：若主要通过饮水获取氟，则水中氟含量需大于 1.0 mg/L；来自膳食的氟每日摄取应超过 6 mg。

氟化物的来源：人体内的氟主要来源于饮水。南方高温多雨地区，氟易流失，土壤、水体中氟含量较低。但摄入氟过多(如通过牙膏、茶和加入氟化物的自来水)也可能对身体造成损害，如牙齿珐琅质被损害、产生氟斑牙、引起慢性氟中毒等。

8.1.12 铬

铬(chromium,Cr)是人体不可缺少的微量元素。成人体内含铬 6 mg,进入血浆的铬与运铁蛋白结合运至肝脏及全身。铬在体内主要具有潜在性胰岛素作用,已知铬是葡萄糖耐量因子的重要组成成分,葡萄糖耐量因子是 Cr^{3+}、维生素 B_3 和谷胱甘肽的络合物,可能是胰岛素的辅助因素,有增强葡萄糖的利用以及使葡萄糖转变成脂肪的作用。因此,足够的铬对糖尿病患者尤其重要。铬还有助于控制血液中的脂肪和胆固醇的水平。缺乏铬可导致胆固醇水平偏高。

当铬摄入不足时,导致生长迟缓、葡萄糖耐量损害、高糖血症。此外,铬有三价和六价两种常见形态,六价铬有毒,机体不能利用。

铬的每日推荐摄入量为 5～115 μg。铬的良好来源为肉类及整粒粮食、豆类,啤酒酵母、畜肝中铬含量高,且活性也高。

8.1.13 钴

人体内钴(cobalt,Co)含量为 1.0 mg 左右。钴在体内主要以维生素 B_{12}(钴胺素)的形式存在,人类需要的是活性型的钴,即维生素 B_{12}。钴必须以维生素分子的形式从体外摄入,才能被人体利用。如直接从体外摄入钴元素,很容易被小肠吸收,但并无生理功能,因为人体组织不能合成维生素 B_{12},绝大多数的钴从尿中排出体外,极少数被保留下来,而其中少量的钴被集聚在肝脏和肾脏。

钴在体内表现为维生素 B_{12}的作用,即与红细胞的正常成熟有关。钴合成维生素 B_{12}后发挥其造血功能,并对蛋白质的新陈代谢有一定作用;钴还可促进部分酶的合成,并有助于增强其活性;此外,它还有助于铁在人体内的储存以及肠道对铁和锌的吸收,促进肠胃和骨髓健康等。

当钴摄入不足时,会直接影响维生素 B_{12}的生理功能,易导致贫血、老年痴呆症、性功能障碍等疾病,并出现气喘、眼压异常、身体消瘦等症状,易患脊髓炎、青光眼以及心血管疾病。当钴摄入过量时,也会引起红细胞增多症,还引起胃肠功能紊乱、耳聋、心肌缺血等。经常注射钴或暴露于钴过量的环境中,可引起钴中毒。

钴的摄入量并无明确规定,而膳食中每日可摄入钴 5～20 μg。钴主要来源于动物性食品,如牛肝、蛤肉类、小羊肾、火鸡肝、小牛肾、鸡肝、牛胰、猪肾和其他脏器,瘦肉、蟹肉、沙丁鱼、蛋和干酪等也是钴的良好来源。面包、谷物、水果、豆类和蔬菜中只含有微量的钴。

8.1.14 钼

人体各种组织都含钼(molybdenum,Mo),总量约为 9 mg,其中肝、肾中含量最高。钼是人体必需的微量元素之一，在人体内作为黄素依赖酶的辅助因子，在嘌呤代谢和铁的转运过程中发挥作用。钼可以预防贫血、促进发育，并能帮助碳水化合物和脂肪的代谢。钼也是组成眼睛虹膜的重要成分。

钼缺乏会使体内的能量代谢过程发生障碍，致使心肌缺氧而出现灶性坏死；影响铁的吸收利用，导致缺铁性贫血；影响胰岛素调节功能；造成眼球晶状体房水渗透压上升，使屈光度增加而导致近视；使生长发育迟缓甚至死亡、神经异常、智力发育迟缓；导致龋齿、肾结石、克山病、大骨节病、食道癌等疾病。

钼过量会产生过多的尿酸，导致痛风及关节肿胀、疼痛、畸形和肾脏受损，还会致使生长发育迟缓、体重下降、毛发脱落、动脉硬化、结缔组织玻璃样变性及皮肤病等。

成人钼每日摄入量为 0.15～0.5 mg。膳食中摄入的钼主要来源于动物内脏、肉类、全谷类、麦胚、蛋类、叶类蔬菜和酵母。其中，钼含量较高的食物有大豆、扁豆、萝卜叶、糙米、牛肉、蘑菇、葡萄等。

8.1.15　锰

锰(manganese，Mn)在人体中的含量并不高，总量为 200～400 μmol，但它的作用却是巨大的。它主要存在于人体的各种组织和体液中，在骨、肝、胰、肾等器官中含量较高，脑、心、肺和肌肉中含量也不少。锰是构成人体骨骼的重要成分之一，对老年痴呆症有极好的延缓作用，可维持人体的脑部正常工作；防止呼吸道感染而引起的感冒；可控制人体的血糖；还能提高人体的抗衰老能力，使人的寿命有所延长。锰还具有抗癌作用。锰是精氨酸酶的组成成分，也是羧化酶的激活剂，参与体内脂类、碳水化合物的代谢。锰还是 Mn-SOD(锰超氧化物歧化酶)的重要成分。

通常锰摄入量为每日 2～5 mg，吸收率为 5%～10%。如果少于这个量，就有可能出现锰缺乏症状。锰缺乏可影响生殖能力，有可能导致后代先天性畸形、骨和软骨的形成不正常及葡萄糖耐量受损。另外，锰缺乏可引起神经衰弱综合征，影响智力发育。锰缺乏还导致胰岛素的合成和分泌降低，影响糖代谢。环境污染及疾病等因素会导致锰摄入过量，锰超标会影响人的中枢神经系统，对智力和生殖功能有影响。过量的锰长期低剂量吸入，会引起慢性中毒，可出现震颤性麻痹，严重危害人的神经系统。据新近研究发现，过量的锰还会损伤动脉内壁和心肌，造成冠心病。

锰的摄入量：成人 AI 为 3.5 mg/d，UL 为 10 mg/d。茶叶、坚果、粗粮、干豆含锰最多，蔬菜和干鲜果中锰的含量略高于肉、乳和水产品，鱼肝、鸡肝含锰量比鱼肉和鸡肉多。偏食精米、白面、肉、乳过多，锰的含量会降低。另外，核桃、麦芽、赤糖蜜、莴苣、干菜豆、花生、马铃薯、大豆、向日葵籽、小麦、大麦以及肝等食物中也含有丰富的锰元素。一般荤素混杂的膳食，每日可供给 5 mg 锰，基本可以满足需要。

8.1.16 镍

人体内镍(nickel，Ni)含量为 6～10 mg，广泛分布于骨骼、肺、肝、肾、皮肤等器官和组织中，其中以骨骼中的浓度较高。从食品中吸收的镍是少量的，小肠是主要的吸收部位，吸收率很低。镍被吸收后经代谢从粪便排泄，少量从尿中排泄。镍对人体健康的作用还不十分明了，但是，它已经属于人类生命过程中不可缺少的微量元素之一。镍是血纤维蛋白溶酶的组成成分，具有刺激生血机能的作用，能促进红细胞的再生。镍有类似钴的生理活性，血镍的变化也与钴在贫血治疗过程中的变化近似。给供血者每日 5 mg 镍盐，可使血红蛋白的合成及红细胞的再生明显加速。镍还是体内一些酶的激活剂，而这些酶均为生物体内蛋白质和核酸代谢过程中的重要酶，所以，镍水平降低时，就有可能引起机体代谢上的变化，从而导致某些器官功能障碍。镍在体内可构成某些金属酶的辅基，增强胰岛素的作用。此外，镍还可以维持细胞膜的结构，控制催乳激素等。

镍是人体内的微量元素，镍缺乏可引起糖尿病、贫血、肝硬化、尿毒症、肾衰竭、脂质代谢异常等病症。动物实验显示，缺乏镍可出现生长缓慢、生殖力减弱。口服镍一般不会产生毒性，但由动物资料推测到人，每天摄入可溶性镍 250 mg 会引起中毒，敏感的人摄入 600 μg 镍即可引起中毒。慢性超量摄取或超量暴露于镍环境，可导致心肌、脑、肺、肝和肾退行性病变。在与人体接触时，镍离子可以通过毛孔和皮脂腺渗透，从而引起皮肤过敏发炎，其临床表现为皮炎和湿疹。

膳食中摄入镍量为 70～260 μg/d，是根据动物实验结果推算的。茶叶、坚果类、海产品类、裸麦、燕麦等都是镍的丰富来源。可可、奶油、谷物、部分蔬菜、肉类也是镍的良好来源。

8.1.17 矿物质和相关营养素的相互作用及缺乏的原因

在矿物质和相关营养素之间存在着相互的影响作用，一般表现为协同、促进或拮抗作用。如铁的吸收可因铜、维生素 C 和 B 族维生素而增强。维生素 A 和铜能增加锌的吸收，补铜能防止体内锌的消耗。维生素 B_1 和维生素 C 能促进锰吸收。维生素 B_6、钙和磷都可影响镁的吸收等。钙和磷共同构成牙齿和骨骼，但钙磷比例必须适当，如果磷过多，就会妨碍钙的吸收。血液内钙、镁、钾、钠等离子的浓度必须保持适当比例，才能维持神经肌肉的正常兴奋性。膳食钙过高会妨碍铁和锌的吸收，锌摄入过多又会抑制铁的利用。硒对氟有拮抗作用，大剂量硒可降低氟骨症患者骨骼中的氟含量。硒和维生素 E 互相配合,可抑制脂质过氧化物的产生。蛋白质对微量元素在体内的运输有很大作用,例如,铜的运输依赖铜蓝蛋白,铁的运输依赖运铁蛋白。锌参与蛋白质合成,锌缺乏影响儿童生长发育。碘是甲状腺素的组成成分,而甲状腺素是调节人体能量代谢的重要激素,对蛋白质、脂肪和碳水化合物的代谢有促进作用。因此,在补充矿物质时,必须考虑这些因素。

引起人体矿物质缺乏的因素很多,大体可归纳如下:

①饮水和膳食中供应的微量元素不足。这主要发生在土壤和水中缺乏某些微量元素(如碘、氟、硒等)时。如我国克山病流行地区居民缺硒即属于此类。另外,食物越精制,其所含的微量元素就越少,也可造成膳食微量元素供应不足。微量元素不足亦见于摄食缺乏该元素的配方膳食(如婴儿和某些患者)。

②膳食中微量元素的利用率降低。如有的地区(如伊朗),人们膳食中的维生素和植酸含量很高,从而影响锌的吸收与利用,以致发生侏儒症(一种锌缺乏病)。又如胃肠道吸收不良,也可影响膳食中微量元素的吸收与利用。

③需要量增加。微量元素摄入量虽能满足正常需要,但需要量因某种情况而增加时,亦可发生微量元素缺乏,如迅速生长、怀孕、哺乳、出汗过多、创伤、烧伤和手术等。

④遗传性缺陷病。例如,以 X 连锁隐性遗传的 Menke 卷发综合征能使人体铜代谢异常。又如一种遗传性家族疾病——肠闰性皮炎亦显示出严重的锌缺乏症状。

目前,我们从膳食中获得的营养是有缺陷的,其原因大致有三个:一是构成膳食的食物本身营养不足(生产和加工中的缺陷);二是一般家庭尚不能完全按照平衡膳食的原则来安排膳食;三是很多人有明显的挑食、偏食等不良饮食习惯。因此,在补充矿物质时,采用有针对性的“协同作战”要优于“单打一”的方法。在实施营养补充计划时,要考虑的问题是应采取何种方式才能获得最佳营养补充效果,而在回答这个问题之前,应该了解矿物质之间及与维生素之间平衡的重要性。某种矿物质的吸收常受其他营养素包括矿物质或酶类的影响。而如果“协同作战”,则可促进矿物质的吸收。但是,如果补充了某一种矿物质,也可能导致另一种矿物质的排泄增加。例如,钙摄入量的增加将导致镁浓度降低(由于尿镁排泄增加)。因此,在补钙时,应适当增加镁的供应。同理,在补锌的同时也应适量增加铜的摄入,才能使锌达到最佳的“生物学有效性”。

8.2　水

水是生命之源,水对人类的重要性仅次于氧气。一个绝食的人失去体内全部脂肪、半数蛋白质，还能勉强维持生命，但如果缺水，失去体内含水量的20%，人很快就会死亡。没有水的存在，任何生命活动都无法进行。事实上，人体内只要损耗5%的水分而未及时补充，皮肤就会萎缩、起皱、干燥。

成人体内50%～70%都是水分。体内水与蛋白质、碳水化合物和脂肪相结合，形成胶体状态。各部分体液的渗透压相同，水分可经常透过细胞膜或毛细血管壁自由地交流，但各自的总量维持相对稳定，保持动态平衡。人体水分含量随年龄、性别而有所差异，随着年龄的增长而逐渐降低。3个月的胎儿含水量约为98%，新生儿含水量为75%～80%，成年男性含水量约为60%，成年女性含水量约为50%，老年人含水量在50%以下。

8.2.1 水的功能

水是细胞的重要组成成分。所有组织都含水，如血液含水量高达97%，肌肉含水量为72%，脂肪含水量为20%～35%，骨骼含水量为25%，坚硬的牙齿也有10%的水分。水是体内重要的溶剂。水溶解力强，许多物质都能溶于水，并解离为离子状态，发挥重要的生理功能。不溶于水的蛋白质、脂肪分子可在水中形成胶体或乳浊液，便于机体消化、吸收和利用。水还是体内输送养料和排泄废物的媒介。水在体内直接参加氧化还原反应，促进各种生理活动和生化反应的进行。没有水，就无法维持血液循环、呼吸、消化、吸收、分泌、排泄等生理活动，体内新陈代谢也无法进行。水的比热容大，当外界气温升高或体内生热过多时，水的蒸发可使皮肤散热；天冷时，水储备热量大，人体不致因外界温度低而使体温发生明显的波动。水是血液的主要成分，可通过血液循环把物质代谢产生的热迅速均匀地分布到全身各处。水是润滑剂，可滋润皮肤（使其具有柔软性、伸缩性）及人体关节部位，泪液（防止眼球干燥）、唾液及消化液（咽部润滑、胃肠消化）也是相应器官的润滑剂。水与蛋白质、脂肪和糖代谢关系密切，体内代谢可产生水。体内存储1 g蛋白质或碳水化合物可积存3 g水分。

此外，水还有特殊的生理功能。冠心病患者由于出汗、活动、夜尿增多、进水量过少等可致血液浓缩、循环阻力增高、心肌供血不足，导致心绞痛。早晨由于生理性血压升高、动脉内的斑块易松动脱落、血小板活性增高等，容易诱发急性心肌梗死。若能于每日晨间与睡前各饮一杯（250 mL）温开水，可使血黏度大大降低、流速加快，有效地预防和减少心绞痛及心肌梗死的发生。国外专家研究认为，每日饮水2.5 L可减少致癌物与膀胱内壁接触的数量及时间，使膀胱癌的发病率减少一半。此外，每日清晨饮一杯温开水，可清洁胃肠道，清除残留于消化道黏膜皱襞之间的食糜，促进肠蠕动，软化粪便，加速排泄，减少食糜及粪便中有害物质及致癌物对胃肠道黏膜的刺激，既可通便和防治习惯性便秘，又可预防和减少消化道癌症。水能净化血液，提高机体免疫力。每日饮水 2 L(8～10 杯)，可明显地起到扩容及改善微循环的作用，使尿量增加，加快血液中代谢产物的排泄，净化血液，促进组织细胞的新陈代谢，提高机体的免疫力及抗病能力。有人还用每日饮水 2 L 的方法加速黄疸的消退，缩短病程。水有助于减肥和美容，餐前饮水可降低食欲，增加尿量，促进排便，有利于减肥。若每日足量饮水，则可使人体组织的细胞内外体液充足，避免皮肤干燥，使皮肤富有弹性，让人容光焕发，有利于美容。

8.2.2　人体内的水平衡

人体内的水分主要来自于食物中所含水和饮用水。每天摄入食物中所含水分约为 1000 mL。食物中蛋白质、脂肪和碳水化合物在体内代谢可产生代谢水，1 g蛋白质、脂肪和碳水化合物分别产生 0.41 g、1.07 g 和 0.60 g 代谢水。荤素搭配的膳食每供给 100 kcal 热，大约产生 12 g 代谢水。如摄取 2500 kcal 热量，体内生物氧化产生的代谢水约为 300 mL。

每天水分摄入应与经由肾脏、皮肤、肠和肺等途径排出水分的总量保持动态平衡。通过蒸发和汗腺分泌，每天从皮肤中排出的水大约为 550 mL。其中蒸发随时在进行，即使在寒冷环境中也不例外。出汗则与环境温度、相对湿度、活动强度有关。通过呼吸作用，每天排出 300 mL 水。在空气干燥地区，此排水量还要增加。每天消化道分泌的消化液含水量约为 8000 mL。正常情况下，消化液随时被小肠吸收，所以，每天仅有 150 mL 水随粪便排出。但是，当机体处于呕吐、腹泻等病态时，由于大量消化液不能正常吸收，将会丢失大量水分，从而造成机体脱水。肾脏是主要的排泄器官，对水的平衡起关键作用，肾脏的排水量不定，一般随机体内水分多少而定，以保持机体内水分平衡，正常时为 1000～1500 mL。综合每天通过各种方式排出机体的水分，合计为 2000～2500 mL。

8.2.3　水的缺乏与过量

人体缺水或失水过多时，表现出口渴、黏膜干燥、消化液分泌减少、食欲减退、各种营养物质代谢缓慢、精神不振、身体乏力等症状。当体内失水 1%～2%时出现口渴；缺水 5%时出现烦躁；失水达 10%时，很多生理功能受到影响；失水 15%时出现昏迷；若失水达 20%，则生命将无法维持。

人若饮水过多，则会稀释消化液，对消化不利。短时间内水摄入过多，可引起精神迟钝、恍惚、昏迷、惊厥，甚至死亡。一般正常人极少见上述表现，偶尔见于肾病、肝病、充血性心力衰竭患者等。

8.2.4　水的推荐摄入量与来源

美国第 10 版 RDA 规定水的摄入量与热量存在关系，一般为 1.5 mL/kcal，在此基础上建议孕妇加 30 mL/d,哺乳期妇女加 1000 mL/d。我国尚无推荐量。一般根据水平衡,建议一天水的摄入量为 1500～1700 mL。

人体水分的来源大致可分为饮用水、食物水和代谢水(生物氧化水)三类。饮用水包括茶、咖啡、汤、乳和其他各种饮料,它们的含水量大。食物水来自半固体和固体食物的水,食物不同,其含水量亦不相同。代谢水指来自体内氧化或代谢过程的水,每 100 g 营养物在体内的产水量为:碳水化合物 60 mL、蛋白质41 mL、脂肪 107 mL。可据此调整自己一天的水摄入量。

第9章 各类食物的营养

食物种类繁多，在营养学上依其性质和来源可大致分为三大类：动物性食物，如畜、禽肉类，鱼、虾、蛋、乳及其制品等；植物性食物，如粮谷类、豆类、蔬菜、水果、薯类和坚果等；以天然食物制取的食物，如酒、糖、酱油、醋等。

营养素来自于食物，但是，没有一种天然食物含有人体需要的全部营养素(除母乳可满足婴儿前6个月的全部营养需要外)。由于各种食物营养素的构成不同，其营养价值的高低也有所不同。在学习各类食物营养价值时，应首先掌握一类食物的共性营养特点，再学习个别食物的特殊营养特点。

在详细讲解各类食物的营养特点前，首先简要阐述五大类食物(依据食物营养素含量特点分类)的营养特点。第一类为谷类及薯类，该类食物主要为人体提供碳水化合物、蛋白质(大部分蛋白质缺乏赖氨酸，导致其营养价值不高，同时含膳食纤维等成分，使蛋白质的消化率也较低)、膳食纤维、B族维生素与矿物质(维生素与矿物质含量、加工精度有很大关系，加工精度越高，含量越少)，几乎不含维生素A、维生素D和维生素C(鲜食玉米及薯类等含有维生素C，但干制的粮谷类几乎不含维生素C)。第二类为动物性食物，主要为人体提供蛋白质(优质蛋白质)、脂类(水产类优于禽类，禽类优于畜类)、矿物质(由于不存在抑制因素，其吸收率要远高于植物性食物)与丰富的维生素。第三类为豆类及其制品，主要为人体提供优质蛋白质、脂肪(必需脂肪酸含量多，饱和脂肪酸含量少)、膳食纤维、矿物质、丰富的B族维生素、维生素E、磷脂、异黄酮等活性成分，虽然不含维生素C，但可以通过发芽产生维生素C。第四类为蔬菜水果类，主要为人体提供膳食纤维、矿物质(由于存在植酸、单宁等拮抗物质，矿物质吸收率低)、维生素C和胡萝卜素。第五类为纯热能食物，主要指油脂及食用糖，因其营养素单一，故不宜摄入过多。

9.1 谷类的营养与保健价值

谷类作为中国人的传统饮食，几千年来，一直是老百姓餐桌上不可缺少的食物之一，在中国人的膳食中占有重要的地位。谷类主要是指禾本科植物的种子，包括稻谷、小麦、小米、高粱、玉米、燕麦及其他杂粮。谷类加工后可作为主食，主要给人类提供50%～80%的热能、40%～70%的蛋白质、60%以上的维生素B_1。

9.1.1 谷粒的结构

谷类食品的主要成分为谷粒。谷粒包含10%～14%的水分、58%～72%的碳水化合物、8%～13%的蛋白质、2%～5%的脂肪和2%～11%的不消化纤维。谷类虽然有多种，但其结构基本相似，都是由谷皮、糊粉层、胚乳、胚芽等主要部分组成的，如图9-1所示。

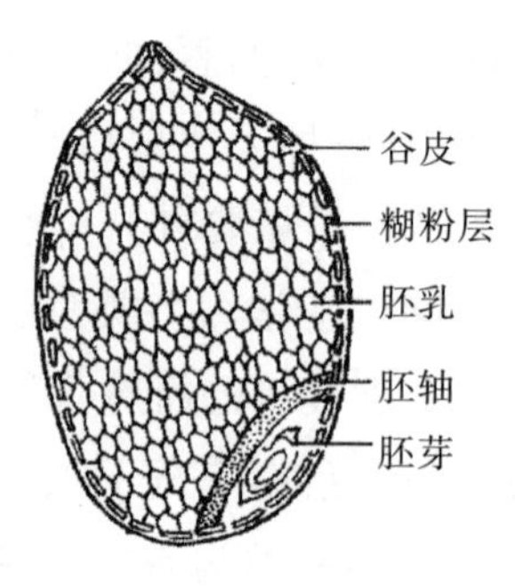

图9-1 谷粒的结构

9.1.1.1 谷皮

谷皮为谷粒的最外层，占谷粒总重量的6%，主要由纤维素、半纤维素等组成。谷皮含有一定量的蛋白质、脂肪、维生素以及较多的无机盐。谷皮不含淀粉，一般不宜食用，在加工中作为糠麸除去，可作为动物的饲料。

9.1.1.2 糊粉层

糊粉层在谷皮与胚乳之间，占谷粒总重量的6%～7%，由大型的多角细胞组成，含有较多的磷、丰富的B族维生素及无机盐，其营养价值较高。但糊粉层的细胞壁较厚，不宜被人体消化，而且含有较多的酶类，影响产品的贮藏性，在加工过程中易与谷皮同时脱落混入糠麸中。

9.1.1.3 胚乳

胚乳是谷类的主要部分，占谷粒总重量的83%～87%。胚乳由许多淀粉细胞组成，含淀粉(约74%)、蛋白质(10%)及很少量的脂肪、无机盐、维生素和纤维素等。胚乳易消化，适口性好，耐贮藏，是加工面粉的主要成分。

9.1.1.4 胚芽

胚芽占谷粒总重量的2%～3%，位于谷粒的一端，富含脂肪、蛋白质、无机盐、B族维生素和维生素E，含可溶性糖也较多。其蛋白质中含有赖氨酸，生物效价很高。胚芽质地较软且有韧性，不易粉碎，加工时易与胚乳分离而损失。

9.1.2 谷类的主要营养成分

因种类、品种、产地、生长条件和加工方法不同，谷类营养成分的含量有很大的差别。

9.1.2.1 蛋白质

谷类蛋白质含量一般为7.5%～15%，在品种间有较大的差异。小麦的蛋白质含量为8%～13%；大米的蛋白质含量为7%～9%；燕麦、荞麦等的蛋白质含量较高，为9%～13%。

谷类蛋白质主要由谷蛋白、醇溶蛋白和球蛋白组成。一般谷类蛋白质的必需氨基酸组成不平衡，如赖氨酸含量少，苏氨酸、色氨酸、苯丙氨酸、蛋氨酸含量偏低，因此，其蛋白质的营养价值低于动物性食物。要提高谷类食品蛋白质的营养价值，在食品工业上常采用氨基酸强化的方法，如以赖氨酸强化面粉，用于生产面条、面包等，以解决赖氨酸少的问题。谷类蛋白质的赖氨酸、苯丙氨酸等含量较低，生物价较低。因此，常采用蛋白质互补的方法提高其营养价值，即将两种或两种以上的食物共食，使各食物的必需氨基酸得到相互补充，如粮豆共食、多种谷类共食或粮肉共食等，以达到必需氨基酸平衡，提高蛋白质的营养价值。

谷类蛋白质含量虽不高，但在我们的食物总量中所占的比例较高，因此，谷类是膳食中蛋白质的重要来源。如果每人每天食用300～500 g谷类，就可以得到35～50 g蛋白质，这个数字相当于一个正常成人一天蛋白质需要量的一半或以上。

9.1.2.2 碳水化合物

谷类碳水化合物含量一般在70%左右，精米可达90%左右，主要为淀粉，集中在胚乳的淀粉细胞内，是人类最理想、最经济的能量来源。谷类所含热能较高，每百克谷类所含热能超12.5 kJ(300 kcal)，是人体热能的良好来源。我国人民膳食生活中50%～70%的能量来自谷类碳水化合物。谷类淀粉的特点是能被人体以缓慢、稳定的速率消化吸收与分解，最终产生供人体利用的葡萄糖，而且其能量释放缓慢，不会使血糖突然升高，这无疑对人体健康是有益的。籼米含有较多的直链淀粉，糯米含有较多的支链淀粉，粳米则介于两者之间，但无论哪类，其所含的支链淀粉量均高于直链淀粉量。谷类所含的纤维素、半纤维素在膳食中具有重要的功能。糙米中的纤维素、半纤维素含量比精白米高得多。膳食纤维虽不被人体消化吸收、利用，但它的特殊生理功能却备受关注：它能吸水，增加肠内容物的容量，刺激肠道，增加肠道蠕动，加快肠内容物的通过速度，有利于清理肠道废物，减少有害物质在肠道的停留时间，可预防或减少肠道疾病，在结肠癌、直肠癌、糖尿病的治疗等方面有重要的意义。

9.1.2.3 脂肪

谷类脂肪含量低，如大米、小麦中的脂肪含量为1%～2%，玉米和小米中的脂肪含量可达4%。脂肪主要集中在糊粉层和胚芽，胚芽的营养价值较高，但在谷类加工时易损失或转入副产品中。在食品加工业中，常用其副产品来提取与人类健康有关的油脂，如从米糠中提取米糠油（富含谷维素和谷固醇），从小麦胚芽和玉米胚芽中提取胚芽油。这些油脂中不饱和脂肪酸含量达 80%，其中亚油酸约占 60%。大米胚芽油中含 6%～7%的磷脂，主要是卵磷脂和脑磷脂。在保健食品的开发中，常以这类油脂作为功能油脂，以替代膳食中富含饱和脂肪酸的动物油脂，可明显降低血清胆固醇，有预防动脉粥样硬化的作用。

9.1.2.4 矿物质

谷类含矿物质 1.5%～3%，主要是钙和磷，且多以植酸盐的形式集中在谷皮和糊粉层中，消化吸收率较低。由于钙的含量不高及植酸的存在，如果仅以粮食为主食，没有足够的副食，很容易造成儿童和青少年钙缺乏症。

9.1.2.5 维生素

谷类是膳食中 B 族维生素的主要来源。谷类中维生素 B_1、维生素 B_2、维生素 B_3、维生素 B_5、维生素 B_6 等含量较多，主要分布在糊粉层和胚芽，可随加工而损失，因此，加工越精细，损失越大。适当加工后，维生素转变为游离态，可被人体利用。表 9-1 为各种粮食中维生素 B_1 的含量。

表 9-1 粮食中维生素 B_1 的含量/(mg/100 g)

名称	维生素 B_1 含量	名称	维生素 B_1 含量
小麦	0.37～0.61	糙米	0.3～0.45
小麦麸皮	0.7～2.8	米皮层	1.5～3.0
麦胚	1.56～3.0	米胚	3.0～8.0
面粉(出粉率 85%)	0.3～0.4	米胚乳	0.03
面粉(出粉率 73%)	0.07～0.1	玉米	0.45～3.0
面粉(出粉率 60%)	0.07～0.08		

谷类一般不含维生素 C、维生素 D、维生素 A，黄色的玉米和小米含有少量的胡萝卜素。鲜玉米中含有少量的维生素 C，发芽的种子中含维生素 C 较多，但是，干种子中不含维生素 C。

精白米、面中的 B 族维生素可能只有原来的 10%～30%。因此，长期食用精白米、面，又不注意补充其他副食品，易引起机体维生素 B_1 不足或缺乏，导致脚气病，主要损害神经血管系统，特别是孕妇或哺乳期妇女摄入维生素 B_1 不足或缺乏，可能会影响胎儿或婴幼儿健康。

从谷类的营养价值来看，谷类在我们的膳食中是相当重要的。中国营养学会于 2016 年发布的《中国居民膳食指南》六条中第一条就明确提出：“食物多样化，谷类为主。”我国古代《黄帝内经》中写到：“五谷为养、五畜为益、五菜为充、五果为助。”都把谷类放在第一位，说明谷类营养是膳食中最基本的营养需要。

近年来，随着我国经济的发展，人民的经济收入不断提高，膳食中食物结构也相应地发生了很大的变化，餐桌上动物性食品和油炸食品多了起来，而主食很少，且追求精细。这种“高蛋白质、高脂肪、高能量、低膳食纤维”三高一低的膳食结构，致使我国现代“文明病”如肥胖症、高血压、高脂血症、糖尿病、痛风等以及肿瘤的发病率不断上升。此外，在我国也出现另一种情况：只吃菜不吃饭或很少吃饭等。这种不合理的食物构成又会出现新的营养问题，最终因营养不合理而导致疾病。因此，建议做到平衡膳食，合理营养，把五谷杂粮放在餐桌上的合理位置，这才有利于健康。“中国居民平衡膳食宝塔”建议成人每天食用 300～500 g 粮谷类食品。

9.1.3　各种谷类食品的营养及保健价值

9.1.3.1　粳米

粳米即大米、稻米，是我们日常生活中的主要粮食，除含有人体需要的营养成分，满足人体需要外，还具有食疗作用。

大米的营养价值在粮食中占首位。据营养学家测定，大米的氨基酸评分为 75(与大豆相等)，面粉为 52，玉米为 60。大米所含蛋白质属于优质蛋白质，易被人体吸收，但大米品种不同，蛋白质含量也不同。粳米比糯米的磷含量多，而钙含量较少。

维生素 B_1 是大米中最重要的营养素之一，在麦胚、米糠、麸皮、酵母中维生素 B_1 含量也很多。米粒中的营养成分不是均匀分布的，谷皮和胚芽中所含的营养成分较多，而胚乳中主要含淀粉。胚芽中含有多种蛋白质、脂肪、维生素(特别是 B 族维生素和维生素 E)和铁、钙、磷、铜、锌等的无机盐。稻谷在精加工中失去丰富的营养成分。

制作米饭，历来用蒸煮法。随着科学的进一步发展，现在大都采用高压锅和电饭煲蒸煮米饭，这样既科学，又方便，还能减少食物营养流失。

粳米具有补中益气、益脾胃的功效，是病后肠胃功能减弱、烦渴、虚寒、泄痢等症的食疗佳品。

9.1.3.2　糯米

糯米即黏稻米，在我国北方俗称江米，南方称为糯米。糯米营养丰富，其淀粉结构主要为支链淀粉，经糊化后性质柔黏，性味温甘。

糯米的吃法很多，可以制成各种年糕、汤圆、粽子等，也可用于酿制米酒(如酒酿和涝糟)。

糯米是一种柔润食品，能补中益气、暖脾胃、止虚寒、泄痢等，特别适合老年人或脾胃病患者食用。

9.1.3.3 小麦

小麦是我国人民膳食生活中的主食之一。小麦可制成各种面粉(如精面粉、强化面粉、全麦面粉等)、麦片及其他免烹饪食品。从营养价值看,全麦制品更好,因为全麦能为人体提供更多的营养,更有益于健康。

小麦内含淀粉、蛋白质、糖、脂肪、维生素 B_1、维生素 B_2、维生素 E、淀粉酶、蛋白水解酶、麦芽糖酶、卵磷脂和矿物质等。小麦的蛋白质含量比大米高得多,大米中的蛋白质含量为 7%～9%,而小麦中的蛋白质含量为 8%～13%。因此,常用小麦面粉提取面筋,面筋的成分主要是蛋白质。在日常生活中,大米与面粉搭配食用最好。

小麦具有清热除烦、养心安神等功效,小麦粉不仅可以厚肠胃、强气力,还可作为药物的基础剂,故有“五谷之贵”的美称。因此,在膳食生活中要注意选择一定量的全麦粉或麦片,并进行合理搭配。

9.1.3.4 玉米

玉米也称包谷、玉蜀黍、包粟、玉谷等,因其粒如珠、色如玉而得名珍珠果。古时玉米称为御麦、六谷和西番麦。玉米的故乡在墨西哥和秘鲁,先是野生,后由印第安人种植,大约于公元 16 世纪传入我国。玉米是一种产量很高、营养丰富的粮食。玉米品种很多,大致可分为糯和不糯两种。

玉米是健康和长寿的食品之一,其中所含的许多营养成分高于大米和白面。玉米含有多种营养成分,其中胡萝卜素、维生素 B_2、脂肪含量居谷类之首,脂肪含量是米、面的 2 倍,其脂肪酸的组成中必需脂肪酸(如亚油酸)占 50%以上,并含较多的卵磷脂和谷固醇及丰富的维生素 E,因此,玉米具有降低胆固醇、预防动脉粥样硬化和高血压的作用,并能刺激脑细胞,增强脑力和记忆力。玉米中还含有大量的膳食纤维,能促进肠道蠕动,缩短食物在消化道的时间,减少毒物对肠道的刺激,因此,可预防肠道疾病。更重要的是,玉米油是一种很好的营养品和药物,除含有很高的亚油酸外,还含有卵磷脂、维生素 A 和维生素 E 等,易被人体吸收。长期食用玉米油,可以降低血中胆固醇并软化动脉血管,玉米油是动脉硬化症、冠心病、高血脂、脂肪肝、肥胖症和老年人的理想用油。玉米油也可供医用。

玉米除了有较高的营养价值外,还具有较高的食疗价值。玉米中蛋白质含大量的谷氨酸,能帮助和促进细胞进行呼吸,故有健脑的作用;玉米中的镁和硒有抗癌和抑制癌发展的作用;玉米须是生长在玉米上的须状物,有利尿作用,还能延长排尿时间,可作为利胆剂和降血压、降血糖剂;玉米对胆囊炎、胆结石、黄疸型肝炎和糖尿病等有辅助治疗作用。

据《本草纲目》记载,玉米“气味甘平,无毒,主治调中开胃,根叶主治小便淋漓”。我国一些医著中写到:“玉米有利尿消肿、调中开胃的功效。”玉米最适于慢性肾炎患者治疗时食用，还适用于有热象的各种疾病，如肝阳上亢证、胃热引起的消渴、湿热型肝炎和肺热型鼻衄、咯血，以及产后血虚、内热所致的虚汗等。

近年来，科学家发现，玉米含有一种长寿因子——谷胱甘肽，它在硒的参与下生成谷胱甘肽氧化物酶，有抗氧化的作用，其作用比维生素 E 高 500 倍。苏联科学家认为，这种成分具有恢复青春、延缓衰老的功能，且能抗癌。现在许多发达国家已将玉米视为一种时髦的保健食品和“黄金食品”，不再把玉米视为“粗粮”或动物饲料。美国有上千种食品是以玉米为原料加工而成的。

9.1.3.5　小米

小米是谷子脱皮后的产品，也称粟米、谷子，是我国北方某些地区的主食之一。据研究，小米是我国最早食用和种植的粮食，比稻米要早。小米是我国的传统主食，在周朝以前就开始栽培，品种多样。据分析，每 100 g 小米含 9 g 蛋白质、3.1 g 脂肪、1.6 g 膳食纤维、17 μg 维生素 A、100 μg 胡萝卜素、0.33 mg 维生素 B_1、0.1 mg 维生素 B_2、3.63 mg 维生素 E、5.1 mg 微量元素铁等。从营养角度来看，小米的营养价值超过大米，小米的热量比大米高。用新产出来的小米熬成的粥，是产妇和患者的理想食品。小米对婴幼儿的生长发育也大有益处。小米粥不但气味香，甜糯，营养好，易于消化吸收，而且有促进食欲、健脾和胃、滋养肾气、补虚清热的功效。中医认为，小米粥上面浮的一层细腻的黏稠物(形如油膏，俗称“米油”)，营养极为丰富，可以代参汤。焖小米饭的锅巴，中医称其为黄金粉、焦饭，有补气健脾、消积止泻的功效，可治脾虚久泻、小儿消化不良和食积腹痛等症。

小米一般不作精加工处理，而且表皮面积大，所含多种营养成分能够保留。如维生素 B_3、维生素 B_2、维生素 B_1、胡萝卜素等维生素和磷、钙、铁等无机盐类都是小米中富含的营养成分。在淘洗过程中切忌过分搓洗、加碱同煮、弃汤和油炸，以避免营养流失。

小米的营养丰富，它不仅可以强身健体，还可防病去恙。据《神农本草经》记载，小米具有养肾气、除胃热、止消渴、利小便等功效。

9.1.3.6　黑米

黑米俗称黑糯，又名补血糯，其营养价值很高，是近年来国内外盛行的保健食品之一。黑米的米皮紫黑，而内质洁白，熟后色泽鲜艳，紫中透红，味道香美，营养丰富。据分析，黑米约含蛋白质 9.4%，其必需氨基酸如赖氨酸、色氨酸及膳食纤维、维生素 B_1、维生素 B_2 等含量均高于其他稻米。此外，黑米还具有很高的药用价值。据《本草纲目》记载，黑糯米具有补中益气、止消渴、暖脾胃、虚寒泄痢、缩小便、收自汗、发痘疮等功效。现代医学研究表明，黑米具有补中益气、暖脾止虚、健脑补肾、收宫健身等功效。常食黑米能使肌肤细嫩、乌发回春、体质增强，可延年益寿。黑米是老人、幼儿、产妇、体弱者的滋补佳品。

9.1.3.7 荞麦

荞麦又称乌麦、甜麦、花麦、花荞、三棱荞等，有苦荞和甜荞之分。种植荞麦对土地的要求不高，一般种不上粮食的地方都能种荞麦，荞麦虽然产量不高，但能保收。荞麦是我国人民爱吃的杂粮之一。荞麦虽为粗粮，但营养价值高。据分析，荞麦含蛋白质 9%～13%，而且荞麦中赖氨酸含量也高。荞麦含脂肪 2.3%，其中单不饱和脂肪酸(油酸)占 46.9%，亚油酸占14.6%。据研究，单不饱和脂肪酸有降低血胆固醇、甘油三酯和低密度脂蛋白胆固醇的作用。荞麦还含其他营养成分，如 100 g 荞麦中含膳食纤维6.5 g、维生素 B_1 0.28 mg、维生素 B_2 0.16 mg、钾 401 mg、镁 258 mg、铁6.2 mg等，这些成分都有益于人体健康。

现代医学研究表明，荞麦含有具有药理功效的芦丁(云香苷)等物质，芦丁具有降脂、软化血管、增加血管弹性等作用。因此，在日常膳食中经常搭配适量荞麦，可以预防高血压、高血脂、动脉粥样硬化、冠心病等疾病。我国医学认为，荞麦性味甘、凉，能开胃宽肠、上气消积。《本草求真》中记载："荞麦能降气宽肠，消积去秽，凡白带、白浊、泄痢、痘疮、溃疡、汤火灼伤、气盛湿热等症，是其所宜。"故民间以荞麦为主味食疗各种疾病的单验方也较多。

9.1.3.8 燕麦

燕麦又名雀麦、黑麦、铃铛麦、玉麦、香麦等，是谷类中最好的全价营养食品之一，不仅蛋白质含量(14.3%～17.6%)高于其他谷类，而且必需氨基酸中的赖氨酸含量也高于其他谷类。燕麦中的脂肪含量为 6.1%～7.9%，其中必需脂肪酸(亚油酸)占 35%～52%。另外，还含有较多的膳食纤维、维生素 B_1、维生素 B_2 和较多的磷、铁等。燕麦中的一些氨基酸含量(如赖氨酸)是大米、白面的 2 倍以上，且含量均衡。裸燕麦中含有亚油酸等不饱和脂肪酸，每 50 g 麦粒中的亚油酸含量相当于 10 粒"脉通"中的含量。美国医学家报道，每天吃 60 g 燕麦，可使胆固醇平均降低 3%。燕麦中含有丰富的食物纤维，这种可溶性燕麦纤维在其他谷物中找不到。这种纤维易被人体吸收，且因含热量低，既有利于减肥，又适合心脏病、高血压和糖尿病患者的需要。目前，许多发达国家都在开发燕麦食物，将其制成各种功能性食物。

燕麦制品能抑制老年斑的形成，且能延缓细胞的衰老作用，是老年人的优良食物。因此，燕麦是药食兼优的营养保健食品。

9.1.3.9 薏仁米

薏仁米又称薏苡仁、药玉米、感米、薏珠子等，属药食两用的食物，我国大部分地区均有栽培。现代研究表明，薏仁米含有多种营养成分。据测定，薏仁米蛋白质含量高达 12%以上，高于其他谷类(约 8%)，还含有薏仁油、薏苡仁酯、薏苡内酸、β-谷甾醇、多糖、B 族维生素等成分。其中，薏苡仁酯和多糖具有增强人体免疫功能、抑制癌细胞生长的作用。

薏仁米中含有丰富的碳水化合物、蛋白质以及亮氨酸、赖氨酸、精氨酸、酪氨酸等多种氨基酸，其脂肪油中所含的薏苡仁酯、薏苡内酯等，都是人们通常所吃的食物中缺乏的，因此，薏米仁营养价值较高，常吃可补充由于久食精白米而缺乏的营养素。

据研究报道，薏仁米中的薏苡仁酯、薏苡仁油、甾醇、氨基酸、生物碱和薏苡内酯等成分，对实验小鼠肉瘤、宫颈癌、艾氏腹水癌和大鼠吉田肉瘤等均有抑制作用。目前，临床常用薏仁米为主配伍其他中草药组成复方治疗常见癌症，并收到一定疗效。若经常服用薏仁米，则能增强机体的抗病能力，提高白细胞的吞噬能力，有利于疾病的康复。我国医学认为，薏仁米味甘淡、性凉，入脾、肺、肾三经，具有健脾利湿、清热排脓、降痹缓急的功效。临床上，薏仁米常用于治疗脾虚腹泻、肌肉酸痛、关节疼痛、屈伸不利、水肿、脚气、肺痛、肠痈、淋浊等病症。

薏仁米有一种特别的口味，很受人们的喜爱。随着生活水平和营养要求的提高，薏仁米将从逐渐从药店走上餐桌，成为人们喜爱的高档食品。

9.1.3.10　高粱

高粱为禾本科植物蜀黍的种子。高粱按颜色可分为红、白两种。红高粱粒大，白高粱坚实。高粱的营养成分与小麦相似，每 100 g 高粱米中含蛋白质 10.4 g、脂肪 3.1g、钙 22 mg、铁 6.3 mg、维生素 B_1 0.29 mg、维生素 B_2 0.10 mg、维生素 B_3 1.6 mg。

高粱主要用于酿酒，是酿酒最理想的原料。我国的名酒大都是用高粱酿制而成的。

中医认为，高粱能健脾胃，助消化，止腹泻。高粱含有的鞣酸可收敛止泻，故慢性肠炎患者宜用高粱煮粥久食。高粱含有一般谷类所含的各种营养成分，既可用于食养，又有食疗保健功效。

9.1.4　加工、贮藏对谷类营养价值的影响

9.1.4.1　加工对谷类营养价值的影响

谷类的加工方式主要是碾磨，去除杂质和糠皮，使其能够便于烹调并改善口感，有利于消化吸收。谷类的表面有糠层，妨碍淀粉的糊化，使蒸煮困难，也影响咀嚼和消化。谷类经过加工后，感官质量得到提高，各方面得到改善。

加工精度与谷类营养素的保留程度有着密切关系，加工精度越高，营养素损失越大，维生素损失尤以 B 族维生素显著(表 9-2 为糙米碾磨后各部分 B 族维生素的含量)，无机盐及赖氨酸含量比较高的蛋白质损失也较大。

如果谷类加工粗糙、出粉(米)率高，虽然营养素损失减少(表 9-3 为不同出粉

率的面粉中B族维生素的含量)，但口感和食味变差。同时，植酸和纤维素的质量分数较高，将影响其他营养素的吸收，如植酸与钙、铁、锌等络合成植酸盐，不能被机体利用。对谷类含有的各类营养素的消化吸收率相应降低，还可能影响其他同时摄入的食物中营养素的吸收。

表9-2 糙米碾磨后各部分B族维生素的含量/%

名称	维生素 B_1	维生素 B_2	维生素 B_3
米糠	65	39	54
胚(包含在米糠中)	58	24	18
糠粉	13	8	13
精白米	32	53	33

表9-3 不同出粉率的面粉中B族维生素的含量/(mg/100 g)

出粉率/%	维生素 B_1	维生素 B_2	维生素 B_3
100	0.405	0.15～0.22	4.8～6.6
85	0.300	0.16	1.5
75	0.135	0.07	0.9
72	0.105	0.06	0.8
67～70	0.084	0.05	0.8

先进的加工机械能够减少精制过程中的营养损失。提胚技术可在精制米、面的同时提取谷胚部分，制取谷胚油、谷胚食品等产品，充分利用其中的营养成分。小麦分层碾磨技术可以保留较多的糊粉层部分，提高精粉的产出率，同时提高B族维生素的保存率，并改进面粉的烘焙性能。

随着科学的发展，人民生活水平的提高，应提倡粗细粮混食等方法来克服精米、精面的营养缺陷问题。同时，应研究制造出能够在保持谷类良好感官性状的同时，尽可能保留糊粉层，从而极大限度防止营养素流失的加工工艺及其设备。

谷物烹调的目的是便于消化吸收，但在不同的烹调方式中营养素损失的程度不同。谷类制品在烹调中耗时，不适应现代生活的要求。随着食品工业技术的发展，出现越来越多的新型产品，如方便面、膨化食品等。以大米为原料开发出了速煮米、清洁米、方便米饭等。

米在淘洗过程中即可发生营养素的损失，淘米时维生素 B_1 可以损失30%～60%，维生素 B_2 和维生素 B_3 可损失20%～25%，矿物质损失70%，蛋白质损失15%，脂肪损失43%，碳水化合物损失2%。用水洗的时间越长，水温越高，搓洗的力量越大，营养素的损失就越严重。正常情况下，米轻轻淘洗2～3次即可。煮捞米饭的营养素损失也是非常严重的。为了减少营养素的损失，最好不要煮捞米饭，而用电饭锅、高压锅煮米饭。

传统的面制品加工后含有大量的淀粉，但是，因为添加了各种辅料，所以，对其营养价值造成较大的影响。馒头、面包都是经过发酵而制成的食品。制作油条、油饼等煎炸食品时营养素损失最大，原因是加碱和明矾及高温油炸，维生素 B_1 受到很大的破坏。

面食的焙烤、烙等工艺都会造成营养素的损失。如果在加工烹饪面食过程中能够获得外加的赖氨酸，则对营养价值不会有太大影响。表 9-4 为谷类食品经烹调加热后部分维生素的损失率。

表 9-4　谷类食品经烹调加热后部分维生素的损失率

食物名称	烹调方式	维生素 B_1 损失/%	维生素 B_2 损失/%	维生素 B_3 损失/%
米饭	捞蒸	67	50	76
米饭	碗蒸	38	0	70
馒头	发酵蒸	30	14	10
面条	煮	49	57	22
大饼	烙	21	14	0
油条	炸	100	50	48

9.1.4.2　贮藏对谷类营养价值的影响

谷类的贮藏一般选择避光、通风、干燥和阴凉的环境。在正常的贮藏条件下，谷类种子由于水分含量低，生命活动进行得十分缓慢，各种营养成分基本不发生变化。

谷类在收获、贮藏、加工等过程中极容易受到霉菌、细菌、酵母的污染。当条件适宜时，它们就能迅速在谷物中生长繁殖，并产生毒素，使谷类及其制品变质。在各种贮藏所引起的劣变中，黄曲霉毒素等真菌毒素是最危险的因素。因此，谷类在贮藏时要采取防微生物污染的措施及控制微生物生长繁殖的手段。

谷物制品在贮藏中的主要营养损失是脂肪酸败和维生素含量下降。隔氧、抽真空和充氮的包装有利于保持产品的营养价值。

9.1.4.3　谷类的感官评价

谷类是我国人民膳食结构中的主食。但谷类及其制品保管不当，就易吸潮变质，食用后会危害人体健康。因此，谷类及其制品一经感官鉴别评定了品级后，可按如下原则食用或处理：

①经感官鉴别后认定为良质的谷类可以食用、加工和销售。

②经感官鉴别评定为次质的谷类应分情况进行具体处理。对于水分含量高的谷类，应及时采取适当的方式使其尽快干燥。对于生虫的谷类，应及时熏蒸灭

虫。对杂质含量高的谷物，应去除杂质，使其达到国家规定标准。有轻微霉变的谷物，应采取有效的物理或化学方法去除霉粒或霉菌的毒素，达到国家规定标准后方可食用。对于去除霉粒或毒素比较困难的谷类及其制品，应改作饲料、制造酒精或作非食品工业原料。

③对于经感官鉴别为劣质的谷类，不得供人食用，可以改作饲料、非食品加工原料或予以销毁。

9.2 薯类的营养与保健价值

薯类品种较多，包括马铃薯、甘薯、山药、木薯和芋头等。它们都是含淀粉较多的块根类，所含的营养成分较相似。鲜薯中水分含量为70%～80%，其余主要是碳水化合物，包括淀粉和多糖类，含蛋白质、脂肪很少，维生素含量丰富，其他营养成分大同小异。所以说，薯类是同一家族，但它们也有不同之处。

9.2.1 马铃薯

马铃薯又称土豆、洋芋、山药蛋等，原产于南美洲安第斯山，明代传入我国，它与稻、麦、玉米、高粱并称为世界五大作物。北美洲、欧洲、南美洲一些国家的人民，每天都离不开马铃薯，就像我国人民离不开米、面一样。马铃薯的品种很多，形状各异。马铃薯既可当蔬菜，又可当主食，因其营养丰富，故有“地下苹果”之称。每100 g马铃薯块茎含水分75～82 g、淀粉17.5 g、糖1.0 g、粗蛋白2.0 g。马铃薯还含有丰富的维生素C、B族维生素和胡萝卜素等，铁、磷等矿物质的质量分数也较高。此外，马铃薯还含有柠檬酸、乳酸及相当多的维生素B_3。虽然蛋白质的质量分数低，但其中赖氨酸和色氨酸的质量分数较高，消化吸收率较高，营养价值较高。淀粉的质量分数远高于一般的蔬菜，每100 g可产热334.4～376.2 kJ，具有主食原料的特点。

马铃薯产量大，耐储存，一年四季都能吃到，被营养学家称为“十全十美的食物”。世界宇航中心认为，马铃薯是一种重要的宇航食品，如果有一天人类要迁居到其他星球，首先可以种植的作物应该是马铃薯。马铃薯的吃法也很多，如蒸、煮、煎、炸、炒。

马铃薯含热量低于其他谷类食物，脂肪含量较低，但吃马铃薯后有明显的饱腹感，所以，马铃薯也是一种良好的减肥食品。常吃马铃薯可祛病延年，使身体保持苗条、健美。马铃薯中含有丰富的维生素A、维生素C和矿物质，还含有优质淀粉和大量木质素，因此，被誉为“天然面包”。马铃薯中的钾可以预防高血压；果胶能改善肠道功能，缓解便秘，并对胃溃疡和十二指肠溃疡有良好的疗效。马铃薯皮对烧伤的伤口有收敛止痛作用，能使新皮增生，加速伤口痊愈。

中医认为，马铃薯性平，能补脾益气，缓急止痛，通利大便，有和胃、调中、健脾、益气等功效，适用于治疗胃溃疡、十二指肠溃疡、慢性胃痛、脾胃虚弱、消化不良、肠胃失调、习惯性便秘、湿疹等症。

马铃薯中含有少量的有毒成分——茄碱（又称龙葵碱）。食用含有茄碱的马铃薯可导致中毒，中毒症状轻者感到舌和喉麻痒、恶心、呕吐、腹痛、腹泻、体温升高，1～2 天自愈；严重者抽搐，丧失意志，甚至死亡。因此，食用时应注意，未成熟的青紫皮马铃薯和发芽马铃薯中茄碱含量明显比正常马铃薯高，如有少许发芽部分应先除去后再用。最好将切好的马铃薯放于清水中，浸泡 15～20 min，使茄碱溶于水中。弃去浸泡水，用清水冲洗一遍再烹饪，在烹饪时可加适量的醋，因其毒汁遇乙酸可分解。

9.2.2　甘薯

甘薯又名红薯、甜薯、地瓜、番薯等，原产于南美洲，明代万历年间传入我国。甘薯品种繁多，颜色有红、白、黄等。经过嫁接的甘薯有长得很大的块茎。甘薯的营养丰富，据分析，每 100 g 鲜薯含水分 73～82 g，碳水化合物含量高于马铃薯，为 15.2～29.5 g。其蛋白质质量分数较马铃薯低，为 0.8～1.8 g。甘薯含有丰富的 β-胡萝卜素、维生素 C 以及少量的 B 族维生素，还含磷、铁、钾、钠等元素，是碱性食物，能补充和调和米、面、肉、蛋等，有助于人体血液酸碱平衡。

甘薯是具有特殊营养价值的健康食品。甘薯中的黏蛋白是一种多糖和蛋白质混合物，属胶原和黏液多糖类物质，能防止疲劳，提高人体免疫能力，促进胆固醇排泄，防止心血管脂肪沉积，维护动脉血管弹性，防止动脉粥样硬化，从而降低心血管疾病的发病率。甘薯对保持皮肤细腻、延缓细胞衰老也有一定的作用，对鼻出血、眼底出血、牙龈出血、胃肠出血、外伤出血等均有明显的止血作用。

甘薯性味甘平，有健脾、补虚、益气、通乳的功效。甘薯在我国医药中早已用于食疗。据《本草纲目》记载，甘薯有“补虚乏，益气力，健脾胃，强肾阴”的功效。民间常用甘薯和薏米煮粥治湿疹、疱疹等症。甘薯与大枣、红豆、紫糯米共煮粥可治疗贫血。甘薯有较强的通便作用，因为它含有丰富的膳食纤维（包括可溶性纤维）和胶质类等容积性排便物质，可以促进排泄，防治便秘，还能减少肠癌的发生，所以，被比喻为“肠道清道夫”。

9.2.3　山药

山药为薯蓣科缠绕性草本植物薯蓣的块茎，原名薯蓣。最有名的山药是怀山药，素有“怀参”之美称。每 100 g 块茎含水分 76.7～82.6 g、碳水化合物 14.4～

19.9 g、蛋白质 1.5～1.9 g、脂肪 0.1～0.2 g。山药中含有多种酶，其中淀粉酶含量最高。山药含有丰富的淀粉、碳水化合物和蛋白质，口味很好，因此，用山药做菜肴、点心都十分可口。

自古以来，山药是中医沿用的一味健脾补气的良药，用于治疗慢性腹泻、食少体倦、虚劳咳嗽、急慢性肾炎、糖尿病、甲状腺功能亢进、妇女带下等症。山药的黏液蛋白能预防心血管系统的脂肪沉积，保持血管的弹性，防止动脉粥样硬化过早发生，减少皮下脂肪沉积，避免出现肥胖。山药所含的皂苷是激素的原料。山药中的多巴胺具有扩张血管、改善血液循环的功效。山药还有增进食欲、改善人体消化功能、增强体质等功能。

山药既是食物，又是药物。中医认为，山药味甘、性平，有补中益气、健脾和胃、长肌肉、止泻、治消渴和健肾、固精、益肺等功效。由于山药性平质润，作用和缓，需多服常服才能见效。

9.2.4 木薯

木薯又称为南洋薯、木番薯和树薯，是大戟科植物的块根，在我国南方广为栽植，是主要的杂粮之一。木薯除了可以食用外，还可以用来提取淀粉、葡萄糖、酒精和作为酿造工业的原料。木薯主要含淀粉，鲜品淀粉的质量分数约为 28%，蛋白质为1.0%，脂肪为 0.2%，此外，每 100 g 木薯中含钙 85 mg、磷 30 mg、铁 1.3 mg、维生素 B_1 0.08 mg、维生素 B_2 0.9 mg、维生素 C 22 mg。木薯除可以煮着吃外，还可以加工成薯粉或薯干。

吃木薯时最重要的是要避免木薯中毒。因为木薯中含有苷类物质，遇水时，在其所含酶的作用下，水解生成氢氰酸。氢氰酸是一种很毒的化合物，人一旦摄入，就会严重中毒，出现头晕目眩、呼吸困难等中毒症状，严重者可导致死亡。因此，吃木薯应有一定的方法。首先，勿生食；煮时一定要去皮，并将薯肉用水浸泡 2 h 以上，再换水洗净。注意：不能用铜锅煮食木薯；小儿应禁食木薯。

9.2.5 芋头

芋头又名毛芋、芋艿、芋子等，是天南星科植物芋的块茎。芋头原为野生，后为人工栽培。芋头一般可分为三类：白芋、香芋和野芋，其中香芋的品质最好。通常食用的是小芋头。芋头肉质为黏质，水分含量是薯类中最高的，其主要成分是淀粉。芋头的营养价值很高，含蛋白质（1.75%～2.3%）、淀粉（69.6%～73.7%），以及灰分、脂类、钙、磷、铁等，维生素 C 和维生素 A 的含量较少，但含维生素 B_1、维生素 B_2 特别多。芋头质地细软，易于消化，适宜胃弱者、肠胃病患者、结核病患者、老年人和儿童食用。芋头有祛痰散结、消肿止痛的作用。芋头所含的矿物质中,氟的含量较高,具有洁齿、防龋、保护牙齿的作用。以芋头为主的“芋艿丸”对淋巴结核有很好的疗效。

芋头味甘辛,性平,生则有毒,性滑。生芋头主治瘰疬、肿毒、腹中痞块、牛皮癣、烫火伤等。

9.3 豆类、坚果类的营养与保健价值

在植物性食品中,豆类食品的重要性仅次于谷类食品。豆类是人类三大食用作物之一,豆类品种繁多,包括大豆、红豆、绿豆、豌豆、豇豆、蚕豆、赤小豆等。豆类可制成很多豆制品,如豆腐、豆浆、豆芽、豆豉、腐竹等。

9.3.1 豆类的主要成分和营养价值

按营养成分,豆类可以分为淀粉豆和蛋白豆两大类。淀粉豆含脂肪很少,只有 1%左右,含碳水化合物 55%～60%,含蛋白质 20%～25%。蛋白质中赖氨酸较多,可以补充谷类的不足。此外,豆类还含有丰富的钙、磷、铁和 B 族维生素,其中以维生素 B_1、维生素 B_2、维生素 B_3 的含量较多。蛋白豆含蛋白质 35%～40%,其中黑豆中蛋白质含量可高达 50%以上,含脂肪 15%～20%。与谷类相比,豆类的种子都有较高含量的蛋白质和脂肪。大豆是植物性食物中唯一能与动物性食物相媲美的高蛋白质、高脂肪、高热能的食物。所有的豆类蛋白质中氨基酸组成都较好,其中以大豆为最好,其氨基酸组成接近人体需要,且富含谷类中较为缺乏的赖氨酸。豆类的营养成分见表 9-5。

表 9-5 豆类的营养成分

豆类	蛋白质 /(g/100 g)	脂肪 /(g/100 g)	碳水化合物 /(g/100 g)	水分 /(g/100 g)	纤维素 /(g/100 g)	无机盐 /(mg/100 g)			维生素 A/IU	维生素 B_1 /(mg/100 g)	维生素 B_2 /(mg/100 g)	维生素 B_3 /(mg/100 g)
						钙	铁	磷				
大豆	40.0	18.0	27.0	8.0	3.5	190	7	500	10	0.41	0.2	3.0
豌豆	21.7	1.0	55.7	13.4	6.0	58	5	360	100	0.49	0.15	4.5
蚕豆	26.0	1.2	50.9	13.6	5.8	100	7	129	150	0.37	0.1	3.0
绿豆	23.0	1.7	54.7	13.6	4.0	110	6	430	100	0.45	0.24	3.0
扁豆	19.6	1.6	54.5	14.8	5.9	75	4	570	—	—	—	—
豇豆	23.9	2.0	49.3	17.0	4.7	75	4	570	—	—	—	—

9.3.1.1 蛋白质

豆类的蛋白质属于完全蛋白质,其氨基酸模式与人体接近,特别是含有谷物类缺乏的赖氨酸。

9.3.1.2 碳水化合物

不同的豆类，其碳水化合物的组成有一定的差异，绿豆、赤小豆的碳水化合物含量高，主要是淀粉。

9.3.1.3 脂肪

豆类含有丰富的磷脂，占脂肪含量的2%～3%，是食品加工中磷脂的主要来源。在加工精制豆油时，大部分磷脂被除去。

9.3.1.4 矿物质

豆类中含有丰富的矿物质，如钙、磷、钾、镁等，其中铁、锰、锌、硒、铜等微量元素的含量也较高。

9.3.1.5 维生素

豆类富含B族维生素，维生素B_1、维生素B_2的含量是面粉的2倍以上。有的品种也含有维生素A和维生素D，鲜豆和豆芽富含维生素C。

9.3.2 大豆的营养成分和营养价值

大豆是豆科作物，包括黄豆、青豆、黑豆等。中国是大豆的故乡，是豆腐等制品的原产地。我们要推进现代化大豆产业的发展。同时，建议实施"奶类行动计划"，使奶、豆两者紧密地配合，加快综合开发利用优质蛋白质资源，增进人们的健康。

大豆占我国豆类总产量的75%～80%。相比较而言，大豆是现有农作物中蛋白质含量最高、质量最好、开发潜力最大的作物，也是人们日常饮食中不可或缺的食品。

大豆含有35%～40%的蛋白质，个别品种蛋白质含量甚至高达52%。与肉类食物相比，1 kg大豆所含蛋白质的数量(按40%含量计)相当于2.3 kg瘦猪肉或2 kg牛肉所含的蛋白质。大豆是天然食物中蛋白质含量最高的，是与谷类蛋白互补的天然理想食品。大豆是植物体的繁殖器官，在生长过程中积累了大量高分子营养物质。大豆在营养上的这一特点使其在膳食结构中具有重要的意义。

蛋白质营养价值的高低，取决于其氨基酸组成符合人体需要的程度。大豆蛋白中8种必需氨基酸的组成十分符合人体的需要，因此，是一种优良的植物性蛋白质，特别是它含有丰富的赖氨酸，其含量比谷类粮食高10倍，所含的苏氨酸比谷类高5倍左右。而赖氨酸是所有谷类的第一限制氨基酸，因此，如果把大豆制品与其他粮食混合食用，不仅可以弥补谷类食物蛋白质的含量不足，而且可以补充其他谷类食物所不足的氨基酸，从而使混合食物蛋白质的营养价值有明显的提高。

如果在小麦粉中添加15%的大豆粉，人体对小麦粉蛋白质的利用率将提高

1.8 倍，因此，大豆是谷类理想的互补食物。其他豆类如绿豆、小豆、豌豆、蚕豆等，其蛋白质的含量也明显高于谷类食物，赖氨酸的含量也比较丰富，所以，它们也是谷类的良好互补食物。

大豆含 25%～30%的碳水化合物。大豆碳水化合物含量较低，其中一半为可供人体利用的淀粉、阿拉伯糖、半乳聚糖和蔗糖，另一半为人体不能消化吸收的棉子糖和水苏糖，可引起腹胀，但有保健作用。与谷类相比，大豆碳水化合物的含量要低得多。所以，豆制品是糖尿病患者的优良食物。其他豆类中的碳水化合物含量比大豆高得多，为 50%～60%，小豆更高些。用小豆和大米（或小米）一起焖饭、煮粥，不仅使饭或粥的营养更加全面，而且会增加芳香扑鼻的小豆香味，增进人们的食欲。小豆蒸煮后呈粉沙状，很适合做豆沙，可用来加工各种糕点食物。

大豆含脂肪 15%～20%，主要为不饱和脂肪酸，其中亚油酸最多，占 55%，油酸占 35%，磷脂占 1.6%，亚麻酸约占 6%，这些不饱和脂肪酸能起到减少人体动脉壁上胆固醇沉积的作用。黄豆中含有丰富的卵磷脂，卵磷脂是大脑细胞的组成成分，对改善大脑机能有重要作用。

大豆和其他豆类还含有丰富的钙、磷、铁、锌等无机盐元素，虽然大豆中铁的含量较高，但其生物利用率很低，仅有 3%左右。B 族维生素的含量明显高于大米、面粉和玉米粉等谷类食物，有的高出几倍甚至几十倍。豌豆中维生素 B_1 的含量居各种粮食之首。大豆和其他豆类虽不含有维生素 C，但用大豆或绿豆做成的豆芽，其维生素 C 的含量可达 20 μg/100 g。因此，豆芽还是维生素 C 的良好来源。经常食用豆制品可补充人体所必需的无机盐和维生素，促进新陈代谢，增进食欲，提高健康水平。大豆中还含有丰富的大豆卵磷脂、天门冬氨酸、谷氨酸、胆碱、胆固醇等成分，这些物质对于促进生长发育、增强记忆力、维护正常肝功能、防止动脉硬化和保持旺盛的青春活力都具有良好的作用。

宋代医书《延年秘录》中记载："服食大豆，令人长肌肤、益颜色、填骨髓、加气力、补虚能。"500 g 大豆所含蛋白质的量相当于 1000 g 瘦肉、1500 g 鸡蛋或 6000 mL牛奶，所以，大豆被人们称为"植物肉"或"绿色乳牛"。在肉类、奶类和蛋类食用量不足的情况下可以依靠大豆补充营养，所以，民谚有"金豆银豆不如黄豆"之说。目前，世界上许多国家都把大豆制品视为健康食物或美容食物。

9.3.2.1　大豆中的不利营养因素

大豆的营养价值很高，但也存在诸多抗营养因素。大豆蛋白的消化率为 65%，但经加工制成豆制品后，其消化率明显提高。近年来的多项研究表明，大豆中的多种抗营养因子有良好的保健功能，这使大豆成为营养领域的研究热点之一。

①胰蛋白酶抑制剂。生豆粉中含有此种因子，对人胰蛋白酶活性有部分抑制

作用，可对动物生长产生一定影响。我国食品卫生标准中明确规定，含有豆粉的婴幼儿代乳品的脲酶实验必须是阴性。在大豆、菜豆等食物中，均含有能够抑制胰蛋白酶活性的胰蛋白酶抑制剂。如果生食上述食物，由于胰蛋白酶抑制剂没有遭到破坏，不仅吸收利用率会明显下降，而且会反射性地引起胰腺肿，因此，食用前必须使之钝化。钝化胰蛋白酶抑制剂的有效方法是常压蒸汽加热30 min，或在0.1 MPa压力下蒸汽加热15～20 min。大豆用水浸泡至含水量为60%时，用水蒸5 min即可。

②植物红细胞凝集素。大豆、豌豆、蚕豆、绿豆、菜豆、扁豆、刀豆等豆类还含有一种能使红细胞凝集的蛋白质，称为植物红细胞凝集素，简称凝集素。凝集素是一种蛋白质，可影响动物生长，但加热即被破坏。含有凝集素的豆类，在未经加热使之破坏之前就食用，会引起恶心、呕吐等症状，严重者甚至会引起死亡。凝集素是一种糖蛋白，在常压下蒸汽处理1 h或高压蒸汽处理15 min，可使之失活。

③植酸。大豆也像谷类一样含有植酸，所含的大量植酸会妨碍钙和铁的吸收。此外，大豆还含有丰富的脂氧合酶，在贮藏中容易造成不饱和脂肪酸的氧化酸败。植酸能与铜、锌、铁、镁等元素络合，这对植物体自身来说具有重要的生物学意义。因为被络合的元素可以稳定地存在于种子中，这是大豆在保护自身珍贵的营养成分，为了延续繁衍后代、供其将来发芽及为下一代植株提供营养的需要。但是，这些营养成分因被植酸所络合而无法供人体利用。然而，如果大豆适当发芽，例如，在19～25 ℃下用水浸湿3天，促使其发芽，这时豆芽中植酸酶活性大大升高，植酸被分解，游离氨基酸、维生素C则增加，使原来被植酸络合的元素释放出来，变成可被人体利用的状态。

把大豆制成豆浆或豆腐前要经过长时间的浸泡。据测定，经6 h浸泡就能使大豆中的植酸酶活性上升，植酸被分解，可提高钙、锌、铁、镁等元素的利用率。大豆经浸泡、发芽导致植酸酶活性增强，是因为大豆解除植酸对这些营养成分的束缚，把原来牢固结合的营养物质完全释放出来。人们就利用大豆这一微妙的生化现象和生物学原理，除掉植酸，获取大豆的营养素。

④豆腥味。大豆及其制品具有固有的豆腥味，豆腥味主要是由脂肪酶的作用产生的。因为有些人对豆腥味比较敏感，所以，豆腥味在一定程度上影响了产品的销路。构成豆腥味的物质有40多种，采用下列方法可部分脱去豆腥味：95 ℃以上加热10～15 min；乙醇处理后减压蒸发；钝化大豆中的脂肪氧化酶；用酶或微生物进行脱臭等。

⑤低聚糖、皂苷和异黄酮。胀气主要是由大豆低聚糖的作用产生的，大豆低聚糖是生产浓缩和分离大豆蛋白质的副产品。大豆低聚糖可不经消化直接进入大肠，被双歧杆菌利用并有促进双歧杆菌繁殖的作用，对人体产生有利影响。皂

苷和异黄酮有抗氧化、降低血脂和血胆固醇的作用，近年来的研究发现了其更多的保健功能。

9.3.2.2　豆制品的营养价值

豆制品是指除去大豆内的有害成分，使大豆蛋白的消化率增加，从而提高大豆营养价值的产品。大豆制成豆芽后，可产生一定量的维生素C。目前，大豆蛋白制品主要有4种：分离蛋白质、浓缩蛋白质、组织化蛋白质和油料粕粉。

9.3.3　坚果类的主要成分和营养价值

坚果也称硬果，常指果皮坚硬的果实或种子，包括花生、核桃、瓜子、杏仁、榛子等，是一类营养丰富的食品。坚果可分为两类，一类含脂肪和蛋白质较高，如花生、榛子、松子、瓜子等；另一类含淀粉很高，如莲子、栗子、白果等。它们不仅含有很高含量的脂肪，还具有很高的营养价值，因此，作为零食，坚果类是日常膳食最好的补充。

坚果含蛋白质13%～35%，含脂肪40%～70%。坚果中维生素E十分丰富，B族维生素的含量较高。杏仁中含有较多的维生素B_2。淀粉类硬果的维生素含量不是很突出。坚果类中各种微量元素的含量在各种食品中非常突出，如铁、锌、铜、锰、硒的含量高于大豆和肉类，更高于谷类。坚果虽为营养佳品，但因为其中大部分含脂肪，热量高，所以，不宜大量食用，以免引起消化不良或肥胖等问题。表9-6为常见坚果类食品的营养价值。

表9-6　常见坚果类食品的营养价值

名称	蛋白质/(g/100 g)	脂肪/(g/100 g)	维生素B_1/(mg/100 g)	维生素B_2/(mg/100 g)	维生素B_3/(mg/100 g)	铁/(mg/100 g)	锌/(mg/100 g)
花生仁	25.0	44.3	0.72	0.13	17.9	2.1	2.5
杏仁	24.7	44.8	0.08	1.25	—	1.3	3.6
葵花子仁	23.9	49.9	0.36	0.20	4.8	5.7	6.0
核桃仁	14.9	58.8	0.15	0.14	0.9	2.7	2.2
黑芝麻	19.1	46.1	0.66	0.25	5.9	22.7	6.1

9.3.3.1　花生

花生为豆科植物花生的种子，又名长生果、落花生、番豆等，是我国产量丰富、食用广泛的坚果之一。花生的蛋白质含量为25%～36%，营养价值不及大豆蛋白，脂肪含量为40%～50%，不饱和脂肪酸占82%，亚油酸占37.6%。花生油是高质量的食用油，它只在高温下冒烟，而且不容易吸收气味。全世界2/3产量的花生用于榨油，花生油占食用油产量的1/5，是我国主要的食用油之一。花生的特殊香味主要来自于它的油和油溶性成分。花生中维生素 B_1、维生素 B_2 和维生素 B_3 含量丰富,还含有磷脂、维生素 E、胆碱及多种矿物元素。

花生性味甘、温,无毒,其功用是润肺和胃。花生中的不饱和脂肪酸和甾醇均具有降低胆固醇和润泽肌肤的作用。所含卵磷脂和脑磷脂是神经系统和大脑不可缺少的营养物质,能延缓大脑功能的衰退,对少年儿童提高智力和促进发育有益。花生所含维生素 K 具有良好的止血作用,因为维生素 K 是促进血液凝固的化学物质之一,是形成凝血酶原不可缺少的物质。花生衣的止血效果比花生仁好 50 倍,因为花生衣能够对抗纤维蛋白的溶解作用,除此之外,花生还有凉血功效,可将花生连皮吃。花生蛋白含有人体必需的氨基酸,人体利用率高达 98%。其中,赖氨酸可防止早衰和提高儿童智力。谷氨酸和天冬氨酸可促进脑细胞发育,增强记忆力。花生中的儿茶素也有抗衰老的作用。花生中的维生素 E 是一种长寿因子,不但能防止动脉硬化,还有延缓人体细胞衰老的功能。花生中的胆碱能防止脑功能衰退,增强记忆力。

花生是男女老幼皆宜的健康食品,尤其对儿童、老人、孕妇、运动员和脑力劳动者有益处。但是,花生是油脂类食物,一次不宜吃得太多,多食助火生痰,滑肠腹泻。火旺者不宜多吃炒炸的花生,脾虚便溏者不宜多吃煮花生。

9.3.3.2 芝麻

芝麻是胡麻科植物胡麻的成熟种子,又名胡麻、乌麻、油麻、脂麻等。芝麻是一年生草本植物,芝麻种子有迟、早两种,颜色有黑、白、黄三色。白芝麻一般用于榨油,黄芝麻服食较好,黑芝麻常作药用。芝麻是人类最早的调味品和最古老的油料作物之一。芝麻含脂肪约为 60%,所含脂肪酸是对人体有益的不饱和脂肪酸。油中含油酸、亚油酸、棕榈酸、花生酸、二十二碳酸等的甘油酯。芝麻含有 19%~28%的优质蛋白质,含卵磷脂、钙、铁、锌、硒、B 族维生素和维生素 E、芝麻素、芝麻酚等。营养学家对芝麻的评价很高,认为芝麻是高铁、高钙、高蛋白的三高食品,其中铁的含量比猪肝高,钙的含量比豆腐高,含钙量是大豆的 3~4 倍、普通谷类的 10 倍以上,蛋白质的含量比鸡蛋和牛肉高。

芝麻味甘、性平,其功用为补肝肾、润五脏。由于芝麻含有丰富的营养成分,因此,芝麻是优良的滋补强壮剂,有补血、润肠、生津、通乳、养发等功效,适用于身体虚弱、头发早白、贫血萎黄、津液不足、大便燥结、头晕耳鸣等症。若婴幼儿的大便干燥,则在食物中加少许芝麻油即可解除。黑芝麻对于慢性神经炎、末梢神经麻痹均有疗效。芝麻和芝麻油有降低胆固醇作用,对心血管疾病患者有益。芝麻油还是一种促凝血药,可用于治疗血小板减少性紫癜。芝麻所含的维生素 E 和维生素 F 是人体中能发挥作用的抗氧化剂,可以阻止体内产生过氧化脂质,从而维持含不饱和脂肪酸比较集中的细胞膜的完整和正常功能,延缓细胞的衰老过程。

芝麻还含有丰富的卵磷脂，不但可以防止头发过早变白和脱落，保持头发秀美，而且能够润肤美容，促进人体保持和恢复青春的活力。凡大便溏泄、精气不固、阳痿精滑、白带诸症者，不宜服食芝麻。

黑芝麻比白芝麻的治病功效好，一般都是以黑芝麻为滋养强壮剂。近年来，十分推崇黑色食品，将黑芝麻列为“黑五类”之首，堪称硬果中的营养珍品。

9.3.3.3 白果

白果为银杏科乔木植物银杏的种仁，又名白果仁、鸭脚子、灵眼、佛指甲、佛指柑等。白果外面是赭黄色浆质果肉，奇臭难闻且有毒，果汁溅到皮肤上会引起瘙痒。如今银杏经植物学家培育，遍及全国，并已移植国外，许多城市将银杏种植在人行道和绿化地带，可美化城市。银杏的繁殖方式很特别，是雌雄异株，雌树只开雌性花，雄树只开雄性花，花粉须借风力传播。

100 g 白果含蛋白质 6.4%、脂肪 2.4%、碳水化合物 36%、钙 10 mg、磷 218 mg、铁 1 mg、胡萝卜素 320 μg、维生素 B_2 50 μg，以及多种氨基酸。白果皮中含有许多有毒成分，如白果酸、氢化白果酸、白果二酚、白果醇等，还含有少量氰苷、赤霉素等。内胚乳中还分离出两种核糖核酸酶。白果对葡萄球菌、链球菌、白喉杆菌、大肠杆菌、伤寒杆菌等多种类型细菌有不同程度的抑制作用。

白果不能生吃，需要炒熟或煮熟。熟白果入口香糯，风味别具一格，既是干果，又可做菜，还可制羹、糕点、蜜饯。被称为“植物元老”的白果，历来被食客所推崇。

成熟的白果需堆放地上或浸泡水中，使其腐烂，捣去外种皮后洗净、晒干。生白果仁捣烂外敷，能杀虫、止痒、消肿，适用于疮疖肿毒、癣症、酒糟鼻、阴部疳疮等。生白果食后细嚼擦抹牙齿、牙龈，可防治龋齿。在食服时要注意白果的毒性，应将中间的绿色胚芽去掉，因其中有毒成分含量较多。小孩和成人都不能吃太多白果。

9.3.3.4 榛子

榛子为桦木科植物榛的种仁，又名山板栗、平榛、棰子等。榛子壳硬，埋在地下千年也不会烂掉，任何木质坚果壳都无法与之相比。榛子在我国有 5000 年多年的历史，榛子可食用和药用。

榛子仁含脂肪、蛋白质、碳水化合物、维生素、矿物质等。其中脂肪含量丰富，为 50.6%～77%，主要是不饱和脂肪酸，对治疗心血管疾病有好处。榛子含磷量为诸果之首，每 100 g 含磷 556 mg，钾、铁的含量也较多。每 100 g 榛子中钙的含量为316 mg，比核桃和松子都高。此外，维生素 A 原、维生素 B_1、维生素 B_2、维生素 B_3 的含量也很丰富。

榛子与核桃、扁桃、腰果并列为世界四大干果。炒食榛子，香脆可口，没有涩味。榛子仁经过加工,可制成榛子乳、榛子粉,还可用于榨油、配制糕点及糖果等。用榛子仁制成的巧克力是高级糖果。榛子油味美质清,是高级食用油。榛子仁的营养齐全,被称为“坚果之王”。榛子性味甘、平,无毒,其功用为调中、开胃、明目。中医把榛子当作补益脾胃、滋养气血的佳品,常可用于体倦乏力、饮食减少、眼目昏花等症,对治疗小儿疳积、虫积也有较好的效果。榛子还可作为休闲小食品,适用于运动员、重体力劳动者,以补充体力。在冬季,榛子能治疗因气虚而引起的头晕眼花、体倦乏力、形体消瘦、食欲缺乏等症。若将炒熟的榛子仁拌以红糖同吃,则补气益血的作用更好。炒熟的榛子仁和栗子同嚼食,能补肾强腰,治疗食欲缺乏和乏力。

9.3.3.5 向日葵子

向日葵子是菊科向日葵属植物向日葵的种子,又名葵花籽、葵瓜子、天葵子、葵子等。我国的向日葵子主要作为小食品食用,而不是榨油。向日葵在世界油料作物中占第四位,次于大豆、花生和棉籽。向日葵可以分为两大类,一类是非油用的品种,颗粒大,具有条纹,含油低;另一类是油用品种,籽粒小,含油量超过40%。许多国家都将向日葵油称为“健康油”。

向日葵子含脂肪50%、蛋白质30%、糖12%,还含有维生素A、维生素B_1、维生素B_2、维生素E、维生素B_3和钙、磷、铁等矿物质。脂肪中所含的亚油酸酯高达70%,还含有磷脂、β-谷甾醇等。向日葵子中所含的糖大部分(约58%)是可溶性的单糖、双糖和三糖,不含淀粉。此外,向日葵子还含有柠檬酸、酒石酸、绿原酸、奎宁酸、咖啡酸等有机酸和β-胡萝卜素等。向日葵子中所含的蛋白质,从数量和质量上来说,都可以与各种肉类媲美。从蛋白质、脂肪、糖类这三大营养成分的含量和比率上来说,向日葵子可以说得上是全面的营养滋补品。

向日葵子有润肺、平肝、消滞和驱虫的功效,并有治血痢和通气透脓的作用。亚油酸是人体必需脂肪酸,可以防止代谢紊乱、皮肤病变(如皮肤干燥)和器官病变(如肾脏病变)等。亚油酸还是维持细胞柔软、弹性和活动性的重要物质,对人体的新陈代谢和调节血压起着重要作用,还有防止胆固醇沉积在血管壁上形成动脉粥样硬化的作用。因此,向日葵子能辅助治疗动脉硬化、高血压、冠心病等疾病。临床上用于治疗的“益寿宁”“降压灵”“脑立清”“肌醇”等药品,就是由从向日葵子中提取得到的亚油酸制成的。向日葵子中的维生素E有延迟人体细胞衰老、保持青春的作用。向日葵子中有维生素B_3,能增强记忆力,治疗抑郁症和失眠,并对预防肿瘤、心血管疾病有效。向日葵子中的钾含量超过香蕉和橘子,而钾是人体中不可缺少的物质。向日葵子还是一种美容食品。但是,向日葵是油料作物,吃得太多容易引起滑肠和厌食。

9.3.3.6　莲子

莲子为睡莲科水生草本植物莲的种子，又称莲实、莲米和莲肉。我国大部分地区均有莲子，莲子是世界上生命力最强的种子之一。一颗生的莲子，不管它的外部气温条件如何，很难死亡，经过四五百年，在适当的条件下，仍可发芽生长。根据栽培来分，莲子有池莲、湖莲和田莲三种；根据采收季节来分，莲子有伏莲和秋莲两种。伏莲在秋分前采收，粒大饱满，肉厚质佳。秋莲在秋分后采收，质较差；以皮色分，莲子有白莲和红莲两种，此外，还有一种冬瓜莲。

每100 g莲子含蛋白质16.2 g、碳水化合物62 g、脂肪2 g，以及丰富的钙(0.089%)、磷(0.285%)、铁(0.0064%)、维生素B_1、维生素B_2、维生素C、维生素B_3、胡萝卜素等。莲子中的碳水化合物主要是淀粉和棉子糖。此外，莲子还含有莲心碱、甲基莲心碱、去甲基乌药碱、非晶性生物碱Nn-9等多种生物碱和金丝桃苷、芸香苷等。

莲子鲜而嫩者可生食，味道清香。老的莲子或干莲子可以泡软后煮熟吃。莲子的吃法很多，可做成冰糖莲子、蜜饯莲子，还可制成糕点或用于做汤、做菜。以莲子为原料已开发出莲苓面、莲芯茶、莲饮料、莲食品、白糖莲子等食品。

据药理证明，莲心碱有平静性欲之功，对性欲亢进者有效。结晶性的莲心碱有短暂的降压作用，若改用其季铵盐，则降压作用强而持久。非结晶性生物碱Nn-9也有较强的降压作用。莲子中的氧化黄心树宁碱有抑制鼻咽癌的作用。莲子心中的莲心碱含量较多，莲心碱有强心作用。所以，高血压患者常服莲子心茶，能平肝降压，强心安神。用莲子心煮汤喝，可用于退烧，且没有副作用。莲子也是一种美容食品。吃莲子，宜取鲜嫩的，但多吃会伤脾胃。

9.3.4　加工贮藏对豆类和坚果类营养价值的影响

豆类中存在蛋白酶抑制剂和其他抗营养因素，适当的加工对于提高其营养价值是十分必要的。将大豆加工成豆制品，能够将蛋白质的消化吸收率从65%提高到90%以上，并能除去大豆中的抗营养因素和一部分不能消化的寡糖。所以，不论是豆腐、豆乳，还是发酵豆制品，都有利于提高营养价值。也可以通过加工，设法除去豆腥味，改善风味和口感。蒸和煮是比较好的加工方法，但过度加热(200 ℃以上)会导致蛋白质质量降低和维生素损失。在豆腐加工中，豆腐的消化吸收率可达90%以上，而炒豆的蛋白质吸收率仅占50%。

大豆和坚果类都是食用油脂的良好来源，坚果类在贮藏和加工中的主要问题是油脂的氧化。高温煎炸用油宜采用含饱和脂肪酸或单不饱和脂肪酸的油脂，富含亚油酸和亚麻酸的油脂应避免高温加热。

坚果内含有大量的维生素E，在长时间贮藏后，去壳或破损之后都非常容易发生脂肪氧化。为了避免脂肪氧化，应将油脂密闭储存于避光、阴凉处，不能用铁器盛放，不宜保存含较多杂质的油脂，不能将新油与旧油混放。为了延缓油脂氧化速度，可加入适量的抗氧化剂。

花生如在高湿条件下贮藏，很容易被黄曲霉毒素污染，这是人类肝癌的重要致病因素，对健康威胁很大。黄曲霉毒素加热至 280 ℃以上方可被破坏，因此，一般的烹调方式不能除去其毒性。

9.4 蔬菜和水果的营养与保健价值

蔬菜和水果含有人体所需要的多种营养成分，都是膳食中的重要组成部分。蔬菜和水果含水量高，蛋白质、脂肪含量低，含有维生素 C、胡萝卜素及各种有机酸、芳香物质、色素和膳食纤维等。蔬菜和水果在膳食中不仅占有较大的比例，而且它们具有良好的感官性质，对增进食欲、帮助消化、维持肠道正常功能及丰富膳食的多样化等具有重要的意义。

9.4.1 蔬菜的营养成分

现在流行食用绿色食品，绿色食品是指以无污染、优质、安全、营养为基础的纯天然食品，其中首推的就是蔬菜。蔬菜通常是人们膳食中主菜的一部分，有不可替代的营养价值。蔬菜的含水量一般在 90%以上。蔬菜的营养成分主要包括以下几种。

9.4.1.1 碳水化合物

蔬菜中的碳水化合物包括可溶性糖、淀粉和膳食纤维。一般蔬菜（如番茄、青椒、黄瓜、白菜、菠菜等）的碳水化合物含量较低，仅为 2%～6%，几乎不含淀粉。根和茎类蔬菜（如马铃薯、藕等）的碳水化合物含量比较高，可达 15%以上，其中大部分都含淀粉。胡萝卜、南瓜、洋葱等含糖量较高，碳水化合物的含量为 7%～8%。蔬菜中纤维素、半纤维素等膳食纤维含量较高，在膳食中具有重要的作用。菌类中的碳水化合物主要来自于菌类的多糖。海藻类中的碳水化合物属于可溶性膳食纤维的海藻多糖，它们能够促进人体排出多余的胆固醇和体内的某些有毒、致癌物质，对人体有益。

9.4.1.2 无机盐

蔬菜中含有丰富的无机盐，是矿物质的重要膳食来源，尤其是钾、钠、钙和磷等，也是调节膳食酸碱平衡的重要食品。这些物质参与人体组织的构成，调节生理机能，是人体不可缺少的物质。蔬菜中钙、钾、镁居多，这些元素在人体内代谢的产物呈碱性，因此，蔬菜被称为碱性食物。菠菜、竹笋、葱头等虽含很多钙，但利用率不高，因为这些菜中含较多的草酸、植酸，与钙结合成不溶性的草酸钙、植酸钙，不能被身体吸收利用。油菜、小白菜等含钙多，容易被吸收利用。所以，需要补充钙质的人应选择后者。绿叶菜含铁较多，是贫血者的佳蔬。蔬菜也是镁的重要来源之一。部分菌类蔬菜的铁、锰、锌等微量元素含量较高。

9.4.1.3　维生素

维生素是蔬菜中最主要的营养素。蔬菜中含有除维生素 D 和维生素 B_{12} 外的各种维生素，包括维生素 B_1、维生素 B_2、维生素 B_6、维生素 B_3、维生素 B_5、生物素、维生素 B_9、维生素 E 和维生素 K。虽然大多蔬菜中不含维生素 B_{12}，但菌类蔬菜中含有维生素 B_{12}。维生素 A 和维生素 C 直接参与机体的重要新陈代谢。所有的蔬菜都或多或少含有维生素 C，绿叶蔬菜一般都是维生素 C 的良好来源。含维生素量最多的是辣椒，其营养价值较高。在非绿叶蔬菜中含维生素较多的是花椰菜和苦瓜。有些新鲜蔬菜如萝卜、西红柿、黄瓜等，虽然不及绿叶蔬菜，但常可生吃或凉拌，因此，维生素 C 的损失较小，也是摄取维生素 C 的良好来源。常见蔬菜中维生素 C 和胡萝卜素的含量见表 9-7。

表 9-7　常见蔬菜中维生素 C 和胡萝卜素的含量

维生素	柿子椒	花椰菜	苋菜	菠菜	冬苋菜	冬瓜	胡萝卜	南瓜
维生素 C/(mg/100 g)	72	61	47	32	20	18	16	8
胡萝卜素/(μg/100 g)	340	30	2100	487	6950	80	4010	890

9.4.1.4　蛋白质和脂肪

蔬菜中蛋白质的含量和种类差异很大，大多是不完全蛋白质，所以，蔬菜不是蛋白质的主要来源。在新鲜蔬菜中，蛋白质含量通常在 3%以下。鲜豆类、菌类和深绿色叶菜类中蛋白质含量较高，瓜类的蛋白质含量相对较低。蛋白质含量较多的蔬菜是菠菜和豆类。蔬菜中的脂肪含量低，因此，蔬菜是低热量的食品。

9.4.1.5　植物纤维素

蔬菜都含有植物纤维素，包括纤维素、半纤维素、木质素、果胶和藻胶等。纤维素虽然不能被人体消化吸收，但它能在肠道内吸水膨胀，使粪便软化，促进肠的蠕动和排便，减少有害物质在肠内的停留时间，对人体的健康有很大的益处。蔬菜中的纤维素能降低胆固醇，预防动脉硬化，对预防和治疗糖尿病也有一定的作用。

9.4.2　常见蔬菜的营养与保健价值

9.4.2.1　白菜

白菜在我国已有 6000 多年的历史，比粮食作物还要久远，属十字花科草本植物，又名青菜、菘菜。中国人食用的白菜量是世界上最多的。每 100 g 白菜含有蛋白质 1.1 g、脂肪 0.1 g、碳水化合物 2.0 g、粗纤维 0.4 g、钙86 mg、磷 27 mg、铁 1.2 mg、维生素 B_1 0.03 mg、维生素 B_2 0.08 mg、维生素 B_3 0.06 mg、胡萝卜素 1.03 mg和维生素 C 36 mg。

白菜性微寒、味甘，具有解毒除热、通利肠胃的功效。常食白菜对预防动脉粥样硬化、某些心血管疾病、便秘等大有好处。白菜含有钼，具有抗癌作用。白菜汁中含有一种维生素 U，可以用于治疗胃溃疡。白菜中含钙量很高，一杯熟的白菜泥几乎可提供与一杯牛奶同样多的钙。白菜中含约 95% 的水，热量很低，是减肥者的佳品。

9.4.2.2 花椰菜

花椰菜又名菜花、花菜，是十字花科草本植物，是甘蓝的一个变种，是一种美味的蔬菜。花椰菜的营养丰富，含有蛋白质、脂肪、糖类、维生素 A、维生素 B_1、维生素 B_2、维生素 C 和矿物质钙、磷、铁、钼、锰等。花椰菜中维生素 C 的含量较多，每 100 g 花椰菜含 88 mg 维生素 C，超过洋白菜。生花椰菜所含的维生素 C 比熟花椰菜要高得多。花椰菜中含有多种吲哚类衍生物，具有抗癌能力。花椰菜的含热量低，是减肥者的佳品。花椰菜对预防肺病咳嗽、便秘、消化性溃疡等都有一定的好处。常吃花椰菜，可增强肝脏的解毒能力，提高机体的免疫力，预防感冒和坏血病的发生。

9.4.2.3 莴苣

莴苣又名莴笋、笋菜。通常食用去外皮的嫩茎和叶子，叶子比茎的营养价值高。莴苣含有丰富的糖类、维生素 C 和矿物质钙、磷、铁等，还含有乳酸、苹果酸、琥珀酸、莴苣素、天冬碱等。500 g 莴苣含铁约 12 mg，与菠菜的铁含量基本相同。莴苣叶的维生素含量比莴苣肉质茎高 5～6 倍，其中维生素 C 含量高 15 倍，因此，应提倡吃莴苣叶。莴苣含铁、钙量多，能补筋骨、通血脉，小儿常吃莴苣对换牙、长牙有很大帮助。莴苣嫩茎折断后流出的白色浆液有安神、催眠作用。莴苣中含有丰富的钾，其钾离子含量是钠离子的 27 倍，含糖量低，但含维生素 B_3 量较高，因此，莴苣适合糖尿病患者食用。莴苣还含有碘和锌等有益元素。

莴苣的水分高，热量低，因此，也是减肥者的佳品之一。莴苣气味苦冷，性微寒，有利五脏、通经脉、开胸膈、利气、坚筋骨、去口气、白牙齿、明眼目、通乳汁、利小便和解毒等功效。

9.4.2.4 萝卜

萝卜为辛辣味的十字花科蔬菜，主要食用其肉质根，又名莱菔。萝卜中含有葡萄糖、蔗糖、果糖、腺嘌呤、精氨酸、胆碱等；酶类有淀粉酶、葡萄糖苷酶、氧化酶、过氧化氢酶等；矿物质有钙、磷、锰、硼、铁等；有机酸有香豆酸、咖啡酸、阿魏酸、苯丙酮酸、龙胆酸、羟基苯甲酸和多种氨基酸；维生素有维生素 B_1、胡萝卜素和维生素 C；萝卜还含有莱菔苷。萝卜中还含有芥子油，是萝卜中辛辣味的主要来源，它和萝卜中的酶类相互作用，能促进胃肠蠕动，增进食欲，帮助消化。

萝卜味辛、甘，性凉，熟者甘平，具有清热生津、凉血止血、化痰止咳、利小便和解毒功能。熟者偏于益脾和胃，消食下气。萝卜有抗菌作用，对多种皮肤真菌有抑制作用。萝卜汁液可防止胆结石形成，可治煤气中毒，此外，还有降低胆固醇、预防高血压和冠心病的作用。常食萝卜还有减肥的功效。萝卜宜生食，因为萝卜中的淀粉酶不耐热，70 ℃的高温便可将其破坏，维生素 C 也怕热。

9.4.2.5　韭菜

韭菜为百合科草本植物韭的叶子和茎，又称壮阳草、长生韭、懒人菜等，是我国特有的蔬菜之一。韭菜中含有蛋白质、脂肪、糖类、胡萝卜素、B 族维生素、维生素 C 及矿物质钙、磷、铁、钾等成分，营养价值颇高。韭菜中含有大量纤维素，能刺激消化液分泌，帮助消化，增进食欲，并能促进肠蠕动，缩短食物在消化道内通过的时间。韭菜中还含有挥发性精油、苷类、苦味质和硫化物等特殊成分。韭菜中钾比较丰富，每 100 g 韭菜含 380 mg 钾，而含钠较少，每 100 g 韭菜只含 36 mg 钠。常吃韭菜可改进体内钾钠平衡，对高血压、心脏病患者有利。韭菜是铁和钾的上等来源，也是维生素 C 的一般来源。

韭菜味甘、辛，性温，能补肾助阳、温中开胃、降逆气、散瘀。常吃韭菜有杀菌消毒和祛病强身的作用，也能防治多种疾病。

9.4.2.6　大蒜

大蒜为百合科植物大蒜的鳞茎，是世界五大调味品之一。美国有 80％的人喜食大蒜。日本和东南亚各国有 70％～80％的大蒜是从我国进口的。大蒜可分为紫皮蒜和白皮蒜，也可分为独蒜和多瓣蒜，其中以独蒜最好。每 100 g 大蒜含蛋白质 4.4 g、脂肪 0.2 g、碳水化合物 23 g、维生素 B_1 0.24 mg、维生素 B_2 0.03 mg、维生素 C 3 mg、维生素 B_3 0.9 mg、磷 44 mg、铁 0.4 mg、钙 5 mg，大蒜还含有微量元素硒、锌、锗，以及约 0.25％的挥发油。

大蒜味辛、性温，归肺、脾、胃经，具有解毒、杀虫、行滞、健胃、消肿功能。我国用大蒜治病的历史很悠久。经现代药理学、化学及临床研究，大蒜具有广泛的药理作用，包括抗菌消炎、抗动脉粥样硬化、降血脂、降血压、抗肿瘤、提高机体免疫力、降低血糖、健脑等作用。

9.4.2.7　黄瓜

黄瓜是葫芦科草本植物，又名菜瓜、刺瓜、青瓜。黄瓜以我国的产量最多，其次为日本和美国。新鲜黄瓜含水量为 95％，其热值很低，只有 15 kcal/100 g。黄瓜含葡萄糖、鼠李糖、半乳糖、甘露糖、木糖、果糖以及芸香苷、精氨酸的葡萄糖苷等苷类;有机酸类有咖啡酸、绿原酸、多种游离氨基酸(如丙氨酸、精氨酸和谷氨酸);维生素有维生素 A、维生素 B_1、维生素 B_2、维生素 C 和维生素 E 等;黄瓜含有特有气味的挥发油(100 g 黄瓜含 1 mg 挥发油,其中 60%为 2,6-壬二烯醇,10%为2,6-壬二烯醛);矿物质有钙、磷、铁、钾等。除一般成分外,黄瓜还含有带苦味的葫芦素。葫芦素一般集中在黄瓜的头部。

黄瓜味甘、性凉。黄瓜中的葫芦素有葫芦素 A、葫芦素 B、葫芦素 C 和葫芦素 D四种。葫芦素能提高人体免疫功能,具有抗菌、化毒、抵御肿瘤的功效,可用来治疗慢性肝炎和迁延肝炎,特别是葫芦素 C,有助于防治食道癌。鲜黄瓜中的丙醇二酸能使体内糖类物质不转化为脂肪,具有减肥作用。黄瓜中含有多种氨基酸,对肝脏有保护作用。喝酒后吃些黄瓜可防止酒精中毒。黄瓜的大部分维生素 A存在于在果皮中,削皮会使黄瓜中的维生素 A 大量损失,所以,黄瓜最好洗干净连皮一同食用。黄瓜中的挥发性芳香油有清香味,可以刺激食欲。黄瓜中的嫩纤维有促进肠道内腐败物质的排泄和降低胆固醇的作用。黄瓜中所含的糖苷、甘露糖、木糖醇等糖类不参与体内糖代谢,糖尿病患者可经常食用,不但不会升高血糖,反而有一定的降糖作用。黄瓜还可以利尿,有助于去掉体内过多的水分和血液中的尿酸等有害物质,但经腌制的黄瓜中钠含量过高而不能利尿。用新鲜黄瓜片贴在面部可达到美容的效果。

9.4.3 水果的营养成分

9.4.3.1 碳水化合物

水果中的碳水化合物主要是淀粉、蔗糖、果糖和葡萄糖。未成熟的水果淀粉含量较高,成熟后淀粉转化为单糖或双糖,增加了甜度。水果中的碳水化合物含量比蔬菜高,多数水果含碳水化合物 10%左右,干果中碳水化合物含量为 70%~80%。各种水果的甜味不同,因为碳水化合物种类及比例不同,有的以蔗糖为主,有的以果糖为主。

9.4.3.2 维生素

水果含有除维生素 D 和维生素 B_{12}之外的所有维生素,但是含量远低于绿叶蔬菜,水果中维生素 B_1 和维生素 B_2 的含量通常低于 0.05 mg/100 g。部分水果含维生素 C,大部分水果的维生素 C 含量较低。黄色果肉的水果中含有胡萝卜素,芒果中的胡萝卜素含量很高,其他水果中的胡萝卜素含量都不高。表 9-8 为常见水果中维生素的含量。

表9-8 常见水果中维生素的含量

维生素	鲜枣	猕猴桃	草莓	柑	葡萄	芒果	桃	苹果
维生素C/(mg/100g)	243	62	47	28	25	23	7	4
胡萝卜素/(μg/100 g)	240	130	30	890	50	8050	20	20

9.4.3.3 矿物质

水果中的矿物质含量虽不及蔬菜,但它们经过干制之后,水分含量降低,矿物质得到浓缩。因此,干果是矿物质的良好来源,是较好的零食。

9.4.3.4 纤维素

水果中的膳食纤维含量较高,其中果胶的比例较大。果胶具有一定的降血糖、降血脂、排胆固醇等作用。

9.4.3.5 其他成分

水果中含有生物类黄酮、有机酸、维生素 B_9 等有益健康的重要物质。有机酸是水果中的酸性成分,具有抑菌作用。生物类黄酮具有增强毛细血管的通透性、增强抵抗力作用,并可作为抗氧化剂。维生素 B_9 能预防恶性贫血,缓解各种神经失调症。

9.4.4 常见水果的营养与保健价值

9.4.4.1 甘蔗

甘蔗为禾本科草本植物甘蔗的茎秆,又名薯蔗、竿蔗、糖梗、干蔗等。它不仅是制糖工业的原料,也是人们喜爱的咀嚼汁水果。每100 g甘蔗可食部分含水分84 g、脂肪0.5 g、蛋白质0.2 g、碳水化合物12 g、磷4 mg、钙8 mg、铁1.3 mg和一定量的硒。甘蔗汁中含有多种氨基酸,包括天冬氨酸、谷氨酸、丙氨酸、丝氨酸、亮氨酸、正亮氨酸、缬氨酸、羟丁氨酸、赖氨酸、谷氨酰胺、酪氨酸、胱氨酸、脯氨酸、苯丙氨酸及γ-氨基丁酸等,还含有甲基延胡索酸、延胡索酸、乌头酸、甘醇酸、琥珀酸、苹果酸、柠檬酸和草酸等有机酸及维生素(如维生素 B_1、维生素 B_2、维生素 B_6、维生素C等)。

甘蔗味甘,性寒,无毒,功用为清热、生津、下气、润燥。甘蔗汁能生津利水,用于妊娠水肿。在甘蔗汁中加入姜汁可用于治疗妊娠呕吐。甘蔗汁和西瓜汁混后饮用,对治疗暑热烦渴、热病伤津有益。甘蔗还有助脾、健脾、解酒的作用。虽然甘蔗汁中含糖12%,但是,吃糖不等于饮甘蔗汁,因为糖没有除热、生津、润燥的功效。

9.4.4.2 香蕉

香蕉为芭蕉科草本植物甘蕉的果实,又称蕉果、蕉子、甘蕉、牙蕉。香蕉为热带水果,是世界上最古老的水果之一,在水果中被称为“百果之冠”。香蕉分布广,产量多。香蕉与其他水果的不同之处是：香蕉能够充饥，代粮食吃。香蕉果肉中含淀粉(0.5%)、蛋白质(1.3%)、脂肪(0.6%)、糖类(11%)、维生素 A、B 族维生素、维生素 C、维生素 E、维生素 B_3、胡萝卜素及矿物质(钙、铁、钾、磷、镁等)，并含有少量的 5-羟色胺、去甲肾上腺素和多巴胺。香蕉的营养特点是糖类占干物质的 90%以上，蛋白质占 4.4%，脂肪占 0.8%。香蕉中维生素的含量丰富，其中维生素 A 是苹果的 4 倍，还含有大多数水果中没有的维生素 E，含量达 0.4 mg/g，仅次于苹果。香蕉中的氨基酸多达 14 种。香蕉中的钾含量为 400 mg/100 g，也是其他水果难以相比的。

香蕉性寒，味甘，无毒，功用为清热、止烦渴、润肺肠、通血脉、填精髓、解毒。香蕉中含有血管紧张素转化酶抑制物质，可以抑制血压升高，因此，香蕉适宜高血压、动脉硬化和冠心病患者食用。香蕉既能通便，也能止泻，腹泻者吃一根香蕉，可补充流失的钾离子。香蕉中的果糖和葡萄糖之比为 1∶1，可治疗脂肪痢，也适用于中毒性消化不良。糖尿病患者吃香蕉，可以使尿糖相对降低，并有利于水盐代谢的恢复。常吃香蕉可使皮肤嫩柔光滑、眼睛明亮、心情愉快，对中老年人特别有益。

9.4.4.3 橘

橘为芸香科植物福橘或朱橘等多种橘类的果实，又名黄橘。橘子中含有橙皮苷、柠檬酸和还原糖。果汁中含有苹果酸、柠檬酸、葡萄糖、果糖、蔗糖等。每 100 g 橘子中含维生素 C 40 mg。果肉中含胡萝卜素 0.3 mg、隐黄素 2 mg、维生素 B_1 93 μg，还含有维生素 B_2、维生素 P、维生素 B_3 等。

橘子味甘酸、性凉，其功用为开胃理气、润肺止咳。吃橘子有除烦和醒酒的功效。长年食用橘子的地区，脑血管疾病的发病率极低，因此，认为食用橘子对高血压、冠心病和脑血管疾病有防治作用。橘子可预防老年中风，这和橘子中含有大量的维生素 C 有关。因为维生素 C 在体内的抗氧化作用对减少胆固醇及其他导致动脉粥样硬化的脂肪具有重要作用。橘子中的橙皮苷、胡萝卜素和维生素 C 等可以增加胃液分泌，促进胃肠蠕动，有利于痰液排出，扩张冠状动脉血液流量，降低毛细血管的脆性，减少微血管出血。所以，橘子对心血管疾病、消化不良、气管炎患者有好处。此外，橘子还有消炎抑菌、利胆、抗溃疡的作用。橘子中的多种有机酸和维生素能调节人体的新陈代谢，尤其对老年人的心肺功能有补益作用。除橘肉外，橘子的其他部分如橘皮、橘红、橘络、橘核、橘叶等也是常用的中药。

9.4.4.4 草莓

草莓是蔷薇科植物草莓的聚合果，是膨大的花托形成的浆果，是世界上主要的浆果类水果。草莓中含有果糖、蔗糖、葡萄糖、柠檬酸、苹果酸、氨基酸、蛋白质、胡萝卜素、各种维生素及钙、磷、钾等物质。其中，维生素 C 的含量特别高，是西瓜、苹果、葡萄的 10 倍左右；果糖、有机酸和矿物质的含量不但丰富，而且比例适当，特别能满足老人、儿童和体弱多病者的营养需要。

草莓性凉，味甘酸，其功用为润肺生津、清热健脾、补血益气、凉血解毒、和胃解酒等，用于肺热咳嗽、咽喉肿痛、食欲缺乏、小便短赤、体虚贫血及疮疖等。草莓对肠胃病和贫血具有一定的滋补作用，可预防坏血病，对防治动脉硬化、冠心病、脑出血等病有功效。草莓中果胶和维生素很丰富，可改善便秘，治疗痔疮、高血压、高胆固醇等。草莓中含有一种胺类物质，对治疗白血病、再生障碍性贫血等血液病亦有辅助作用。

9.4.4.5　猕猴桃

猕猴桃是猕猴桃科植物猕猴桃的果实，又名藤梨、猕猴梨、羊桃、阳桃、毛叶猕猴桃、猴子梨、野梨、狐狸桃、山羊桃、牛奶子等。猕猴桃含有糖类、维生素、有机酸、色素等。每 100 g 猕猴桃的可食部分含糖 11 g、蛋白质 1.6 g、类脂 0.3 g、维生素 C 300 mg、维生素 B_1 0.007 mg、硫 25.5 mg、磷 42.2 mg、氯 26.1 mg、钠 3.3 mg、钾 320 mg、镁 19.7 mg、钙 56.1 mg、铁 1.6 mg 和类胡萝卜素 0.035 mg。此外，猕猴桃中还含有猕猴桃碱。猕猴桃果肉中含维生素 C 特别多，超过其他水果，每 100 g 猕猴桃中维生素 C 含量可达400 mg，有的品种最高可达 930 mg，堪称“维生素 C 之王”。一个人每天吃一个中等大小的猕猴桃，便可满足维生素 C 的需要。猕猴桃中所含的维生素 C 在人体内的利用率高达 94%。

猕猴桃性寒，味甘酸，无毒，其功用为解热、止渴、通淋，对伤暑烦热、尿路感染、痔疮出血、湿热黄疸及消化道癌肿等有利。猕猴桃对高血压、冠心病、胃癌、食管癌、肝癌和直肠癌均有防治作用。食用猕猴桃及果汁制品，有防癌和杀伤某些癌细胞的作用。它的抗癌作用主要与维生素 C 有关。维生素 C 的抗氧化作用可减少自由基，而自由基产生过多被认为是致癌原因之一。猕猴桃果汁中含有丰富的半胱氨酸蛋白酶，可使食物中的动物蛋白质分解成易消化吸收的形式，以减轻消化道的负担。大量的维生素 C 可促进干扰素的产生，并可升高环磷酸腺苷和二磷酸腺苷的水平，有利于增强机体免疫功能，增加机体对癌症的抵抗力。猕猴桃中所含的猕猴桃碱对中枢神经系统有特殊的作用。

9.4.5　加工、贮藏对蔬菜和水果营养价值的影响

蔬菜和水果含脂肪和蛋白质较少，主要含有维生素和矿物质。因此，维生素 C 是在加工烹调中最易被破坏的营养素。它易溶于水，在中性和碱性水溶液中对热不稳定，在清洗、切碎、水烫、炖炒等加工处理中都会损失。胡萝卜素相对稳定，且不溶于水，因此，不会随水流失，对热的稳定性也比较高，一般加工后的保存率为 80%～90%。在加工过程中，矿物质也有可能受到一定的损失，主要是溶水而流失。所以，在蔬菜和水果的加工中，最关注的是维生素 C 含量的保存率。

在贮藏蔬菜时，以 0～4 ℃为佳，不宜放在室温下，而且应放在保鲜袋内，防止水分流失。如果将蔬菜放在冷冻室内贮藏，解冻时会发生汁液的流失而使营养素损失，而且口感变差。干制蔬菜容易受到氧化的影响，因此，应在真空中保存并存放于冰箱中。萎蔫促进维生素 C 的损失，贮藏温度高也会有一定的影响。一些蔬菜在室温下贮藏几天后，不仅其维生素的含量下降，而且所含的硝酸盐被还原成亚硝酸盐，对人体有害。所以，应尽快食用新鲜蔬菜。

酸性的水果如柑橘类在常温贮藏中维生素 C 的保存率较高，水果的维生素保存率随贮藏温度升高和贮藏时间延长而降低。因此，应食用新鲜的水果，不宜放置过长时间。

9.4.5.1 蔬菜加工对营养价值的影响

膳食中的蔬菜以新鲜蔬菜为主，但仍有其他的加工贮藏方法，如腌制、干制、速冻等。在北方，由于冬季气候寒冷不利于蔬菜的生长，因此，贮存蔬菜和食用干制蔬菜较多。

腌制蔬菜时常常经过反复洗、晒或烫，其水溶性维生素和矿物质损失相当严重，有的酱菜含盐量能达到 10%以上（现在出现了大量的低盐酱菜，但需加入防腐剂）。因此，食用腌制蔬菜的盐分太高，不利于人体健康。

脱水蔬菜的水分含量通常为 7%～10%，其中的矿物质、碳水化合物、膳食纤维等成分得到浓缩。在脱水过程中，维生素 C 有部分损失，但因营养素的浓缩效应，干制后按重量计算的含量还比较高。胡萝卜素在干燥过程中受到氧化作用也有损失。速冻蔬菜中主要是水溶性维生素有一定损失，胡萝卜素损失不大。所以，干制蔬菜营养素损失的程度因干制方法的不同而异。真空冷冻干燥的营养素损失最小，而长时间暴晒或烘烤的营养素损失较大。

由于蔬菜的烹调方式多种多样，因此，营养素的损失因烹调方式的不同而异。

择菜是营养素保存的关键之一，许多家庭丢弃外层叶片，只留下较嫩的菜心，或是削皮很厚。其实，绿叶菜外面绿叶片的营养价值高于中心的较嫩部分，而马铃薯等蔬菜靠皮部分的营养素含量高于中心部分。因此，这种择菜方法会给蔬菜的营养素带来很大的损失。

洗菜也是一个重要的工序。正确的方法是先洗后切，如果先切后洗，会使大量的营养素溶于水而流失。特别是切后不宜长时间浸泡在水中，否则可溶性营养素损失严重。

切菜时，如果蔬菜需烹调时间长，可切大块；切小块或切丝的不宜长时间在锅内翻炒，应快速烹调以减少营养素在高温下氧化的时间。

在烹调时适当加些醋，可以提高维生素 C 对热的稳定性，减少烹调带来的损失。蔬菜烹调最好的方式是凉拌、快炒和快煮。适合生吃的蔬菜应尽可能生吃，这样可以减少营养素的损失。炒菜时油温不宜过高，时间不可过长，以蔬菜刚刚熟为宜，以免维生素 C 损失过多。先煮再炒或先炸再蒸的方式不宜用于蔬菜的烹调。已经烹调好的蔬菜应尽快食用，随着时间的延长，营养素也会不断损失，而反复加热蔬菜，其营养素也会受到破坏。蔬菜经过长时间放置后亚硝酸盐的含量会增加，有可能因为细菌的作用使硝酸盐还原为有害健康的亚硝酸盐。

9.4.5.2　水果加工对营养价值的影响

水果是季节性食品，因此，贮藏期有限。水果的加工品虽然保存了水果原有的风味，但损失了很多营养素。其中，维生素 C 损失最多，胡萝卜素损失不大，不过多数水果的胡萝卜素含量较低。

水果罐头、果汁、果酱等水果加工品的维生素 C 破坏非常严重，果脯、果汁、果糕等的维生素 C 保存率则与原料的特点、加工工艺水平和贮藏条件有很大关系。果酱和果脯加工中需要加大量的糖分长时间熬煮或浸渍，含糖量较高，因此，大量消费这类产品有可能带来精制糖摄入过量的问题。

纯的果汁分为两类：一类是果肉型，呈混浊状，其中水果中含有除纤维素之外的全部养分，一般果肉型果汁开启后应在 5 ℃以下冷藏并尽快饮用；另一类是果汁型，呈清澈状，是经过过滤或超滤除去了水果中的膳食纤维、各种大分子物质和脂类物质，只留下糖分、矿物质和部分水溶性维生素的果汁。市场上有许多果汁饮料，它们是用水、柠檬酸、糖、香精、色素等成分调配而成的，营养价值很低，仅提供水分和部分热量，有些饮料中含有非糖甜味剂，热量较低。因此，最好饮用纯的果汁，尽量不饮用有防腐剂、色素等食品添加剂的饮料。

水果的干制品可导致 10%～50%的维生素 C 损失，在酸性条件下损失少，但矿物质得到了浓缩。

水果可以加工成多种果酒，如葡萄酒、苹果酒、杨梅酒等都是人们喜爱的酒精饮料。果酒中的酒精度低，含有较丰富的糖类、氨基酸、矿物质和维生素，并含有水果中有益于健康的一些有机酸类、黄酮类物质和风味物质等。因此，少量饮用果酒有益于身体健康。

食用水果时，通常会导致水果中的营养素不知不觉流失。减少水果中的营养素流失的方法有以下几种：

①尽量即食，减少烹调。水果买回家后要立即食用，以减少水分流失，如不能鲜食的水果，也要减少烹调时间，因为烹调过程中的高温极易导致营养流失。

②尽量减少水果在空气中的暴露时间。水果削完皮后，表面与空气接触的时间越久，氧化越严重，所以，在清洗干净的原则下，可以带皮食用。如香蕉等不能连皮食用的水果，可减少剥皮时间，减少氧化的面积，这样可以有效保存水果中的营养素。

③减少水中泡洗时间。清洗水果时，不要浸泡太久，否则有些水溶性维生素会在水中流失。

④尽量少食水果加工品。水果加工品的味道大都很好，但在加工过程中，有些营养素流失了，并不能补充人体所需的养分。如果想改变吃法，可以自己动手做，这样卫生有保障，又健康养生。

9.5 肉类和水产品的营养与保健价值

9.5.1 肉类的营养与保健价值

肉类食品包括畜和禽的肌肉、脂肪组织、结缔组织、内脏（如心、肝、肾、肺、胃和肠）、脑、舌及其制品。它们能为人类提供人体必需的氨基酸、脂肪酸、无机盐和维生素。人们常食用的畜类肉有猪肉、牛肉、羊肉等；禽类肉有鸡肉、鸭肉等。肉类是人类膳食中蛋白质和脂肪最常见的来源。畜肉中的蛋白质、维生素和矿物质的含量随动物的种类、年龄、肥胖程度和部位的不同而有很大的差异，特别是蛋白质和脂肪比例会随部位不同而变化。肉类经加工、烹调后变得易于吸收、鲜美可口，是膳食中的优质蛋白质来源。

肉类还包括蛇肉、蜗牛肉、青蛙肉等。表 9-9 为常见肉类的主要营养素含量。

表 9-9 常见肉类的主要营养素含量

食物名称	蛋白质/(g/100 g)	脂肪/(g/100 g)	维生素 B_1/(mg/100 g)	维生素 B_2/(mg/100 g)	维生素 B_3/(mg/100 g)	维生素 A/(μg/100 g)	铁/(mg/100 g)
猪里脊	20.2	7.9	0.47	0.12	5.1	5	1.5
猪排骨	13.6	30.6	0.36	0.15	3.1	10	1.3
猪肝	19.3	3.5	0.21	2.08	15.0	4972	22.6
牛后腿	19.8	2.0	0.02	0.18	5.7	2	2.1
羊后腿	15.5	4.0	0.06	0.22	4.8	8	1.7
兔肉	19.7	2.2	0.11	0.10	5.8	212	2.0
鸡胸脯肉	19.4	5.0	0.07	0.13	10.8	16	0.6
鸡肝	16.6	4.8	0.33	1.10	11.9	10414	12.0
鹌鹑	20.2	3.1	0.04	0.32	6.3	40	2.3
鸭	15.5	19.7	0.08	0.22	4.2	52	2.2
鸭血	13.6	0.4	0.06	0.06	—	—	30.5
鹅	17.9	19.9	0.07	0.23	4.9	42	3.8

9.5.1.1　畜、禽肉类的营养成分

①蛋白质。畜肉是膳食中蛋白质的重要来源，其蛋白质是完全蛋白，生物效价比较高，可以与植物蛋白质发生互补。而结缔组织中的蛋白质，如胶原蛋白、弹性蛋白等因缺乏色氨酸，生物效价极低。畜肉蛋白质含量为 10%～20%，主要分布在肌肉中，其中肌浆中蛋白质占 20%～30%，肌原纤维中蛋白质占 40%～60%，间质蛋白占 10%～20%，间质蛋白主要有胶原蛋白和弹性蛋白，属于不完全蛋白质，但胶原蛋白和弹性蛋白能促进皮肤细胞吸收和储存水分，防止皮肤干裂，使皮肤显得丰满、充实而有光泽，还能延缓衰老。肉类蛋白质经烹调后鲜香味美。

禽肉含蛋白质 16%～20%，基本上都是优质蛋白质。由于禽肉中的结缔组织较为柔软，其肌肉的口感比较细嫩。因此，禽肉一般比畜肉更细嫩、更容易消化。特别是在制作肉汤时，禽肉汤比畜肉汤更鲜美。

②脂肪。畜肉的脂肪含量变化较大，为 10%～36%，肥肉中脂肪的含量为 90%左右，瘦肉中的脂肪含量为 0.4%～25%。畜肉脂肪中含饱和脂肪酸较多，还含有一定量的磷脂和胆固醇。畜肉中的脂肪含量与畜种、部位、年龄、肥胖程度等有关。一般心、肝、肾等内脏器官含脂肪较少。

由于品种和饲养方法不同，禽肉中脂肪含量差异较大。禽类脂肪中不饱和脂肪酸的含量高于畜肉，其中油酸约占 30%，亚油酸约占 20%，在室温下呈半固态，因而营养价值高于畜肉脂肪。

③维生素。畜类的肌肉组织和内脏器官的维生素含量差异较大，肌肉组织中的维生素 A、维生素 D 含量少，但是，B 族维生素含量较高，富含维生素 B_3。内脏器官中的各种维生素含量都高，尤其是肝脏，它是动物组织中含维生素最丰富的器官。

禽肉中维生素的含量较为丰富，B 族维生素含量与畜肉接近，每 100 g 禽肉中含维生素 B_3 4～8 mg、维生素 E 90～400 μg、维生素 B_1 0.2 g、维生素 B_5 0.33～0.43 g(小鸡肉)、维生素 B_9 0.12～0.14 g(小鸡肉)、维生素 A 0.02 g。经常食禽肉对中老年人的健康极为有益。

④矿物质。畜肉是几种矿物质的重要来源，特别是磷和铁，每 100 g 畜肉中含磷 127～170 mg、铁 6.2～25 mg、钙 7～11 mg，还有钠、氯、镁、钾、硫等。微量矿物质有铬、钴、铜、氟、碘、锰、钼等。肉类中钙的含量很低，但是，脱骨肉中的钙有 0.75%。肉是磷的上等来源。虽然有些肉中的矿物质含量极少，但对人体是不可缺少的微量矿物质来源，特别是肝、肾。

禽肉中铁、锌、硒等矿物质含量很高，但钙的含量不高。禽类肝脏和血中的铁含量较高，为 10～30 mg/100 g，是铁的最佳膳食来源。

⑤碳水化合物。畜、禽肉中的碳水化合物很少，约一半的碳水化合物分布于瘦肉的肌肉和血中，另一半是以糖原的形式存在于肝脏中，占器官重量的3%～7%。动物宰杀后，储存在肌肉和肝中的糖原很快分解成为乳酸和丙酮酸，因此，它只提供0.1%的碳水化合物。

9.5.1.2 几种畜、禽的营养与保健价值

①猪。猪肉为猪科动物猪的肉，猪又名豕、豚等。猪肉是我国人民膳食中蛋白质和脂肪的最大来源之一。猪肉(瘦肉)是磷和铁的丰富来源。猪的瘦肉和肥肉含水分(53%和6%)、蛋白质(16.7%和2.2%)、脂肪(28.2%和90.8%)，还含有碳水化合物、钙、磷、铁、锌、维生素A、维生素B_1等。猪肉是一种高热量的食物。

猪肉味甘咸，性平，无毒，其功用为滋阴、润燥，主治热病伤津、消渴羸瘦、燥咳、便秘。猪肉是很重要的营养食物，能滋养健身，促进发育。因猪肉含脂肪较多，故有润肠通便的作用。儿童在生长发育期间常吃猪肉，能助长肌肉和身体发育，而猪肝中所含的蛋白质、卵磷脂和微量元素有利于儿童的智力和身体发育。猪肉对眼睛浮肿有好处。猪血中丰富的微量元素具有明显的抗衰老作用，故猪血是老年人的营养食物；猪脑适用于神经衰弱、头风、眩晕等症。猪肾具有补肾功能。猪皮中含有较多的胶原蛋白，约占猪皮蛋白的85%。皮肤中的胶原蛋白有与水结合的能力，可使皮肤润滑光泽，也能使头发光泽。因此，食猪皮可以减少皮肤皱纹。猪蹄的营养价值也较高，猪蹄中含有胶原蛋白，能促进毛发、指甲生长，保持皮肤柔软、细嫩，使毛发光泽，经常进食猪蹄能保持健康，还能达到延年益寿的效果。

②牛。牛肉为牛科动物黄牛或水牛的肉。牛肉的蛋白质含量高达20.1%，是猪肉的2倍，所含的必需氨基酸较多，故其营养价值较高。牛肉的脂肪含量较低，仅为10.2%，还含维生素B_1 0.07 mg、维生素B_2 0.15 mg、钙7 mg、磷170 mg、铁0.9 mg、胆固醇125 mg，还有多种脂溶性维生素。

牛肉味甘，性平，无毒，其功用为补脾胃、益气血、强筋骨。牛肉可提供高质量蛋白质，含有全部种类的氨基酸，是几种矿物质的良好来源，其中铁、磷、铜和锌含量特别丰富。牛肉也是维生素A、维生素B_{12}、维生素B_6、生物素、维生素B_3、维生素B_5、维生素B_1等营养物质的良好来源。瘦牛肉对患者或施过手术者恢复失血、修复组织和创伤愈合有作用。特制的牛肉汁对患者有很大的滋补作用。牛身上有两种名贵药材，分别是牛黄和水牛角。牛黄是牛的胆结石，是许多中药的原料。水牛角也可代替犀牛角，也是中药原料。

③羊。羊肉为牛科动物山羊或绵羊的肉。羊又名羯、羝，分为家羊和野羊。羊肉的营养成分因羊的种类、年龄、营养状况、体躯部位不同而不同。羊肉的蛋白

质含量高于猪肉，铁含量是猪肉的6倍。100 g瘦羊肉含蛋白质17.3 g、脂肪13.6 g、碳水化合物0.5 g、维生素A 10 μg、维生素B_1 0.07 mg、维生素B_2 0.13 mg、维生素B_3 4.9 mg、灰分1 g、钙15 mg、磷414 mg、铁3 mg、胆固醇70 mg。

羊肉和羊羔肉含有重要的营养成分，是生长肌肉和维持机体活力的高质量蛋白质的来源。羊肉也是形成血红蛋白所需要的铁的最好来源。同时，它也富含骨和牙齿需要的磷。羊肉很容易消化，适合老年人和儿童食用。羊肉脂肪中胆固醇含量低，适合肺结核、气管炎、贫血、产后和病后气血两虚和一切虚寒症患者食用。羊肉的热量高于牛肉，铁含量高对造血有显著功效，是冬季最佳补品，具有促进血液循环、增温御寒的作用。羊肝中含有丰富的维生素A，是猪肝和牛肝的2～3倍，对夜盲症有良好的防治作用。吃羊肉、喝羊奶对肺病有很好的防治作用。一般情况下，因气管炎导致的咳嗽，只需喝羊肉汤就可减轻或痊愈。羊血有止血、祛淤和解毒的作用。

④鸡。鸡肉为雉科动物家鸡的肉，鸡又名烛夜。全世界鸡的品种有170多种，其中饲养较多的有70多种。鸡肉营养丰富，含有许多游离氨基酸，在肉类中以滋味鲜美著称。它含有的蛋白质比猪、羊、鸭、鹅肉多1/3，比牛肉高3.3%，并且人体利用率高。每100 g鸡肉中含水分74 g、蛋白质23.3 g、脂肪1.2 g、灰分1.1 g、钙11 mg、磷190 mg、铁1.5 mg、维生素B_1 0.03 mg、维生素B_2 0.09 mg、维生素B_3 8 mg，此外，还含维生素A（小鸡肉中特别多）及维生素E 2.5 μg，灰分中含氧化铁0.013 g、氧化钙0.015 g、氧化镁0.061 g、钾0.56 g、钠0.128 g、磷0.58 g、氯0.06 g、硫0.29 g，另含胆固醇60～90 mg，并含3-甲基组氨酸。

鸡肉的品种不同，其性味也有所不同。鸡肉性温，味甘，可温养，具有补气养血、补虚、暖胃强身的功效。经常神疲乏力、畏寒体凉、贫血、白细胞减少、需要伤口复原和产后体虚者，最宜吃鸡。鸡肉补五脏，补虚健脾，是妇科食疗的佳品，对妇女白带过多、月经不调等症均有辅助疗效。鸡内金是鸡肫，鸡肫是一味常用的中药，有消食化积的作用。乌骨鸡含铁和铜等元素较丰富，因此，对病后、产后贫血者有补血、促进康复的作用。乌骨鸡除能增强体力和延缓衰老外，对防治心血管疾病和癌症有一定的疗效。鸡汤能促进人体去甲肾上腺素分泌，因而提高人的工作效率，使疲倦感和坏情绪一扫而空。鸡汤还可抑制喉头和呼吸道炎症，治疗感冒和咳嗽。

⑤鸭。鸭肉为鸭科动物家鸭的肉。我国几千年前就开始养鸭。鸭肉的营养丰富，每100 g鸭肉含蛋白质16.6 g、脂肪7.5 g、钙11 mg、磷1.45 mg、铁4.1 mg、维生素B_1 0.07 mg、维生素B_2 0.15 mg、维生素B_3 4.1 mg，鸭肉中还含有维生素A、维生素E及镁、硒、钠等矿物质。鸭的品种不同，各营养物质的含量也不同。

鸭肉味甘、咸，性微寒，其功效为滋阴养胃、利水消肿，适用于痨热骨蒸、咳嗽水肿等疾患。鸭是水禽类，其性微寒，根据“热者寒之”的治疗原则，鸭肉适于体内有热、上火的人食用。特别是一些有低烧、虚弱、食少、大便干燥和水肿的人，最宜食鸭肉。但对患有受寒引起的胃腹痛、腹泻、腰疼、痛经等症者，均不宜食用。有一种野鸭叫水鸭，具有补虚暖胃、强筋壮骨、活血行气的功效。用鸭肉同火腿、海参炖食，有很大的滋补作用，善补五脏之阴和虚劳之热，以老而肥大的鸭为佳。公鸭肉性微寒，母鸭肉性微温。鸭肉与糯米煮粥食之，有养胃、补血、生津的功效。

⑥鹅。鹅肉是鸭科动物鹅的肉。鹅又名舒雁、家雁，有白鹅和苍鹅两类。每100 g鹅肉中含蛋白质10.8 g、脂肪11.2 g、钙13 mg、磷23 mg、铁3.7 mg，并含有维生素A、维生素B_1和维生素B_3等。

鹅肉味甘，性平，无毒，具有益气补虚、和胃止渴的功效，主治虚羸、消竭。鹅血中所含的免疫球蛋白、抗癌因子等活性物质，能通过宿主中介作用，强化人体的免疫系统。鹅血中有较高浓度的免疫球蛋白，对艾氏腹水癌的抑制率达40%以上，可增强机体的免疫功能，促进淋巴细胞的吞噬功能。鹅血中的抗癌因子能增强人体的体液免疫而产生抗体。鹅胆有治疗慢性支气管、咳嗽气喘的作用。鹅肉对年老体衰、病后虚弱、消化力差者和糖尿病患者具有一定的作用。民谚有“喝鹅汤，吃鹅肉，身体壮，能长寿”的说法。

9.5.2 水产品的营养与保健价值

水产品是指生长在水中的可供食用的动物或植物，包括各种海水鱼、淡水鱼以及其他水生动物、植物，如虾、海参、鱿鱼、螃蟹、泥鳅、蛤蜊、海蜇、海带、紫菜等。它们是蛋白质、无机盐和维生素的良好来源。水产品中鱼虾类的蛋白质易被消化吸收，鱼肉脂肪含有多种不饱和脂肪酸，具有降胆固醇作用，对人的大脑发育十分重要，尤其是孕妇和婴幼儿，要适当进食鱼类。鱼卵也是一种营养丰富的食品，含有丰富的蛋白质、维生素E、维生素B_1、维生素B_2等。水产品中藻类的粗蛋白和粗脂肪含量较低，糖的含量较高。水产品的营养成分差异不大。它们不仅味道鲜美，而且深受人们的喜爱，是人们餐桌上的饮食佳品，在膳食中占有重要的地位。

9.5.2.1 水产品的营养成分

①蛋白质。鱼类蛋白质含量为15%～25%，易于消化吸收。鱼肉蛋白质的组织结构细微而松软。鱼肉中蛋白质在人体内的消化率可达96%，其生理价值较高，是优良的蛋白质。

②矿物质。水产品中含有多种丰富的矿物质，钙、硒等元素的含量高于畜肉，微量元素的生物利用率也较高。甲壳类是锌、铜等微量元素的最佳来源，贝类、虾类是钙的良好来源，海鱼和海生虾贝类是碘、铜、锰、锌等元素的优质来源。鱼类

矿物质的含量为1%～2%。水产品中还含有2-氨基乙磺酸，即牛磺酸。

③维生素。水产品中的维生素A、维生素D、维生素E含量均高于畜肉，有的含有较多的维生素B_2。

④脂肪。鱼类的脂肪含量因品种不同而异。脂肪含量低的品种仅有0.5%～6%的脂肪，脂肪含量高的品种含8%～13%的脂肪。鱼类的脂肪中不饱和脂肪酸含量比例较高，容易被人体消化。鱼类的脂肪还富含20～24个碳的长链不饱和脂肪酸，包括二十碳五烯酸(EPA)和二十二碳六烯酸(DHA)等。这些长链不饱和脂肪酸在陆地动植物中含量很低，主要存在于水产品中。

鱼类的胆固醇含量通常为50～70 mg/100 g，虾蟹、贝类和鱼卵中的胆固醇含量较高。黄花鱼的鱼卵中胆固醇的含量为819 mg/100 g。

9.5.2.2 几种水产品的营养与保健价值

①鲤鱼。鲤鱼属鲤科鱼类，俗称鲤拐子、毛子等。每100 g鲤鱼含水77 g、蛋白质17.3 g、脂肪5.1 g、钙25 mg、磷175 mg、铁1.6 mg、肌酸0.35 mg、磷酸肌酸0.02 mg，还含有EPA、DHA。

鲤鱼味甘，性平，归脾、肾、胃、胆经，具有健脾和胃、利水下气、通乳、安胎等功效。鲤鱼能止咳平喘、明目养肝、催乳。

②螃蟹。螃蟹为以方蟹科动物中华绒螯蟹为代表的一大类甲壳动物，分为石蟹、海蟹、梭子蟹、河蟹、湖蟹、毛蟹、稻蟹等。每100 g螃蟹含水分80 g、蛋白质14 g、脂肪2.6 g、碳水化合物0.7 g、灰分2.7 g、钙141 mg、磷191 mg、铁0.8 mg、维生素B_1 0.01 mg、维生素B_2 0.51 mg、维生素B_3 2.1 mg、胆固醇0.05 g。螃蟹肌肉内含有10余种氨基酸，其中谷氨酸、甘氨酸、脯氨酸、组氨酸、精氨酸的含量较多。河蟹的脂肪含量(5.9%)比海蟹(2.6%)高。海蟹的钙、磷含量高于河蟹，而河蟹的铁及胡萝卜素含量远高于海蟹。

螃蟹味咸，性寒，有微毒，具有清热、散血、续绝伤的功效，主治筋骨损伤、疥癣、漆疮、烫伤等症，还可用于治疗跌打损伤、体质虚弱、食欲缺乏等疾病。

③海带。海带是海带科植物海带或翅藻科植物昆布、裙带菜的叶状体。海带又称海带菜。每100 g干品中含蛋白质5.8～8.2 g、碳水化合物57 g、褐藻酸24.3 g、甘露醇11.13～17.67 g、胡萝卜素0.57 mg、维生素B_1 0.69 mg、维生素B_2 0.36 mg、维生素B_3 1.6mg、维生素C 1 mg、钙2.25 g、铁1.5 g、碘0.34 g。

海带味咸，性寒，无毒，其功用为软坚、行水，主治瘰疬、瘿瘤、噎膈、水肿、睾丸肿痛、带下病等症。从海带中提取的海带淀粉硫酸酯具有降血脂的作用，可防止动脉粥样硬化，提取的褐藻酸钠是一种血浆代用品，海带根提取液有平喘止咳的作用。海带的含碘量最高，从浸泡海带的水中就可以提取出碘，说明碘在海带中是以易溶于水的碘化物的形式存在的。近年来发现，海带中的碘对预防乳腺癌很有效。海带中的甘露醇可降压、利尿、消肿，降低血液黏稠度，减少脂肪积聚。将海带中的析出物甘露醇硝化制成冠心病的特效药，适用于高血压、高血脂、冠心病患者服用。海带中的叶绿素和微量的铁、钴等有补血功能，可以防止贫血，因为叶绿素和血红蛋白在化学上均为卟啉结构，钴为维生素 B_{12} 的核心元素，铁为补血剂。海带有美容和护发的作用，常吃海带会使毛发保持乌黑，有韧性，不易脱落。因此，海带对各年龄段的人都有益处。

④泥鳅。泥鳅属于鳅科动物，又名鳅、鳅鱼。每 100 g 泥鳅中含水 83 g、蛋白质 9.6 g、脂肪 3.7 g、碳水化合物 2.5 g、灰分 1.2 g、钙 28 mg、磷 72 mg、铁 0.9 mg、维生素 A 70 IU、维生素 A 原 90 IU、维生素 B_1 30 μg、维生素 B_2 440 μg、维生素 B_3 4.0 mg。

泥鳅味甘，性平，无毒，其功用为补中气、祛湿邪，主治消渴、阳痿、传染性肝炎、痔疾、疥癣。吃泥鳅对治疗胃肠病、贫血有效，可增强体力。用泥鳅给产妇下奶的效果比鲤鱼还好。把泥鳅皮贴在风湿病患者的疼痛部位，有止痛的效果。临近产卵的泥鳅，其维生素、矿物质含量均比鳝鱼多，其铁含量比菠菜多，其维生素 B_2 含量比动物肝脏多。用泥鳅炖汤服用可治疗皮肤痒或疥疮痒。用泥鳅治疗因植物神经功能紊乱、营养不良、缺钙和佝偻病等引起的小儿盗汗，效果显著。

⑤海参。海参为刺参科动物刺参、海参科动物黑乳参、瓜参科动物光参等多种参类的总称，又名沙参、海鼠、海黄瓜。海参属于一种棘皮动物。干海参含水分 21.55%、粗蛋白质 55.51%、粗脂肪 1.85%、灰分 21.09%；水发海参含水分 76%、蛋白质 21.5%、脂肪 0.3%、碳水化合物 1%、灰分 1.1%。每 100 g 水发海参含钙 118 mg、磷 22 mg、铁 1.4 mg。每千克干海参含碘 6000 μg。海参还含维生素，如维生素 B_1、维生素 B_2、维生素 B_3 等。海参除含以上营养成分外，还含有甾醇、三萜醇和海参素，其中海参素有强心、抗肿瘤、抗霉菌作用（6.25～25 μg/mL浓度就能抑制多种霉菌），大剂量可引起溶血和中毒。海参还含黏蛋白，其中含氮 12.00%，多糖部分的氨基己糖、己糖醛酸和硫酸的分子比为 2∶1∶1；另含一种糖蛋白，其中含岩藻糖约 60%。

海参性温、微寒，味甘咸，滑，无毒，其功用为补肾益精、养血润燥，主治精血亏损、阴虚劳怯、阳痿、梦遗、小便频数、肠燥便艰。海参体壁含刺参酸性多糖，有抗放射损伤、促进造血功能、降血脂和抗凝血作用。从海参中提取的海参素，有抑制某些癌细胞生长的作用。海参是阴阳双补品，既适合秋冬季节，也适合夏天补充体力。因为海参不寒不燥、性质温和，所以，四季食用都有益处。

9.5.3 加工、贮藏对肉类和水产品营养价值的影响

肉类和水产品在加工中除水溶性维生素损失外，其他营养损失不大。引起营

养损失的因素主要有以下几种：

①腌制对肉类和水产品营养价值的影响。腌制中的亚硝酸盐作为发色剂使用，具有氧化性，可以使维生素 C 和维生素 E 损失，但这两种营养素并非肉类的重要营养素。腌制使肌肉中的蛋白质溶出，改善了产品的持水能力，然而对蛋白质的生物效价没有影响。

②温度对肉类和水产品营养价值的影响。加工时加热对蛋白质的影响不大，但是，在温度高于 200 ℃时蛋白质会发生交联、脱硫、脱氨基等变化，使生物效价降低。温度过高时蛋白质会焦糊，产生有毒物质，并失去营养价值。

③烹调对肉类和水产品营养价值的影响。急炒方式可以保存较多的 B 族维生素，炖、煮处理使原料中的 B 族维生素溶入汤汁，但并不是被破坏了，其中损失最多的是维生素 B_1、维生素 B_2 和维生素 B_3。骨头汤、糖醋排骨等加醋烹调可以将畜骨中的钙溶出一部分，是钙的良好来源。熏烤和油炸食品表层的蛋白质利用率下降，B 族维生素损失。为避免高温对表层营养素的影响，可以采用挂糊上浆的方法，这样营养素的破坏就会尽可能减少。

肉类食品的贮藏应在－18 ℃以下，而且时间不可太长。时间过长或温度不够会导致蛋白质的分解、脂肪的氧化、B 族维生素的损失等，其中脂肪氧化问题尤其严重。而且越经细切，其贮藏期越短。罐藏肉制品在常温(20 ℃)下贮藏 2 年后，其蛋白质损失不大，但 B 族维生素损失较大，约为 50%。但是，如果在 0 ℃存放，B 族维生素损失仅在 10%以下。因此，罐头食品也应存放在冰箱中。

保持肉类食品营养成分的方法有：

①烹调肉类食品时，宜用炒、蒸、煮的方法，少用炸、烤的方法，尽量减少蛋白质的破坏。

②骨头要拍碎后再煮汤，并加一些醋，可促进钙的溶解，并使营养素易被人体吸收。

③在加工的原料上先用淀粉和鸡蛋上浆挂糊，在食物的表面形成一个隔绝高温的保护层，可以避免食物中的营养成分受到氧化，防止蛋白质变性和维生素分解。

④绝大多数维生素怕碱而不怕酸，可以在肉质食物中加入一些酸，从而保护食物中的维生素，避免因氧化而受到破坏。

⑤勾芡所用的淀粉有保护维生素 C 的作用。

⑥加热时间过长也是破坏食物中营养成分的一个很重要的因素，因此，在加工方法上应尽量采用旺火急炒。

9.6 乳和乳制品的营养价值

乳是哺乳动物的乳汁，其营养丰富，主要供人们食用的有牛乳和羊乳两种，以食牛乳居多。牛乳是膳食中蛋白质、钙、磷、维生素A、维生素D和维生素B_2的来源。

9.6.1 乳的营养成分

9.6.1.1 蛋白质

牛乳中的蛋白质含量为3%～4%，其中80%以上为酪蛋白，乳清蛋白占11.5%，血清蛋白、免疫球蛋白至少占3.3%，其他主要为乳清蛋白。酪蛋白是一种优质蛋白，能与谷类的蛋白质很好地互补。不同哺乳动物的乳蛋白质含量及构成均有不同。

9.6.1.2 脂肪

乳中脂肪的含量也会因来源不同而存在一定的差异。牛乳中的脂肪含量为2.8%～4.0%，不饱和脂肪酸占95%以上，并含有一定的磷脂和胆固醇。脂肪以微脂肪球的形式存在，呈很好的乳化状态，容易消化。脂肪酸构成复杂，短链脂肪酸含量较高，是乳风味和易消化的主要因素。

9.6.1.3 碳水化合物

牛乳中碳水化合物的含量为4.5%，乳糖是其中唯一的碳水化合物。乳糖容易被消化吸收，而且具备蔗糖、葡萄糖等没有的特殊优点。乳糖能促进钙、铁、锌等矿物质的吸收，提高它们的生物利用率；能促进肠内的乳酸细菌，特别是双歧杆菌的繁殖；还能促进肠道细菌合成B族维生素。

9.6.1.4 矿物质

牛乳中矿物质的含量丰富，主要是以蛋白质结合的形式存在的，是动物性食品中唯一的碱性食品。牛乳中无机盐的含量为0.7%～0.75%，钙、磷的含量不仅高，而且比例合适，且有维生素D、乳糖等促进吸收因子，利用率高，特别有利于骨骼的形成。牛乳是膳食中钙的最佳来源。钾、钠、镁等元素含量也较多。牛乳中的矿物质虽然丰富，但是，铁、铜等元素的含量较少。

9.6.1.5 维生素

牛乳中所含的维生素与其饲养、季节、加工方式有关。牛乳中含有人类所需的各种维生素，可以提供相当数量的维生素B_2、维生素B_{12}、维生素B_6和维生素B_5，但维生素B_3的含量不高。

9.6.2　天然乳的种类与营养特点

9.6.2.1　牛乳

牛乳是由乳牛的乳腺分泌的，每 100 g 牛乳含水分89.3 g、蛋白质 3.5 g、脂肪 3.5 g、碳水化合物 4.5 g、灰分 0.7 g、维生素 A 11 μg、维生素 B_1 0.02 g、维生素 B_3 0.1 g、钾111 mg、钠 36.5 mg、镁 16 mg、铁 0.3 mg、锰 0.06 mg、铜 0.07 mg、磷55 mg、硒 1.20 μg。

牛乳性微寒，味甘，无毒，其功用为补虚损、益肺胃、生津润肠，主治虚弱劳损、噎膈反胃、消渴、便秘。目前，牛乳已成为人们生活中很重要的食品，牛奶含有生长和保持健康所需要的全部营养素。在妇女的孕期和哺乳期，牛乳是最佳食品之一。婴幼儿营养的最好来源是牛乳。成年人也可从牛乳中吸收钙和高能量的蛋白质来补充营养。牛乳能为老年人提供最全面的和易于消化的营养素。

9.6.2.2　人乳

每 100 g 人乳含蛋白质 1.1～1.3 g、碳水化合物 6.5～7.0 g，油酸含量比牛乳高 1 倍，而挥发性短链脂肪酸是牛乳的 1/7，长链不饱和脂酸较多，易于消化吸收。维生素 A、维生素 E、维生素 C 含量较高，维生素 B_1、维生素 B_2、维生素 B_6、维生素 B_{12}、维生素 K 及维生素 B_9 含量较低，但能满足生理需要。人乳中的矿物质含量约为牛乳的 1/3，但由于钙的吸收良好，因此，人乳喂养的婴儿患低钙血症者较少。人乳中的乳糖含量比牛乳高，是出生后 6 个月内婴儿热能的主要来源。人乳中还含有多种抗细菌、病毒和真菌感染的物质，对预防新生儿和婴儿感染有重要的意义。

9.6.2.3　羊乳

每 100 g 羊乳含蛋白质 3.8 g、钙 140 mg、铁 41 mg。羊乳中 10 种主要维生素的总含量为 780 μg/100 g。羊乳中的钙、铁含量高于其他乳品。山羊乳的蛋白质成分与牛乳有明显的差别，适合过敏者饮用。羊乳有补肾作用，且有助于弹性蛋白形成，有益皮肤健康。羊奶还有抗炎、抗衰老的作用。

9.6.2.4　马乳

每 100 g 马乳含蛋白质 2.0 g、乳糖 6.7 g、脂肪 2.0 g、无机盐0.7 g、酪蛋白 1.05 g、可溶性蛋白 1.03 g。马乳中含有丰富的维生素和矿物质，易于消化吸收，维生素中含量最高的是维生素 C。马乳味甘，性温，无毒，具有治消渴、养血安神、补血润燥、清热止渴等作用。

9.6.3 加工乳制品的种类与保健价值

9.6.3.1 炼乳

炼乳是一种高度浓缩的乳，具有保存时间长等特点。炼乳可分为全脂加糖炼乳、脱脂加糖炼乳、全脂无糖炼乳和脱脂无糖炼乳，不同品种炼乳的营养成分也不一样。由于炼乳含糖量大，加水冲淡的同时也使蛋白质含量下降，因此，不适宜作为婴幼儿的食物。

9.6.3.2 酸奶

酸奶是由产生乳酸的细菌使牛乳或其制品经发酸作用制成的乳制品。乳酸能刺激肠胃蠕动，激活胃蛋白酶，增加消化机能，预防老年性便秘，提高人体对矿物质元素的吸收利用率。酸奶中的其他有机酸能够有效改善肠道菌群，抑制病原体繁殖，起到延缓人体衰老及抗癌、防癌的作用。因此，优质酸奶的营养价值高于牛乳。

9.6.3.3 奶粉

奶粉是脱去水分的牛乳，一般用喷雾干燥法制取。奶粉是蛋白质和钙的良好来源，目前市场上有脱脂奶粉、全脂奶粉、高钙奶粉、婴儿配方奶粉等，它们提高了奶粉的营养价值。

9.6.3.4 奶油

奶油是从牛乳中分离出来的高脂肪半固体乳制品，其中含有丰富的维生素 A、维生素 D 等，也含有少量的矿物质，但是，水溶性营养成分含量较低。

9.6.4 加工、贮藏对乳和乳制品营养价值的影响

9.6.4.1 加工对营养价值的影响

加热牛乳时，如果长时间沸煮，会在容器壁上留下“奶垢”，其中的成分主要是钙和蛋白质，以及少量的脂类、乳糖等。奶垢的产生是牛乳营养素最大的损失。因此，加热时应注意避免长时间沸煮，采用微波加热比较合理。

乳制品加工中最普遍的工艺是均质和杀菌，有的甚至要经过多次杀菌处理。灭菌时因加热时间长、温度高，因此，维生素的损失较大。牛乳的超高温杀菌对蛋白质的生物价无显著影响。乳制品中喷雾干燥法营养损失较小，产品的蛋白质生物价和风味与鲜奶差别不大，但水溶性维生素有 20%～30%受到破坏。滚筒干燥法会使赖氨酸和维生素受到较严重的损失，蛋白质的水合能力也会大大降低，因而速溶性不好。真空冷冻浓缩对产品品质影响较小。表 9-10 为牛乳经不同加工处理后维生素的损失。

表 9-10　牛乳经不同加工处理后维生素的损失/%

处理	维生素 B_1	维生素 B_2	维生素 B_{12}	维生素 B_9	维生素 C
巴氏杀菌	＜10	0～8	＜10	＜10	10～25
超高温处理	0～20	＜10	5～20	5～20	5～30
煮沸	10～20	10	20	15	15～30
高压灭菌	20～50	20～50	20～100	30～50	30～100

9.6.4.2　贮藏对营养价值的影响

牛乳营养丰富，在抑菌物质消耗后，微生物繁殖很快。因此，牛乳必须贮藏在 4 ℃下，并尽快食用。牛乳中的维生素 C 在日光下暴露 12 h 后含量损失较大，应当用不透明的容器盛装，并存放在避光、阴凉处。浓缩或干燥后的乳制品含有高浓度的蛋白质、糖类和脂类，在不适当的保存条件下容易发生褐变，使赖氨酸等氨基酸受到损失，也容易发生脂肪氧化而影响脂溶性维生素的稳定。因此，脱脂奶粉比全脂奶粉的保存期长。为避免脂肪氧化和褐变，奶粉应贮藏在阴凉、干燥处，并应用隔氧、避光的包装。奶油应贮藏在 0 ℃以下，乳酪应贮藏在 4 ℃以下。

9.7　蛋类的营养价值

9.7.1　蛋类的营养价值

蛋类按蛋白质含量来计算是各种优质蛋白质来源中最为廉价的一种，它不仅营养优良、平衡、全面，而且易于烹调，烹调中营养损失很小，称得上是一种极好的天然方便食品。

蛋类主要包括鸡、鸭、鹅、鹌鹑等鸟类的卵，其中鸡蛋最为重要，而各种蛋类的营养成分差异不是很大。

蛋主要由三个部分构成：蛋壳、蛋清和蛋黄。蛋黄中集中了大部分矿物质、维生素和脂肪，而蛋清是比较纯粹的蛋白质。

蛋类的蛋白质含量占 11%～13%，虽然低于瘦肉，但质量优异，蛋白质转化率仅次于牛乳。鸡蛋的蛋白质是各类食物中蛋白质生物价最高的一种，各种氨基酸比例合理，经常被当作参考蛋白使用。脂类占 9%～15%，几乎全部在蛋黄中，蛋清中脂类极少，蛋黄中的蛋黄油还具有一定的抗衰老作用。蛋类脂肪中伴有较多的磷脂和胆固醇。卵磷脂和脑磷脂是营养物质，对大脑有益。蛋类含有几乎所有的维生素，其中维生素 A、维生素 D、维生素 B_1、维生素 B_2、维生素 B_6、维生素 B_{12}等较为丰富。蛋类含有各种矿物质，其中钙的含量不高，主要以碳酸钙的形式存在于蛋壳中。蛋壳中还存在其他微量元素，如锰等。鸡蛋中铁的含量虽然较高，但是，因为含有妨碍铁吸收的卵黄高磷蛋白等蛋白质，其吸收利用率较低。鹌鹑蛋的某些矿物质如铁、锌、硒等含量略高于鸡蛋。

蛋类为各年龄段的人提供一种极为平衡的营养源，能满足婴儿、儿童和十几岁青少年迅速发育时的营养需要。对于年纪较大的人，由于蛋类的热量较低，而且便于咀嚼，因此，也是十分受欢迎的食物。

9.7.2 加工、贮藏对蛋类营养价值的影响

9.7.2.1 加工对蛋类营养价值的影响

一般的加工烹调对蛋类食品的营养素破坏不明显。但制作松花蛋会使蛋中的维生素 B_1 受到一定程度的破坏，因为加工中需要加入氢氧化钠等碱性物质或在腌制中加入氧化铅，因此，使产品的铅含量提高。鸡蛋经蒸、煮后营养素的损失不大，经煎、炸、烤后维生素 B_1、维生素 B_2 随着烹饪程度的不同而损失各异，但维生素 B_9 损失最大。

9.7.2.2 贮藏对蛋类营养价值的影响

蛋类贮藏比较简便，室温和冰箱贮藏均可，在 0 ℃冰箱中保存鸡蛋，对维生素 A、维生素 D、维生素 B_1 无明显影响，但维生素 B_2、维生素 B_3 和维生素 B_9 分别有一定的损失。

第10章　不同生理与环境下的人群营养

人体生长发育是一个连续的过程，不同时期并没有明显的界限。由于人体生长发育在不同时期对营养素的需求特点不同，为了便于研究不同发育时期的生长特点及营养素需要特点，人为地将人体发育过程划分为不同的时期。

10.1　孕妇营养

孕妇是指处于妊娠特定生理状态下的人群。孕妇的营养不仅要满足自身的营养需求，而且要满足胎儿生长发育和分娩后乳汁分泌的需要，达到预防自身、胎儿及新生儿营养缺乏的目的。与同龄的非孕妇女相比，孕妇需要更多的营养素来满足自身及胎儿生长发育的需要。近年来的研究表明，孕期营养对胎儿、婴儿的生长发育，乃至子代成年后的健康状况都有重要影响。因此，孕期营养尤为重要。

10.1.1　孕妇营养与母婴健康的关系

10.1.1.1　孕妇营养与孕妇自身健康的关系

孕妇所摄取的营养素不仅要维持自身需要，还要供给胎儿生长发育，所以，孕妇摄取营养素不足，较未孕妇女更易导致营养不良。如孕妇摄入钙量不足，易患钙缺乏症，如手足搐搦症或骨质软化症；铁摄入不足或铁质量不高，易患缺铁性贫血；蛋白质摄入不足，易发生妊娠合并症，如先兆子痫；维生素 B_9 缺乏，易患巨幼红细胞性贫血。据调查，我国巨幼红细胞性贫血孕妇患者占总患者的43.2%。

10.1.1.2　孕妇营养对胎儿、婴儿健康的影响

胎儿的生长发育靠母体营养，因此，孕妇的营养状况将显著地影响出生婴儿的体格发育、胎儿死亡率、新生儿死亡率和婴儿的智力发育。

(1)孕妇营养与出生婴儿体格、发育的关系　若孕妇的膳食质量好，则孕妇的营养状况就好，出生婴儿的体格状况也好；反之，体格状况就差。1949年，Burke B. S. 对波士顿一所医院的孕妇进行过研究，观察到母体膳食质量对出生婴儿的体格有明显影响。若母体膳食质量等级为极好或好，则94%出生婴儿体格等级属优或良，只有6%属中或差；若母体膳食质量等级为中等，则50%出生婴儿体格属优或良；若母体膳食质量不好，则只有8%出生婴儿体格属优或良，而高达92%的出生婴儿体格为中或差。

另外，胎儿牙齿和骨骼钙化在2个月时即开始，8个月后猛然加速。决定牙

齿的整齐度、坚固度的关键时期是胎儿期和婴儿期。胎儿出生时乳牙已俱形成，第一个恒牙也已钙化，如胎儿期没有供给充足的钙、磷及维生素 D，婴儿不仅出牙时间推迟，而且出生后也有患佝偻病的可能。另外，孕妇维生素缺乏亦使胎儿发育受到很大影响。有报道指出，孕妇缺乏维生素 A，新生儿易患角膜软化症；孕妇缺乏维生素 K，新生儿易发生出血性疾病；孕妇缺乏维生素 B_6，新生儿易出现抽搐等。

(2)孕妇营养与胎儿、新生儿死亡率的关系　孕妇营养状况好坏直接影响胎儿体重及生长发育。若孕妇营养不良，则易造成自然流产或新生儿出生体重低，体重小于 2.5 kg 的低体重儿体质差，抗病力弱，易死亡。低出生体重人群成年后发生糖耐量降低、高胰岛素血症和胰岛素抵抗的危险性增高。有文献报道，成年后 2 型糖尿病与低出生体重相关，发生率为 40%；血压与低出生体重呈负相关；低出生体重人群的冠心病发病率是正常人的 4.5 倍。

(3)孕妇营养与婴儿智力发育的关系　孕 5 个月后胎儿的脑开始逐渐形成，出生时脑细胞为 100 亿～140 亿个，脑重量达 400 g 左右。婴儿出生前 3 个月至出生后 6 个月是大脑细胞分裂的激增期。如果孕妇、哺乳期妇女在该期营养不良，会使胎儿、婴儿营养状况变差，进而细胞分裂减慢或停止，导致婴儿头围小、智力发育迟缓。据报道，如果在脑细胞激增期孕妇营养缺乏，新生儿脑细胞数目只有正常数目的 80%。如果孕妇营养状况好而产后营养缺乏，也可使婴儿的脑细胞数目只有正常数目的 80%。如果在孕晚期和产后 6 个月内母体营养状况都差，则婴儿脑细胞数目只有正常的 40%。孕妇、哺乳期妇女营养状况不但影响胎儿、婴儿的脑细胞数目，而且影响脑功能，导致婴儿期智力发育迟缓，即使到儿童期仍可存在思维迟钝、记忆力差及学习效率低下等，到成年期大脑功能仍差于一般人。

10.1.2　孕妇的生理特点

10.1.2.1　内分泌系统

(1)母体卵巢及胎盘激素分泌增加　受精卵在子宫着床后，孕妇的人绒毛膜促性腺激素(human chorionic gonadotropin，HCG)分泌增加(在孕 8～9 周达峰值，10 周后开始下降)，HCG 刺激黄体产生黄体酮，降低淋巴细胞活力，防止母体对胎体的排斥。随着胎盘的生长，胎盘分泌的人绒毛膜生长素(human chorionic somatomammotropin，HCS，一种糖蛋白)也增多，促进胎盘和胎儿生长以及乳腺发育和分泌；同时还可刺激母体脂肪的分解，增加血中游离脂肪酸和甘油的浓度，降低母体对葡萄糖的利用并将其转给胎儿，保证母体营养物质输送到胎儿体内，促进蛋白质和 DNA 的合成。血清雌二醇刺激母体垂体生长激素细胞转化为催乳素细胞，为分泌乳汁作准备，同时调节碳水化合物及脂肪代谢，促进母体骨骼更新。有研究发现,钙的吸收、储备与孕期雌激素水平呈正相关。雌三醇通过促进前列腺素产生而增加子宫和胎盘之间的血流量,并可促进母体乳房发育。孕酮可松弛胃肠道平滑肌细胞,使子宫平滑肌细胞松弛,以利于胚胎在子宫内着床。

(2)甲状腺激素水平升高　孕妇的血浆甲状腺激素 T_3、T_4 水平升高,使甲状腺功能增强、体内基础代谢水平升高,需要消耗更多的能量和营养素。

(3)胰岛素敏感性下降　绒毛膜生长催乳素可促进脂肪分解,皮质醇可促进氨基酸合成葡萄糖的生化过程,两者均具有拮抗胰岛素的作用。孕妇血浆中的皮质醇随孕周数的增加而升高,而孕期绒毛膜生长催乳素在分泌高峰时为每天 1～2 g,远高于其他激素。故孕妇对胰岛素敏感性普遍下降,促使内源性胰岛素分泌增多以维持正常糖代谢,孕妇血浆胰岛素水平较高。有 2%～7%的孕妇可发展为妊娠糖尿病(gestational diabetes mellitus,GDM)。研究表明,正常孕妇对胰岛素的敏感性比孕前降低 44%,而 GDM 孕妇降低 56%。尽管 GDM 患者产后葡萄糖代谢能逐渐恢复正常,但有 GDM 史的妇女以后发生 2 型糖尿病的危险性增大。

10.1.2.2　消化系统

(1)口腔　从孕 8 周起,孕妇可出现齿龈充血、变软、肿胀,有时出现疼痛,易出血,即妊娠性龈炎,牙齿易松动并出现龋齿,上述变化与孕期雌激素增加有关。

(2)胃肠道　黄体酮水平升高可使消化系统平滑肌张力降低、肠蠕动减慢、消化液分泌水平降低,故孕妇容易发生胃肠胀气和便秘。由于贲门括约肌松弛导致胃内酸性内容物反流至食管下部,产生“烧心感”,孕早期还常有恶心、呕吐等早孕反应。但孕妇对钙、铁、维生素 B_{12}、维生素 B_9 等营养素的吸收率增加,尤其是在孕晚期。除体内需要量增加的因素外,也可能与食物在肠道内停留时间增加有关。

10.1.2.3　循环系统

(1)心排出量增加　自孕 10 周开始,心排出量增加,到孕 32 周时达到高峰,增加 30%～50%。心排出量增加主要是因为每搏输出量增大,其次是心率加快,心率平均每分钟增快 10 次。

(2)血压变化　孕早期和孕中期血压偏低,孕晚期血压轻度升高,舒张压因外周血管扩张、血液稀释及胎盘形成、动静脉短路而轻度降低,收缩压没有明显变化,故脉压差增大。同时,外周血管扩张可使外周血流量增加,有利于母体代谢以及母体与胎儿在胎盘的物质交换,保证胎儿营养的供给。

(3)血容量增加　孕妇血容量自孕中期明显增加,孕晚期血容量可比孕前增加约 40%。其中血浆容量增加 50%,而红细胞只增加 20%,虽然血红蛋白总量增加,但由于血液相对稀释,血液中血红蛋白的含量反而下降,呈现生理性贫血。孕 20～30 周时的生理性贫血现象最为明显。

（4）血液成分变化　孕妇血浆白蛋白含量下降，在孕晚期，血浆白蛋白和球蛋白的比值有时可出现倒置现象。血中葡萄糖、氨基酸、铁、维生素 C、维生素 B_6、维生素 B_{12}、生物素等的含量也降低。而血中甘油三酯和胆固醇含量上升，某些脂溶性维生素如维生素 E 和类胡萝卜素（体内维生素 A 的主要来源）的含量也较高，维生素 E 的血浆浓度可升高约 50%，而血浆维生素 A 的浓度变化不大。这些变化难以用孕期血容量逐渐增加导致血液稀释来解释，可能与营养素在胎盘的转运机制有关。

10.1.2.4　泌尿系统

孕期肾排泄负荷增加。胎儿的代谢产物需经母体排出，故孕期肾功能出现明显的生理性调节，有效肾血液量和肾小管滤过率增高，排出尿素、尿酸、肌酐的功能明显增强，但肾小管再吸收能力未发生相应的增加。同时，与孕前相比，尿中葡萄糖、维生素 B_9 以及其他水溶性维生素排出量亦增加，氨基酸排出量平均每日约为2 g，但尿钙排出量较孕前减少。

10.1.2.5　呼吸系统

从孕 12 周起，孕妇休息时的肺通气量有所增加。孕 18 周时，孕妇耗氧量增加 10%～20%，而肺通气量可增加 40%。因此，孕妇存在过度通气的现象，原因主要是黄体酮和雌激素直接作用于呼吸中枢。过度通气使孕妇的动脉血的氧分压增高，二氧化碳分压降低，有利于满足孕妇自身和胎儿所需氧气的供给和二氧化碳的排出。

孕妇母体要贮留一部分钠，分布于细胞外液中及供胎儿需要，在贮留钠的同时也贮留水，母体细胞外液、胎儿体内、胎盘、羊水、子宫和乳房等处共增加贮水量约为 7 kg。

10.1.3　孕妇的合理营养

10.1.3.1　能量

在整个孕期，孕妇体重可增加 10 kg 以上，其中胎儿为 3.2 kg 左右，见表 10-1。由于体重增加致使活动时能量消耗量增加，自孕中期开始孕妇基础代谢率增高，因此，孕期能量供给应高于非孕妇女。

表 10-1　足月孕妇增重量

组织和液体	重量/g
胎儿	3500
胎盘	650
羊水	800
子宫	900

续表

组织和液体	重量/g
乳房	405
母血	1800
组织液	1200
脂肪组织等	1641
合计	10896

孕妇能量摄入量过高会使体内脂肪蓄积而肥胖，进而易患糖尿病、高血压等疾病。通常孕妇在孕早期有恶心、呕吐等反应，不强调增加能量，我国能量推荐摄入量(RNI)：孕中、晚期每日应增加 0.84 MJ(200 kcal)。

10.1.3.2　蛋白质

母体在孕期贮留蛋白质约 910 g，见表 10-2。足月胎儿体重为母体的 5%～7%，其体内氮含量平均为 70～90 g。孕妇本身由于子宫、胎盘和乳房等发育，也要有一定量的蛋白质。因此，孕妇对蛋白质的需要量较平时多。早期胎儿肝脏尚未形成氨基酸合成酶，所以，全部必需氨基酸由母体供给，即使在孕 20 周，胱氨酸、酪氨酸、精氨酸、组氨酸和甘氨酸仍由母体供给。

孕妇应摄入足够的优质蛋白质以保证氨基酸平衡，优质蛋白质摄入量应占蛋白质摄入量的 50%以上，蛋白质热量应占总热量的 15%。我国蛋白质推荐摄入量(RNI)：孕早期每日增加 5 g，中期增加 15 g，晚期增加 20 g。

表 10-2　正常孕期蛋白质贮留量

部位	孕期蛋白质贮留量/g			
	第 10 周	第 20 周	第 30 周	第 40 周
胎儿	0.3	27	160	435
胎盘	2	16	60	100
羊水	0	0.5	2	3
子宫	23	100	139	154
乳房	9	36	72	81
血液	0	30	102	137
合计	34.3	209.5	535	910

10.1.3.3　脂类

孕妇在孕期自身脂肪存积 2～4 kg，并且胎儿的脂肪贮备也由母体供给，胎儿脂肪贮备占体重的 5%～15%。脂类是脑细胞及其他神经细胞的重要组成部分，为保证胎儿脑组织和神经细胞的生长发育，孕妇必须每日摄取一定量的动植物油脂。孕妇摄取一定量的脂类，还有助于脂溶性维生素的吸收，但脂类摄入量过多，会导致血脂升高，诱发高血压等心血管疾病。因此，脂类摄入量应适宜，以每日

60～70 g 为宜，其中必需脂肪酸至少有 3 g，以脂肪供能占总热能摄入量的 25%～30%为宜。

10.1.3.4 碳水化合物

胎儿体内代谢过程中消耗葡萄糖较多，这些葡萄糖都由母体供给。平时孕妇的血糖水平低于非孕妇，孕妇若由于碳水化合物供给不足而氧化脂肪，则易患酮症。所以，孕妇膳食中要有充足的碳水化合物，同时适当供给一些不能被人体消化吸收的碳水化合物，如纤维素、半纤维素、木质素、果胶、海藻多糖等，以增加肠道蠕动，防止便秘。在孕中、晚期，碳水化合物提供的能量占总能量的 55%～65%。

10.1.3.5 维生素

母体内的维生素通过胎盘供给胎儿，脂溶性维生素贮存于肝内，因此，若短期内母体摄入不足，则胎儿仍可得到供应；水溶性维生素不能贮存，当母体摄入不足时胎儿即受影响。

（1）脂溶性维生素　若孕妇维生素 A 长期摄入不足，则会引起眼睛适应能力减弱，并使胎儿生长发育受阻；而孕妇维生素 A 长期摄入过量，则会出现中毒症状，表现为胎儿骨骼发育异常和畸形。我国维生素 A 的推荐摄入量(RNI)：孕中、晚期每日 900 μg RE。

维生素 D 调节钙、磷代谢，对骨骼钙化有直接影响。我国维生素 D 的适宜摄入量(AI)：孕中、晚期每日 10 μg。

孕鼠缺乏维生素 E 可致死产或流产。但人类未能证实维生素 E 缺乏与流产有关。早产儿在产前维生素 E 贮备不足，出生后肠道对维生素 E 的吸收能力差，易发生溶血性贫血。我国维生素 E 的适宜摄入量：孕中、晚期每日 14 mg。

（2）水溶性维生素　维生素 B_1、维生素 B_2、维生素 B_3 与能量代谢有关。孕妇新陈代谢旺盛，胎儿代谢水平高，能量需要量增加，所以，上述三种维生素需要量应增加，而且各种 B 族维生素要保持平衡。我国维生素 B_1、维生素 B_2、维生素 B_3 的推荐摄入量(RNI)：孕早、中、晚期每日分别为 1.5 mg、1.7 mg 和 15 mg。

维生素 B_6 可使谷氨酸转变成为 γ-氨基丁酸，前者对大脑有兴奋作用，而后者有抑制作用。当维生素 B_6 缺乏时，这种转换作用受阻，中枢神经系统兴奋，发生妊娠呕吐。维生素 B_6 缺乏还可使色氨酸代谢受阻、胰岛素活力下降，出现糖代谢障碍。另外，维生素 B_6 还与血红素合成有关。所以，孕妇应增加维生素 B_6 的摄入量。我国维生素 B_6 的适宜摄入量(AI)为孕期每日 1.9 mg。

维生素 B_9、维生素 B_{12} 与红细胞形成与成熟有关，孕妇对这两种维生素的需要量增加，若这两种维生素摄入不足，则易患巨幼红细胞性贫血，同时致使畸形儿发生比率增加。我国维生素 B_9 的推荐摄入量(RNI)：孕期每日 600 μg，维生素 B_{12} 的适宜摄入量(AI)为每日 2.6 μg。

维生素 C 可促进组织胶原形成，有利于骨骼、牙齿的正常发育，有利于创伤愈合。孕妇对维生素 C 的需要量增加，缺乏维生素 C 易患贫血、出血、早产、流产，新生儿有出血倾向。我国维生素 C 的推荐摄入量(RNI)：孕中、晚期每日 130 mg。

10.1.3.6　矿物质

在怀孕过程中，重要的矿物质有钙、磷、铁、锌和碘等。

(1)钙和磷　钙、磷是构成骨骼和牙齿的主要成分。胎儿骨齿钙化速度在孕晚期明显加快，自第 30 周开始，胎儿每日要储存 260～300 mg 钙，足月胎儿体内含钙 25～30 g。另外，孕妇每日要贮存 20～30 mg 钙为泌乳作准备，母体整个孕期要贮备 50 g 钙。若孕妇钙摄入不足，则导致血钙下降而引起肌肉痉挛，特别是小腿和拇指会出现局部疼痛，严重时患骨质疏松症或骨质软化症。我国钙的适宜摄入量(AI)：孕中期每日 1000 mg，孕晚期每日 1200 mg。虽然磷元素也十分重要，但是，一般膳食中不缺乏磷。

(2)铁　母体在怀孕过程中平均向胎儿提供铁约 270 mg，胎盘和脐带中含铁 90 mg，分娩时出血丢失铁 150 mg，正常机体代谢排出铁 170 mg，血红蛋白增加需铁 450 mg，以上共计 1130 mg 铁，因此，孕妇对铁的需要量明显增加。孕妇常有胃液分泌不足，影响食物中三价铁转变成二价铁而减少铁吸收，若再有铁摄入不足或铁质量差等情况，则易患缺铁性贫血。特别要注意动物性食品中铁的摄入。我国铁的适宜摄入量(AI)：孕中期每日 25 mg，孕晚期每日 35 mg。

(3)锌　酒精中毒妇女体内血锌水平低，所生婴儿常见多发性畸形，说明母体锌营养状况会显著影响胚胎的生长发育。锌是体内多种酶的成分，参与能量代谢、蛋白质合成、胰岛素合成，对孕期胎儿器官形成极为重要，胎儿对锌的需要量在怀孕末期最高。有人认为，锌与孕妇味觉异常有关。我国锌的推荐摄入量(RNI)：孕中、晚期每日均为 16.5 mg。

(4)碘　碘是甲状腺素的组成成分。孕期妇女甲状腺功能增强，碘需要量增大。孕妇碘摄入不足，易发生甲状腺肿，并影响胎儿发育，诱发克汀病。我国碘的推荐摄入量(RNI)：孕期每日 200 μg。

10.1.4　孕妇的膳食与加工食品

孕妇体内各器官、各系统均处于特殊的生理状态，对膳食有着特殊的营养要求，孕期不同阶段不完全相同。在准备怀孕前，应做好相应的准备。备孕期膳食要求如图 10-1 所示。

(1)孕早期(1～3 个月)　胎儿很小，生长缓慢，每日体重平均只增加 1 g。孕妇对各种营养素的需要量增加很少，基本上与未孕时相同。此期常伴有恶心、呕吐、食欲缺乏等症状，膳食可少量多餐。各种食品应少油腻、易消化，并且色、香、味要符合孕妇口味。有些孕妇恶心、呕吐多发生在早晨,因而应尽量在午餐和晚餐多补充食物。在此期间应多吃蔬菜、水果,调节口味和促进消化,并且使矿物质和维生素摄入增加。少量进食营养价值高的食品如乳、肉、禽、蛋和鱼等也是必要的。

图 10-1 中国备孕妇女平衡膳食宝塔(2016)

(2)孕中期(4～6 个月)和孕晚期(7～9 个月) 早孕反应一般已结束,胎儿生长加快,在中期平均每日增加体重 10 g。母体也开始在体内贮备蛋白质、脂肪、钙、铁等营养素,以备分娩和泌乳期的需要。特别是孕 7～9 月,此期间胎儿生长最快,膳食中优质蛋白质、富含钙的食物要充足。在条件许可的情况下,每日应摄入以下食物:牛奶或豆浆 250～500 g、蛋类 1～2 个、肉类 75～100 g(每周一次肝、血)、马铃薯及其制品 50～100 g、新鲜蔬菜 500 g(其中有色蔬菜应占一半以上)、谷物 75～150 g(最好有多种杂粮)、烹调用油 25～30 g,有条件者加水果100 g。孕期膳食要求如图 10-2 所示。

(3)孕妇专用的加工食品 城镇孕妇大都为职业女性,她们除摄取上述天然食物外,对于营养价值高、卫生安全的孕妇专用方便食品有一定需求。如浓缩肉汤类,以鸡、鸭、鱼或牛肉、猪排等为原料经热烫、熬制、真空浓缩、灌装、杀菌而制成,消费者只需添加适量开水即可食用;孕妇谷类食品是指根据孕妇营养需要,在小麦粉中添加鸡蛋、蔬菜,再适量强化钙、铁及多种维生素,制成的高营养价值的孕妇挂面,或以玉米、小米为主要原料,经膨化处理后,再根据孕妇营养需要强化一定量的矿物质和维生素,供孕妇早餐食用或作为辅助性食品的谷类食品。

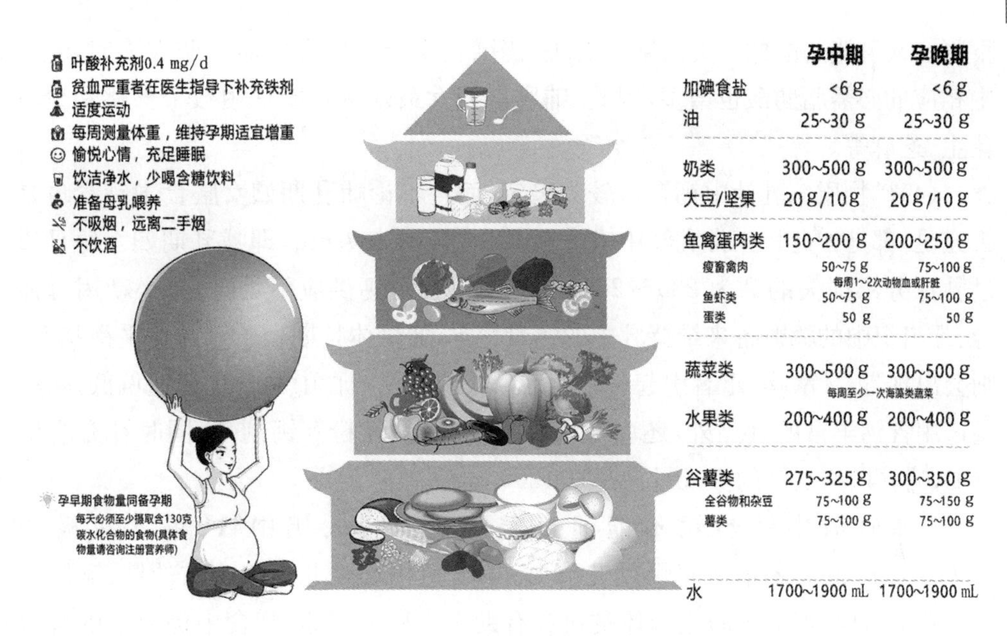

图 10-2　中国孕期妇女平衡膳食宝塔(2016)

10.2　哺乳期妇女营养

10.2.1　哺乳期妇女的合理营养

母乳为婴儿的理想食品，其所含的各种营养素比较全面，而且与婴儿的生长发育和胃肠功能相适应。已有资料说明乳汁的质和量直接与膳食营养有关。如果哺乳期妇女膳食中某些营养素供给不足，将首先动用母体的营养储备以稳定乳汁的营养成分。哺乳期妇女营养长期供给不足，将导致母体营养缺乏，乳汁的分泌量也随之减少。因此，在哺乳期，应重视哺乳期妇女的合理营养以保证母婴健康。

(1)能量　哺乳期妇女的基础代谢上升 10%～20%。分泌乳汁需消耗能量，加之自带孩子操劳，能量消耗增多。通常每分泌 100 g 乳汁需耗能 0.29 MJ。若产后 1～6 个月每日分泌 750 mL 乳汁，而生乳的效率仅为 80%，加之哺乳期体重丢失的补偿，因此，根据我国居民膳食能量推荐摄入量(RNI)中，哺乳期妇女每日能量应比正常妇女增加2.1 MJ。

(2)蛋白质　人乳中蛋白质含量平均为 1.2%，按日泌乳量 750 g 计，每日乳汁中约含蛋白质 9 g，而且是高生物价的蛋白质。考虑到一般蛋白质达不到理想的标准，因此，我国居民膳食蛋白质推荐量(RNI)中，每日哺乳期妇女的蛋白质量比非孕妇多 20 g。

(3)脂类　膳食中供给的脂肪小于 1 g/kg 体重时泌乳量下降，乳中脂肪量也下降。人乳脂肪酸的种类与膳食有关，当膳食中脂类所含必需脂肪酸多时，乳汁中相应的必需脂肪酸也增多，因此，哺乳期妇女最好每日能食用数个核桃和少量花生、芝麻等。

(4)矿物质　乳汁中钙含量较为稳定，而且不论哺乳期妇女膳食中钙含量是否充足，都是如此。正常乳汁中应含钙 0.3～0.34 mg/mL，即哺乳期妇女每日通过乳汁分泌损失的钙为 230～260 mg。当膳食中钙供应不足时，势必动用母体骨、牙组织中的钙贮备来维持乳中的钙量稳定，如母体长期处于钙的负平衡状态，则会出现骨、牙酸痛，重者引起骨软化症。我国居民膳食中钙含量普遍偏低，除尽量选用含钙丰富的食品外，还应适量补充乳酸钙、骨粉等钙制剂，同时补充维生素 D，哺乳期妇女钙的摄入量为每日 1200 mg。

母体血清中铁与铜不能通过乳腺，因此，人奶中铁、铜含量极少(0.001 mg/mL)，不能满足婴幼儿需要。6 个月内婴幼儿靠出生前的铁、铜贮存量来满足需要，但为了防止母体贫血和有助于产后的复原，膳食中仍应多供给含铁丰富的食物。我国铁的适宜摄入量(AI)：哺乳期妇女每日 25 mg。

(5)维生素　膳食中各种维生素必须相应增加，以维持哺乳期妇女健康，促进乳汁分泌。脂溶性维生素中，维生素 A 能少量通过乳腺，如食物中富含维生素 A，乳汁中的量可满足婴幼儿需要，但食物中的维生素 A 转到乳汁中的数量有一定限度，即使大量摄入，乳汁中的含量并不按比例增加。维生素 D 几乎不能通过乳腺，婴幼儿应适当多晒太阳或补充鱼肝油，才能满足需要。水溶性维生素可大量自由通过乳腺，但乳腺有调节作用，达到饱和后乳汁中含量不会继续升高。哺乳期妇女每日通过膳食摄入维生素 A 1200 μg、维生素 B_1 1.8 mg、维生素 B_2 1.7 mg、维生素 B_3 18 mg、维生素 C 130 mg 等。

(6)水分　乳汁分泌量与摄入量密切相关。当摄入水分不足时，直接影响泌乳量。哺乳期妇女除每天饮茶水外，还要多吃流质食品，如肉汤、骨头汤、各种粥类，既可补充水分，又可补充其他营养素。

10.2.2　哺乳期妇女的膳食与加工食品

哺乳期妇女对各种营养素的需要量都增加，因此，必须选用营养价值较高的食物，合理调配，平衡膳食。为保证母婴健康，乳汁分泌量多、质好，每天可吃 5 餐，最好持续到断奶为止。一般人在产后第 1 个月吃得很好，以后就减少到与平时一样，这将影响乳汁的质量。有些人在产假后乳汁逐渐减少，这与工作紧张、休息不好及营养状况有关系，哺乳期妇女膳食应每日供给牛乳 250 g、蛋类 200 g、畜禽鱼等肉类 200 g、豆类制品 100 g、新鲜蔬菜及水果 500 g、食糖 20 g、烹调用油 30 g、谷薯类300～350 g等。

我国民间习惯产妇多吃鸡蛋、红糖、小米和芝麻，南方提倡多吃鸡汤、用猪蹄煮汤等，都是符合营养原则的，在满足平衡膳食需要的基础上，上述各类食物是不可少的。哺乳期妇女对食物种类及数量的要求如图10-3所示。

图10-3　中国哺乳期妇女平衡膳食宝塔(2016)

由于大部分哺乳期妇女为双职工家庭成员，因此，方便、快捷、营养卫生的动物类深加工食品很受欢迎，如软包装、玻璃瓶装或铁罐装的猪排海带汤、猪蹄煮花生、鸡汁墨鱼、鸡蛋挂面、钙强化饼干等。随着人们生活节奏加快和营养知识的积累，这些食品会有较好的市场前景。

10.3　婴幼儿营养

婴幼儿正处于生长发育旺盛阶段，需要各种大量的营养素，但婴幼儿的各种生理机能尚未发育成熟，消化吸收功能较差，因而婴幼儿的膳食不同于成人，有一定的特殊要求。正在生长发育的婴幼儿各种组织、细胞都在不断增大、增多，除每天摄入一定数量的营养素供体内热能消耗和组织、细胞修复更新需要外，还要提供生长发育所需的全部营养素，所以，婴幼儿营养需要相对成人高。

10.3.1　婴幼儿的合理营养

(1)能量　婴幼儿的热能消耗除包括基础代谢、活动和食物特殊动力作用外，还有生长发育所消耗的热能，这是婴幼儿热量需要的特点。生长发育所需的热能与生长发育速度有关，如婴儿时期发育速度最快，到青春期又经过一个高速发育期,估计每增加 1 g 体重需要 22 kJ 的能量。此外,婴幼儿基础代谢率较高。实际上,婴幼儿基础代谢很难与生长发育所消耗的能量截然分开,因为机体处于安静、清醒状态下生长发育仍然在进行,通常婴幼儿基础代谢的能量需要约占总能量需要的 60%。我国初生半岁的婴幼儿每日能量推荐摄入量(RNI)为 0.4 MJ/kg 体重,若非母乳喂养,还应在此基础上增加 20%。

(2)蛋白质　生长旺盛的婴幼儿必须有充足的蛋白质为生长发育提供必需的物质基础,自初生到 1 岁每日蛋白质推荐摄入量为 1.5～3 g/kg 体重。婴儿的肾脏及消化器官未发育完全,过多摄入蛋白质不但无好处,还可能产生负面影响。

(3)糖类　糖类可为婴幼儿提供热能,一般应占总热量的 50%。充足的糖类对保证体内蛋白质的转化和利用很重要,但糖类也不能过多。特别是精糖的摄入要适度,防止从小养成偏喜甜食的习惯而影响正常食欲、诱发龋齿。

(4)脂肪　一般认为,婴儿每日每千克体重需脂肪 4 g,约占总热能供给的 35%。随着婴儿逐渐长大,脂肪供给量略为减少,6 岁时每日每千克体重需 3 g 脂肪。脂肪除供给必需脂肪酸外,还促进脂溶性维生素的吸收。人乳所含热量有 48%～54%来自脂肪,牛乳为 46%～50%。

(5)矿物质　人体所需矿物质中对婴幼儿特别重要的是钙、磷、铁、碘和锌。钙和磷是骨、牙的基本组成成分,对生长发育特别重要。一般情况下,磷不易缺乏,而钙的供给应特别注意,婴幼儿如果长期缺乏足够的钙可影响发育,并易患佝偻病。婴幼儿体内的钙占体重的 0.8%,成年时占体重的 1.5%,可见在生长期钙存积很多。新生儿贮留钙每日可超过 300 mg,而且钙磷比最好为 2∶1。母乳的钙磷比适宜,所以,母乳喂养的婴儿患营养不良与佝偻病者明显低于人工喂养的婴儿。新生儿钙的适宜摄入量(AI)为每日 300 mg,半岁为每日 400 mg,1～3 岁为每日 600 mg。

铁在乳中含量不高,人乳含铁量仅为 0.08 mg/100 mL,牛乳含铁量为 0.05 mg/100 mL。人乳中铁的吸收率可高达 75%,但仍不能满足婴儿的生理需要,必须动用婴儿体内的铁储备,这些铁储备来自胎儿期,一般可维持至出生后 3～4 个月,自第 4 个月起即应补充其他含铁食物,如蛋黄等,蛋黄可以逐渐增加到 1/4 个、1/2 个,直到整个蛋黄,半岁后可提供肝泥、菜泥等食品。婴幼儿特别是 7 个月至 2 岁的婴幼儿,易患营养性贫血。铁在婴幼儿营养中占有重要地位,应供给含铁丰富的食物。新生儿铁的适宜摄入量(AI)为每日 0.3 mg,半岁为每日 10 mg,1～3岁为每日 12 mg。

锌对婴幼儿发育极为重要,缺锌的小儿食欲降低,发育迟缓。近年来,儿童缺锌问题引起世界各国的重视,我国也存在儿童缺锌问题。婴儿断奶前应注意哺乳期妇女膳食中锌的含量,断奶后应注意选择适于婴幼儿食用的含锌丰富的食品,通常含蛋白质丰富的动物性食物中含锌都较丰富。半岁婴儿锌的推荐摄入量(RNI)为每日8 mg,1～3 岁为每日 9 mg。

小儿年龄越小,需水量越大。进食量大、摄入蛋白质和无机盐多者,水的需要量增多。牛乳含蛋白质及无机盐较人乳多,因此,人工喂养的婴儿体内水分需要量增多。婴儿需水量约为每日 150 mL/kg 体重,一般小儿为每日 120 mL/kg 体重。

(6)维生素　婴幼儿缺乏任何一种维生素都可影响其正常的生长发育,在膳食中应特别注意维生素 A、维生素 D、维生素 B_1、维生素 B_2、维生素 B_3 和维生素 C 的供给。

维生素 A 能促进生长和提高机体抵抗力,对婴幼儿最为明显。缺乏维生素 A 的婴幼儿发育迟缓、体重不足,也易患传染病。乳类是婴幼儿维生素 A 的主要来源。婴儿断奶后应多供给肝脏、蛋黄和各种绿叶蔬菜,必要时可补充维生素 A 制剂或鱼肝油。维生素 A 不能摄入过多,否则会引起中毒。中毒常由服用过量的维生素 A 制剂或鱼肝油引起。维生素 A 推荐摄入量(RNI):半岁以前每日 400 μg RE,1～3 岁每日 500 μg RE。

维生素 D 促进体内钙、磷的吸收,对正在发育的婴幼儿预防佝偻病极为重要。普通食物中维生素 D 的含量较少,婴幼儿可通过补充鱼肝油而获得维生素 D,但服用过量也会引起慢性中毒。此外,婴幼儿应多接触阳光,促进皮肤中的 7-脱氢胆固醇转化生成维生素 D。维生素 D 的推荐摄入量(RNI):新生儿至 7 岁每日 10 μg。

维生素 B_1、维生素 B_2 和维生素 B_3 三种水溶性 B 族维生素的供给量,原则上应与能量摄入量成比例。哺乳期妇女如果长期食用精白米、面,又缺乏肉类、大豆制品的供给,则乳汁中缺乏维生素 B_1,易引起婴儿脚气病。维生素 B_2 的主要来源是肝、蛋、乳类等动物食品,其次为大豆、花生及新鲜的绿叶蔬菜。维生素 B_2 是我国居民膳食中容易缺乏的维生素,因此,婴幼儿也应特别注意。

维生素 C 对骨、牙、毛细血管间质细胞的形成非常重要。人乳中含有一定量的维生素 C,母乳喂养的婴儿不易缺乏。牛乳中含维生素 C 量较少,且在消毒煮沸和存放过程中易损失。以牛乳喂养的婴儿在出生 2 周后即可补充菜汤、柑橘汁或番茄等富含维生素 C 的食品,必要时也可补充维生素 C 制剂。

10.3.2　婴幼儿喂养

10.3.2.1　婴儿喂养

婴儿时期喂养很重要,它关系着婴幼儿的正常生长和发育。婴儿生长发育快,但消化功能发育尚未完善,喂养不当,容易使婴儿发生腹泻和营养不良。母乳喂养是婴儿喂养的最好办法,近年来,世界各国都提倡母乳喂养。无母乳时,如能正确掌握人工喂养方法，也可以使婴儿生长发育正常。通常婴儿喂养分为母乳喂养、人工喂养和混合喂养。

(1)母乳喂养　健康母亲的乳汁可供婴儿食用至 4 个月而不会出现营养不良。母乳由母亲直接哺喂，不易污染且温度适宜、经济方便。从人乳的成分看，有以下优点：①人乳含乳清蛋白多，遇胃酸生成小凝块，易消化，还含有 α-乳白蛋白(含硫氨基酸比例合理)、乳铁蛋白及溶菌酶(有杀菌作用)。②人乳的脂肪球较小，易消化，并结合有比牛乳多的必需脂肪酸。③人乳内乳糖含量比牛乳高，对婴儿大脑发育有利；同时，能使肠道 pH 下降，促进肠道内乳酸杆菌生长并抑制大肠杆菌繁殖，减少发生腹泻的机会。④人乳中矿物质含量较牛乳中少，新生儿的肾功能尚未发育完善，人乳喂养不致肾负荷过度。⑤人乳内有双歧杆菌，具有抑制肠道致病菌生长的作用。⑥人乳中还含有免疫球蛋白，能与肠内细菌及病毒结合而去毒。母乳喂养优点很多，应尽可能保证婴儿吃到 8 个月或 1 年。母乳喂养的要点如图 10-4 所示。

图 10-4　中国 6 月龄内婴儿母乳喂养关键推荐示意图

婴儿出生后 12 h 即可开始喂奶，3 个月以前每日 6 次，3 个月以后每日 5 次，两次喂乳间可喂些水(30 mL 或随月龄增大而增加)。通常 6 个月后可用牛乳或豆浆代替 1～2 次人乳，7 个月后可逐渐增加牛乳量及其他辅助食品。8～12 个月逐渐断奶，断奶对小儿来说就是停止吮吸，改用小勺和杯子吃东西，从吞咽流质食物改为咬、咀嚼半流质、半固体及固体食物。

(2)人工喂养和混合喂养　凡不用人乳而以牛乳、羊乳或其他乳品喂养婴儿的称人工喂养。母乳和牛乳等同时喂养的称混合喂养。

牛乳是人工喂养中应用最普遍的。由于牛乳中蛋白质含量高、糖含量低，因此，常用水或米汤稀释，再加少量白糖使其蛋白质和糖含量接近人乳。牛乳被污染机会较多，食用前需煮沸消毒。为使人工喂养婴儿获得全面营养，现在已成功开发出多种婴儿配方乳粉。

要根据小儿营养需要并结合食物供给情况，尽量为婴幼儿制作多样化的断奶食品。断奶食品的作用在于补充婴幼儿生长时期的营养，通过喂食母乳以外的其他食物，加强婴儿的吞咽能力、咀嚼能力和消化能力。

10.3.2.2　幼儿膳食

断奶后的幼儿虽已能适应多种食品，但咀嚼力和消化力仍未完全成熟，有一定限度，对其膳食仍须细心照顾。按照幼儿营养需要，特别注意富含蛋白质、钙、铁和维生素的食品供给，同时，要求食物通过烹饪后达到软、细、碎烂及便于幼儿咀嚼的程度，而且品种要多样化，注意色、香、味，促进幼儿食欲。饮食要定时，除三顿主餐外，上午 10 时及下午 4 时各加一餐点心。

3 岁以上正常幼儿每日仍可保持三顿饭和一餐点心，除含脂肪和糖太多的食物、浓茶、辣椒和其他刺激性物品或不易消化的食物不能食用外，大人吃的东西都可以食用。中国 7～24 月龄婴幼儿平衡膳食宝塔(2016)如图 10-5 所示。

图 10-5　中国 7～24 月龄婴幼儿平衡膳食宝塔(2016)

10.3.3　婴幼儿辅助食品

10.3.3.1　婴儿配方乳粉

母乳是婴儿天然的理想食品，但是，母亲不分泌或很少分泌乳汁使婴儿无母乳可吃或母乳不足，就需要为婴儿提供婴儿配方食品，如母乳化乳粉、代乳糕等，以满足婴儿的需要。由 FAO/WHO 和 ESPGAN(欧洲儿科胃肠病、肝病和营养学协会)建议的婴儿食品营养标准见表 10-3。

表 10-3 建议婴儿食品营养标准

营养成分	FAO/WHO	ESPGAN
蛋白质/g	1.8～4.0	1.8～2.8
脂肪/g	3.3～6.0	4.0～6.0
亚油酸/g	0.3	0.33～0.66
碳水化合物/g	—	8～12
Ca/mg	>50	>60
P/mg	>25	30～50
Na/mg	20～60	24～42
K/mg	80～200	—
Cl/mg	55～150	—
Mg/mg	>6	>6
Ca/P	1.2～2.0	1.2～2.0

为确保婴儿配方食品的营养素含量能满足婴儿生长发育的需要及食用安全性，中国轻工总会和卫生部组织有关权威专家和国内外知名乳业企业，根据中国营养学会建议，参考国际食品法典委员会(CAC)有关婴幼儿配方食品的法规标准，共同修订和制定了我国婴幼儿食品的五个国家标准，即《婴幼儿配方粉及婴幼儿补充谷粉通用技术条件》(GB 10767—1997)、《婴儿配方乳粉Ⅰ》(GB 10765—1997)、《婴儿配方乳粉Ⅱ、Ⅲ》(GB 10766—1997)、《婴幼儿断奶期辅助食品》(GB 10769—1997)及《婴幼儿断奶期补充食品》(GB 10770—1997)，并将其作为强制性国家标准自 1998 年开始实施，这对指导和规范我国婴幼儿食品的研制和生产发挥了重要作用。

婴儿配方乳粉Ⅰ是以鲜奶、白糖、大豆、饴糖为主要原料，加入适量的维生素和矿物质制作的婴儿粉状食品；而婴儿配方乳粉Ⅱ、Ⅲ则是以鲜奶、脱盐乳清粉、饴糖、精炼植物油、奶油、白糖为主要原料，再加入适量的维生素和矿物质制作的婴儿粉状食品。配方Ⅰ加入一定的大豆作为原料，价格更适合农村和城镇收入不高的家庭，其理化指标不仅规定了每 100 g 所含能量及蛋白质、脂肪、灰分、水分的含量，还有维生素 A、维生素 D、维生素 E、维生素 B_1、维生素 B_2、维生素 B_3、维生素 C、钙、磷、镁、铁、锌、铜、碘等的具体指标。而配方乳粉Ⅱ、Ⅲ则必须以动物奶为原料，而且规定蛋白质中乳清粉≥60%，碳水化合物中乳糖≥90%，营养指标除配方Ⅰ中所列项目外，还增加亚油酸、维生素 K_1、维生素 B_5、生物素、胆碱、锰、铜、碘、牛磺酸等，显然该配方的营养指标几乎与母乳接近，所以，有人也把它称为母乳化乳粉。由于配方乳粉Ⅱ、Ⅲ的加工原料成本较高，因此，产品价格较配方Ⅰ高。婴儿配方乳粉Ⅱ、Ⅲ的感官要求、理化指标和卫生指标分别见表 10-4 至表 10-6。

表 10-4　婴儿配方乳粉Ⅱ、Ⅲ的感官要求

项目	要求
色泽	呈均匀一致的乳黄色
滋味、气味	具有婴儿配方乳粉Ⅱ或Ⅲ特有的香味，有轻微的植物油香味
组织形态	干燥粉末，无结块
冲调性	润湿下沉快，冲调后无团块，杯底无沉淀
热量/kJ(kcal)	2077～2408(497～576)

表 10-5　婴儿配方乳粉Ⅱ、Ⅲ的理化指标

项目	指标
	每 100 g
热量/kJ(kcal)	2077～2408(497～576)
蛋白质/g	12.0～18.0
乳清蛋白(配方Ⅱ)/% ≥	60
脂肪/g	25.0～31.0
亚油酸/mg ≥	3000
乳糖占碳水化合物量(配方Ⅱ)/%	90
灰分(配方Ⅱ)/g ≤	3.5
灰分(配方Ⅲ)/g ≤	4.0
水分/g ≤	5.0
维生素 A/IU	1250～2500
维生素 D/IU	200～400
维生素 E/IU ≥	5.0
维生素 K_1/IU ≥	22
维生素 B_1/IU ≥	400
维生素 B_2/IU ≥	500
维生素 B_6/IU ≥	189
维生素 B_{12}/IU ≥	1.0
维生素 B_3/μg ≥	400
维生素 B_9/μg ≥	22
维生素 B_5/μg ≥	1600

续表

项目	指标
	每 100 g
生物素/μg ≥	8.0
维生素 C/mg ≥	40
胆碱/μg ≥	38
钙/mg ≥	300
磷/mg ≥	220
镁/mg ≥	30
铁/mg	7～11
锌/mg	2.5～7.0
锰/mg ≥	25
铜/mg	320～650
碘/mg	30～150
钠/mg ≤	300
钾/mg ≤	1000
氯/mg	275～750
牛磺酸/mg ≥	30
复原乳酸度/°T ≤	14.0
不溶度指数/mL ≤	0.2
杂质度/(mg/kg) ≤	6
钙/磷	1.2～2.0

表 10-6 婴儿配方乳粉Ⅱ、Ⅲ的卫生指标

项目	指标
铅/(mg/kg) ≤	0.5
砷/(mg/kg) ≤	0.5
硝酸盐(以 $NaNO_3$ 计)/(mg/kg) ≤	100
亚硝酸盐(以 $NaNO_2$ 计)/(mg/kg) ≤	5
黄曲霉毒素 M_1	不得检出
酵母和霉菌/(个/g) ≤	50
细菌总数/(个/g) ≤	30000
大肠菌群(最近似值)/(个/100 g) ≤	40
致病菌(指肠道致病菌和致病性球菌)	不得检出

10.3.3.2　谷类辅助食品

随着婴儿生长发育，消化器官的功能不断完善，消化酶改变，活动量增加。4 个月以上的婴儿要添加一些谷类辅助食品，这类食品主要以谷豆类为主，再添加牛奶、鸡蛋、矿物质、糖等作为婴儿非乳类代乳食品。该类食品的主要营养卫生要求如下：

①能量和各种营养素应能满足婴儿生长发育的需要。按规定以每 100 g 产品计，含量如下：能量为 1.67～2.09 MJ(400～500 kcal)，水分＜6 g，蛋白质为 16～18 g，脂肪为 10～13 g，碳水化合物为 62～68 g，粗纤维＜5 g，钙＞600 mg，磷＞500 mg，铁＞6 mg，碘＞20 μg，维生素 A 为 303～455 μg RE(1000～1500 IU)，维生素 D 为 10～15 μg(400～600IU)，维生素 E＞5 mg，维生素 B_1 为 0.4～0.6 mg，维生素 B_2 为0.4～0.6 mg。

②加豆粉时要去除其中的胰蛋白酶抑制物、血细胞凝集素、致甲状腺肿因子和皂素等有害物质。加鱼粉时需要去腥味。

③在原料和成品中不能加入色素、香精、糖精、味精及其他食品添加剂。

④感官性能良好，易被婴儿接受。值得指出的是，目前市售某些食品如甜炼乳、麦乳精、豆乳、不合规格的乳儿糕(乳糕)等蛋白质含量不高，不宜作为婴儿的主食品。

10.3.3.3　其他辅助食品

除了上述母乳化乳粉、谷类代乳食品外，用鱼肝油、菜汁、果汁、菜泥、猪肝泥、鱼泥、蛋黄、豆腐、植物油喂养婴儿也是必要的。这些辅助食品的添加时间见表10-7。

表 10-7　婴儿辅助食品添加时间

月龄	辅助食品
未满 1 月	鱼肝油
已过 1 月	鱼肝油、菜汁
2～3 月	鱼肝油、菜汁、乳儿糕
4 月	鱼肝油、菜汁、乳儿糕、蛋黄
5～6 月	鱼肝油、菜汁、粥、蛋黄、菜泥、水果泥
7～8 月	鱼肝油、菜汁、粥、蛋黄、菜泥、水果泥，加烂面、鱼泥、蒸蛋、饼干、馒头片
9～10 月	鱼肝油、菜汁、粥、蛋黄、菜泥、水果泥，加肉末、肝末
11 月	鱼肝油、菜汁、粥、蛋黄、菜泥、水果泥，加烂饭

10.3.3.4　断奶食品

我国新生儿平均体重与国际水平接近，婴儿 6 个月内的生长曲线与国际水平基本一致，但 6 月龄后我国婴儿生长曲线明显低于国际水平。分析认为，这种生长曲线差距的主要原因之一是我国断奶食品营养质量差，特别是蛋白质质量差。另外，钙、维生素D含量偏低，导致佝偻病；铁含量不足，易产生缺铁性贫血；维生素B_1不足，引起脚气病；维生素B_2不足，发生口角炎等。所以，我国应大力开发高营养价值的断奶食品。

联合国粮农组织(FAO)和世界卫生组织(WHO)提出，断奶食品主要以谷类为基础，应强化蛋白质，包括奶蛋白和大豆蛋白，其比例不应低于15%。现在国外断奶食品在营养成分上要求低糖、低盐，提高亚油酸水平，并且强化微量元素和多种维生素。

10.3.3.5 婴幼儿疗效食品

婴幼儿在成长过程中，常会发生乳糖不耐受、食物过敏反应、呕吐、腹泻、便秘等。所以，必须开发一些有利于治疗上述病症的疗效食品。

(1)无乳糖奶　牛乳中乳糖含量约为6%。乳糖在人体消化道经过乳糖酶分解为葡萄糖和乳糖后，才能被人体吸收和利用。有些人由于遗传或继发性乳糖酶低下、缺乏，致使肠道不能吸收乳糖，进食牛乳后发生腹胀、产气、腹痛和腹泻症状，被称为乳糖不耐受或半乳糖血症。只有对牛乳进行特殊加工，即除去乳糖(或半乳糖)而添加葡萄糖制成无乳糖奶后，才适合乳糖不耐受患儿食用。

(2)豆奶　牛乳过敏是婴幼儿最常见的一种消化道变态反应，表现为进食牛乳后出现呕吐、腹泻、生长发育迟缓和吸收不良等。牛乳蛋白质在人体肠道被完全分解为氨基酸并不引起过敏，但若在完全分解之前有一部分多肽被吸收，则可成为过敏原而发生过敏。以大豆蛋白为原料，添加蔗糖和右旋麦芽糖等配制成豆奶，适合对牛乳过敏的婴幼儿食用。

(3)氨基酸乳　氨基酸乳是以氨基酸为氮源，添加各种营养成分制成的。氨基酸乳在肠道不需要经消化酶消化就能吸收，没有抗原性，其组成可自由调整，适合蛋白质代谢障碍者食用。

(4)中链脂肪牛乳　对牛乳中的长链甘油三酯进行处理，可使其成为中链脂肪。中链脂肪易被水解，分解后的脂肪变为水溶性，不一定依靠胰脂肪酶来水解。中链脂肪牛乳适合脂类代谢障碍腹泻者食用。

10.4 儿童、青少年营养

10.4.1 学龄前儿童的营养与膳食

学龄前儿童生长速度略低于3岁前，但仍属于迅速增长阶段。该年龄段儿童活泼好动，消耗量大。他们对热能和各种营养素的需要量按每千克体重计大于成人，每日能量摄入 5.6～7.1 MJ，蛋白质摄入 45～55 g。4 岁以后男童对热能和各种营养素的需要量略高于女童。为了使幼儿膳食中各种营养素供给量平衡，食谱应多样化，学龄前儿童膳食要求如图 10-6 所示。

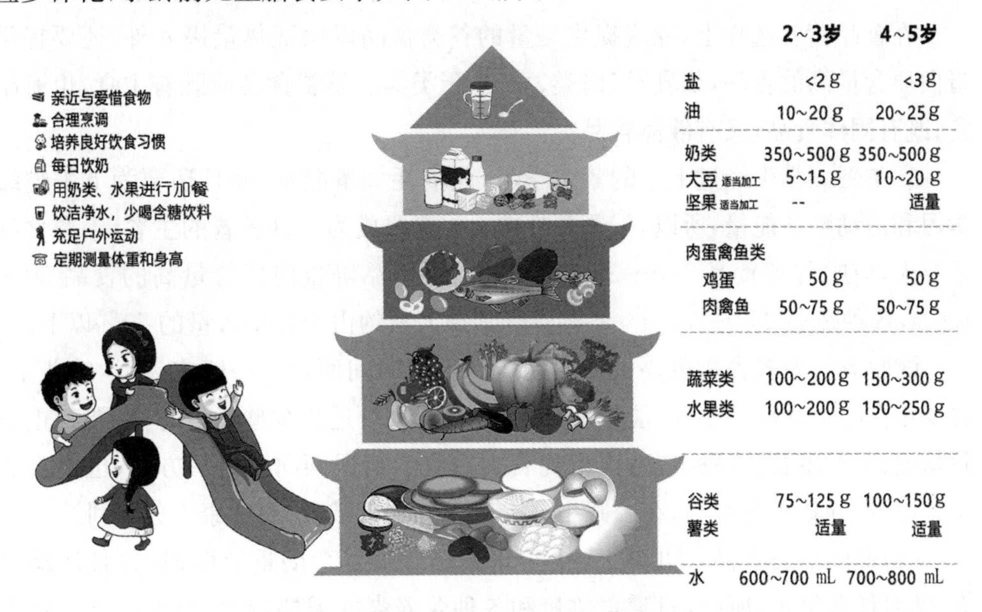

图 10-6　中国学龄前儿童平衡膳食宝塔（2016）

10.4.2　学龄儿童、青少年的营养与食品

10.4.2.1　学龄儿童、青少年的营养特点

7 至 12 岁学龄儿童生长发育相对缓慢和稳定，身高平均每年增长 5 cm，体重平均每年增加 2～3 kg，抵抗疾病能力比幼儿期增强。女孩约到 10 岁，男孩约到 12 岁，开始进入人生第二次生长发育突增期（青春发育期）。在青春发育期，身高年增长值为 5～7 cm，个别为 10～12 cm；体重年增长值为 4～5 kg，个别为 8～10 kg。女性至 17 岁，男性至 22 岁左右，身高基本停止增长。合理营养是保证正常生长发育的重要物质基础。为满足生长发育所需，儿童和青少年对热能和营养素的摄取量相对地高于成人。由于生长发育在各年龄段不相同，因此，营养素需要量也不相同。对于学龄儿童和青少年，合理营养也是完成紧张的学习任务和参加体育锻炼的基本条件。

10.4.2.2　学龄儿童、青少年的膳食与加工食品

（1）中、小学生一日三餐。

①早餐。学生和家长都要认识到吃好早餐的重要意义。学校里上午一般有四节课，还有早自习和课间操，学习负荷和活动量都较大，故消耗能量也大。因为前一日晚餐热量几乎耗尽，进食间隔时间过长，导致血糖下降、脑活动能量不足，

如果不吃好早餐，则易出现反应迟钝、精力不集中等现象。

早餐的进食应当适量。中国营养学会建议，全天总热量摄入量分配为早餐30%、午餐40%、晚餐30%。有人提出三餐原则为"早餐要好，午餐要饱，晚餐要少"。

在食品营养选择上，除应提供足量的谷类食品以保证热量摄入外，还要提供蛋白质含量高的食品，如乳类、肉类、豆类、蛋类等。早餐食品应既有主食，也有副食；既有固体食品，又有液体食品。

②午餐。学生经过上午的紧张学习，已消耗大量能量，而且还要为下午继续学习和活动贮备能量，所以，午餐要吃饱。午餐要成为一日三餐的主餐，午餐食物量要大，应吃谷类食品150～250 g，肉、蛋、豆制品等蛋白质含量高的食品50～100 g，各种蔬菜200～250 g。各种营养素摄入量约占全日摄入量的50%以上。

③晚餐。晚餐食物量要根据活动量和上床时间而定。一般来说，学龄儿童、青少年在晚上活动量不大，能量消耗少，进食量也可适当少些。一方面，要纠正早餐马虎、午餐凑合、晚餐丰富，误把晚餐当主餐的错误倾向。另一方面，也要避免晚餐过少，导致胃排空早，在睡眠中或上床时感到饥饿，这对健康十分不利。

(2)课间加餐食品　儿童、青少年正处于生长发育的重要阶段，并且活动量大，学习任务繁重，所以，对膳食热量和各种营养素的需要量大，单就一日三餐提供的膳食热量和各种营养素，显得不足。目前不少学生往往吃不到符合营养要求的早餐。为此，采取课间加餐制十分必要。研究表明，加餐学生身高、体重增长均优于不加餐者，加餐学生听课精力集中，学习效果好，成绩优良。由此可见，课间加餐对于全面提高学生素质有重要意义。

课间加餐食品有如下要求：①提供的蛋白质含量高、质优，并富含钙、铁、维生素A、维生素B_2的食品。②提供的食物量和营养素要适量，不能因课间进食过多而影响午餐的食欲。③食品和包装要符合卫生要求。学生进食前应洗手。

目前，市场上出售的课间方便食品，如酸奶、无菌包装的纯牛奶、豆浆、豆奶、饮料、糕点、面包、饼干等，都宜作课间加餐食品。

(3)强化食品　针对我国儿童、青少年对某些营养素的摄入量不足，应生产强化儿童食品。如改善主食蛋白质的氨基酸组成，强化赖氨酸，以提高蛋白质质量。在植物油、人造奶油、乳制品中强化维生素A和维生素D。

(4)健脑益智食品　合理营养与智力密切相关。儿童、青少年要多食健脑食品，如动物内脏、水产品、核桃和芝麻等传统的有益智力改善的健脑食品。

(5)学生营养午餐制　为使学生进食的各类食品符合营养原则，使营养素摄入量达供给量标准，全面实施学生营养午餐制是十分必要的。学生营养午餐制在某些国家早已实现，如日本、美国、英国及泰国等。我国已全面推广学生营养午餐制的城市有北京、广州、上海、沈阳、杭州等，大多数省市的部分学校也已开始试行学生营养午餐制。

10.5　老年人营养

中华医学会老年医学分会于 1982 年确定，我国 60 岁以上为老年人，45～59 岁为老年前期，60～89 岁为老年期，90 岁以上为长寿期。联合国认定，一个地区 60 岁以上老年人的人数占总人口的 10%以上，即视为进入老龄化社会。据统计，目前世界上有 55 个国家和地区已进入老龄化社会。美国 65 岁以上老人已超过 3200 万，占总人口的 13.3%；日本 65 岁以上老人超过 1200 万，占总人口的 10.3%。目前，我国 60 岁以上老人超过 1.3 亿，占总人口的 10%，一些经济比较发达的地区，如上海、南京、北京、天津、无锡等地，已于 20 世纪 80 年代相继步入老龄化社会。2010 年，全球老年人口接近 12 亿，2020 年我国老年人预计达 2.6 亿，约占人口总数的 18%，我国将成为典型的老年型国家。

人类平均寿命随着社会不断进步而增加，如欧洲人在 15 世纪中叶文艺复兴时期平均寿命为 35 岁，19 世纪末为 45 岁，1935 年为 60 岁，而 1980 年达 72 岁。我国人口平均寿命在中华人民共和国成立前夕为 35 岁，而现在已超过 70 岁。

10.5.1　人体衰老的变化

在人体衰老过程中，人体生理功能将发生以下变化。

(1)基础代谢减慢　基础代谢随年龄增加而减慢，儿童较高，成年人较儿童低，老年人较成年人低 10%～15%。

(2)身高、体重和体脂成分改变　据报道，男性身高在 30～90 岁平均减少 2.25%，女性减少 2.5%。大多数人在 50 岁以后体重逐渐减轻，60 岁以后明显减轻，而部分人由于能量摄入量大于消耗量，体力活动减少，导致体重增加。但是，体脂占体重的百分比则随年龄增长而增多，一般女性体脂占体重比率大于男性，随着年龄的增长，女性体脂增长比例小于男性，见表 10-8。

表 10-8　体脂随年龄变化

男性			女性		
年龄/岁	人数/个	体脂占体重比率/%	年龄/岁	人数/个	体脂占体重比率/%
20～29	119	16.48	20～29	131	25.52
30～39	286	20.21	30～39	324	27.36
40～49	398	20.50	40～49	430	28.58
50～59	335	20.50	50～59	344	30.08
60～69	188	19.32	60～69	220	30.83

(3)器官功能减退　器官功能减退表现在以下几个方面：

①口腔黏膜过度角化，牙齿磨损、脱落，牙周组织退化，唾液淀粉酶分泌减少。

②胃黏膜萎缩，胃液和肠液分泌减少，胃肠运动功能减弱。

③胰腺分泌减少，胰蛋白酶和淀粉酶活性下降66%。

④肝细胞数量减少，肝细胞线粒体数减少而体积增大，血清白蛋白减少，白蛋白与球蛋白比例可达1∶1，胆囊胆管变厚，胆汁变浓，含大量胆固醇，易患胆结石。

⑤吸收功能改变。吸收速度减慢，脂肪吸收延迟，钙、铁、维生素B_1及维生素B_2吸收减慢。

⑥泌尿系统表现为肾血流量和肾小球过滤率下降。

⑦神经系统表现为注意力减退、意识障碍、感觉迟钝等。

⑧骨骼肌肉萎缩表现为驼背、肌肉老化、皮肤起皱等。

⑨毛发变稀、脱落，指甲生长缓慢、变脆。

除上述功能变化外，还有心血管系统、呼吸系统、生殖系统、内分泌系统等发生的退行性变化。

(4)疾病发生率高　老年人的各系统在形态和功能上都发生退行性变化，因此，各种疾病患病率明显增高。其中与营养有关的疾病主要有心血管疾病、肥胖症、糖尿病、骨质疏松症、缺铁性贫血和肿瘤等。

10.5.2　老年人的合理营养

(1)能量　老年人与青年人相比，基础代谢率降低，活动量减少，热能消耗量相对下降。为保持能量平衡，摄入量应减少。我国60岁轻体力活动男性每日能量摄入量为7.94 MJ，女性为7.53 MJ。经常测量体重是衡量能量摄入量与消耗量平衡的实用方法。如果保持恒定的体重，就说明热能摄入量适宜。老年人体重正常者患各种疾病的概率低，体质健壮。过胖导致高血压、冠心病发病率高，过瘦导致支气管炎、肺心病等疾病。

(2)蛋白质　蛋白质对老年人极为重要。在衰老过程中，蛋白质以分解代谢为主，蛋白质的合成过程逐渐减慢，如血红蛋白合成减少、血中氨基酸含量降低，影响红细胞的生成，因此，老年膳食中应多供给生理价值高的蛋白质。一般认为，优质蛋白质应占蛋白质总量的50%左右。老年人由于消化功能降低、肾脏功能减退，摄入过量的蛋白质会加重肝、肾负担，还会增加体内胆固醇的合成，通常以1.27 g/kg体重或蛋白质的能量比为15%摄入为宜。

(3)脂类　膳食中应有适量脂肪，这样可以增进食物的色、香、味，提高食欲，并且适量脂肪也有助于脂溶性维生素的吸收。但老年人胆汁分泌量减少、脂肪酶活性降低、脂肪代谢减慢、血脂偏高，因而消化脂肪能力下降。所以，老年人膳食脂肪摄入量应减少。对老年,人来说,降低脂肪摄入量固然重要,但更重要的是脂肪的质量,要减少动物性脂肪摄入量,增加亚油酸摄入量,以防脑细胞退化。一般认为,老年人脂肪能量占总能量的 20%～25%,提倡动植物油脂混合食用且胆固醇摄入量应小于 300 mg/d。

(4)碳水化合物　蔗糖、果糖、葡萄糖等简单碳水化合物在体内经代谢可转化为甘油三酯,即碳水化合物转化为脂肪,可引起血脂升高或贮存于体内而发胖。所以,老年人不应多吃白砂糖、糖果和甜食,他们的热能应主要来自谷类中的大分子碳水化合物。为防止便秘,应适当吃些粗粮、蔬菜、水果,以增加膳食纤维摄入量。老年人膳食中碳水化合物提供的能量仍占总能量的 55%～65%。

(5)维生素　老年人需要充足的各种维生素,不少老年性疾病的发生与维生素摄入不足有关。维生素 A 具有防癌、抗癌作用,应保证摄入充足。维生素 D 可调节钙磷代谢,促进肠壁对钙的吸收,对预防老年骨质疏松症尤为重要。维生素 E 为抗氧化剂,可以保护细胞膜不受脂质过氧化,还可消除衰老组织中脂褐质。维生素 B_1、维生素 B_2 与能量代谢有关,维生素 C 有促进铁吸收、预防缺铁性贫血及维持毛细血管壁的完整性、加快伤口愈合的作用。此外,维生素 C 还有解毒、提高免疫力和防癌等作用,是老年人不可缺少的维生素。也应重视老年人对维生素 B_6、维生素 B_9 和维生素 B_{12} 的需要。

(6)矿物质　老年人肠道吸收钙的能力下降,易发生负钙平衡,引起骨质疏松症。为防止骨质疏松,老年人应多摄取维生素 D,多晒太阳和保持体育运动,更应注意摄取足量的钙。老年人对铁的吸收能力下降,则缺铁性贫血患病率高,故应多摄取鱼肉等含铁丰富的食物。铬是胰岛素的辅助因子,可增强胰岛素降血糖效能,补充铬可改善糖耐量。老年人铬缺乏会导致糖尿病。铬还可降低血清总胆固醇,增高高密度脂蛋白,预防动脉粥样硬化。目前,专家提出每日每人铬的适宜摄入量(AI)为 50 μg。硒是谷胱甘肽过氧化物酶的组成成分,具有抗氧化作用,硒与维生素 E 协同保护细胞膜不受脂质过氧化,起到抗衰老作用。

10.5.3　老年食品

10.5.3.1　老年人膳食原则

(1)少食多餐　增加餐次的饮食方法较为适宜,暴饮暴食有害而无益。也不宜过饥过饱(我国民间有谚语“太饥伤肠、太饱伤胃”),每餐以七分饱最适合,进餐时要细嚼慢咽。

(2)膳食多样化　膳食多样化能保证摄入所有营养素,偏食和不必要的禁食是不利的,饭菜要力求做到色、香、味、形俱佳,富有营养。谷类、肉类、蛋类、乳类、果蔬类、水分(包括各种汤类)都应尽可能列入日常食物中,尤以蔬菜类为主。

(3)烹调方式宜多变而少用调味品　因老年人咀嚼、消化能力稍差,烹调时应切碎煮烂,使其柔软,但又应避免过分烹调致使一些营养素损失过多。因此,饮食温度要适宜,过黏、过甜、过酸、过咸、过于油腻或油炸的食物不宜老年人食用。老年人因体内的器官日趋老化,消化及吸收能力减退,牙齿也开始脱落,在其食量普遍减退的情况下,更需保证饮食的品质。

(4)减少热量及胆固醇的摄入　老年人一般活动量少,所以,不宜多吃高热量的食物,如煎炸食物、甜品、糖果等,以避免肥胖及其不良后果;要适量摄取蛋白质、钙质及新鲜蔬菜和水果;动物脑和内脏(如肾、肝等)中的胆固醇含量特别高,不宜过量食用,以预防心脏病、中风等的发生。

(5)避免过咸食物　人到老年,味觉功能会逐渐减退,因而大多老年人喜欢吃用盐腌制的食物以提高食欲。这些食物被认为与老年人的常见病如高血压密切相关,老年人必须限制钠盐的摄入量。盐能使水分在体内储存增多,排出减少,加重心脏负担。高血压患者禁忌高盐饮食。所以,老年人的饮食还是以清淡为主。

(6)注意钙质的摄取　老年人的骨质渐渐变得疏松,容易引起骨折及腰腿疼痛,而适量补钙能延缓这一现象。因此,老年人应注意选择含钙质丰富的食物,如脱脂奶、豆类及其制品等。多晒太阳及适当运动也可促进钙质的吸收。

10.5.3.2　老年食品加工原则

(1)热量适宜　老年食品热能不宜过高,甜味剂可选低糖甜味剂或非糖甜味剂。

(2)蛋白质适量、质优　老年食品中蛋白质含量可与成人食品相近,但要强调供给优质蛋白质,如动物性蛋白和豆类蛋白。

(3)脂肪总量要低　老年食品中饱和脂肪酸含量要求更低,提倡多用大豆油、芝麻油等植物油,老年食品还应降低胆固醇含量。

(4)膳食纤维适量　膳食纤维有通便及防高血脂、动脉硬化、胆结石、糖尿病和结肠癌等重要功能,这对于老年人尤为重要。如魔芋精粉等可作为膳食纤维添加到老年人专用挂面中。

(5)低盐　老年食品中钠含量要低,我国老年人食盐摄入量一般均高于推荐量,提倡食用低盐食品。

(6)注意食品加工工艺,防止产生致癌物　据 WHO 估计,全世界每年死于肿瘤的人约为 500 万,中国每年肿瘤患者约为 100 万。食品与肿瘤发生密切相关,90%以上肿瘤是由外环境引起的,而食品中致癌物是一个重要的外环境因素。老年人为肿瘤易发人群,老年人食品中致癌物更值得重视。

10.5.3.3　抗衰老、延年益寿的天然食品

虽然目前人们还未发现一种食物或药品能使人“长生不老”,但人们在防老抗

衰的研究中发现了许多可延年益寿的天然食品。如人参、枸杞、大蒜、芦笋、香菇、蘑菇、木耳、蜂王浆、芝麻等含有大量生理活性物质，具有抗癌、降血脂、抗疲劳、增加免疫力等功能，被人们视为天然抗衰老食物。

10.6　特殊环境人群营养

人处于特殊的外界环境，往往会出现生理异常，直接影响机体的生理状况。人体为适应这些不利因素的刺激，体内生理功能会发生一系列的变化，如交感神经兴奋、肾上腺素分泌增多、尿中去甲肾上腺素代谢物增加、脑内多巴胺代谢加剧。胰岛素、胰高血糖素、抗利尿激素等也发生明显变化，从而影响体内的物质代谢，使血糖升高、脂肪动员加速、血中脂肪酸含量升高、蛋白质分解加强，甚至出现负氮平衡等。人体对特殊环境条件的刺激而发生的体内调节过程称为应激反应。人体的应激反应力与营养有着密切的关系。如人体营养状况较佳或营养补充及时，就能顺利抵御不利环境因素对健康的影响；反之，则可能持续出现负氮平衡、糖原耗尽，严重时危及生命。因此，人体的应激反应可能导致对某些营养素消耗量增多、需要量加大，特别对多种维生素和某些微量元素等的需要量增加。为使人体能适应特殊环境，提高劳动生产力和保护健康，对特殊环境人群的营养与膳食进行研究和指导具有现实意义。

10.6.1　高温环境条件下人群营养

通常把 35 ℃以上的生活环境或气温在 30 ℃以上、湿度超过 80%的工作场所称为高温环境。高温环境又可分为自然高温环境和工业高温环境。自然高温环境主要出现在夏季，由日光辐射引起。工业高温环境主要由人工热源引起，如冶炼工业的炼焦、机械铸造工业的机械加工车间等。

10.6.1.1　高温环境对人体生理的影响

高温环境可引起人体代谢和生理状况一系列的变化，如水分、无机盐及水溶性维生素丧失，体温升高，血液浓缩，心跳加快，食欲及消化功能减退，中枢神经系统兴奋性降低等。这些变化使工作效率降低，同时影响人体健康。为了保持健康，对膳食营养提出相应的要求。

当环境温度高于皮肤温度时，人体不能通过对流和辐射的方式散热，为了保持正常体温，皮肤血管扩张，温度上升，以蒸发方式发散热量。此时，组织液流入血管，血液中水分增加，有利于皮肤蒸发水分，通过大量出汗使体温下降。高温环境中劳动出汗率达每小时 1 L，有的甚至为 3～4 L。汗液中 99%以上为水分，机体在大量排汗的情况下会因水分严重丢失而发生脱水，同时一些矿物质（如钠、钾、钙等)、水溶性维生素、葡萄糖及某些含氮物也会随汗液排出体外。出汗时体内分泌的抗利尿激素增加,促进肾脏水分的重吸收,尿液被浓缩而且量减少,从而增加肾脏负担。出汗使皮肤血管扩张,血压的舒张压下降,血流旺盛,收缩压逐渐上升,脉搏增快,呼吸加深,换气量增加。若长期在热环境中进行强劳动作业,则使心肌处于紧张状态而呈现生理性肥大。甲状腺对热环境也很敏感,机体受热时甲状腺素分泌减少,可引起血清结合碘含量下降。此外,高温环境使人体消化液分泌减少,特别是胃液中的游离盐酸减少,从而导致肠胃消化机能相应减退、食欲缺乏。

10.6.1.2 高温环境条件下人群的合理营养

(1)补充水分和矿物质　高温环境下大量出汗,人体及时补充水分显得格外重要,因为体液内的水分对维持人体内环境稳定和良好耐力以及调节人体体温都起到十分重要的作用。水分补充量根据工作强度、出汗多少而定,通常可根据主观感觉和参照体重变化来考虑,要保证高温环境条件下人群工作开始至结束时体重较为接近。若失水超过体重的 2%又未能及时补充,则人体会感到疲劳、倦怠、耐力降低,进而影响工作效率,失水严重时可出现体温上升、血液浓缩、口干、头昏及心悸等。水分应少量、多次补充,否则会促使排汗加速、食欲下降。汗液中有 0.3%的无机盐,无机盐总排出量的比例为:钠 54%～68%、钾 19%～44%、钙 22%～23%、镁 10%～15%、铁 4%～5%。适应热环境的人汗液中盐分略低。如在高温环境下大量出汗时仅补充水而不补充盐,则可出现以缺盐为主的水和电解质代谢紊乱,造成细胞外液渗透压下降、细胞水肿、细胞膜电位显著改变,表现为肌肉痉挛。如严重失水或失盐,会出现中暑症状。

人们提出了许多补盐的方法和不同的补给量。多数学者主张如全天出汗量在 3 L 以下,每日食盐摄入量为 15 g;全天出汗量为 3～5 L,每日食盐摄入量为 15～20 g;全天出汗量在 5 L 以上,每日食盐摄入量为 20～25 g。补充食盐的方法主要是在每餐的菜汤中适量多加食盐,饮料中含盐量不能高,因为不易被人们接受,还会引起胃肠功能障碍。若每日出汗量高于 5 L,则可通过饮料补充少量食盐,含盐饮料中食盐含量以 0.1%～0.2%为宜。

排出的汗液中钾浓度为 5～10 mg/L,适当补充钾可提高机体耐热力。中暑者的血钾浓度降低,钾代谢失常往往导致水的分布及酸碱平衡紊乱。长期缺钾的人在高温条件下最易中暑,说明炎热环境条件下,大量出汗时钾的需要量增加。为提高机体对高温的耐受力,视出汗多少,每日应补充钾 1～3 g。膳食中应注意供给含钾丰富的蔬菜、水果和豆制品。

排出的汗液中还有钙、镁、铁、锌等,汗液中钙的浓度为 20 mg/L,镁的浓度为 6 mg/L。当机体对热适应后,汗液中仍然丢失一定量的钙,虽然尿中钙不降低,但不能代偿汗液中钙的丢失量。因此，一般认为，在高温环境下大量出汗时，需补充适量的钙、镁等无机盐。每日从汗液中可丢失铁 0. 3 mg、锌约 4 mg，若不及时补充，则影响食欲及正常的代谢功能。

(2)供给充足的多种维生素　人体通过排汗排出大量的水溶性维生素。如维生素 C 在汗液中的含量有时可高达 10 mg/L，若出汗 6 L，则从汗液中损失的维生素 C 约为 60 mg。根据某些人体实验得知，维生素 C 使人的热适应性加快。人体进入高温环境后，血浆和白细胞中维生素 C 含量降低。若要使血浆和白细胞含量达到正常水平，则必须摄入更多的维生素 C。所以，高温环境下维生素 C 每日摄入量为 100～200 mg才能达到血浆维生素 C 的正常水平。汗液中维生素 B_1 的含量为0. 14 mg/L，若大量出汗，则按平时需要量供给显然是不够的。一些学者建议，高温环境条件下人群维生素 B_1、维生素 B_2 每日供给量应分别为 2. 5 mg 和 4 mg，才能满足生理需要。

高温环境中热辐射及强光对机体皮肤和眼睛都有一定的刺激。因此，有人提出，维生素 A 的供给量应增至每日 1500 μg RE。

(3)适当补充能量和蛋白质　炎热环境下因人体散热的需要，血液循环系统的负荷增加，心率加快，呼吸加深，汗腺活动加强，体温上升，使代谢加快，耗氧量加大，从而使能量消耗有所增加。有的学者提出，在 30～40 ℃的环境中，应在正常能量推荐摄入量的基础上，按温度每增加 1 ℃，能量增加 0. 5%。

汗液中含有尿素、氨、氨基酸及微量的肌酐、肌酸等含氮物，其总含氮量为 280～530 mg/L，上述含氮物随汗液排出体外。虽然汗氮丢失增加，尿氮排出量减少，但仍不足以抵消氮的损失。而且汗液中的氨基酸有 1/3 是必需氨基酸，其中赖氨酸损失更为突出，再加上由于失水和体温增高引起蛋白质分解代谢增强，因此，高温环境中蛋白质补充较差，人体往往出现负氮平衡。一般认为，高温环境条例下人群每日摄入的蛋白质提供的能量应占总能量的 14%左右，而且动物类、大豆类等优质蛋白最好占蛋白质摄入量的 1/2 以上。

10. 6. 1. 3　高温环境条件下人群的膳食及加工食品

(1)高温环境条件下人群的膳食　高温环境条件下人群除每日供给充足的饮料，补充水分和部分矿物质外，还要特别重视膳食的调配，其膳食应尽量适应高温条件下人体营养代谢的特点。热能供应一般易达到供给标准，高温作业者热能摄入不足往往是由食欲下降所致的。要经常变更花样，注意食物的色、香、味，以刺激食欲，如配制卫生可口的凉菜及增加一些酸味、辛辣的调味品和营养价值高、味道鲜美的汤汁，既可补充水分，又可补充盐分。所以，除供应米、面等谷物食品外，还应有选择地增加含油脂少的畜、禽、蛋类及大豆类等食品，从而有利于优质蛋白、B 族维生素和微量元素的补充。同时，供应充足的新鲜蔬菜和水果，因为蔬菜中含有丰富的钾和钙。此外,适当食用一些物美价廉的海产品,如海带、紫菜等。在菜肴烹调中适当加入食用醋,对增进食欲有一定益处,还可弥补因高温出汗多而引起的胃酸减少。

高温环境下膳食油脂的含量以习惯和人们乐于接受的程度为宜,因为适量脂肪可增加菜肴香味、促进食欲。烹调用油一般选用植物油,它比动物油脂的效果好。

(2)适宜高温环境条件下人群的加工食品。

①各式饮料。饮料是炎热季节的必备食品。从营养角度看,果汁、蔬菜汁、豆奶、酸奶等是高温环境下适宜的饮料。它们除含糖、酸等调味品外,还含有丰富的矿物质和维生素,豆奶、酸奶还含优质蛋白。茶水是我国人民的传统饮料,它具有解渴、生津、提神的作用。饮用时饮料温度不要低于 10 ℃。

②各式汤料。鲜美的汤料可提供一定量的矿物质,并可增强食欲。

③冷饮类。在进餐前饮用适量冷饮,也可以促进食欲,但是不宜过多。

④各类水果蔬菜罐头食品、发酵腌制菜。如番茄酱、橘子罐头、榨菜、梅干菜、冬菜及泡酸菜等,都是夏季受欢迎的食品。

⑤肉类中低脂加工食品。鱼、禽、畜肉中脂肪低的罐头食品因耐贮藏、食用方便,适合高温环境人群选用。

⑥蛋类制品。咸蛋、皮蛋等加工蛋制品是人们在炎热高温下喜食的传统食品。

⑦方便粥类。如八宝粥味美可口、方便卫生,是高温作业者可选用的食品。

10.6.2 低温环境条件下人群营养

10 ℃以下生活环境或气温为 10 ℃的工作场所,视为低温环境,如南北极、冷库等。我国某些高纬度地区及部分高原地区年平均气温均在 10 ℃以下,这些地区的居民长年受低温环境的影响,另外,我国大部分地区冬季低温,如 1 月份气温达 10 ℃以下,都可认为是低温环境。

10.6.2.1 低温环境对人体生理的影响

当人体遇到低温寒冷刺激时,皮肤血管收缩,皮肤温度下降,出现鸡皮疙瘩,使皮肤表面粗糙,表面空气流动减少,散热相应减少。若皮肤进一步受冷,则会发生战栗反射。所以,必须增加热量以保持体温,一般总能量增加 5%~25%。若长时间持续在寒冷环境中工作,则人体出现适应状况,这种适应过程称为习服。在寒冷环境中,人体甲状腺素、肾上腺素分泌增多,由于皮肤血管收缩、血压上升,机体代谢方式最明显的改变是由以碳水化合物供能为主逐步转为以蛋白质、脂肪供能为主。糖原被迅速分解,血糖增高,肌肉血液量增加,加之防寒服的负担,也使能量消耗增高，体内氧化代谢增强，热代谢加速，耗氧量也增高。因此，长期在寒带生活的人群，其基础代谢较在温带生活的人群高，有时可高出 10%～30%。若体内产能营养素贮备丰富、营养素补充及时，则人的御寒能力较强。因此，一般皮下脂肪丰富、肌肉发达的人对寒冷的耐受性较强，而瘦人、老年人及体弱幼儿等对寒冷的耐受性较差。此外，寒冷环境中胃液分泌量和酸度都增高，胃肠容易处于排空状态，因而食欲也较旺盛。

10.6.2.2　低温环境条件下人群的合理营养

(1)供给充足的能量　在寒冷环境中，人需要摄入足够的能量才能维持能量平衡。碳水化合物和脂肪都是重要的能量来源，但碳水化合物优先被利用。动物和人体实验都证明，进食脂肪含量高的膳食，对寒冷的耐受性强。通常在寒冷环境下，人们也表现出对高脂膳食的喜好。根据目前国内外学者对寒冷地区作业人员营养状况的研究，认为膳食构成中脂肪能量比为 35%～37%、碳水化合物能量比为 48%～50%、蛋白质能量比为 14%～15%较为合理。

(2)供给优质蛋白质　低温环境对蛋白质供给无特殊要求，但蛋白质的供给也应充裕。在低温环境下，人体蛋白质分解加速，氨基酸消耗量大。近年研究表明，蛋氨酸对增强机体的耐寒力有重要意义。因此，动物蛋白及大豆蛋白等优质蛋白质应占蛋白质总量的 50%或更多。

(3)供给充足的多种维生素　由于寒冷环境下人体热能消耗增大，因此，其对维生素 A、维生素 D、维生素 B_1、维生素 B_2、维生素 B_3、维生素 B_6 及维生素 C 等多种维生素的需要量增加，而且目前认为维生素 C 与寒冷适应性关系最密切。动物和人体实验都证明，若保证摄入充足的维生素 C，并使血中维生素 C 水平达到 0.01 mg/mL，则动物和人对寒冷都有较高的耐受性。在寒冷地区，新鲜蔬菜有时不能按时补充，也可用维生素 C 片剂补充。有的国家提出，中等体力活动者在寒冷环境下作业，每日维生素摄入量应为：维生素 A 1500 μg RE、维生素 B_1 2 mg、维生素 B_2 2.5 mg、维生素 C 100 mg、维生素 B_3 15 mg、维生素 B_6 2 mg。

(4)供给充足的钙、钠等矿物质元素　由于低温刺激常常引起肾上腺素分泌增加，使交感神经兴奋，导致血钙减少和尿钙排出增多，加之受冷时人的尿量增加，随尿排出的钠、钾、钙等无机盐较温暖气温下多，因而无机盐的供给应稍高于正常水平。有的研究报告认为，高盐膳食有利于人体对寒冷环境的适应，但居住在寒冷地区的因纽特人，在膳食中所用食盐含量每日仅为 2～3 g。目前认为，食盐摄入过多对健康不利，因此，不提倡食用高盐食品。

10.6.2.3　低温环境条件下人群的膳食及加工食品

(1)低温环境条件下人群的膳食　人们处于低温环境下往往食欲增强，食量增加，并对脂肪等高能量食物表现出偏爱，所以，首先应保证充足的热能食品，如适当增加粮谷类、食用油及动物食品。各种畜肉、禽肉都含有一定的脂肪，饱腹感强，供给热量也多，而且肉类食品还可提供多种维生素和矿物质。奶、蛋类食品在寒冷季节因营养价值高、食用方便而普遍受欢迎。在奶、蛋类供给的同时，还应注意保证大豆类食品的供给。此外，也要注意新鲜蔬菜和水果的供给。目前，随着南北市场开放，时令鲜菜、柑橘、梨、苹果等即使在最冷的 1 月份也能在全国的大多数城市充分供给。以一个中等体力劳动男子在冬季或低温下作业为例，若每日供给米或面粉 500 g、薯类 250～500 g、各种蔬菜 500～750 g、水果 100～200 g、肉类200～300 g，有条件时供给奶类 250 g、蛋 50 g 或大豆类制品 200 g，则可提供 13.4 MJ能量、100 g 蛋白质、90 g 脂肪，可充分满足其营养要求。

(2)适宜低温环境条件下人群食用的加工食品　通常低温环境人群乐于接受各种罐装及真空包装的肉制品，如红烧猪肉、红烧牛肉、酱鸡、酱鸭等。市售速冻水饺、肉丸、鱼丸、火锅配料及配菜都适于低温环境条件下人群食用。速冻或脱水蔬菜因其贮藏和运输方便，对某些寒冷季节不易吃到新鲜蔬菜的人群具有实用意义。各种加工豆类制品、乳类制品是低温环境人群不可缺少的食品。

第11章　社区营养

11.1　膳食调查和评价

11.1.1　社区营养的定义、研究特点及目的

(1)社区营养的定义　社区营养(community nutrition)是密切结合实际生活,以人类社会中某一限定区域内各种人群为总体,从宏观上研究其合理营养与膳食的有关理论、实践和方法的一门边缘学科。限定区域内各种人群是指有共同的政治、经济、文化及其他社会生活特征的人群。

(2)社区营养的研究特点　从社会生活出发,着眼于社会人群总体;营养科学与社会条件、因素相结合;综合性和整体性相结合;宏观性、实践性和社会性相结合。

(3)社区营养的研究目的　运用一切有益的科学理论、技术和社会条件、因素及方法,使社区内的各类人群营养合理化,提高其营养水平与健康水平,改善其体质和智力素质。

11.1.2　社区营养的研究内容

社区营养的研究内容主要包括各种人群的营养供给量、营养状况评价及人群的食物结构、食物经济、饮食文化、营养教育等,分为自然科学内容和社会科学内容两方面。自然科学内容主要包括人群的营养供给量和营养状况评价;社会科学内容主要包括人群的食物结构、食物经济、饮食文化、营养教育、法制与行政干预等对居民营养有制约作用的社会条件和因素。

为了帮助个体和人群安全地摄入各种营养素,避免营养不足或营养过多的危害,营养学家根据有关营养素需要量的知识,提出了适用于各年龄、性别及劳动、生理状态人群的膳食营养素参考摄入量(DRIs),用于指导中国居民合理摄入膳食营养素,预防营养缺乏和过量,减少慢性病的发生。

膳食营养素参考摄入量是在膳食营养素供给量(RDAs)基础上发展起来的一组每日平均膳食营养素摄入量的参考值,包括7项内容:平均需要量(EAR)、推荐摄入量(RNI)、适宜摄入量(AI)、可耐受最高摄入量(UL)、宏量营养素可接受范围(AMDR)、预防非传染性慢性病的建议摄入量(PI-NCD)和某些膳食成分的特

定建议值(SPL)。

(1)平均需要量(EAR) EAR是根据个体需要量的研究资料制定的,是根据某些指标判断可以满足某一特定性别、年龄及生理状况群体中50%个体需要量的摄入水平。这一摄入水平不能满足群体中另外50%个体对该营养素的需要。EAR是制定RDAs的基础。

(2)推荐摄入量(RNI) RNI相当于传统使用的RDAs,是可以满足某一特定性别、年龄及生理状况群体中绝大多数(97%~98%)个体需要量的摄入水平。长期摄入RNI水平,可以满足机体对该营养素的需要,保持健康和维持组织中有适当的储备。RNI的主要用途是作为个体每日摄入该营养素的目标值。RNI是以EAR为基础制定的。如果已知EAR的标准差,则RNI定为EAR加两个标准差,即RNI = EAR+2SD。如果关于需要量变异的资料不够充分,不能计算SD,则一般设EAR的变异系数为10%,这样RNI =1.2×EAR。

(3)适宜摄入量(AI) 在个体需要量的研究资料不足,不能计算EAR,因而不能求得RNI时,可设定适宜摄入量(AI)来代替RNI。AI是通过观察或实验获得的健康人群某种营养素的摄入量。例如,纯母乳喂养的足月产健康婴儿,从出生到6个月,他们的营养素全部来自母乳。母乳中供给的营养素量就是他们的AI值,AI的主要用途是作为个体营养素摄入量的目标值。

AI与RNI的相似之处是两者都用作个体摄入量的目标值,能满足目标人群中几乎所有个体的需要。AI和RNI的区别在于AI的准确性远不如RNI,可能显著高于RNI。因此,使用AI时要比使用RNI更加小心。

(4)可耐受最高摄入量(UL) UL是平均每日可以摄入某营养素的最高量,是营养素或食物成分平均每日摄入量的安全上限,是一个健康人群中几乎所有个体都不会产生毒副作用的最高摄入水平,但并不是一个建议的摄入水平。当摄入量超过UL并进一步增加时,损坏健康的危险性随之增大。这个量对一般人群中的几乎所有个体都不至于损害健康。如果某种营养素的毒副作用与摄入总量有关,则该营养素的UL应依据食物、饮水及补充剂提供的总量而定。如毒副作用仅与强化食物和补充剂有关,则UL依据这些来源来制定。对许多营养素来说,当前还没有足够的资料来制定它们的UL,所以,没有UL值,不代表过多摄入这些营养素没有潜在的危险。

(5)宏量营养素可接受范围(acceptable macronutrient distribution range, AMDR) AMDR是指脂肪、蛋白质和碳水化合物理想的摄入范围,该范围可以提供人体对这些必需营养素的需要,并且有利于降低慢性病的发生危险。AMDR具有上限和下限,常用占能量摄入量的百分比表示。

(6)预防非传染性慢性病的建议摄入量(proposed intakes for preventing noncommunicable chronic diseases,PI-NCD,或简称PI) PI-NCD是以非传染性慢性病(NCD)的一级预防为目标提出的必需营养素的每日摄入量。当NCD易感人群对某些营养素的摄入量接近或达到PI时,可以降低他们发生NCD的风险。

(7)特定建议值(specific proposed levels,SPL) SPL指某些疾病易感人群膳食中某些成分的摄入量达到或接近该建议水平时,有利于维护人体健康。SPL主要用于除了营养素以外的某些膳食成分,其中多数属于植物化合物,如大豆异黄酮、叶黄素、番茄红素、植物甾醇、氨基葡萄糖、花色苷、原花青素等,具有改善人体生理功能、预防慢性疾病的生物学作用。

11.1.3 营养调查与评价

运用特定的调查检验手段准确地了解某一人群或个体的各种营养指标的水平,用来评价其当前的营养状况,这一过程称为营养调查。营养调查的目的主要是调研特定人群或个人的膳食摄入量、膳食组成、营养状态、体质与健康、生活消费以及经济水平,为改善人群营养和健康状况进行营养监测、制定营养政策等提供基础资料,也为食物的生产消费、营养缺乏或过剩的防治提供科学依据。营养调查的方法主要包括膳食调查、人体测量、实验室生化检验和临床体格检查。

11.1.3.1 膳食调查与评价

(1)膳食调查(dietary survey) 膳食调查是指通过对特定人群或个体的每人每日各种食物摄入量的调查,计算出每人每日各种营养素摄入量和各种营养素之间的相互比例关系,根据被调查者的工作消耗、生活环境以及维持机体正常生理活动的特殊需要,与DRIs进行比较,从而了解其摄入营养素的种类、数量以及配比是否合理的一种方法。

(2)膳食调查方法 人群的膳食营养状况在一定程度上可以反映一个国家的经济发展和社会文明程度。为了解不同个体和人群的膳食习惯,包括摄入的食物品种及每日从食物中摄取各种营养素的量,营养工作者需要选择适当的膳食调查方法对有关人群进行膳食调查。我国分别在1959年、1982年、1992年、2002年、2012和2015年进行了六次全国性的营养调查,通常采用的方法有称重法、记账法、称重记账法、询问法、化学分析法及食物频率法等。营养门诊常用的是询问法,一般常用24 h膳食回顾法。

①称重法。称重法又叫称量法,是指通过准确称量被调查者在调查期间(如3～7天)每日每餐各种食物的消耗量,从而计算出营养素的摄入量,可用于集体食堂、家庭和个人的膳食调查。调查期间,被调查者在食堂或家庭以外吃的零食或添加的饭菜等,都应详细记录,准确计算。此方法较为准确,可调查每天膳食的变动情况和三餐食物的分配情况。但此法费时费力,不适合大规模的个体调查。

如调查全年营养情况，应每季进行1次，因为不同地区、不同季节的人群膳食营养状况会有明显差异，为了使调查结果具有良好的代表性和真实性，最好在不同季节分次调查。具体方法分为称量与计算两步。

a.称量。逐日逐餐对所吃的各种主、副食品进行称量，称出以下4组重量。称量结果以kg或g为单位，分别记录于表内。

可食重：米、面粉等主食总重，无不可食部分；副食重指去除不可食部分后的重量。

熟食重：指主、副食烹调出锅(笼)后的重量。

剩余重：指各种主、副食品的剩余重量，包括厨房剩余量与个人分食剩余量。

残渣重：指食后的残渣，如猪骨、鱼刺等不可食部分的重量。

称量注意事项：主、副食品先称后做。各种食品的名称应按《中国食物成分表》中的分类名称准确登记；各种调味品在餐前餐后各称1次，差额为食用量；准确记录进餐人数，男女进行分别登记。

b.计算。净食重指实际摄取的可食重，按下式计算：

净食重(kg)＝{［熟食重－(剩余重＋残渣重)］÷熟食重}×可食重

平均每人净食重可按下式计算：

平均每人净食重(g)＝净食重(kg)÷［(0.83×女性人数)＋男性人数］［男性设定为标准人，女性根据系数换算成标准人日数(人日数是指被调查者以一日三餐为标准折合的用餐天数，一个人吃早餐、午餐、晚餐三餐为1个人日)，系数为0.83］

平均每人每天净食重可按下式计算：

平均每人每天净食重(g)＝同种食品平均每人净食重(g)的和÷调查天数

计算结果按食品类别和名称填入表内。食品类别按《中国食物成分表》划分，如谷类、豆类、肉类等。

平均每人每天各种营养素摄取量：平均净食重乘以食物成分表中单位重量中各种营养素含量，即得出每种食品中各种营养素含量。如300 g富强粉中蛋白质、脂肪和糖的含量计算：查《中国食物成分表》可知，100 g富强粉(江苏)中含蛋白质9.1 g、脂肪0.9 g、糖类75.6 g。因此，蛋白质摄入量＝300×9.1÷100＝27.3(g)，脂肪摄入量＝300×0.9÷100＝2.7(g)，糖类摄入量＝300×75.6÷100＝226.8(g)。依次计算各营养素摄取量，再将各种食物的同种营养素摄取量相加，即得出平均每人每天各种营养素的摄取量。

计算生热营养素能量分配：

能量分配(%)＝［营养素摄取量(g)×生热系数÷总能量(kcal)］×100%

计算蛋白质来源分配：

蛋白质来源分配(%)=[各类蛋白质摄取量(g)÷总蛋白质摄取量(g)]×100%

②记账法。记账法是根据账目的记录得到被调查者的膳食情况来进行营养评价的一种膳食调查方法，常和称重法一起应用。它是由被调查者或研究者称量、记录一定时期内的食物消耗总量，研究者通过查阅这些记录，并根据同一时期进餐人数，计算出每人每天各种食物的平均摄入量。在集体就餐的伙食单位(如幼儿园、学校和部队)，如果不需要个人食物摄入量的数据，只要平均值，则可以不称量每人每天摄入的熟食重，只称量总的熟食重，然后减去剩余重，再被进餐人数平均，即可得出平均每人每天的食物摄入量。

记账法的原理：记账法多用于建有伙食账目的集体食堂等单位，根据该单位每天购买食物的发票和账目、就餐人数的记录，得到在一定时期内各种食物的消耗总量和就餐者的人日数，从而计算出平均每人每天的食物消耗量，再按照食物成分表计算这些食物所供给的能量和营养素数量。

记账法的优缺点：记账法的操作较简单，费用低，所需人力少，适用于大样本膳食调查，且易于被膳食管理人员掌握，使调查单位能定期地自行调查计算，并可作为改进膳食质量的参考。该法适合于家庭调查，也适合于幼儿园、中小学校或部队的调查。记账法可以调查较长时期的膳食，缺点是调查结果只能得到全家或集体中的人均膳食摄入量，难以分析个体膳食摄入情况。

记账法较为简便，通常可调查 30 天，减少因时间和季节造成的误差。若原有账目登记不清，则可从即日起开始登记，通常可记录 7 天。然后，算出每人每天各种食品的消耗量，再按食物成分表计算出每人每天摄取量。

a. 食物消耗量的记录。开始调查前需记录现存(库存)的食物量，调查过程中详细记录各种食物的采购量，在调查结束时记录剩余(库存)的食物量。

食物消耗量=(调查前的库存量+采购量)-调查结束时的库存量

b. 进餐人数登记。集体调查要记录每日每餐进食人数，以计算总人日数。对于有伙食账目的集体食堂等单位，可查阅过去一段时期内全体人员的食物消费量，并除以同一时期的进餐人数，算出平均每人每天各种食物的摄入量。

③称重记账法。称重记账法是称重法和记账法相结合的一种膳食调查方法。这种膳食调查方法兼具称重法的准确和记账法的简便，是目前应用非常广泛的一种膳食调查方法。

称重记账法的原理：由被调查者或研究者称量记录一定时期内的食物消耗总量，研究者通过查阅这些记录，并根据同一时期的进餐人数，计算每人每天各种食物的平均摄入量。

称重记账法的优缺点：该法较称重法操作简单，所需费用低，人力少，适合于大样本调查。同时，记录较单纯记账法精确，能够得到较准确的结果。此法较少依赖记账人员的记忆,食物遗漏少。而且,单位食堂的工作人员经过短期培训即可掌握这种方法,能够定期自行调查。这种方法适合进行全年不同季节的调查。但是,这种方法只能得到全家或集体中的人均摄入量,难以分析个体膳食摄入情况。

④询问法。询问法是目前比较常用的膳食调查方法,是根据询问被调查者所提供的膳食情况,对其食物摄入量进行计算和评价的一种方法。在不能进行记账法或称重法时,可通过询问法来了解个体的食物消耗量。此方法适合于个体调查及特种人群的调查,例如,对门诊患者或孕妇在近 3 天或 7 天内每天所吃食品的种类进行询问,并估计所吃食物的重量,同时了解患者的膳食史、膳食习惯及有无忌食、偏食等情况。询问法简便易行,但因受被调查者的记忆力和对度量判断差异的影响,其结果不够准确。询问法主要包括 24 h 回顾法和膳食史法,两种方法也可以结合使用。

a. 24 h 回顾法。24 h 回顾法是通过访谈的形式收集膳食信息的一种回顾性膳食调查方法,通过询问被调查者过去 24 h 实际的膳食情况,可对其食物摄入量进行计算和评价,是目前获得个人膳食摄入量资料最常用的一种调查方法。

24 h 回顾法的原理:24 h 回顾法是通过询问的方法,使被调查者回顾和描述在调查时刻以前 24 h 内摄入的所有食物的数量和种类,借助食物模型、家用量具或食物图谱对其食物摄入量进行计算和评价。

24 h 回顾法的优缺点:24 h 回顾法的主要优点是所用时间短,应答者不需要较高文化,能得到个体的膳食营养素摄入状况,便于与其他相关因素进行分析比较。这种膳食调查结果对于人群营养状况的原因分析也是非常有价值的。其缺点是应答者的回顾依赖于短期记忆,对调查者要严格培训。

24 h 回顾法的特点:24 h 回顾法可用于家庭中个体的食物消耗状况调查,也适用于描述不同人群个体的食物摄入情况,包括一些散居的特殊人群调查。在实际工作中,一般选用 3 天连续调查方法(每天入户回顾 24 h 进餐情况,连续进行3 天)。

由于 24 h 回顾法的信息是通过调查员引导性提问获得的,因此,调查员一定要经过认真培训,要掌握某些引导方法以帮助应答者回忆起 1 天内消耗的所有食物。24 h 回顾法一般要求在 15～40 min 内完成,以面对面的形式进行调查的应答率较高;对于所摄入的食物可进行量化估计;一年中可以进行多次回顾,以提供个体日常食物的消费情况,便于结合个体健康状况、职业、教育水平来进行比较。对于回忆不清楚的老人和儿童,可以询问其看护人。但由于 24 h 回顾法主要依靠应答者的记忆能力来回忆和描述他们的膳食摄入情况,因此,不适合于年龄较小的儿童与年龄较大的老人。在实际工作中,一般选用与膳食史结合的方法,或者采用 3 天连续调查的方法。

24 h 回顾法的步骤：要求被调查者尽可能准确回忆过去 24 h 内摄入的所有食物及饮品的种类和数量；引导被调查者按照一定的时间顺序进行回忆，如早餐、中餐、晚餐及加餐的顺序，同时记录每一餐所摄入食物的烹调方法，并以此为依据估算全天烹调油的摄入情况；最后不要忘记询问进餐时间和进餐地点；在进行膳食回顾时，可采用一些食物模型引导被调查者对食物摄入量进行估计判断；可按照表 11-1 进行 24 h 膳食回顾。将各类食物进行分类汇总（表 11-2），采用营养软件计算并进行营养评价。

表 11-1 24 h 膳食回顾登记表/g

餐次	食物品种与数量	餐次	食物品种与数量
早餐		早餐	
午餐		午餐	
晚餐		晚餐	

表 11-2 各类食物分类汇总表/g

食物	早餐	加餐	午餐	加餐	晚餐	加餐	合计
谷薯类							
蔬菜类							
水果类							
畜禽肉类							
鱼虾类							
奶及其制品							
蛋类							
大豆及其制品							
烹调油							
其他							

b. 膳食史法。膳食史法由 Bruke 创立。鉴于人体生长发育受到长期饮食习惯的影响，Bruke 认为采用膳食史法可获得被调查者通常的膳食模式和食物摄入的详细情况，得到的数据可以用来对个体食物与营养素摄入量特征进行描述和分类，还可以用来评价不同群组的相对平均摄入量或组内摄入量的分布情况。

膳食史法与 24 h 回顾法的不同之处在于前者不只是询问前一天或前几天的食物消耗情况，而是询问过去一段时间一般的膳食模式，即长时期的膳食习惯。若膳食有系统性的季节性变化，则可以分季节进行调查询问。膳食史法的优点是可以进行具有代表性膳食模式的调查，而且样本量大，费用低，使用人力少，一般不影响被调查者的膳食习惯和进餐方式。膳食史法已被广泛用于营养流行病学调查研究，当食物消耗种类多，随季节变化大时，采用膳食史法可以更加全面地了解居民膳食的摄入情况。

膳食史法由三部分组成：第一部分是询问历史，询问被调查者通常每日膳食摄入模式，可以用一些家用量具、食物模型或食物图谱估计食物量；第二部分是反复核对，用一份包含各种食物的详细食物清单来反复核对，以确证、阐明其总的饮食模式；最后一部分是被调查者记录前 3 天的食物摄入量，可以用 24 h 回顾法。

注意事项：膳食史法是调查被调查者在过去一段时间内的习惯性膳食模式和摄入量，因此，对那些在饮食中每天有较大变异的个体是不适宜的。膳食史法对被调查者的要求较高，要求调查结果能反映出被调查者在一段较长时间内的饮食特点。

24 h 回顾法和膳食史法都是开放式的调查方法，可以容纳被调查者所提到的任何一种食物或食物组合，并且没有对有关食物的种类、来源、加工方法、处理方法、对食物的详细描述以及食物量等反映食物特性的信息进行限定。另外，这种结合方法表现食物和饮食习惯的范围非常广泛，因此，特别适合于对不同文化群体的摄入量进行估计。当调查不同的个体时，也容易看到文化差异的影响。

⑤化学分析法。化学分析法是通过实验室化学分析的方法，测定被调查者在一定时间内所摄入食物的能量和营养素的数量及质量。收集样品的方法有双份饭菜法：制作两份完全相同的饭菜，一份供被调查者食用，另一份作为分析样品。分析样品在数量和质量上必须与被调查者摄入的食物完全一致。

⑥食物频率法。食物频率法是指估计被调查者在一段时间内食用某一种食物的频次。这种方法通常以问卷形式进行，以调查个体经常摄入的食物种类，根据每日、每周、每月甚至每年所食各种食物的次数或食物的种类来评价膳食营养状况，从而分析既往膳食习惯与某些慢性病发生的关系。

上述几种方法的应用范围有一定差异，且各有优缺点，具体分析可见表 11-3。

表 11-3　几种膳食调查方法的比较

方法	周期	优点	缺点	应用
称重法	3～7 天	准确	工作量大	集体或个人
记账法	1 周至 1 个月	工作量较少	较粗略	有详细账目的集体单位
24 h 回顾法	1～3 天	简单	粗略，有回忆偏差	流行病学和门诊患者调查
化学分析法	一定时间	费时、费力、费财	相对准确	科学研究、膳食治疗
食物频率法	半年至 1 年	简单，且可得出膳食模式	粗略，不能完全定量	调查个人膳食习惯与某些慢性疾病的关系

(3)膳食调查步骤。

①资料收集与整理。记录被调查集体在调查时间内各种主、副食品的消耗

量，并统计每天每餐的就餐人数，计算平均每人每天各种食品的消耗量。

②计算。根据食物成分表计算出每种食品所供给的能量和各种营养素量，所得总量即为调查期间该集体或个人平均每人每天能量及各种营养素的摄入量。

③能量及营养素结构、比例计算。计算各种营养素占中国居民营养素推荐摄入量的比例、生热营养素的能量比、三餐能量比例、蛋白质食品的动植物来源比例等。

(4)调查结果的整理及评价　无论用何种调查方法，得到的资料都要进行以下计算，以评价膳食营养状况的优劣：平均每人每天各类食物的摄入量；平均每人每天各种营养素的摄入量；平均每人每天各种营养素供给量标准；平均每人每天营养素摄入量占推荐摄入量的百分比；能量营养素及能量的来源及分布；蛋白质的来源及分布；脂肪的来源及分布；必要时分析膳食蛋白质的化学成分。

膳食营养评价内容及评价标准：

①膳食结构的评价。膳食结构是指膳食中各类食物的数量及其在膳食中的比例。可以参考平衡膳食宝塔的模式进行评价，但进行评价时要特别注意种类要求、膳食食物是否多样化以及数量是否达到标准的情况。平衡膳食宝塔是理想化的模式，与现实存在差距。平衡膳食宝塔是长期模式，不适用于个人短期评价。

②能量和营养素摄入量的评价。应用中国居民膳食营养素参考摄入量(DRIs)对个体和群体的能量和营养素摄入量进行评价。如果某种营养素的供给量长期低于标准的 90%，就可能会发生营养不足；如果长期低于标准的 80%，就提示有发生营养缺乏症的可能性；如果三大生热营养素或能量长期高于标准的 110%，就有可能发生营养过剩。

③能量来源分布评价。能量来源分布评价一般包括食物来源和营养素来源的分布评价。我国推荐的膳食目标要求总能量的 60%来自于碳水化合物，蛋白质供能比以 11%～15%为宜(婴幼儿为 12%～15%，成人为 11%～14%)，脂肪供能比为 20%～30%。

④蛋白质的来源分布评价。不但要对膳食蛋白质的数量进行评价，还要对其质量进行分析评价。一般认为，合理膳食应在蛋白质数量足够(成人 70 g)的基础上，满足优质蛋白(动物性蛋白及豆类蛋白)占总蛋白质的 1/3 以上，婴幼儿、儿童、青少年、孕妇、哺乳期妇女等的优质蛋白占全部蛋白质的 50%以上。

⑤能量餐次分配的评价。一般认为，三餐能量分配的适宜比例为：早餐 30%、午餐 40%、晚餐 30%。

⑥合理膳食应具备的条件。供给人体所需要的能量和一切营养素；膳食具有良好的感官性状(如色、香、味)；饭菜要多样化，能够引起食欲；膳食的消化吸收好，有一定的饱腹作用；膳食对食用者的健康是无害的。

(4)一日膳食营养素计算与评价。

1)目的与要求。通过学习和应用食物成分表对一日膳食能量与主要营养素摄入量进行计算,根据中国居民膳食营养素推荐摄入量(DRIs)对计算结果进行评价,在此基础上给出膳食食谱修改的建议和意见。

2)条件。食物及不同容量餐具模型。

3)内容。某 60 岁老年女性的一日食谱如下:

早餐:鲜牛奶 1 杯(200 g)、馒头 1 个(小麦标准粉 100 g)。

中餐:米饭(粳米 100 g)、芹菜炒肉丝(猪腿肉 100 g、芹菜 250 g、酱油 10 g、大豆油 6 g、盐 2 g)。

晚餐:米饭(粳米 100 g)、青菜豆腐汤(青菜 100 g、豆腐 100 g、大豆油 6 g、盐 2 g)、清蒸鲈鱼(200 g)。

根据上述食谱,计算各营养素摄入总量,对三大营养素摄入比例、三餐能量分配及优质蛋白质占比等方面进行评价并提出膳食改进建议。

①方法与步骤。

a. 记录各种食物如主食、副食、零食、调味品等的摄入情况。

b. 计算每日能量及营养素摄入量。通过查阅食物成分表计算每种食物所供给的能量和各种营养素,并对各餐次、每日能量和各种营养素摄入量进行汇总,填入表中。

c. 计算能量来源如碳水化合物、脂肪、蛋白质占总能量的百分比。

d. 计算蛋白质来源百分比。

e. 计算能量的三餐分配情况。

f. 参照中国居民膳食营养素参考摄入量表进行膳食营养评价。

②结果分析。结合实际提出改进方案。比如建议多吃蔬菜、水果和薯类,尽量选用红、黄、绿等颜色较深的食物;常吃适量的鱼、禽、蛋、猪里脊肉,少吃肥肉和荤油;要保证能量入与出的平衡,尽量克服早餐马虎、晚餐丰盛的坏习惯,养成“早上吃好,中午吃饱,晚上吃少”的饮食习惯等。

4)小结。根据上述案例或自己三日膳食情况,经营养计算后进行营养评价,并提出改进措施。

11.1.3.2 人体测量与评价

身体的生长发育和正常体形的维持不但受遗传和环境因素的影响,而且更重要的是受营养因素的影响。身高和体重综合反映了蛋白质和能量以及其他一些营养素的摄入、利用和储备情况,反映了机体、肌肉、内脏的发育和潜在能力。能量和宏量营养素供应不足时,体重的变化更灵敏。所以,常常把身高、体重以及体形方面的测量参数用作评价营养状况的综合观察指标。人体体格测量的根本目的是评价机体膳食营养状况,特别是学龄前儿童的测定结果,常用来评价一个地区人群的营养状况。

体格测量的质量直接关系机体营养状况评价的准确性。该项工作具有共同的和重复发生的特性。对体格测量工作进行标准化是该项工作质量管理的重要基础。队此之外，应提高测量的准确性和精确性，使体格测量工作达到规范化、系统化和科学化。

成年人最常用的体格测量指标是身高、体重、胸围、腰围、臀围、上臂围和皮褶厚度等，其中以身高和体重最重要。儿童测量常用的指标有体重、身高、头围、胸围、坐高、上臂围等，其中也以身高和体重最重要。婴幼儿应采用卧位分别测量头顶至臀部、足底的距离，即顶-臀长和身长，以反映婴幼儿体格纵向发育情况。

(1)身高的测量　身高在一日中的变化为 1～2 cm。一日中随着脊柱弯曲度的增大及脊柱、股关节、膝关节等软骨的压缩，上午身高减少急剧，下午身高减少缓慢，晚上身高变化很小。所以，测量身高应当固定时间，一般在上午 10 时左右，此时身高为全日的中间值。

1)直接测量法。3 岁以上小儿、青少年和成人量身高，用身高计或固定于墙壁上的立尺或软尺测量。测量前，调整测量仪器，校对零点，检查立柱是否垂直、连接处是否紧密。测定时，要求受试着赤足，足底与地板平行；足跟紧靠，足尖外展 60°，足跟、骶骨部及两肩间区与立柱接触，躯干自然挺直，头部正直，耳屏上缘与眼眶下缘呈水平位，上臂自然下垂。测试人员站在受试者右侧，将水平压板轻轻沿立柱下滑，轻压于受试者头顶；读数时双眼应与压板平面等高，以厘米(cm)为单位，精确到小数点后 1 位(0.1 cm)。

2)间接测量法。间接测量法适用于不能站立者、临床危重患者，如昏迷、类风湿性关节炎等患者。

①上臂距。上臂向身体两侧伸出，与躯体呈 90°角，测量一侧至另一侧最长指间距离。上臂距与成熟期身高有关，年龄对上臂影响较少，可作为个体因年龄身高变化的评价指标。

②身体估计值。用软尺测定腿、足跟、骨盆、脊柱和头颅的长度，各部分长度之和为身高估计值。

③膝高。屈膝 90°，测量从足跟底至膝部大腿表面的距离，即膝高。

3)婴幼儿身长(卧位长)测量。卧式标准测量床或携带式量板是一种专门的测量工具，用于 3 岁以下的婴幼儿体格发育纵向测量指标的测定。标准测量床由一块底板、两块固定的头板、两块带刻度尺的围板和一块可移动的滑动板组成，使用时婴幼儿仰卧于测量床上，头顶着一端头板，移动滑动板与婴幼儿的脚跟或臀部紧贴，从滑动板与围板接触处读取刻度尺上的读数，即分别为婴幼儿的身长和顶-臀长。

①身长测量方法。进行身长测量时，被测婴幼儿脱去帽、鞋、袜，穿单衣仰卧于标准量床地板中线上。由一名助手将婴幼儿头扶正，头顶接触头板。测量者位于婴幼儿右侧，左手握住其双膝，将腿伸直，右手移动滑板使其接触婴幼儿双侧足跟，读取围板上的刻度读数，保留小数点后一位。

②顶-臀长测量方法。进行头顶至臀长测量时，被测婴幼儿脱去帽、鞋、袜，穿单衣仰卧于标准量床地板中线上。由一名助手将婴幼儿头扶正，头顶接触头板，滑板紧贴婴幼儿骶骨。测量者位于婴幼儿右侧，左手提婴幼儿下肢，使膝关节屈曲，大腿与底板垂直，右手移动滑板使其接触婴幼儿臀部，读取围板上的刻度读数，保留小数点后一位。

(2)体重的测量　体重即人体的重量，是指身体各部分的重量总和，是反映营养和健康状况的形态指标，主要反映构成体重成分的骨骼、肌肉、内脏、体质和水分等的变化情况。影响体重的因素较多，如疾病、进食、温度等，体重也会随进食、大小便和出汗等发生变化。体重在一天之内变化 1～2 kg，最适宜的测量时间为每天早晨空腹排便后，条件有困难者也可在每天上午 10 时左右测量。

1)体重测量方法。

①直接测量法。被测者在测量之前 1 h 内禁食，排空尿液、粪便。测量时脱去衣服、帽子和鞋袜，只着背心(或短袖衫)和短裤或单衣单裤，安定地站(坐或卧)于秤盘中央或体重计中心，读数以“kg”为单位。

②婴幼儿体重测量。体重是婴幼儿营养状况评价的常用指标。一般采用专门的婴幼儿体重磅秤，其最大载重量为 50 kg。若没有，则可用成人体重测量计，采用减差法。

体重测量注意事项：被测婴幼儿不能多脱衣服时，应设法扣除衣物重量。

2)评价方法。

①标准体重。标准体重也称为理想体重，国外常用 Broca 公式计算标准体重，即标准体重(kg)＝身高(cm)－100。我国标准体重多用 Broca 改良公式计算，即标准体重(kg)＝身高(cm)－105；也可用平田公式计算，即标准体重(kg)＝[身高(cm)－100]×0.9。评价标准如下：

营养正常：实测体重占标准体重百分数为(100±10)%。超重：实测体重超出标准体重百分数 10%～20%。轻度肥胖：实测体重超出标准体重百分数 20%～30%。中度肥胖：实测体重超出标准体重百分数 30%～50%。重度肥胖：实测体重超出标准体重百分数 50%。轻度营养不良：实测体重占标准体重的百分数为 80%～90%。中度营养不良：实测体重占标准体重的百分数为 70%～80%。重度营养不良：实测体重占标准体重的百分数不足 70%。

②体质指数。体质指数(BMI)是评价肥胖和消瘦的良好指标。BMI 的计算

公式为：体质指数(BMI)＝体重(kg)÷[身高(m)]^2。评价标准：世界卫生组织(WHO)成人 BMI 标准见表 11-4，亚太地区成人 BMI 标准见表11-5。

表 11-4　WHO 成人 BMI 标准

等级	BMI 值	等级	BMI 值
营养不良	<18.5	正常	18.5～24.9
肥胖前状态	25.0～29.9	一级肥胖	30.0～34.9
二级肥胖	35.0～39.9	三级肥胖	≥40.0

表 11-5　亚太地区成人 BMI 标准

等级	BMI 值	等级	BMI 值
重度蛋白质-能量营养不良	<16.0	正常	18.5～23.9
中度蛋白质-能量营养不良	16.0～16.9	超重	≥24.0
轻度蛋白质-能量营养不良	17.0～18.4	肥胖	≥28.0

18 岁以下青少年 BMI 的参考值为：

11～13 岁：BMI<15.0 时存在蛋白质-能量营养不良，BMI<13.0 为重度营养不良。

14～17 岁：BMI<16.5 时存在蛋白质-能量营养不良，BMI<14.5 为重度营养不良。

利用体重评价患者营养状况时，不仅要根据指标的计算结果进行判断，还要将此次计算值与以前的计算值相比较，才能获得患者真实的营养状况及变化趋势。

(3)皮褶厚度的测量　皮褶厚度法是通过测量皮下脂肪厚度计算体脂百分比。主要采用皮褶厚度计(皮褶卡钳)进行测量，WHO 推荐的测量点为肩胛下角、肱三头肌和脐旁。此方法简单经济，但会因测量者的熟练度不同而出现差异。体内脂肪的变动与能量供给关系十分密切，测定皮下脂肪厚度的方法也非常简便，又可以计算全身体的脂肪含量百分数，因此，被 WHO 列为营养调查必测项目。

皮褶厚度可反映人体皮下脂肪的含量，与全身脂肪含量具有一定的线性关系，相关系数为 0.7～0.9，可进而推算全身脂肪含量。不同部位的皮褶厚度可反映人体皮下脂肪的分布情况。皮褶厚度是衡量个体营养状况和肥胖程度较好的指标，测定部位有上臂肱二头肌、肱三头肌、肩胛骨下角和腹部等，可分别反映个体四肢、躯干和腰腹等部位的皮下脂肪堆积情况，对判断肥胖和营养不良有重要意义。用上臂围和肱三头肌皮褶厚度可以计算上臂肌围和上臂肌面积，反映机体肌肉的发育状况。

1)测试方法。皮褶厚度：测量一定部位的皮褶厚度可以表示或计算体内脂肪量，此法比较简便易行，但要求所取部位准确，使用的皮褶厚度计压力要符合规定标准（10 g/cm²）。

肱三头肌处：左上臂背侧中点（左肩峰至尺骨鹰嘴的中点）上约 2 cm 处，与上臂纵轴垂直测量。

肩胛骨下角：左肩胛骨下角下方约 2 cm 处。肩、腕不要用力，上肢自然下垂，与水平成 45°角测量。

腹部：用左手拇指和食指将距脐左方 1 cm 处的皮肤连同皮下组织与正中线平行捏起呈皱褶。

肱二头肌处：在肱二头肌最饱满处，用左手拇指和食指将皮肤连同皮下组织与上臂纵轴平行捏起呈皱褶。

髂部：在髂前上棘处测量。

受检者自然站立，使被测部位充分裸露。检测人员右手紧握卡钳手柄，使其呈两半弓形臂张开，左手拇指和食指将被测部位的皮肤和皮下组织夹提起来，两指间相距 3 cm 左右，将张开的测量计在提起点的下方钳入，松开把柄，待指针停住后读数。一般要求在同一部位测量 3 次，取平均值作为测量结果。夹提时不要把肌肉也夹提出。

2)评价。皮褶厚度：男性低于 10 mm，女性低于 20 mm，为消瘦；男性高于 40 mm，女性高于 50 mm，为肥胖。

(4)上臂围的测量　上臂围反映机体的营养状况，与体重密切相关。一般量取上臂自肩峰至鹰嘴连线中点的臂围长。小于 5 岁的儿童变化不大。

上臂围：左臂自然下垂，用软尺先测出上臂中点，然后测上臂中点的周长。

我国 1～5 岁儿童上臂围在 13.5 cm 以上为营养良好，12.5～13.5 cm 为营养中等，12.5 cm 以下为营养不良。

(5)头围、胸围等的测量　头围和胸围是婴幼儿体格测量最常用的横向测量指标。通过婴幼儿头围和胸围的测量数据，观察其头围和胸围的交叉年龄并与实际年龄比较，对于评价婴幼儿的营养状况有一定意义。

1)头围的测量。头围是指从双侧眉弓上缘经后脑勺枕骨粗隆绕头一周的长度，表示头颅的围长，间接反映颅内容量的大小。采用软尺测量，婴幼儿可采取坐位或仰卧位。

取立位、坐位或仰卧位均可，测量者立于被测者的前方或右方，用右手拇指将软尺零点固定于头部右侧齐眉弓上线处，软尺从头部右侧经过枕骨粗隆最高处而回到零点。

2)胸围的测量。胸围是指从双乳头线到后面两肩胛骨下角下缘绕胸一周的长度。采用软尺测量，婴幼儿可采取仰卧位。3 岁以下儿童取卧位，3 岁以上儿童、青少年及成人取立位，不要取坐位。

被测者处于平静状态，两手自然平放或下垂，两眼平视，测量者立于其前方或右方，用左手拇指将软尺零点固定于被测者胸前乳头下缘(男孩及乳腺尚未发育的女孩)，乳腺已发育的女孩可以胸骨中线第四肋间高度为固定点，右手拉软尺使其绕经右侧后背以两肩胛下角下缘为准、经左侧面回至零点，各处软尺轻轻接触皮肤，取呼气末、吸气初时读数。

比胸围＝胸围(cm)/身长(cm)×100

出生时胸围比头围小 1～2 cm。随着年龄增长，胸廓的横径增长迅速，1 岁左右头围和胸围大致相等，12～21 个月时胸围超过头围。胸围与营养状况关系密切。若 2 岁半时胸围还比头围小，则考虑营养不良或胸廓、肺发育不良。

(6)人体成分分析仪测量　人体成分分析仪采用生物电阻抗原理，通过向人体通入微弱的交流电，测量电阻值，依次可得出人体水分、去脂体重、体脂肪量、肌肉量、蛋白质和无机盐含量。这种方法操作相对简单，测量指标也比较充分，而且对人体是无创、安全的。

11.1.3.3　实验室生化检验

人体营养水平的鉴定可借助生化、生理等实验手段，分析人体临床营养状况，以便及早掌握营养失调情况，并及时采取必要的预防措施。实验室生化检验在评价人体营养状况中占有重要地位，特别是在出现营养失调症状之前，即所谓的亚临床状态，生化检验就可及时反映出机体营养缺乏或过量的程度。

评价营养状况的生化测定方法较多，基本上可以分为测定血液及尿液中营养素的含量、排出速率、相应的代谢产物以及测定与某些营养素有关的酶活力等。我国常用的人体营养水平鉴定生化检验参考指标及临界值参见表 11-6。

表 11-6　人体营养水平鉴定生化检验参考指标及临界值

营养素	生化检验参考指标及临界值
蛋白质	1. 血清总蛋白＞60 g/L
	2. 血清白蛋白＞35 g/L
	3. 血清球蛋白＞20 g/L
	4. 白蛋白/球蛋白(A/G)为(1.5～2.5)：1
	5. 空腹血中氨基酸总量/必需氨基酸量＞2
	6. 血液比重＞1.015
	7. 尿羟脯氨酸系数(mmol/L 尿肌酐系数)＞2.0
	8. 游离氨基酸为 40～60 mg/L(血浆)，65～90 mg/L(红细胞)

续表

营养素	生化检验参考指标及临界值
血脂	1. 总脂为 4500～7000 mg/L
	2. 甘油三酯为 0.22～1.2 mmol/L(200～100 mg/L) HDLC 为 0.78～2.2 mmol/L(300～850 mg/L) LDLC 为 1.56～5.72 mmol/L(600～2200 mg/L)
	3. α-脂蛋白为 30%～40%
	4. β-脂蛋白为 60%～70%
	5. 胆固醇总量(成人)为 2.9～6.0 mmol/L(1000～2300 mmol/L)(其中胆固醇酯占 70%～75%)
	6. 游离脂肪酸为 0.2～0.6 mmol/L
钙、磷、维生素 D	1. 血清钙为 90～110 mg/L(其中游离钙为 45～55 mg/L)
	2. 血清无机磷:儿童为 40～60 mg/L,成人为 30～50 mg/L
	3. 血清钙磷乘积 Ca×P 为 30～40
	4. 血清碱性磷酸酶活性:成人为 1.5～4.0 菩氏单位,儿童为 5～15 菩氏单位
	5. 血浆 $25\text{-}OH\text{-}VD_3$:10～30 μg/L;$1,25\text{-}(OH)_2\text{-}VD_3$:30～60 ng/L
铁	1. 全血血红蛋白浓度(g/L):成人男性＞130,成人女性＞120,儿童＞120,6 岁以下儿童及孕妇＞110
	2. 血清运铁蛋白饱和度:成人＞16%;儿童为 7%～10%
	3. 血清铁蛋白为 10～12 mg/L
	4. 血液红细胞压积(HCT 或 PCV):男性为 40%～50%,女性为 37%～48%
	5. 红细胞游离卟啉＜70 mg/L RBC
	6. 血清铁为 500～1840 μg/L
	7. 平均红细胞体积(MCV)为 80～90 μm^3
	8. 平均红细胞血红蛋白量(MCH)为 26～32 μg
	9. 平均红细胞血红蛋白浓度(MCHC)为(34±2)%
锌	1. 发锌为 125～250 μg/g(各地暂用:临界缺乏＜110 μg/g,绝对缺乏＜70 μg/g)
	2. 血浆锌为 800～1100 μg/g
	3. 红细胞锌为 12～14 mg/L
	4. 血清碱性磷酸酶活性:成人为 1.5～4.0 菩式单位,儿童为 5～15 菩氏单位
维生素 A	1. 血清维生素 A:儿童＞300 μg/L,成人＞400 μg/L
	2. 血清胡萝卜素＞800 μg/L

续表

营养素	生化检验参考指标及临界值
维生素 B_1	1. 负荷试验。空腹口服维生素 B_1 5 mg 后，4 h 尿中维生素 B_2 排出量（μg/h）：缺乏，＜100；不足，100～199；正常，200～399；充裕，≥400
	2. 红细胞转羟乙醛酶活力（TPP 效应）＜16％
维生素 B_2	1. 负荷试验。空腹口服维生素 B_2 5 mg 后，4 h 尿中维生素 B_2 排出量（μg/h）：缺乏，＜400；不足，400～799；正常，800～1299；充裕，≥1300
	2. 红细胞内谷胱甘肽过氧化物酶（GSH-Px）活力系数≤1.2
维生素 C	负荷试验。空腹口服维生素 C 500 mg 后，4 h 尿中维生素 C 排出量（mg/h）：不足，＜5；正常，5～13；充裕，＞13
维生素 B_3	24 h 尿＞1.5 mg；4 h 5 mg 负荷尿＞2.5 mg；任意 1 次尿 N_1-MN/肌酐（mg/g）比值＜0.5 mg 为缺乏，0.5～1.59 mg 为不足，1.6～4.2 mg 为正常
维生素 B_9	血清维生素 B_9（nmol/L）：正常，＞15；不足，7.5～15；缺乏，＜7.5
免疫学指标	1. 总淋巴细胞计数：（2.5～3.0）×10^9/L
	2. 淋巴细胞百分比：20％～40％
	3. 迟发性皮肤过敏反应：直径＞5 mm
其他	1. 尿糖（－）；尿蛋白（－）；尿肌酐 0.7～1.5 g/24 h 尿
	2. 尿肌酐系数：男性为 23 mg/kg 体重，女性为 17 mg/kg 体重
	3. 全血丙酮酸为 4～12.3 mg/L

（1）蛋白质鉴定指标　血清蛋白种类很多，其浓度不仅受合成和分解代谢的影响，也受体液总量及分布的影响；测定蛋白质浓度，要结合患者具体情况进行综合分析。

①白蛋白（albumin，ALB）。白蛋白通常是肝合成的主要蛋白质，是临床上评价蛋白质营养状况的常用指标之一。白蛋白的正常值为 35～55 g/L；30～35 g/L 为轻度营养不良；30～25 g/L 为中度营养不良；低于 25 g/L 为重度营养不良。

②运铁蛋白（transferrin，TF）。运铁蛋白又叫转铁蛋白，是评价蛋白质营养状况比较敏感的指标。运铁蛋白的正常值为 170～250 mg/100 g；100～150 mg/100 g 为中度营养不良；100 mg/100 g 以下为重度营养不良。

③视黄醇结合蛋白（retinol-binding protein，RBP）和甲状腺素结合前白蛋白（thyroxine-binding prealbumin，TBPA）。常用的视黄醇结合蛋白的正常含量为 5.1 mg/100 mL；甲状腺素结合前白蛋白正常值为 28～35 mg/100mL。

（2）免疫功能测定指标　免疫功能不全是内脏蛋白质不足的另一个指标，免疫功能测定指标包括迟发性皮肤超敏反应、总淋巴细胞计数、血清补体水平和细胞免疫功能等。

①迟发性皮肤超敏反应。常用的致敏剂有链激酶-链球菌 DNA 酶、流行性腮腺炎病毒和白色念珠菌。皮内注射后 24～48 h 测量红肿硬结大小，若直径小于 5 mm，则提示细胞免疫功能不良，至少有中度蛋白质营养不良。

②总淋巴细胞计数（TLC）。TLC 是反应免疫功能的简易指标，在细胞防御功能低下或营养不良时，TLC 降低。评价标准：$(2.5 \sim 3.0) \times 10^9/L$ 为营养正常；$(1.5 \sim 1.8) \times 10^9/L$ 为轻度营养不良；$(0.9 \sim 1.5) \times 10^9/L$ 为中度营养不良；低于 $0.9 \times 10^9/L$ 为重度营养不良。

③功能检查与负荷试验。营养缺乏病体征的发生是一个过程，在膳食调查的同时进行实验室检查，可及早发现营养素不足或缺乏。

a. 生理功能检查。如常检查暗适应能力，判断维生素 A 的营养状况。

b. 负荷试验。通常采集受检者的血、尿、发，进行生化检测，如测定血液中营养素的浓度、尿中营养素排出量及血或尿中与营养素有关的代谢产物等。

11.1.3.4 临床体格检查

(1)病史采集。

①膳食史，包括有无食物禁忌、厌食、吸收不良、消化障碍及能量与营养素摄入量等。

②已存在的可能与营养素影响因子相关的疾病，包括传染病、内分泌疾病和慢性疾病（如肝硬化、肺部疾病及肾衰竭等）。

③用药史及治疗史，包括类固醇、代谢药物、免疫抑制剂、利尿剂、放疗及化疗等。

④对食物的过敏史及不耐受性等。

(2)体格检查　体格检查除包括与疾病相关的临床检查外，还应注意有无牙齿松动或脱落、口腔炎、舌炎、水肿、腹水、恶病质、皮肤黏膜和毛发的改变、伤口愈合的表现等。WHO 专家委员会建议，体格检查重点在于发现 12 个方面的问题，即头发、面部、眼部、口部、舌部、牙龈、皮肤、指甲、腺体、肌肉骨骼系统、神经系统和消化道等。营养不良的症状和体征判别见表 11-7。

表 11-7　营养不良的症状和体征判别

序号	部位	症状	可能缺乏的营养素
1	头发	头发失去正常光泽，变薄、变细、变稀疏、变干燥，失去原有颜色，易折断，蓬乱而似有污垢	蛋白质、锌、铜、生物素
2	面部	面色苍白，面部水肿如满月形，鼻两侧出现脂溢性皮炎，面颊两侧有蝴蝶形对称斑，色素沉着	维生素 B_2、维生素 B_3、维生素 B_6

续表

序号	部位	症状	可能缺乏的营养素
3	眼部	眼球结合膜如石灰样洁白，干燥无反光，有毕氏斑，眼睑发红及裂开	维生素A
4	口部	口部是对营养素最敏感的部位，但其表现是非特异性的	铁、维生素 B_2
5	舌部	舌部肿胀或两侧有牙齿的压痕，味蕾萎缩；或舌色如鲜牛肉，似红色，活动时有刺痛；或舌如杨梅味，常呈鲜红色点；或舌呈暗紫色	维生素 B_3、维生素 B_6、维生素 B_2、维生素 B_{12}、维生素 B_9 或铁
6	牙龈	牙龈浮肿、出血或牙龈萎缩	维生素C
7	皮肤	皮肤干燥、粗糙、无正常的光泽、脱屑、褪色或色素沉着，或毛囊突起如疙瘩，或有点状出血，皮下出血而有青紫斑，皮肤有水肿，伤口愈合慢或愈合不良	维生素A、维生素C、维生素K或者维生素 B_3、蛋白质、锌；幼儿见于必需脂肪酸缺乏
8	指甲	舟状指甲，苍白，甲面变粗，有脊形纹	铁
9	腺体	甲状腺肿	碘
10	肌肉骨骼系统	O形或X形腿，赫氏沟，念珠形肋骨，或骨关节增大，肌肉萎缩	维生素D、钙、蛋白质
11	神经系统	易激怒、健忘，思想欠集中，末梢感觉迟钝，膝反射减弱、消失或亢进，失眠，易疲乏	维生素 B_1、维生素 B_2、维生素 B_{12}
12	消化道	消化道症状	锌

11.2 膳食结构与膳食指南

11.2.1 膳食结构类型与特点

膳食结构(dietary pattern)是指一定时期内特定人群膳食中动植物等食品的消费种类、数量及比例关系。它与国家的食物生产加工、人群经济收入、饮食习俗、身体素质等有关。膳食结构反映了人群营养水平，是衡量生活水平和经济发达程度的标志之一。

11.2.1.1 膳食结构的类型与特点

根据膳食中动物性、植物性食物所占的比重，以及能量、蛋白质、脂肪和碳水化合物的供给量，可将世界不同地区的膳食结构分为动植物食物平衡的膳食结构、以植物性食物为主的膳食结构、以动物性食物为主的膳食结构和地中海膳食结构四种类型。

(1)动植物食物平衡的膳食结构　该类型以日本为代表。膳食中动物性食物与植物性食物的比例比较适当。其膳食特点是：

①谷类的消费量为年人均约 94 kg。

②动物性食物消费量为年人均约 63 kg，其中海产品所占比例达 50%，动物性蛋白质占总蛋白质的 42.8%。

③能量和脂肪的摄入量低于以动物性食物为主的欧美发达国家，每天能量摄入保持在 2000 kcal 左右。宏量营养素供能比例为碳水化合物 57.7%、脂肪 26.3%、蛋白质 16.0%。

该类型的膳食能量能够满足人体需要，又不至于过剩；蛋白质、脂肪、碳水化合物的供能比例合理；来自于植物性食物的膳食纤维和来自于动物性食物的营养素如铁、钙等均比较充足，同时动物脂肪含量又不高，有利于避免营养缺乏和营养过剩，促进健康。该类膳食结构已成为世界各国调整膳食结构的参考。

(2)以植物性食物为主的膳食结构　大多数发展中国家如印度、巴基斯坦、孟加拉国和非洲一些国家等属于此类型。膳食构成以植物性食物为主，动物性食物为辅。其膳食特点是：

①谷类的消费量大，年人均消费量为 200 kg。

②动物性食品消费量小，年人均消费量仅为 10～20 kg，动物性蛋白质一般占蛋白质总量的 10%～20%，低者不足 10%。

③植物性食物提供的能量占总能量的近 90%。

该类型的膳食能量基本可满足人体需要，但蛋白质(豆类及豆制品的摄入在一定程度上补充了部分优质蛋白；牛乳及乳制品摄入不足)、脂肪摄入量均低；来自于动物性食物的营养素如铁、钙、维生素 A 等摄入不足；食盐摄入量过高，平均每人 13.5 g/d；白酒的消耗量过多，无节制的饮酒会使食欲下降，以致发生多种营养缺乏。

营养缺乏是这些国家人群的主要营养问题，人的体质较弱，健康状况不良，劳动生产率较低。但从另一方面看，以植物性食物为主的膳食结构，膳食纤维充足(消化系统疾病及肠癌发病率极低)；动物性脂肪较少，有利于冠心病和高脂血症的预防。饮茶、吃水果和甜食少，减少了糖的过多摄入。丰富的调料如葱、姜、蒜、辣椒、醋等，具有杀菌、降脂、增加食欲、帮助消化等功能。

(3)以动物性食物为主的膳食结构　这是多数欧美发达国家如美国、西欧和北欧诸国的典型膳食结构。其膳食构成以动物性食物为主，属于营养过剩型膳食，以提供高能量、高脂肪、高蛋白质、高糖、高胆固醇、低纤维为主要特点，人均日摄入蛋白质 100 g 以上，脂肪 130～150 g，能量 3300～3500 kcal。其膳食特点是：

①谷类的消费量小，人均每年消费量为 60～75 kg。

②动物类食物及食糖的消费量大，人均每年消费肉类 100 kg 左右、乳类和乳制品 100～150 kg、蛋类 15 kg、食糖 40～60 kg。

与以植物性食物为主的膳食结构相比，营养过剩是该类膳食结构国家人群所面临的主要健康问题。肥胖症、心脏病、脑血管病和乳腺癌、结肠癌等恶性肿瘤已成为该类膳食结构国家人群的主要死亡原因，尤其是心脏病，其死亡率明显高于发展中国家。

改进建议：

①由食糖所供给的能量应由 24%降至 15%。

②膳食脂肪提供的能量由 42%降至 30%。

③摄入的饱和脂肪酸提供的能量由占总能量的 16%降至 10%，增加不饱和脂肪酸的摄入量。

(4)地中海膳食结构　该膳食结构以地中海命名，是因为该膳食结构的特点是居住在地中海地区的居民所特有的，意大利、希腊可作为该种膳食结构的代表地区(包括葡萄牙、西班牙、法国、意大利等 14 个国家)。其膳食特点是：

①膳食富含植物性食物，包括水果、蔬菜、马铃薯、谷类、豆类、果仁等。

②食物的加工程度低，新鲜度较高，以食用当季、当地产的食物为主。

③橄榄油是主要的食用油。

④脂肪提供能量占膳食总能量的比值为 25%～35%，饱和脂肪所占比例较低，为 7%～8%。

⑤每天食用少量或适量奶酪和酸奶。

⑥每周食用少量或适量鱼、禽及少量蛋。

⑦以新鲜水果作为典型的每日餐后食品，甜食每周只食用几次。

⑧每月食用几次红肉(猪、牛和羊肉及其产品)。

⑨大部分成年人有饮用葡萄酒的习惯。

该膳食结构的突出特点是饱和脂肪摄入量低，膳食含大量复合碳水化合物，蔬菜、水果摄入量较高。

不同膳食结构特点及存在的问题见 11-8。地中海地区居民的心脑血管疾病和癌症发生率、死亡率很低，平均寿命更是比西方国家高 17%，已引起西方国家的注意。各国纷纷参照这种膳食模式改进自己国家的膳食结构。

表 11-8　不同膳食结构特点及存在的问题

膳食结构	特点	存在的问题
动植物食物平衡的膳食结构(如日本)	动植物性食物比例适当；膳食能量能满足需要；宏量营养素供能比较合理	已经成为世界各国调整膳食结构的参考；目前这种膳食结构已受到西方膳食模式的影响

续表

膳食结构	特点	存在的问题
以植物性食物为主的膳食结构(发展中国家)	谷类食物多,动物食物少;膳食能量基本满足需要;膳食纤维充足,动物脂肪少	钙、铁、维生素 A 不足;易发生营养缺乏
以动物性食物为主的膳食结构(欧美大多数国家)	动物食物多,植物食物少;高脂、高能量、高蛋白、低纤维	能量过剩,营养过剩;易发生慢性病
地中海膳食结构(意大利、希腊、法国、西班牙、葡萄牙等地中海沿岸国家)	富含植物性食物;食物加工程度低,新鲜度高;橄榄油为主要食用油;每餐后吃新鲜水果;每天都有适量的乳制品;每周食用适量鱼、禽;每月食适量红肉(畜肉);习惯饮用葡萄酒;低饱和脂肪,高碳水化合物,蔬菜和水果充足	虽然是一种值得推崇的膳食结构,但普通家庭一般不容易做到

11.2.1.2 中国居民的膳食结构

(1)中国居民传统的膳食结构特点　中国居民的传统膳食以植物性食物为主食,谷类、薯类和蔬菜的摄入量较高,肉类的摄入量比较低,豆制品总量不高且随地区而不同,奶类消费在大多地区不多。其膳食的特点是:

①高碳水化合物。我国南方居民多以大米为主食,北方居民以小麦粉为主食,谷类食物的供能比例占 70%以上。

②高膳食纤维。谷类食物和蔬菜中所含的膳食纤维丰富,因此,我国居民膳食纤维的摄入量也很高。这是我国传统膳食最大的优势之一。

③低动物脂肪。我国居民传统的膳食中动物性食物的摄入量很少,动物脂肪的供能比例一般在 10%以下。

(2)中国居民膳食结构现状与变化趋势。

①居民膳食质量明显提高。我国城乡居民能量及蛋白质摄入得到基本满足,肉、禽、蛋等动物性食物消费量明显增加,优质蛋白比例上升。2002 年,城乡居民动物性食物分别由 1992 年的人均每日消费 210 g 和 69 g 上升到 248 g 和 126 g。与 1992 年相比,2002 年农村居民膳食结构趋向合理,优质蛋白占蛋白质总量的比例从 17%增加到 31%,脂肪供能比由 19%增加到 28%,碳水化合物供能比由 70%下降到 61%。

②儿童青少年生长发育水平稳步提高。婴儿平均出生体重达到 3309 g,低出生体重率为 3.6%,已达到发达国家水平。2002 年,全国城乡 3~18 岁儿童青少年各年龄组身高比 1992 年平均增加 3.3 cm。但与城市相比,农村男性平均低 4.9 cm,女性平均低 4.2 cm。

③儿童营养不良患病率显著下降。2000 年，5 岁以下儿童生长迟缓率为 14.3%，比 1992 年下降 55%，其中城市下降 74%，农村下降 51%；儿童低体重率为7.8%，比 1992 年下降 57%，其中城市下降 70%，农村下降 53%。

④居民贫血患病率有所下降。城市男性由 1992 年的 13.4%下降到 2002 年的 10.6%；城市女性由 1992 年的 23.3%下降到 2002 年的 17.0%；农村男性由 1992 年的 15.4%下降至 2002 年的 12.9%；农村女性由 1992 年的 20.8%下降至 2002 年的 18.8%。

(3)中国居民膳食结构存在的主要问题。

①城市居民膳食结构不尽合理。畜肉类及油脂消费过多，谷类食物消费偏低。2002 年，城市居民每人每日油脂消费量由 1992 年的 37 g 增加到 44 g，脂肪供能比达到 35%，超过世界卫生组织推荐的 30%的上限。城市居民谷类食物供能比仅为 47%，明显低于 55%～65%的合理范围。此外，奶类、豆类制品摄入过低仍是全国普遍存在的问题。

②一些营养缺乏病依然存在。儿童营养不良在农村地区仍然比较严重，5 岁以下儿童生长迟缓率和低体重率分别为 17.3%和 9.3%，贫困农村分别高达 29.3%和 14.4%。生长迟缓率以 1 岁组最高，农村平均为 20.9%，贫困农村则高达 34.6%，说明农村地区婴儿辅食添加不合理的问题十分突出。

铁、维生素 A 等微量营养素缺乏是我国城乡居民普遍存在的问题。我国居民贫血患病率平均为 15.2%；2 岁以内婴幼儿、60 岁以上老人、育龄妇女贫血患病率分别为 24.2%、21.5%和 20.6%。3～12 岁儿童维生素 A 缺乏率为 9.3%，其中城市为 3.0%，农村为 11.2%；维生素 A 边缘缺乏率为 45.1%，其中城市为 29.0%，农村为 49.6%。全国城乡每人每天钙摄入量仅为 391 mg，相当于推荐摄入量的 41%。

美国学者 Popkin 将人类膳食和营养状况的变迁分为饥饿减少、慢性疾病和行为改变三个阶段。我国和许多发展中国家正由第一阶段过渡到第二阶段，其特点是脂肪、能量摄入增多，体力活动减少，相关慢性疾病发病率逐渐增加。

(4)我国合理膳食构成的要求。

①发挥我国膳食构成的长处。

②调整肉食结构。增加肉类的摄入量，尤其是鸡肉、鸭肉等禽类肉制品的摄入量。

③提高乳及乳制品的摄入量。

④开发蛋白质资源。发展大豆生产；培育优良品种，提高谷类的蛋白质含量；推广水产养殖，水产品的饲料转化率高、肉质好，应更多地生产和供给营养丰富的水产品；开发草、藻类蛋白质。

⑤调整酒类产品结构,实现粮食酒向果类酒转变、蒸馏酒向发酵酒转变、高度酒向低度酒转变、普通酒向优质酒转变,大力减少酿酒用粮。

11.2.2 中国居民膳食指南

膳食指南(dietary guideline)是依据营养学理论,结合社区人群当地食物的供应情况及人群生活实践,由政府或权威机构研究并提出的教育社区人群采用平衡膳食、摄取合理营养促进健康和积极进行身体活动的指导意见。《中国居民膳食指南》是健康教育和公共卫生政策的基础性文件,是国家实施和推动食物合理消费及改善人群健康目标的一个重要组成部分。

《中国居民膳食指南》是根据营养学原则,结合我国国情,以科学研究的成果为依据,针对我国居民的营养需要和膳食中存在的主要缺陷而制定的,具有普遍指导意义。

中国营养学会专家委员会于1989年制定了我国第一个膳食指南,共有8条内容:食物要多样;饥饱要适当;油脂要适量;粗细要搭配;食盐要限量;甜食要少吃;饮酒要节制;三餐要合理。

《中国居民膳食指南(1997)》共有8条内容:食物多样,以谷类为主,另外要注意粗细搭配;多吃蔬菜、水果和薯类;常吃奶类、豆类或其制品;经常吃适量鱼、禽、蛋、瘦肉,少吃肥肉和荤油;食量与体力活动要平衡,保持适宜体质量,且三餐分配要合理;吃清淡少盐的膳食;饮酒应限量;饮食要卫生。

《中国居民膳食指南(2007)》共有10条内容,适合于6岁以上的正常人群:食物多样,谷类为主,粗细搭配;多吃蔬菜、水果和薯类;每天吃奶类、大豆或其制品;常吃适量的鱼、禽、蛋和瘦肉;减少烹调油用量,吃清淡少盐膳食;食不过量,天天运动,保持健康体重;三餐分配要合理,零食要适当;每天足量饮水,合理选择饮料;如饮酒,应限量;吃新鲜卫生的食物。

随着时代的发展,我国居民膳食消费和营养状况发生了很大变化,为了更加契合百姓的生活实际和健康需要,2014年,中国营养学会依据近期我国居民膳食营养问题和膳食模式分析以及食物与健康科学证据报告,参考国际营养组织和其他国家膳食指南修订的经验,在《中国居民膳食指南(2007)》的基础上进行修订,形成了《中国居民膳食指南(2016)》。

《中国居民膳食指南(2016)》由一般人群膳食指南、特定人群膳食指南、中国居民平衡膳食实践三部分组成。一般人群膳食指南共有6条核心推荐条目,适合于2岁以上健康人群。特定人群膳食指南包括孕妇哺乳期妇女膳食指南、婴幼儿喂养指南(0～24月龄)、儿童青少年(2～6岁、7～17岁)膳食指南、老年人群膳食指南(≥65岁)和素食人群膳食指南。其中6岁以上特定人群的膳食指南是在一般人群膳食指南 10 条的基础上进行增补形成的。除 0～24 月龄婴幼儿喂养指南外，特定人群膳食指南以不同年龄阶段人群的生理和行为特点，在一般人群膳食指南基础上进行了补充。《中国居民膳食指南(2016)》新增了中国居民平衡膳食餐盘和中国儿童平衡膳食算盘，以突出可视性和操作性。

11.2.2.1　一般人群膳食指南

一般人群膳食指南适用于 2 岁以上的健康人群，根据该人群的生理行为特点和营养需求，制定了 6 条核心推荐条目，以期达到平衡膳食、合理营养、保证健康的目的。

(1)食物多样，谷类为主　食物多样化是平衡膳食模式的基本原则。食物可分为五大类，包括谷薯类、蔬菜水果类、畜禽鱼蛋奶类、大豆坚果类和油脂类，每种食物都有不同的营养特点。只有食物多样，才能满足平衡膳食模式的需要。除供 6 月龄内婴儿的母乳外，没有任何一种食物可以满足人体所需的能量及营养素。因此，建议我国居民的平衡膳食应做到食物多样性，平均每天尽量摄入 12 种以上食物，每周摄入 25 种以上。平衡膳食模式能最大程度地满足人体正常生长发育及各种生理活动的需要，并且可降低高血压、心血管疾病等的发病风险。

谷类为主是中国人平衡膳食模式的重要特征，谷薯类食物所提供的能量占膳食总能量的一半以上。谷类食物含有丰富的碳水化合物，是提供人体所需能量最经济、最重要的食物来源，也是 B 族维生素、矿物质、膳食纤维和蛋白质的重要食物来源。坚持谷类为主，特别是增加全谷物的摄入，有利于降低心血管疾病、结直肠癌等与营养相关疾病的发病风险，在保障儿童青少年生长发育、维持人体健康方面发挥着重要作用。建议一般成年人每天摄入谷薯类 250～400 g，其中全谷物和杂豆类 50～150 g，薯类 50～100 g。

(2)吃动平衡，健康体重　健康体重是指维持机体各项生理功能正常进行，充分发挥身体功能的体重。吃和动是影响体重的两个主要因素，如果摄入过多或活动量不足，多余的能量就会在体内以脂肪的形式积存下来，从而导致超重或肥胖；相反，若摄入过少或活动量过多，则会引起体重过低或消瘦。因此，吃动应平衡，保持健康体重。

目前，我国居民超重和肥胖的发生率逐年增加。超重或肥胖是许多疾病的独立危险因素，通过合理地“吃”和科学地“动”，不仅可以保持健康体重，还能够调节机体代谢，调节心理平衡，增强机体免疫力，降低肥胖症、心血管疾病、2 型糖尿病、癌症等威胁人类健康的慢性病的风险。推荐成人每周至少进行 5 天中等强度的身体活动，累计 150 min 以上，避免久坐。

(3)多吃蔬果、奶类、大豆　蔬菜和水果富含维生素、矿物质、膳食纤维，微量营养素丰富，且能量低，也是植物化合物的来源，对于满足人体微量营养素的需要，保持人体肠道正常功能以及降低慢性病的发生风险等发挥着重要的作用。乳类富含钙，是优质蛋白质和B族维生素的良好来源，增加乳类摄入有利于儿童少年生长发育，促进人体骨骼健康。大豆富含优质蛋白、必需脂肪酸、维生素E，并含有大豆异黄酮、植物固醇等多种植物化学物，多吃大豆及其制品可降低乳腺癌和骨质疏松症的发病风险。坚果富含脂类和多不饱和脂肪酸、蛋白质等营养素，适量食用有助于预防心血管疾病，是膳食的有益补充。建议我国居民增加蔬菜水果、乳类和大豆及其制品的摄入，推荐每天摄入蔬菜300～500 g，其中深色蔬菜占50%；食用水果200～350 g；每天饮奶300 g或相当量的乳制品；平均每天摄入大豆和坚果25～35 g。尽量做到餐餐有蔬菜，天天有水果。

(4)适量吃鱼、禽、蛋、瘦肉　鱼、禽、蛋和瘦肉含有优质蛋白、脂类、脂溶性维生素、B族维生素、铁、锌等，是平衡膳食的重要组成部分，是人体营养需要的重要来源。鱼、禽、蛋和瘦肉类食物蛋白质的含量普遍较高，其氨基酸组成更适合人体需要，利用率高。但是，该类食物的脂肪含量普遍较高，有些含有较多的饱和脂肪酸和胆固醇，摄入过多可增加肥胖症和心血管疾病等的发病风险，因此，其摄入量不宜过多，应当适量摄入。

水产品类脂肪含量相对较低，且含有较多的不饱和脂肪酸，对预防血脂异常和心血管疾病等有一定的作用。禽类脂肪含量相对较低，其脂肪酸组成要优于畜类脂肪。蛋类各种营养成分较全面，且营养价值高，尽管胆固醇含量较高，但若不过量摄入，则对人体健康不会产生影响。畜肉类脂肪含量较多，但瘦肉中的脂肪含量较低，因此，吃畜肉尽量选瘦肉。烟熏和腌制食物在加工过程中易遭受多环芳烃类和甲醛等多种有害物质的污染，过多摄入可增加某些肿瘤的发生风险，应当少吃或不吃。

目前，我国多数居民摄入畜肉较多，摄入禽和鱼类较少，需要调整比例。建议成人每天平均摄入水产类40～75 g、畜禽肉类40～75 g、蛋类40～50 g，平均每天摄入总量为120～200 g。

(5)少盐少油，控糖限酒　人类饮食离不开食盐，食盐是食物烹饪或加工食品的主要调味品。流行病学调查证实，人群的血压水平和高血压的患病率均与食盐的摄入量密切相关。我国居民普遍食盐摄入量过高，因此，要限制食盐的摄入，推荐每天食盐摄入量不超过6 g。

烹调油包括植物油和动物油，是人体必需脂肪酸和维生素E的重要来源，并且有助于食物中脂溶性维生素的吸收利用。但是，过多摄入脂肪会增加慢性病发生的风险。目前，我国烹调油摄入量过多，应减少烹调油和动物脂肪用量，每天烹调油摄入量应为25～30 g。成年人脂肪提供能量应占总能量的30%以下。

糖是纯能量食物，不含其他营养成分，过多摄入会增加龋齿及超重、肥胖发生的风险。因此，平衡膳食中不要求添加糖，若需要摄入，建议每天摄入糖的能量不超过总能量的 10%，最好不超过总能量的 5%。对于儿童青少年来说，建议不喝或少喝含糖饮料，尽量不食用高糖食品。

酒虽然是我们饮食文化的一部分，但过量饮酒是造成肝损伤、胎儿乙醇综合征、痛风、结直肠癌、乳腺癌、心血管疾病的危险因素。对于孕妇、哺乳期妇女、儿童青少年、特殊状况或特定职业人群以及驾驶机动工具的人员，即使少量饮酒，也会对健康、工作或生活造成不良影响，因此，应避免饮酒。推荐成年男性一天饮用的乙醇量不超过 25 g，成年女性一天不超过 15 g，儿童青少年、孕妇、哺乳期妇女等特殊人群不应饮酒。

水是膳食的重要组成部分，在生命活动中发挥重要功能。推荐饮用白开水或茶水，成年人每天饮用量为 1500～1700 mL。

(6)杜绝浪费，兴新食尚　我国饮食文化源远流长，新食尚包含勤俭节约、平衡膳食、饮食卫生、在家吃饭等我国优良饮食文化的内容。我国食物从生产到消费环节存在着巨大的浪费。因此，珍惜食物、减少浪费在很大程度上有助于缓解国内耕地资源、水资源紧张的问题，还可产生可观的经济效益。提倡常回家吃饭，传承优良文化，享受家庭亲情。家庭应按需选购食物，适量备餐；在外点餐应根据人数确定数量，集体用餐时采取分餐制，文明用餐，反对铺张浪费。应选择新鲜卫生的食物和当地当季的食物；学会阅读食品营养标签，合理储藏食物，采用适宜的烹调方式，提高饮食卫生水平。

11.2.2.2　特定人群膳食指南

人体的生理状况随着性别的差异和年龄的变化而有所不同，因此，对膳食中营养素的需求也不尽一致。中国居民膳食指南是通用型的，适用于 2 岁以上健康人，但不同生理状态的人群有其特定的营养需要。

特定人群膳食指南是根据各特定人群的生理特点及其对膳食营养需要而制定的。特定人群包括备孕妇女、孕妇、哺乳期妇女、婴幼儿、儿童青少年、老年人以及素食人群，根据这些人群的生理特点和营养需要，制定了相应的膳食指南，以期更好地指导特殊生理人群的合理饮食。0～2 岁的婴幼儿喂养指南给出了核心推荐和喂养指导，其他特定人群膳食指南均是在一般人群膳食指南的基础上给予的补充说明。

(1)备孕妇女、孕妇、哺乳期妇女膳食指南　健康的身体状况、合理膳食、均衡营养是孕育新生命、获得良好怀孕结果及哺育下一代健康成长所必需的物质基础。因此，育龄女性应在计划怀孕前开始做好身体(健康状况)、营养(如碘、铁、维生素 B_9 等)和心理准备，以保障成功孕育新生命。

怀孕是个复杂的生理过程，孕期妇女的生理状态及代谢都会发生较大的改变，以满足孕期母体的营养需要和胎儿的生长发育，并为哺乳进行营养储备。孕期营养状况的优劣对胎儿生长发育直至成年后的健康可产生至关重要的影响。哺乳期妇女营养的好坏还直接关系到母体健康、母乳喂养的成功和婴儿的生长发育。

①备孕妇女膳食指南。良好的身体状况和营养是成功孕育新生命最重要的条件，备孕妇女的营养状况直接关系着孕育和哺育新生命的质量。准备怀孕的妇女应接受健康体检及膳食和生活方式指导，备孕妇女膳食指南在一般人群膳食指南的基础上特别补充以下 3 条关键推荐：调整孕前体重到适宜水平；常吃含铁丰富的食物，选用碘盐，孕前 3 个月开始补充维生素 B_9；禁烟酒，保持健康的生活方式。

②孕期妇女膳食指南。营养作为最重要的因素，对母子双方的近期和远期健康都将产生至关重要的影响。孕期胎儿的生长发育、母体乳腺和子宫等生殖器官的发育及分娩后乳汁分泌都需要额外的营养储备，因此，孕期妇女膳食应在非孕妇女膳食的基础上，根据胎儿生长速率及母体生理和代谢的变化进行适当的调整。孕早期胎儿生长发育速度相对缓慢，所需营养与孕前无太大差别。从孕中晚期开始，胎儿生长发育逐渐加速，母体生殖器官的发育也相应加快，对营养的需要增大，应合理增加食物的品种和摄入量。孕期妇女的膳食是由多样化食物组成的营养均衡的膳食。孕期妇女膳食指南应在一般人群膳食指南的基础上补充 5 条关键推荐：补充维生素 B_9，常吃含铁丰富的食物，选用碘盐；孕吐严重者，可少量多餐保证摄入含必要量碳水化合物的食物；孕晚期适量增加奶、鱼、禽、蛋、瘦肉的摄入；适量身体活动，维持体重，适宜增重；禁烟酒，愉悦心情，科学孕育新生命，积极准备母乳喂养。

③哺乳期妇女膳食指南。哺乳期是母体用乳汁哺育新生儿使其获得最佳生长发育并奠定一生健康基础的特殊生理阶段。哺乳期妇女的营养状况是泌乳的基础，如果哺乳期营养不足，就会减少乳汁分泌量，降低乳汁质量，并影响母体健康。另外，产后情绪、心理、睡眠等也会影响乳汁分泌。哺乳期妇女既要分泌乳汁、哺育婴儿，还需要逐步补偿怀孕、分娩时的营养素损耗，并促进各器官以及系统功能的恢复，因此，哺乳期妇女比非哺乳妇女需要更多的营养。

世界卫生组织建议婴儿 6 个月内应纯母乳喂养，并在添加辅食的基础上持续母乳喂养到 2 岁甚至更长时间。哺乳期妇女膳食指南在一般人群膳食指南的基础上增加 5 条关键推荐：增加富含优质蛋白及维生素 A 的动物性食品和海产品，选用碘盐；产褥期食物多样不过量，重视整个哺乳期营养；愉悦心情，充足睡眠，促进乳汁分泌；坚持哺乳，适度运动，逐步恢复适宜体重；忌烟酒，避免浓茶和咖啡。

(2)婴幼儿喂养指南　婴幼儿喂养指南是与一般人群膳食指南并行的喂养指

南。出生后至满2周岁阶段，良好营养和科学喂养是儿童近期和远期健康最重要的保障。婴幼儿喂养指南根据婴幼儿生长发育的特点分为以下两部分。

①6月龄内婴幼儿母乳喂养指南。6月龄内是一生中生长发育的第一个高峰期，对能量和营养素的需要量高于其他任何时期。但婴儿消化及排泄系统的发育尚未成熟，功能尚不健全。母乳既可提供优质、全面和充足的营养素，又易于消化、吸收和排泄，满足婴幼儿生长发育的需要。因此，对6月龄内的婴幼儿应给予纯母乳喂养。6月龄内婴幼儿母乳喂养指南核心推荐如下6条：产后尽早开奶，坚持新生儿第一口食物是母乳；坚持6个月内纯母乳喂养；顺应喂养，建立良好生活规律；生后数日开始补充维生素D，不需补钙；婴儿配方奶是不能纯母乳喂养的无奈选择；监测体格指标，保持健康生长。

②7～24月龄婴幼儿喂养指南。对于7～24月龄婴幼儿，虽然母乳仍然是重要的营养来源，但单一的母乳喂养已经不能完全满足此阶段婴幼儿的营养需要，必须通过添加辅食来满足其对能量以及营养素的需求。与此同时，7～24月龄婴幼儿胃肠道等消化器官的发育、感知觉以及认知行为能力的发展，也需要其有机会通过接触、感受和尝试，逐步体验和适应多样化的食物，从被动接受喂养转变到自主进食。正确的喂养行为对其营养和饮食行为有着显著的影响，有助于健康饮食习惯的形成，并具有长期而深远的意义。7～24月龄婴幼儿的喂养指南推荐以下6条：继续母乳喂养，满6月龄起添加辅食；从富含铁的泥糊状食物开始，逐步添加达到食物多样；提倡顺应喂养，鼓励但不强迫进食；辅食不加调味品，尽量减少糖和盐的摄入；注重饮食卫生和进食安全；定期监测体格指标，追求健康成长。

(3)儿童青少年膳食指南　满2周岁至不满18周岁的未成年人(简称为2～17岁儿童青少年)分为2～6岁学龄前儿童和7～18岁学龄儿童青少年两个阶段。与成人相比，2～6岁儿童生长发育速率与婴幼儿相比略有下降，但仍处于较高水平，其对各种营养素的需要量较高，但消化系统尚未完全成熟，咀嚼能力仍较差，因此，其食物的加工烹调应与成人有一定的差异。同时，2～6岁儿童生活自理能力不断提高，自主性、好奇心、学习能力和模仿能力增强，该时期也是培养良好饮食习惯的重要阶段。7～17岁学龄儿童青少年学习和运动量大，对能量和营养素的需要相对高于成年人，膳食模式已经成人化，充足的营养是儿童智力和体格正常发育乃至一生健康的物质保障。

①学龄前儿童膳食指南。2～6岁是培养儿童良好饮食习惯的关键时期，也是生长发育的关键时期。学龄前儿童的合理营养应由多种食物构成的平衡膳食来提供。引导儿童自主有规律地进餐、平衡的膳食、足量的食物摄入、不偏食不挑食、每天饮奶并多饮水、避免含糖饮料是学龄前儿童获得全面营养、健康生长、构建良好饮食行为的保障。基于2～6岁儿童生理和营养特点，在一般人群膳食指南的基础

上增加以下 5 条关键推荐:规律就餐,自主进食,不挑食,培养良好饮食习惯;每天饮奶,足量饮水,正确选择零食;食物应合理烹调,易于消化,少调料、少油炸;参与食物选择和制作,增进食物的认知和喜爱;经常户外运动,保障健康生长。

②学龄儿童青少年膳食指南。学龄儿童青少年是指从 7 岁到不满 18 岁的未成年人。学龄儿童青少年正处于在校学习阶段,生长发育迅速,对能量和营养素的需要量相对高于成年人,充足的营养是学龄儿童青少年智力和体格正常发育乃至一生健康的物质保障。因此,更需要强调合理膳食、均衡营养,积极开展饮食教育,养成健康的饮食行为习惯,经常进行多样性的身体活动。在一般人群膳食指南的基础上推荐如下 5 条:认识食物,学习烹饪,提高营养科学素养;三餐合理,规律就餐,培养健康饮食行为;合理选择零食,足量饮水,不喝含糖饮料,禁止饮酒;不偏食节食,不暴饮暴食,保持适宜体重增长;保证每天至少活动 60 min,增加户外活动时间。

(4)老年人群膳食指南　老年人和高龄老人分别指 65 岁和 80 岁以上的成年人。随着年龄的增加,老年人的器官功能出现渐近性的衰退,如牙齿脱落、消化吸收能力下降、心脑功能衰退、视觉和听觉及味觉等感官反应迟钝、肌肉萎缩、瘦体组织量减少等。这些变化可显著影响老年人摄取、消化、吸收食物的能力,使老年人发生营养缺乏和慢性非传染性疾病的风险增加。适合老年人的膳食指导,能帮助老年人更好地适应身体机能的改变,减少和延缓营养相关疾病的发生和发展。老年人膳食指南有以下 4 条关键推荐:少量多餐细软,预防营养缺乏;主动足量饮水,积极户外运动;延缓肌肉衰减,维持适宜体重;摄入充足食物,鼓励陪伴就餐。

(5)素食人群膳食指南　素食人群是指以不食肉、家禽、海鲜等动物性食物为饮食方式的人群。素食人群按照所戒食物种类不同,可分为全素、蛋素、奶素、蛋奶素人群等。素食人群膳食除了动物性食物外,其他食物种类与一般人群膳食类似,因此,除了动物性食物外,一般人群膳食指南的建议均适于素食人群。对于素食人群的关键推荐有以下 5 条:谷类为主,食物多样,适量增加全谷物;增加大豆及其制品的摄入,每天 50～80 g,选用发酵豆制品;常吃坚果、海藻和菌菇;蔬菜水果应充足;合理选择烹调油。

11.2.3　中国居民平衡膳食宝塔

《中国居民膳食指南(2016)》覆盖人群为 2 岁以上健康人群,充分考虑食物多样化,以平衡膳食模式为目标,考虑实践中的可行性和可操作性。平衡膳食模式是经过科学设计的理想膳食模式,所推荐的食物种类和比例能最大限度地满足不同年龄阶段、不同能量需要水平的健康人群的营养与健康需要。

中国居民平衡膳食宝塔是中国居民膳食指南核心内容的具体体现,把推荐食物的种类、重量和膳食比例转化为图形来表示，以便于记忆和执行。为了更好地理解和传播平衡膳食的理念，在对中国居民平衡膳食宝塔进行修改和完善的同时，《中国居民膳食指南(2016)》还增加了中国居民平衡膳食餐盘、中国儿童平衡膳食算盘等内容。

11.2.3.1　中国居民平衡膳食宝塔

中国居民平衡膳食宝塔是根据《中国居民膳食指南(2016)》的核心内容和推荐，结合中国居民膳食的实际情况，把平衡膳食的原则转化为各类食物的数量和比例的图形化表示(图 11-1)，以直观的方式告诉人们食物分类的概念以及每天摄入各类食物的合理范围，便于大家理解和在日常生活中实行。

中国居民平衡膳食宝塔共分 5 层，各层的位置和面积不同，在一定程度上反映出各类食物在膳食中所占的地位比重。5 类食物包括谷薯类、蔬菜水果类、畜禽肉及水产品和蛋类、奶及奶制品和大豆及坚果类、烹调油和盐等，所有食物推荐量都是以原料的生重可食部分来计算的。膳食宝塔中的食物数量是根据不同能量需要而设计的，宝塔旁边的文字注释标明了能量在 1600～2400 kcal 之间时，一段时间内成人每人每天各类食物摄入量的平均范围。膳食宝塔还包括身体活动量、饮水量的图示，强调增加身体活动和足量饮水的重要性。

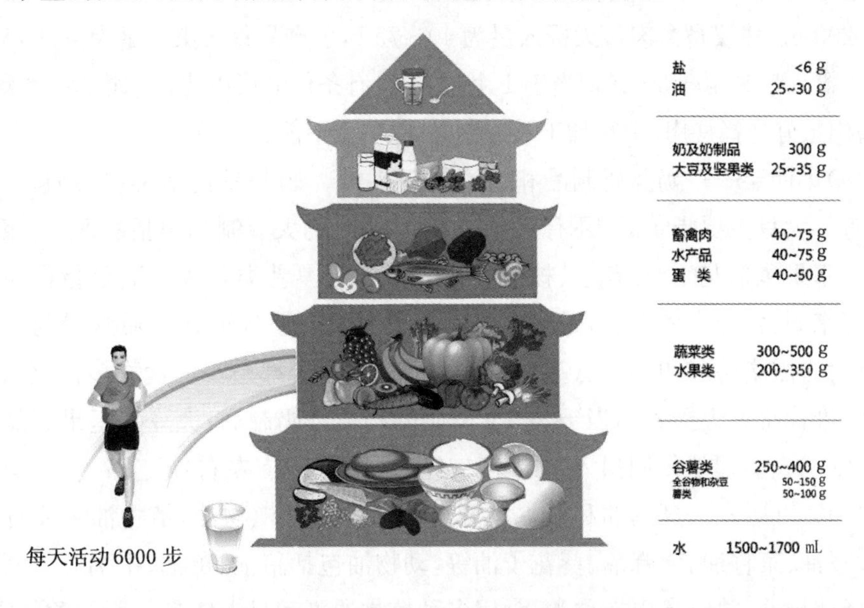

图 11-1　中国居民平衡膳食宝塔(2016)

(1)第一层——谷薯类　谷类包括小麦、稻米、玉米、高粱等及其制品，薯类包括马铃薯、红薯等，薯类可替代部分主食。杂豆包括大豆以外的其他干豆类，如红小豆、绿豆、芸豆等，杂豆本不是谷类，但我国有把杂豆类掺在主食中的习惯，与全谷物特征一致。谷薯类是膳食能量的主要来源，也是多种微量营养素和膳食纤维的良好来源。膳食指南中推荐 2 岁以上健康人群的膳食应食物多样、谷物为主。

全谷物保留了天然谷物的全部成分，是理想膳食模式的重要选择，也是膳食纤维、B族维生素、矿物质和其他营养素的来源。2岁以上所有年龄的人都应该保持全谷物的摄入量。成人每人每天应该摄入谷类、薯类、杂豆类250～400 g，其中全谷物为50～150 g(包括杂豆类)，新鲜薯类为50～100 g。

(2)第二层——蔬菜水果类　蔬菜包括叶菜类、根茎类、瓜茄类、鲜豆类、菌藻类等。深色蔬菜是指深绿色、深黄色、紫色、红色等有色的蔬菜，一般富含维生素、植物化学物和膳食纤维。推荐绿色蔬菜每天占总体蔬菜摄入量的1/2以上。水果包括仁果、浆果、核果、柑橘类、瓜果、热带水果等。建议吃新鲜的蔬菜和水果，可提供多种微量营养素和膳食纤维，也是降低膳食能量摄入的不错选择。蔬菜和水果是膳食纤维、微量营养素和植物化学物的良好来源，但所含具体营养素不同，虽同在一层，但不能相互替代。推荐每人每天蔬菜摄入量为300～350 g，水果为200～350 g。

(3)第三层——畜禽肉及水产品和蛋类　水产品指鱼、虾、蟹和贝类，禽肉包括鸡肉、鸭肉、鹅肉等，蛋类包括鸡蛋、鸭蛋、鹅蛋、鹌鹑蛋等及其加工制品，肉类主要指畜肉(如猪肉、牛肉、羊肉等)。鱼、禽、肉、蛋等动物性食物是优质蛋白、脂类、维生素和矿物质的良好来源，膳食指南推荐适量食用。推荐每天鱼、禽、肉、蛋摄入量共计120～200 g。建议畜禽肉每天摄入量为40～75 g，水产品每天摄入量为40～75 g，蛋类每天摄入量为40～50 g(相当于1个鸡蛋)。有条件的可以优选水产品、禽类和鸡蛋，畜肉最好选择瘦肉，少吃加工类肉制品，吃鸡蛋不能弃蛋黄。

(4)第四层——奶及奶制品和大豆及坚果类　奶制品包括鲜奶、奶粉、酸奶、奶酪等。大豆主要指黄豆，还有黑豆和青豆，常见的大豆制品包括豆腐、豆浆和豆干等。坚果包括花生、葵花子、核桃、杏仁、榛子等。乳类和大豆类是蛋白质和钙的良好来源，营养素密度高，是鼓励多摄入的食物。坚果的蛋白质含量与大豆相当，富含必需脂肪酸和必需氨基酸，作为菜肴、零食等都是实现食物多样化的良好选择。推荐每天应摄入相当于300 g鲜奶的奶类及奶制品，大豆和坚果制品摄入量为25～35 g，建议每周摄入坚果70 g左右(每天10 g左右)。

(5)第五层——烹调油和盐　烹调油包括各种动植物油，植物油主要有花生油、大豆油、菜籽油、芝麻油、葵花子油等，动物油包括猪油、黄油、牛油等。烹调油应选择植物油，并经常更换种类，食用多种植物油可满足人体各种脂肪酸的需要。脂肪提供高能量，很多食物含有脂肪，所以，烹调油需要限量。食盐有碘盐和其他类型的盐。我国居民食盐用量普遍较高，盐与高血压关系密切，限制盐的摄入是我国防控高血压、心血管疾病等慢性病高发的长期目标，除了少用食盐外，也需要控制隐形高盐食品的摄入量。油、盐应尽量减少使用，推荐成人每天烹调油不超过30 g，食盐摄入量不超过6 g。

(6)运动和饮水　身体活动和水的图示包含在平衡膳食宝塔的可视化图形中,强调增加身体活动和足量饮水的重要性。身体活动能有效地消耗能量,保持精神和机体代谢的活跃性,是能量平衡和保持身体健康的重要手段。鼓励养成天天运动的习惯,推荐成年人每天至少进行相当于快步走 6000 步以上的身体活动。建议坚持一周 5 天中等体力强度的活动(如骑车、游泳等),每次 30 min。加强和保持能量平衡,需要通过不断摸索,关注体重变化,找到食物摄入量和运动消耗量之间的平衡点。

水是膳食的重要组成部分,是一切生命必需的物质,其需要量主要受年龄、身体活动、环境温度等因素的影响。轻体力活动的成年人每天至少饮水 1500～1700 mL(高温或强体力活动的条件下应适当增加),膳食中含有部分水,推荐一天中饮水和整体膳食(包括食物中的水)水的摄入量为 2700～3000 mL。

值得提出的是,平衡膳食宝塔是膳食指南的量化和形象化的表达。在实际应用时,要根据个人年龄、性别、身高、体重、劳动强度、季节等情况适当调整。宝塔中所有食物推荐量都是以原料的生重可食部分计算的,每一类又覆盖了多种多样的食物,熟悉食物营养特点,是保障膳食平衡和合理营养的基础。平衡膳食宝塔提出了一个比较理想的膳食模式,我国地域差异明显,人口众多,平衡膳食所建议的食物种类和比例,特别是奶类和豆类食物的摄入量,可能与当前的实际摄入量有差距。但对于健康而言,无论是南方还是北方、城市还是农村,平衡膳食同样适用。为了健康,应把平衡膳食作为一个奋斗目标,努力争取,逐步达到。

11.2.3.2　中国居民平衡膳食餐盘

中国居民平衡膳食餐盘同样是膳食指南核心内容的体现。中国居民平衡膳食餐盘是按照平衡膳食原则,在不考虑烹调用油盐的前提下,描述一个人一餐中膳食的食物组成和大致比例,形象直观地展现了平衡膳食的合理组合与搭配。餐盘分成 4 部分,分别是谷薯类、鱼肉蛋豆类、蔬菜类和水果类。该餐盘适用于 2 岁以上人群,是一餐中的食物基本构成的描述。

如果按照 1600～2400 kcal 能量需要水平,计算食物类别和重量比例,结合餐盘图显示(图 11-2),蔬菜占膳食总重量的 34%～36%,谷薯类占膳食总重量的 26%～28%,水果占膳食总重量的 20%～25%,鱼肉豆蛋类占膳食总重量的 13%～17%,一杯牛奶为 300 g。与平衡膳食宝塔相比,平衡膳食餐盘更加简明,列出了框架性结构,容易记忆和操作。按照餐盘的比例计划膳食,简便易行,满足营养需求。

2 岁以上人群都可参照此结构计划膳食,即便是对素食者而言,也很容易替换肉类为豆类,以获得充足的蛋白质。

图 11-2 中国居民平衡膳食餐盘(2016)

11.2.3.3 中国儿童平衡膳食算盘

中国儿童平衡膳食算盘是根据平衡膳食的原则转化各类食物的份量图形化的表示(图 11-3),算盘主要针对儿童。在食物分类上,把蔬菜、水果分为两类,算盘分成 6 行,底层表示谷薯类,第二层表示蔬菜类,第三层表示水果类,第四层表示动物性食物,第五层表示大豆坚果和奶类,顶层是油盐类。

图 11-3 中国儿童平衡膳食算盘

中国儿童平衡膳食算盘是儿童膳食指南核心推荐内容的体现,简单勾画了儿童平衡膳食模式的合理组合搭配和食物摄入基本份数。平衡膳食算盘份量以8~11 岁儿童中等活动水平计算。

第12章 营养与疾病

12.1 营养与营养缺乏病

12.1.1 营养缺乏病概述

营养缺乏病是指长期严重缺乏一种或多种营养素而造成机体出现各种相应的临床表现或病症,如缺铁性贫血、维生素D缺乏导致的骨质疏松症、维生素A缺乏导致的角质软化症等。营养缺乏病的许多症状和体征的病因并不具有特异性,且在大多数情况下,发现一种营养素缺乏时,常提示亦伴有其他营养素不足的可能。

营养缺乏病的发病过程通常经历储存不足、生理生化改变、功能异常和组织形态改变4个阶段。在功能异常阶段以前,患者主诉或体检不易发现明显的异常,属于亚临床缺乏。营养缺乏病根据其病因分类可分为原发性营养缺乏病和继发性营养缺乏病。原发性营养缺乏病通常仅由营养素摄入不足引起,包括综合性的多种营养素摄入不足及个别营养素摄入不足。继发性营养缺乏病是指由于其他疾病因素引发和(或)加重的营养素缺乏,可能除营养素摄入不足外,还包括消化、吸收、利用功能降低以及需要量增加等因素的影响。

12.1.1.1 病因

膳食营养素的供给和机体组织需要之间的不平衡是造成营养缺乏病的本质原因。根据营养缺乏病的种类,可能对人体的生长发育、功能维持、正常活动等造成重要的影响,可将营养缺乏病的病因分为以下几种。

(1)食物供给不足　自然灾害可造成食物短缺。一些发展中国家由于人口众多、土地减少、生产力落后等,也可发生食物的生产和供应不足。食物供应不足通常导致以宏量营养素缺乏为主的营养缺乏病。

(2)膳食中营养素缺乏　在食品供应量充足的情况下,因天然食物中某些营养素缺乏、膳食结构不合理、食物加工烹调过程中某些营养素的损失,也可能导致营养缺乏病。如在某些内陆地区食物中碘含量较低导致的碘缺乏病,蔬菜、水果摄入少导致的维生素C缺乏病,仅食用精制粮食导致的维生素B_1缺乏病等。

(3)营养素吸收利用障碍　健康机体通常对每种营养素都有一个正常的生理性吸收范围。大部分营养素的吸收也都受个体营养状态及生理状况的影响。一般情况下,当某种营养素(如铁、锌等)缺乏时,机体对其吸收效率提高;反之,吸收效率降低。食物中存在的抗营养因子、机体的胃肠道功能、药物等均可干扰营养素的吸收与利用。

天然食物中存在干扰营养素吸收和利用的物质,如茶和咖啡中的多酚降低铁的吸收,谷物中的植酸抑制钙的吸收;膳食纤维可干扰脂溶性维生素的吸收。营养素之间也存在相互竞争作用,如过量钙可抑制铁和锌的吸收,过量锌抑制铜的吸收等。

消化系统疾病可影响食物的消化,使蛋白质、脂肪、维生素等的吸收效率降低。全身性疾病可能导致机体酶活性降低、载体功能降低,从而影响蛋白质、矿物质等营养素的吸收。

药物可直接影响营养素的吸收利用,如磺胺类可对抗维生素 B_9,并抑制其吸收;秋水仙碱造成小肠绒毛的结构缺陷和酶的损害,使脂肪、乳糖、维生素 B_{12}、矿物质等吸收效率降低。

(4)营养素需要量增加　人体在某些特定的生命时期对某些营养素的需要量可明显增加,在生长发育旺盛期及怀孕、哺乳等生理过程中,大部分营养素需要量明显增加。营养素的丢失增加也相应地导致机体对营养素的需求增加,例如,高能量代谢状态如甲状腺功能亢进、高热等患者对营养素的需要量增加;慢性消耗性疾病如结核病及某些肿瘤患者对营养素的需要量增加。营养素的丢失增加有时是机体多方面损害的结果。铁丢失增加可由外伤或身体其他部位的出血所致,如胃溃疡、十二指肠溃疡、月经过多、分娩、血吸虫病等均可诱发缺铁性贫血。

12.1.1.2　诊断

营养缺乏病通常可综合疾病的膳食史、人体测量、实验室生化检验、临床症状与体征等作出诊断。

(1)膳食史　在怀疑营养缺乏病的情况下,应了解患者的饮食习惯、膳食结构及近期每天食物的摄入量,以判断各类营养素是否缺乏。如需较准确地掌握患者的食物摄入量,可通过 24 h 回顾法进行调查,并根据推荐营养素摄入量(RNI)来评价每人每天各种营养素的实际摄入水平。

(2)人体测量　最常用的人体测量指标是体质指数(BMI),BMI 可作为青少年、正常成年人和老年人营养状况评价的指标,人体测量更多用于评价儿童生长发育和营养状况,可通过身高/年龄、体重/年龄、头围/年龄等指标评价消瘦或发育不良。

(3)实验室生化检验　营养缺乏病在出现症状前即所谓的亚临床状态时,往往先有生理和生化改变,正确选择相应的实验室检测方法,可尽早发现人体营养储备低下的状况。评价营养状况的实验室检测可大致分为以下几类:测定生物样本(如血液、指甲等)中的营养成分或其标志物水平;测定尿中营养成分或其代谢产物的排出量;测定体液中与营养素代谢或功能相关的酶或其他成分活性的改变;测定体液中因营养素缺乏而出现的异常代谢产物;进行负荷、饱和及同位素实验。营养状况的实验室检查目前常测定的样品为血液、尿液等。

采用实验室方法检测血液营养素水平对于发现营养缺乏有一定作用，但血液中的营养素水平不能准确反映组织中的营养素水平。由于组织中的营养物质比血液中的营养物质消耗得快，测量红细胞和白细胞中营养素的水平比测定血浆或血清中的营养素水平更能反映组织的营养状况。对某些营养素而言，测量生理功能的方法比分析体液的生化水平更有效，因为生理功能检测反映营养缺乏影响生化反应改变的程度，例如，红细胞对过氧化氢引起的溶血作用的抵抗力可反映红细胞膜上维生素 E 的含量。

(4)临床症状与体征　部分营养缺乏病具有典型的临床症状，可提示特定营养素缺乏。在实际工作中，主要观察的症状与体征包括以下几个方面：

①头发。头发颜色灰暗，发质变细、干、脆，提示蛋白质-能量营养不良，严重缺乏时头发易脱落、发根易断裂。

②眼。维生素 A 缺乏时可表现为眼睛干燥、夜盲症；维生素 B_2 缺乏可引起角膜周围的结膜下血管充血，眼角发红、怕光。

③皮肤。维生素缺乏常可出现皮肤及毛囊体征。维生素 A 缺乏出现毛囊角化性丘疹；维生素 C 缺乏表现为毛囊周围充血、肿胀，常伴有出血点；维生素 B_3 缺乏导致癞皮病，其典型症状之一是暴露部位和压迫处的皮肤变厚、变干、出现红斑。

④口腔。口角炎是维生素 B_2 缺乏的症状。舌乳头萎缩有时与维生素 B_3 缺乏或铁缺乏有关。维生素 B_3 缺乏还可表现为牛肉舌。

⑤牙齿。婴幼儿营养缺乏常使出牙时间延缓和出牙部位不良，成人缺钙也可出现牙齿脱钙的症状。牙龈易出血提示维生素 C 缺乏。

⑥神经精神症状。维生素 B_1 缺乏伴有周围神经性无力和感觉异常；维生素 B_{12} 缺乏可引起脊髓的亚急性退化性病变；癞皮病常伴有精神症状。

常见营养缺乏病的临床症状及体征见表 12-1。

表 12-1　常见营养缺乏病的临床症状及体征

营养缺乏病	临床症状及体征
蛋白质-能量营养不良	婴幼儿：消瘦、生长发育迟缓、皮下脂肪减少、皮肤干燥且无弹性、水肿、肝脾大、头发稀少等 儿童和成人：皮下脂肪减少或消失、BMI 低于正常值、精神萎靡、消瘦或水肿等
维生素 A 缺乏	结膜干燥、夜盲症、结膜干燥斑、皮肤干燥、毛囊角化、角膜混浊、软化等
维生素 D 缺乏	婴幼儿佝偻病，成年人骨质软化症、骨痛、骨质疏松症等
维生素 K 缺乏	皮肤、黏膜、内脏出血，新生儿出血症

续表

营养缺乏病	临床症状及体征
维生素 B_1 缺乏	周围神经炎，皮肤感觉异常或迟钝，体弱、疲倦、失眠，可出现心力衰竭和水肿等
维生素 B_2 缺乏	口腔生殖系综合征，包括口角炎、唇炎、舌炎、口腔黏膜溃疡、脂溢性皮炎、阴囊皮炎及会阴皮炎等
维生素 B_3 缺乏	皮炎、腹泻、抑郁或痴呆
维生素 C 缺乏	牙龈炎、牙龈出血，皮肤淤点、淤斑，毛囊过度角化、周围出血，骨关节疼痛，全身无力，小儿可因骨膜下出血而致下肢假性瘫痪、肿胀、压痛明显，髋关节外展、膝关节半屈、足外旋、蛙样姿势
钙缺乏	儿童长期钙缺乏可致生长发育迟缓、骨软化、骨骼变形，严重者致佝偻病；成年人缺钙引起骨质疏松症、牙齿脱钙，易患龋齿
锌缺乏	生长迟缓、食欲降低、皮肤创伤不易愈合、性成熟延迟、第二性征发育障碍、性功能减退、精子产生过少等
铁缺乏	贫血表现
碘缺乏	地方性甲状腺肿：甲状腺增生肥大，可出现压迫症状；地方性克汀病：生长发育障碍、智力低下

(5)营养素试验性治疗　在临床症状难以确诊，而实验室生化检验暂时无法进行时，可采用试验性治疗，即给患者补充某种疑似缺乏的营养素，观察其临床症状有无好转。如维生素 B_1 或维生素 B_2 缺乏常与 B 族维生素或其他水溶性维生素的缺乏并存，且临床症状并不特异，故确诊较难，若采用适宜剂量的维生素 B_1 或维生素 B_2 试验性治疗一段时间后，患者相应临床症状明显改善或消失，即可诊断为该种营养素缺乏。

12.1.1.3　防治

(1)营养缺乏病的预防　营养缺乏病的发生与社会经济、文化教育、饮食习惯、宗教信仰、食品生产供应状况、食物品种和加工、储运、烹调、销售以及营养知识普及教育等都有密切关系。在个人层面，预防营养缺乏病应遵循中国营养学会颁布的《中国居民膳食指南》及中国居民膳食营养素参考摄入量，注重各个时期的营养素需求，平衡膳食，纠正不良饮食习惯，并进行常规的体检和营养筛查。

(2)营养缺乏病的治疗　营养缺乏病的治疗主要包括针对营养素缺乏的病因治疗、营养素的适宜补充治疗、及时对症治疗三个方面。营养缺乏病的治疗是整体治疗方案的组成部分，与其他治疗措施相辅相成。营养缺乏病治疗的注意事项包括以下几点：

①应针对病因，继发性营养缺乏应注意原发病的治疗，原发性营养缺乏也要考虑去除导致摄入不足的因素。

②营养缺乏病治疗所采用的补充剂量要适宜，尤其对生理作用剂量带与毒性

作用剂量带较接近的营养素更应注意；应进行个案分析，根据临床症状和实验室生化检验结果来决定。

③营养缺乏病治疗时除考虑主要缺乏的营养素以外，还应全面考虑营养素之间的相互关系。如治疗蛋白质-能量营养不良时，除补充蛋白质外，还应相应补充能量和维生素。

④营养缺乏病的治疗一般应充分利用食物，采用适合于疾病特点的治疗膳食。当患者摄食困难时，可考虑匀浆膳或要素膳。无法实施肠内营养的患者，可通过静脉营养。但患者病情好转以后，应尽早恢复正常的膳食治疗。

⑤因营养缺乏状态的纠正需循序渐进，且常见起效较缓慢，营养素缺乏病的治疗一般需坚持一段时间，并在日常饮食中纠正不良的饮食习惯。

12.1.2　蛋白质-能量营养不良

12.1.2.1　概述

蛋白质缺乏和能量缺乏往往同时存在，蛋白质营养不良和能量营养不良也往往同时出现。蛋白质-能量营养不良（protein energy malnutrition，PEM）是指由于能量和蛋白质摄入不足而引起的营养缺乏病。除了能量和蛋白质缺乏以外，往往也缺乏维生素和矿物质，常伴有感染。成人和儿童均可发生该病，但以婴幼儿最为敏感，约有一半的蛋白质-能量营养不良患儿很难活到 5 岁，在发展中国家其死亡率为欧洲和北美洲国家的 20～50 倍，目前已成为世界上许多发展中国家一个重要的公共卫生问题。

12.1.2.2　病案分析

（1）病历摘要。

基本信息：患者性别女，年龄为 10 月龄。

主诉：反复腹泻、体重不增 2 个月余，患者近 1 个月来反复腹泻，每日10余次。

既往史：无过敏史。无黄疸史及特殊服药史。

喂养情况：食欲尚可，进食易泻，母乳喂养至 5 个月，添加牛奶、米粉及蔬菜泥。家人怀疑因牛奶导致腹泻，近 1 个月牛奶喂养减少，未添加其他膳食补充剂。

体重、身长、头围：足月顺产，出生体重为 3.2 kg。目前，体重为 6.5 kg，身长为 72 cm，头围为 42 cm。

家族史：无，母孕期无疾病史。

体格检查：精神欠佳，消瘦，皮下脂肪少，无水肿，皮肤松弛、弹性差，腹壁皮下脂肪少；前囟 1 cm×1 cm，稍凹陷；头发稀少、干枯；肠鸣音亢进；无其他阳性体征。

辅助检查：大便常规示黄色稀便；血常规示血红蛋白（88 g/L）偏低，其他各项指标均正常；血生化示总蛋白（48 g/L）、血浆白蛋白（27 g/L）均较正常值低，肝肾功能指标正常；电解质 K^+（3.5 mmol/L）、Na^+（130 mmol/L）均在正常范围内偏低。

特殊检查：无。

（2）病史归纳及诊治思路　患儿 10 月龄，明显消瘦，主诉体重不增，症状、体格检查提示营养不良。血常规、血生化提示轻度贫血及低蛋白血症，血电解质钾、钠均为正常低值，可能与反复腹泻有关。结合以淀粉为主的喂养史及反复腹泻病史可诊断为蛋白质-能量营养不良。应进一步分析其一天内热量、蛋白质、脂肪和碳水化合物摄入量，调整喂养方案，补充能量和蛋白质，并针对腹泻病因进行治疗。

（3）诊断　蛋白质-能量营养不良（该患儿以消瘦为主，伴低蛋白血症，无明显水肿）。

（4）治疗方案　采取综合措施，及时给予饮食和对症治疗。主要是供给足量的优质蛋白和能量，并控制腹泻。

膳食建议：继续牛奶喂养，适量添加肝脏、蛋黄等辅食，优质蛋白要达到 3～4 g/kg，不宜大量补充蛋白质。

12.1.3　维生素缺乏

维生素在人体的生长、代谢、发育中发挥着不可或缺的作用，维生素缺乏症状与其在人体中发挥的功能是相互对应的，如维生素 A 是构成视觉细胞中感受弱光的视紫红质的成分，故其缺乏症状可表现为夜盲症等一系列的眼部症状；维生素 D 主要以类激素的形式调节钙的内稳态，其缺乏症状主要表现为佝偻症、骨质软化病等；维生素 B_1 的功能主要与能量代谢相关，其缺乏症状表现为出现神经系统症状。维生素可分为脂溶性维生素与水溶性维生素，脂溶性维生素通常在长期摄入缺乏或长期不能满足机体需要的情况下出现症状，常见的有维生素 A 缺乏引起的角质软化症、维生素 D 缺乏引起的佝偻病；水溶性维生素出现症状的时期通常较短，常见的有维生素 B_1 缺乏引起的脚气病、维生素 C 缺乏引起的坏血病、维生素 B_9 和（或）维生素 B_{12} 缺乏引起的巨幼红细胞性贫血等。

12.1.3.1　维生素 A 缺乏

（1）概述　维生素 A 缺乏可因膳食中含量不足、肠道功能失常导致的吸收不良、肝脏转化功能不良或慢性疾病消耗所致。眼部的症状和体征是维生素 A 缺乏病的早期表现及较为特异性的症状。夜盲症往往最早出现，暗适应力减退的现象持续数周后开始出现干眼症的变化，眼结膜和角膜干燥，失去光泽，自觉痒感，眼泪减少。眼部检查可见结膜近角膜边缘处干燥、起皱褶，角化上皮堆积形成泡沫状白斑，称结膜干燥斑或毕脱斑，继而角膜发生干燥、混浊、软化，自觉畏光、眼痛，常因手揉搓眼部导致感染，严重时可发生角膜溃疡、坏死，以致穿孔，虹膜、晶状体脱出，导致失明。该病多见于 3～4 岁以下儿童，常累及双眼。临床眼部表现分为 4 期：夜盲期、结膜干燥前期、干燥期和角膜软化期。婴幼儿维生素 A 缺乏最常见于腹泻和慢性消化道疾病及人工喂养的婴幼儿。维生素 A 缺乏还可引起皮肤干燥、毛囊角化、生长发育障碍、呼吸道黏膜受损、抗感染能力降低等症状。维生素 A 缺乏的主要诊断依据是维生素 A 缺乏史、典型皮疹、眼部症状、暗适应检查和血浆维生素 A 测定。

(2)病案分析。

①病历摘要。

基本信息：患者性别女，年龄 2 岁。

主诉：双眼红、脓性分泌物增多 3 个月余。

喂养情况：母乳喂养 6 个月后改人工牛乳粉喂养，辅食添加主要是米粉、蔬菜，不经常添加猪肝、蛋黄等。

膳食补充及摄入：未曾给予鱼肝油或其他膳食补充剂。

体重、身高、头围：体重为 9.0 kg，身高为 82 cm，头围为 42 cm，均在正常范围内偏低。

既往史：无过敏史，无黄疸史及特殊服药史。就诊前 1 个月曾因呼吸道感染、反复高热予以抗生素治疗。

家族史：无。

体格检查：患儿神志清楚，精神较萎靡，全身皮肤干燥，头发枯黄，声音嘶哑。

辅助检查：尿常规正常；血常规示白细胞轻微升高，血红蛋白在正常范围内偏低；血生化示总蛋白、血浆白蛋白均在正常范围内偏低。

特殊检查：眼部检查示眼红、脓性分泌物增多、眼内白膜，双眼睑痉挛充血，轻度肿胀，球结膜干燥充血，在睑裂部结膜上出现特殊的银白色泡沫状三角形斑(毕脱斑)，双眼角膜中央有直径约为 5 mm 的白色混浊灶，上有脓苔，双眼眼内结构不清。

②病史归纳及诊治思路。患儿 2 岁，因“双眼红、脓性分泌物增多”就诊。患儿的眼部症状及体征、喂养史、生长发育迟缓及高热呼吸道感染病史均提示该患儿维生素 A 摄入不足，高热消耗等原因导致了眼部症状的发生发展，并伴有皮肤干燥、声音嘶哑、呼吸道感染等症状，目前，可诊断为维生素 A 缺乏导致的角膜软化症。如要确诊，可进一步检测血清维生素 A 含量，目前，应予以抗生素对症及维生素 A 补充治疗。

③诊断。维生素 A 缺乏导致的角膜软化症。

④治疗方案。

a. 角膜软化症的治疗原则是对症治疗，补充维生素 A，防止严重并发症。大量补充维生素 A（肌内注射或口服），同时注意补充 B 族维生素，局部可滴清鱼肝油，适当选用抗生素眼药水及眼膏，以防止角膜继发感染。

b. 膳食建议：增加富含维生素 A 的猪肝、蛋黄等动物性食物摄入，并增加深色蔬菜、水果等含维生素 A 原的食物摄入，对该患儿还应增加优质蛋白的摄入，纠正营养不良。

c. 其他建议：参加儿童保健，定期复诊。

12.1.3.2 维生素 D 缺乏

(1)概述　维生素 D 缺乏性佝偻病为新形成的骨基质钙化障碍，是以维生素 D 缺乏导致钙、磷代谢紊乱和临床以骨骼的钙化障碍为主要特征的疾病。维生素 D 是人体必需的营养素，是体内钙稳态的最重要的调节因子之一。维生素 D 不足导致的佝偻病是一种慢性营养缺乏病，发病缓慢，影响生长发育，多发生于 3 个月至 2 岁的幼儿。维生素 D 缺乏性佝偻病的诊断主要依据营养缺乏史、血生化和 X 线检查。成人维生素 D 缺乏的主要症状为骨质软化症和骨质疏松症。

(2)病案分析。

①病历摘要。

基本信息：患者性别男，年龄为 11 月龄。

主诉：夜间睡眠易惊醒 3 个月余，患儿近 3 个月来睡眠欠佳，易哭闹，易激惹，有惊醒、多汗等症状。

既往史：无过敏史。无黄疸史及特殊服药史。近 2 个月反复发生不明原因腹泻 2 次，每次持续 1 周左右，未服药自愈。

家族史：无，母孕期无疾病史。

喂养情况：足月顺产，出生体重为 3.5 kg。母乳与牛乳混合喂养，5 个月后逐渐添加蛋黄、蔬菜泥、铁强化米粉等，现在每天喂少量蔬菜汁、水果，出生后至 6 月龄间断服用维生素 D 滴剂，户外活动少。未添加其他膳食补充剂。

食欲：食欲正常。

体重、身长、头围：体重为 10.5 kg，身长为 80 cm，头围为 45 cm。

体格检查：生长发育指标在正常范围内，枕秃较明显，尚未出牙，无特殊面容，胸廓未见畸形，无手镯征及脚镯征，神志清楚。

辅助检查：尿常规正常；血常规正常；血生化示总蛋白、血浆白蛋白、胆红素均在正常范围内，肝脏转氨酶正常，肾功能指标正常；电解质钙(1.90 mmol/L)、磷(1.0 mmol/L)、碱性磷酸酶(98 IU/L)、钾(3.9 mmol/L)、钠(142 mmol/L)均在正常范围内；血浆 25-羟基维生素 D_3(25-OH-VD_3)(39 nmol/L)偏低。

特殊检查：X 线检查示尺桡骨远端呈毛刷样及杯口样改变，干骺端骨皮质疏松，临时钙化带消失，软骨间隙增宽。

②病史归纳及诊治思路。患儿 11 月龄，有夜惊症状，体格检查发现枕秃，X 线检查有骨质疏松、骨龄落后等佝偻病表现。结合血生化中显示血清钙、磷在正常范围内，血浆 25-OH-VD_3 偏低，可诊断为维生素 D 缺乏性佝偻病，可采用维生素 D 制剂治疗。

③诊断。维生素 D 缺乏性佝偻病。

④治疗方案。

a. 维生素 D 补充：可给予维生素 D 滴剂 400～600 U/d，后期视情况可酌情减量，但应保证每日维生素 D 摄入量达到 400 U，同时应注意钙剂的补充，并避免补充过量。

b. 膳食建议：继续母乳喂养，适量添加肝脏、蛋黄等辅食。

c. 其他建议：患儿不要久坐或久站，预防骨骼畸形；多做户外活动，保证一定的日晒时间。

12.1.3.3　维生素 B_1 缺乏

(1)概述　维生素 B_1 缺乏引起的脚气病是一种全身性疾病，分为干性脚气病和湿性脚气病。干性脚气病以神经系统表现为主，表现为上升性对称性周围神经炎、感觉和运动障碍、肌力下降等。湿性脚气病以心力衰竭表现为主，导致的水肿特点为下肢先出现，严重者可全身水肿，并可出现心包、胸腔积液、腹水，累及心脏常发生心力衰竭，如不及时治疗，严重者可致死。

脚气病的诊断主要根据营养缺乏史和临床表现，必要时可根据治疗反应诊断，血液丙酮酸浓度增高和红细胞转酮酶活性降低等实验室检查有助于诊断。根据患者病史和临床表现以及维生素 B_1 试验性治疗后水肿迅速好转，可确诊为脚气病。

(2)病案分析。

①病历摘要。

基本信息：患者性别女(孕 18 周)，年龄 32 岁。

主诉：下肢水肿逐渐蔓延至全身水肿。

现病史：孕 12 周起出现下肢水肿逐渐蔓延至全身水肿，无其他明显症状。

既往史：既往体健，无过敏史。

家族史：无。

食欲与进食：食欲较差，孕早期孕吐反应明显，孕早期三餐进食量较孕前少。

饮食习惯：无不良饮食习惯。

膳食补充剂摄入情况：孕早期自行服用蛋白质粉。

体重、BMI、孕期体重变化：目前体重为 56.5 kg，孕前 BMI(21.5)正常，孕期体重增重正常。

体格检查：血压为 110/88 mmHg；水肿以大腿以下明显，呈凹陷性水肿；无其他阳性体征。

辅助检查：尿常规示尿蛋白(±)，其余正常；血常规正常；血生化示总蛋白、血浆白蛋白、血脂均在正常范围内，肝肾功能指标正常；凝血功能正常。

特殊检查：心电图未见异常；胸部 X 线片未见异常；B 超示腹部未见异常、胎儿正常，心脏彩超未见异常；其他：甲状腺激素正常，孕期各性激素均在正常范围内。

②病史归纳及诊治思路。女性患者，32 岁，孕 18 周，多项辅助检查正常，肾功能正常，尿蛋白轻微阳性，下肢发起的凹陷性水肿提示心源性水肿，孕早期反复呕吐时仅补充了蛋白质，再排除其他原因引起的水肿。可考虑微量元素尤其是维生素 B_1 缺乏而引发的水肿。可测定尿液中维生素 B_1/肌酐比率及测定血中丙酮酸和乳酸含量作为辅助诊断，并可进行维生素 B_1 试验性治疗，观察症状是否缓解。

③鉴别诊断与诊断。

鉴别诊断：

a. 器质性心源性水肿：有右心衰竭的表现。该患者无心脏病史，无相应的临床症状，无肝脏增大，心电图、心脏彩超检查正常，故暂可排除。

b. 肾源性水肿：常以重度全身性水肿、大量蛋白尿、低白蛋白血症等为特征。该患者尿蛋白轻微阳性，血白蛋白、血脂正常，肾功检测正常，可排除此病因。

c. 肝源性水肿：肝脏衰竭在腹水出现之前常先有轻度下肢浮肿，全身水肿常提示严重的肝功能损害与营养不良存在。该患者肝功能正常，血浆白蛋白、胆红素正常，腹部 B 超显示肝脏正常，可排除肝源性水肿。

d. 甲状腺功能异常：甲状腺功能减退多数可伴有全身水肿，水肿特点为非凹陷性。该患者水肿为凹陷性，且甲状腺激素正常，可排除。

e. 妊娠高血压综合征：一般发生在孕 20 周后，高血压、水肿、蛋白尿是主要临床表现。该患者发病时为孕 12 周，血压正常，仅有轻微尿蛋白，暂时可排除。

f. 其他水肿：患者孕前无水肿史，可排除特发性水肿；患者水肿呈持续性，且未接触过敏原，可排除过敏性水肿。

诊断：进一步检查发现尿液中维生素 B_1/肌酐比率下降，血中丙酮酸和乳酸含量升高，可初步诊断为维生素 B_1 缺乏引起的脚气病；维生素 B_1 试验性治疗后水肿迅速好转，可确诊为脚气病。

④治疗方案。

a. 维生素 B_1 试验性治疗：给予维生素 B_1 肌内注射试验性治疗，观察尿量的增加和水肿的消退情况。有效后逐渐过渡到维生素 B_1 或 B 族维生素复合补充剂口服。

b. 膳食建议：粗细搭配，多吃粗杂粮，如小米、豆类等食物，还应适当增加膳食中肉类的比例。少吃油条、油饼等高温加碱油炸食品。孕期可持续性服用 B 族维生素补充剂。

12.1.4　矿物质缺乏

矿物质在人体成分组成及机体代谢、功能调节中作用重大，矿物质缺乏的症状通常也具有一定的特异性，与其在机体内的功能密切相关。多种矿物质在体内通常有一定的竞争性拮抗机制（如钙、锌、铁等），且矿物质的吸收和利用易被膳食中的抗营养因子（如草酸）及其他膳食因素（如维生素 C）影响，故矿物质缺乏的病因和膳食因素需要综合分析。常见的矿物质缺乏包括缺钙引起的骨质疏松症、缺铁性贫血、缺碘性甲状腺肿、缺锌引起的异食癖和生长发育障碍等。

12.1.4.1　铁缺乏

（1）概述　需铁量增加而铁摄入不足、铁吸收障碍或铁丢失过多均可造成缺铁性贫血。缺铁性贫血多见于婴幼儿、青少年、孕妇和哺乳期妇女，育龄妇女的发病也较常见。缺铁性贫血的发生发展可分为三个阶段。缺铁期：储存铁下降，出现血清铁蛋白下降。红细胞生成缺铁期：储存铁进一步减少，铁蛋白减少，血清铁和转铁蛋白饱和度下降，总铁结合力增高和游离原卟啉升高，出现轻度贫血的系统症状。缺铁性贫血期：在铁缺乏得不到改善的情况下，尚有明显的红细胞和血红蛋白降低，表现出系统组织缺血症状，如头晕、心悸、注意力不集中、儿童生长发育迟缓等。缺铁性贫血的诊断主要依据临床症状和血常规及血清铁蛋白、转铁蛋白受体浓度等，应重视病因诊断和治疗。

（2）病案分析。

①病历摘要。

基本信息：患者性别女，年龄 35 岁。

主诉：头晕、活动后心悸 1 年余。

既往史：月经过多史。

家族史：无。

食欲与近期进食情况：食欲较差，近期进食量尚可。

饮食习惯：不喜吃红肉类。

膳食补充剂摄入情况：未服用任何膳食补充剂。

体重及 BMI：目前体重为 45.5 kg，BMI 为 19.0（正常范围内偏低）。

体格检查：血压为 90/70 mmHg，脉搏为 90 次/分；神志清楚，精神尚可；毛发较黄，指甲脆裂，唇及黏膜色淡，皮肤无出血点；无其他阳性体征。

辅助检查：尿常规正常；血常规示红细胞计数(3.2×10^{12}/L)降低，红细胞平均体积(60 fL)降低，血红蛋白(79 g/L)降低，红细胞平均血红蛋白浓度(22%)降低，网织红细胞计数(1.2%)正常，血小板计数(225×10^{9}/L)正常，白细胞计数(9×10^{9}/L)正常；血生化示血浆白蛋白(33 g/L)偏低，总蛋白、胆红素、血脂均在正常范围内，肝脏转氨酶正常，肾功能指标正常；血清铁蛋白(10 μg/L)降低，血清铁(7.74 μmol/L)降低，总铁结合力(80 μmol/L)上升；凝血功能正常。

特殊检查：心电图未见异常；腹部B超未见异常；甲状腺激素正常，各性激素均在正常范围内。

②病史归纳及诊治思路。女性患者，35岁，因"头晕、活动后心悸1年余"就诊，既往有月经过多史，不喜食红肉。患者的临床症状如头晕、活动后心悸及毛发较黄、指甲脆裂、唇及黏膜色淡等符合贫血的诊断，血常规呈小细胞低色素性贫血，血红蛋白降低较红细胞减少更为明显，白细胞、血小板计数和网织红细胞正常，血清铁蛋白、血清铁降低，总铁结合力上升，且有月经过多史的铁丢失过多的诱因，可较确切地诊断为缺铁性贫血。

③鉴别诊断与诊断。

鉴别诊断：

a. 地中海贫血：通常有家族史，有溶血表现。血象中可见多量靶形红细胞。血清铁蛋白、血清铁和铁饱和度不低且常增高，故不考虑。

b. 慢性病性贫血：慢性炎症、感染或肿瘤等引起的铁代谢异常性贫血。储存铁(血清铁蛋白和含铁血黄素)增多，血清铁、血清铁饱和度、总铁结合力降低。该患者无慢性疾病史，无储存铁增高，该病暂可排除。

c. 巨幼细胞性贫血：由脱氧核糖核酸(DNA)合成障碍所引起的一种贫血，主要由体内缺乏维生素 B_{12} 和(或)维生素 B_9 所致，亦可由遗传或药物等获得性DNA合成障碍引起。其特点是正细胞正色素性贫血，血象往往呈现全血细胞减少。该患者呈小细胞低色素性贫血，可排除。

诊断：缺铁性贫血。

该患者属于慢性长期铁丢失(月经量过多)得不到纠正造成的缺铁性贫血。

④治疗方案。

a. 治疗建议：积极找出月经过多的原因并予以调节；口服补充铁剂(可同时服用维生素C促进铁吸收)并定期复查。

b. 膳食建议：纠正不良饮食习惯，适当增加红肉、肝脏等食物的摄入，并同时增加富含维生素C的蔬菜、水果类摄入，避免在用餐前后饮用咖啡、浓茶等降低铁吸收效率的物质。

12.1.4.2 钙缺乏

(1)概述 儿童长期缺钙和维生素D摄入不足可导致生长发育迟缓、骨软化、骨骼变形，严重缺乏时可导致佝偻病。中老年人随着年龄增加骨骼脱钙，易引发骨质疏松的症状，并可影响牙齿质量，易患龋齿，牙齿易松动、脱落等。

绝经后骨质疏松症是一种与衰老及缺钙有关的常见病，主要发生于绝经后妇女，由于雌激素缺乏引起钙吸收减少，从而导致骨量减少及骨组织结构变化，骨脆性增加，易于骨折，出现由骨折引起的疼痛、骨骼变形、合并症，乃至死亡等问题，可严重影响中老年女性的身体健康及生活质量。

(2)病案分析。

①病例摘要。

基本信息：患者性别女，年龄 62 岁。

主诉：腰痛 3 个月余。

既往史：绝经年龄 50 岁。

家族史：无。

食欲及进食情况：食欲正常，进食量正常。

膳食补充剂服用：未服用任何膳食补充剂。

体重及 BMI：体重为 55.5 kg，BMI 为 24.5(超重)。

体格检查：血压为 110/90 mmHg，脉搏为 80 次/分；胸腰段后凸畸形，胸 12 至腰 4 段棘突压痛、叩痛明显，椎旁肌压痛，胸、腰椎活动受限；无其他阳性体征。

辅助检查：尿常规正常；血常规正常；血生化示总蛋白、血浆白蛋白、血脂均在正常范围内，肝肾功能指标正常；血中钙、磷、钾、钠均在正常范围内。

特殊检查：胸腰椎 X 线检查示骨质密度降低，骨小梁变细，胸 12 至腰 4 段椎体有轻度双凹现象或楔形改变；骨钙素(32.80 μg/L)、β-胶原(1.25 μg/L)升高，总Ⅰ型胶原(175.50 μg/L)升高，骨密度 T 值＜－2.5；血浆 25-OH-VD_3、降钙素、甲状旁腺激素在正常范围内，雌二醇＜125 pg/mL，血清骨源性碱性磷酸酶(45.00 μg/L)升高。

②病史归纳及诊治思路。患者 62 岁，因“腰痛 3 个月余”入院检查，患者已绝经 10 余年，雌激素水平低。血常规、血生化正常，钙、磷正常，血浆 25-OH-VD_3 正常，胸腰椎 X 线示骨密度降低和骨质疏松表现，胶原标志物升高，骨密度值较正常参考值低，血清骨源性碱性磷酸酶升高。患者腰痛的临床症状及胸腰段压痛、叩痛、活动受限等体征，结合患者血清骨标志物、骨密度值、胸腰椎 X 线的检查结果，一致表明患者腰痛的主要原因是骨质疏松，可初步诊断为绝经后雌激素减少致骨钙降低而引起的骨质疏松。

③鉴别诊断与诊断。

鉴别诊断：

a. 维生素 D 缺乏导致的骨软化症：常有血钙、血磷低下，血清碱性磷酸酶增高，尿钙、磷减少。该患者血清钙、磷较正常，血 25-OH-VD_3 含量也在正常范围内，故可排除。

b. 肾性骨病：多见于肾小管病变，如同时有肾小球病变，血磷可正常或偏高。由于血钙过低、血磷过高，多有继发性甲状旁腺功能亢进症。该患者肾功能正常，暂不考虑。

c. 癌性骨病变：临床上有原发性癌症表现，血及尿钙常增高，伴尿路结石。X 线检查可见骨质有侵袭，暂不考虑。

诊断：绝经后骨质疏松症。

④治疗方案。

a. 在确定该患者无乳腺癌等不适应症的前提下，单独应用雌激素或与孕激素联合应用促进骨钙的沉积，并通过膳食补充剂摄入钙和维生素 D。

b. 膳食建议：每日饮奶；可适量服用含大豆异黄酮的食物，如豆浆等；增加蔬菜、水果等富含维生素 C 的食物摄入。

c. 其他建议：不要久坐或久站，适宜户外活动。

12.2 营养与糖尿病

12.2.1 糖尿病概述

糖尿病(diabetes mellitus，DM)是一种机体在遗传因素和环境因素共同作用下，出现胰岛功能减退、胰岛素抵抗所致的糖、蛋白质、脂肪、水和电解质等系列代谢紊乱综合征。临床上主要以高血糖为特征，典型症状表现为多尿、多饮、多食、体重降低，即“三多一少”症状。但是，近 60%的患者并没有这些典型症状，很多患者在就诊其他疾病时偶然发现血糖高。

糖尿病并非是单一的病症，而是由多种病因和致病机制引起的一组疾病。其特征是血糖浓度升高；胰岛素缺乏或其作用下降；葡萄糖、脂质和蛋白质代谢异常，伴有急性和慢性合并症。

目前，把糖尿病分成 4 种类型：胰岛素依赖型糖尿病(insulin-dependent diabetes mellitus，IDDM，或称 1 型糖尿病)、非胰岛素依赖型糖尿病(noninsulin-dependent diabetes mellitus，NIDDM，或称 2 型糖尿病)、妊娠糖尿病(gestational diabetes mellitus，GDM)和由于其他疾病引起胰腺损伤或严重胰岛素抵抗性而导致的继发性糖尿病(secondary diabetes mellitus，SDM)。据估计，IDDM 只占糖尿病患者的5%～10%，NIDDM 占 90%，约有 2%的孕妇发生 GDM，且一般发生在第二和第三孕期。药物治疗糖尿病应配合营养治疗，总的目标是要达到糖、脂质、蛋白质代谢正常或接近正常,避免发生急性合并症(如严重的低血糖、血糖过高或酮酸中毒),并预防糖尿病慢性合并症。

2002年8至12月,对我国31个省、自治区、直辖市(不含香港、澳门和台湾)243479人进行的居民营养与健康状况调查研究发现,糖尿病严重威胁中国居民的健康,我国大城市、中小城市和农村18岁以上居民糖尿病患病率分别达到6.1%、3.7%和1.8%。2003年,糖尿病患者人数最多的5个国家依次为印度(3550万)、中国(2380万)、美国(1600万)、俄罗斯(970万)、日本(670万)。

2型糖尿病并不是一种单纯的疾病,它涉及全身多种脏器和组织,可引起多种慢性并发症以及合并症。而且,2型糖尿病确诊时,50%的患者已存在并发症。糖尿病的慢性并发症直接危害人们的健康和生活:糖尿病视网膜病变是目前导致适合工作年龄人群失明的主要原因;糖尿病肾病是终末期肾病的主要原因;糖尿病可使心血管疾病死亡率和卒中危险性增加2~4倍;糖尿病患者中每10人中有8人最终死于心血管疾病;糖尿病神经病变及外周血管病变是非创伤性下肢截肢手术的主要原因。

根据WHO数据,2014年,全球糖尿病患者达4.22亿人,其中我国糖尿病患者占8.5%;2016年,我国糖尿病患者占全球糖尿病患者的9.4%。目前,我国的糖尿病患病率已跃居世界第一。此外,大量国内外的临床研究表明,糖尿病并发症是影响2型糖尿病年治疗费用的重要因素。并发症的日渐显现,使患者的经济负担愈加沉重。

糖尿病是以持续性高血糖为基本生化特征的代谢异常综合征。而高血糖是由胰岛素分泌缺陷或其生物作用障碍,或者两者同时存在所引起的。糖尿病患者的慢性高血糖将导致各种组织,特别是眼睛、肾脏、神经、心血管及脑血管的长期损伤、功能缺陷和衰竭。糖尿病足的患病率为5%~10%,糖尿病足的患者中有5%~10%可能需要接受下肢的截肢治疗,糖尿病患者发生下肢截肢的危险性是非糖尿病患者的15倍,在非创伤性截肢中,糖尿病患者占50%以上。

识别糖尿病高危人群,早期发现血糖异常,尽早进行生活方式的干预,对预防糖尿病很关键。而对于已经得糖尿病的患者而言,尽可能把血糖控制在理想范围,有助于延缓并发症的发生与发展,确保糖尿病患者的生活质量。

12.2.2 糖尿病的诊断标准

空腹:过夜空腹8 h以上;餐后:进食后2 h。

以空腹血糖(fasting plasma glucose, FPG)为标准来诊断:FPG小于6.1 mmol/L为正常;FPG大于或等于7.0 mmol/L为糖尿病。

以餐后2 h(或口服葡萄糖75 g)为标准来诊断:2 h PG小于7.8 mmol/L为

正常;2 h PG 大于或等于 11.1 mmol/L 为糖尿病。糖耐量试验如图 12-1 所示。

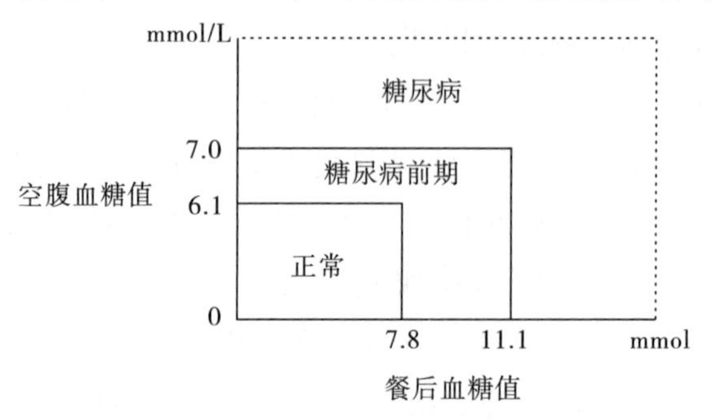

图 12-1　糖耐量试验

12.2.3　糖尿病的发病机制

因胰岛素是调节大多数组织细胞(主要是肌细胞和脂肪细胞,不包括中枢神经系统的神经元细胞)葡萄糖吸收的主要激素,所以,胰岛素缺乏和细胞受体对胰岛素不敏感在所有类型的糖尿病中都扮演着重要的角色。

当血液中葡萄糖的浓度升高时,如饭后,胰岛 B 细胞释放胰岛素到血液中。胰岛素使得大多数的细胞(通常估计是全身 2/3 的细胞,包括肌细胞和脂肪细胞)从血液中吸收葡萄糖作为它们的能量,或者转化成其他人体所需要的分子,或者储存起来。

胰岛素也是葡萄糖和储存于肝脏和肌肉细胞中的肝糖之间相互转换的主要控制信号,血糖浓度降低会导致胰岛 B 细胞减少释放胰岛素,也会降低葡萄糖向肝糖的转化。

2-型糖尿病多与生活方式不合理等情况有关,如高脂、高糖、高能量饮食,活动较少。常见糖尿病分型及特征见表 12-2。

表 12-2　常见糖尿病分型及特征

DM 分型	1 型糖尿病	2 型糖尿病
发病率	<10%	>90%
病因	遗传、免疫、病毒感染	遗传、营养过剩、肥胖者、体力活动减少
发病年龄	青少年	中老年
体重	通常消瘦	有肥胖倾向或超重
胰岛素分泌	几乎是零	减少或相对不足
治疗	必须使用胰岛素	必要时使用胰岛素

糖尿病是一种由内分泌和体内营养物质代谢紊乱引起的疾病,两种紊乱互为因果、相互作用,使机体许多重要的生化反应失去调控。目前,对糖尿病发病的营养因素研究主要集中在营养物质代谢过程中对胰岛素分泌的影响,尤其是碳水化

合物和脂肪的代谢。美国糖尿病协会(ADA)报告指出,轻、中、重度肥胖者发展为糖尿病的危险性分别是正常体重者的 2 倍、5 倍和 10 倍。糖尿病发病机制如图 12-2 所示。

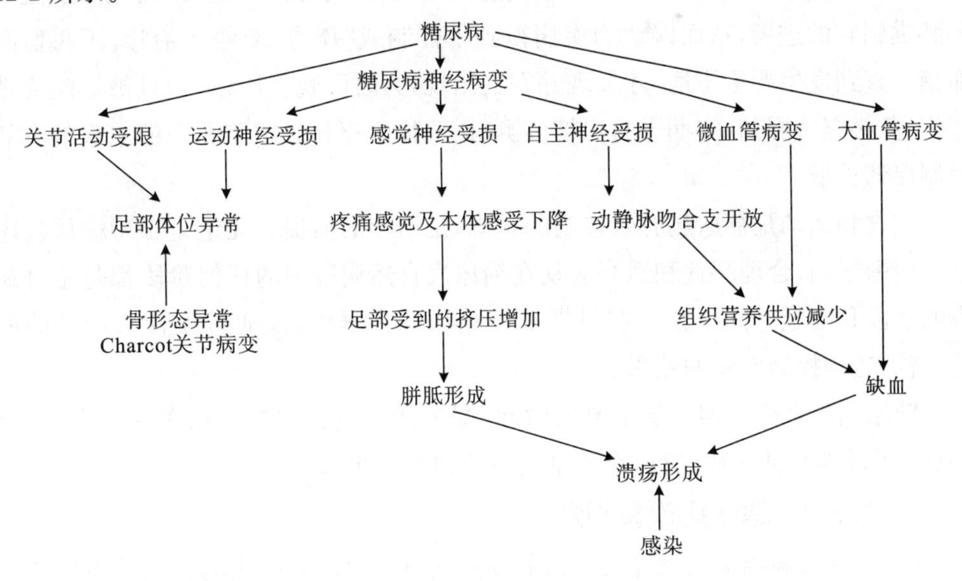

图 12-2　糖尿病发病机制

12.2.4　糖尿病的发病原因

糖尿病的发病原因主要包括:缺乏维生素 B_6 和镁,导致黄尿酸浓度升高;饱和脂肪酸浓度过高;高蛋白和高热量饮食会增加维生素 B_6 的需求;青霉素等多种药物会使黄尿酸浓度上升;遗传和环境因素;怀孕;细菌感染;压力;胃切除手术后;肥胖。

12.2.5　糖尿病治疗

糖尿病造成的各种急慢性并发症是糖尿病致死、致残的主要原因,并发症的防治是确保糖尿病患者最终生活质量的关键。糖尿病慢性并发症包括大血管病变、微血管病变和神经病变。这些并发症发生缓慢,但一旦发生,就无法逆转。通过积极的血糖控制,可以延迟其发生时间,或延缓其进展。

12.2.5.1　糖尿病治疗原则

糖尿病治疗原则包括:饮食控制;药物治疗;体育锻炼;血糖监测;健康教育。

轻型糖尿病患者采用合理的饮食控制加上适当的体育锻炼,可以不需药物治疗。同时可以减少中、重型的用药量。糖尿病急性并发症主要指糖尿病酮症酸中毒、糖尿病高渗性昏迷和低血糖。这些并发症发展迅速,后果严重,危及生命,需要糖尿病患者坚持定期进行血糖检测,按时遵医服药,尽可能地把风险降到最低。

使用降糖药物时需认真遵循用药原则。认真服药，仔细观察，随时反馈；不轻易停药，不随意改药，不服用任何保健品，以确保治疗方案发挥应有的效果。需正确认识血糖监测的意义。很多糖尿病患者常没有任何身体不适，因而无法从主观上感觉到它的进展，从而误认为疾病得到了控制或“痊愈”而停止治疗，不再监测血糖。直到发生严重不适，才发现并发症出现，为时已晚。所以，一旦被诊断为糖尿病，务必坚持服药，定期进行血糖监测，让药物治疗和血糖监测为糖尿病的有效控制保驾护航。

饮食和运动是糖尿病有效控制的基础，是治疗的前提。无论是 1 型糖尿病还是 2 型糖尿病，合理膳食和适当运动在糖尿病自然病程中的任何阶段都是不可缺少的手段和措施。甚至在一些早期 2 型糖尿病人群中，仅通过饮食和运动的调整，就可达到控制血糖的效果。

糖尿病患者应从四个基本要素做起，即多懂一点、少吃一点、多动一点、放松一点，勇敢地与糖尿病同行，充分享受生活的无尽快乐。

12.2.5.2 糖尿病饮食原则

(1)与糖尿病相关的营养素　营养预防或营养治疗糖尿病的目的是指导和帮助健康人或糖尿病患者摄入营养素，以保持良好的代谢，预防糖尿病的发生或辅助糖尿病患者更快地恢复健康。高脂、高糖的营养过剩的饮食及缺乏体力活动，对预防糖尿病都是不利的。对于糖尿病患者，限制营养素的摄入量，设计最佳的糖尿病膳食，配合药物治疗，能达到意想不到的效果。大量的研究表明，对糖尿病患者，以下营养素的摄入量十分重要。

①蛋白质。对糖尿病患者的尿液进行分析表明，尿中含有过多的含氮化合物，说明糖尿病患者需要摄入比正常人更多的蛋白质。但是，过量摄入蛋白质会刺激胰高血糖素和生长激素的过度分泌，两者均可抵消胰岛素的作用。因此，绝大多数情况下，建议糖尿病患者对蛋白质的摄入量为总能量的 10%～20%。如有肾衰竭时，每天的摄入量应限制在 0.8 g/kg 体重。当摄入量不足 0.8 g/kg 体重时，可能会发生负氮平衡。

②脂肪。脂肪代替碳水化合物可减轻胰脏过重负担，但是，高脂肪的膳食可增加发生心血管疾病的可能性，两者必须兼顾。推荐的脂肪摄入量不应超过总能量的 30%，其中饱和脂肪酸不超过总能量的 10%，膳食胆固醇摄入量不超过 300 mg/d。

③碳水化合物。碳水化合物的摄入量占总能量的 50%～60%，并尽量做到每天食用一定量的粗粮。糖尿病患者多吃一些富含纤维的食物，如蔬菜、水果、豆类等，使每天摄入的膳食纤维含量为 25～30 g，有益于维持正常的血清总胆固醇和甘油三酯含量。

④其他物质。糖尿病患者对维生素和矿物质的摄入量与健康人无异。能产

生能量的营养性甜味剂，如蜂蜜、浓缩果汁、麦芽糖等，应计算在能量范围内；少量饮用含乙醇的饮料对糖尿病患者不会造成不良的影响。

对糖尿病患者的营养治疗是在充分保证患者正常生长发育和保持机体功能的同时，尽可能使血糖、血脂达到正常水平，预防和治疗糖尿病的急性和慢性合并症，改善健康状况，达到痊愈的目的。

(2)糖尿病患者的饮食原则。

①合理限制总能量的摄入量是糖尿病饮食控制的首要原则。糖尿病患者每天摄取的能量大约占同类人群 RDA 的 80%。

②保证碳水化合物摄入量。碳水化合物提供的能量以占总能量的 50%～60%为宜。

③限制脂肪和胆固醇的摄入量。预防或延缓糖尿病并发症，必须限制膳食脂肪和胆固醇的摄入量，尤其是饱和脂肪酸的摄入量。胆固醇的摄入量<300 mg/d，若同时有高脂血症，则胆固醇的摄入量<200 mg/d。

④适量蛋白质。糖尿病患者出现负氮平衡时，适量提高蛋白质摄入量。蛋白质供能占 12%～20%，优质蛋白至少占 1/3；伴有肾病并发症的患者应减少蛋白质比例。

⑤增加膳食纤维。可溶性膳食纤维吸水膨胀，吸附并延缓碳水化合物在消化道的吸收，使餐后血糖和胰岛素水平降低，具有降低血糖、血脂的作用。不溶性膳食纤维促进肠蠕动，加快食物通过肠道，减少吸收，具有间接缓解餐后血糖升高和减肥作用。建议每日膳食纤维供给量为 20～35 g。

⑥提供充足的维生素和无机盐。供给充足的维生素也是糖尿病营养治疗的原则之一。应摄取富含能量代谢相关的 B 族维生素、抗氧化和免疫相关的维生素 C、维生素 E、β-胡萝卜素等的食物；适当增加钾、镁、钙、铬、锌等元素的供给。但应限制钠盐摄入，以须防和减轻高血压、高血脂、动脉硬化和肾功能不全等并发症。含铬较多的食物有牛肉、黑胡椒、糙米、玉米、小米、粗面粉、红糖、葡萄汁、食用菌类等。

⑦限制饮酒。酒除供热能外，不含其他营养素，长期饮用伤肝，易引起高脂血症。酒可模拟碳水化合物刺激胰岛素分泌，引起低血糖。

⑧合理的饮食分配和餐次安排。定时，定量，至少三餐。能量分配：早餐 30%，中餐 40%，晚餐 30%。对易低血糖的患者，需增加餐次，以 3～6 次为宜，正餐之间加餐 2～3 次，并从正餐中扣除相应能量。

总之，对于糖尿病患者，可遵循品种多、数量少的饮食原则。每日饮食可安排 1 袋牛奶、200～250 g 碳水化合物、3 份优质蛋白（1 单位优质蛋白＝猪肉 50 g＝鱼 100 g＝鸡蛋 1 个）、四句话（有粗有细，不甜不咸，少吃多餐，七八分饱）、500 g

蔬菜(5 种蔬菜以上)。

(3)糖尿病“五套马车”综合治疗方案　糖尿病“五套马车”综合治疗方案如图 12-3 所示。

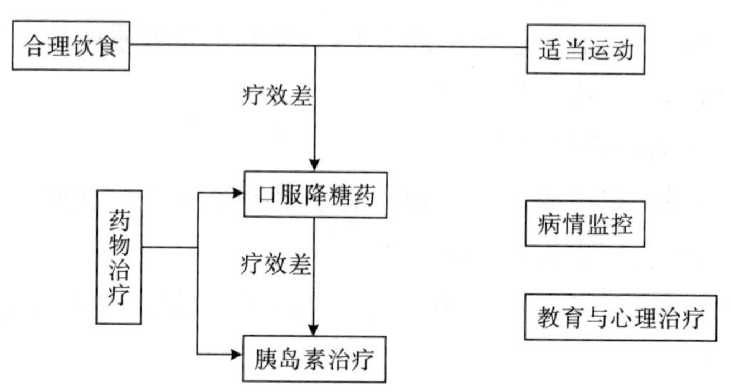

图 12-3　糖尿病“五套马车”综合治疗方案

①糖尿病饮食调控目标，如图 12-4 所示。

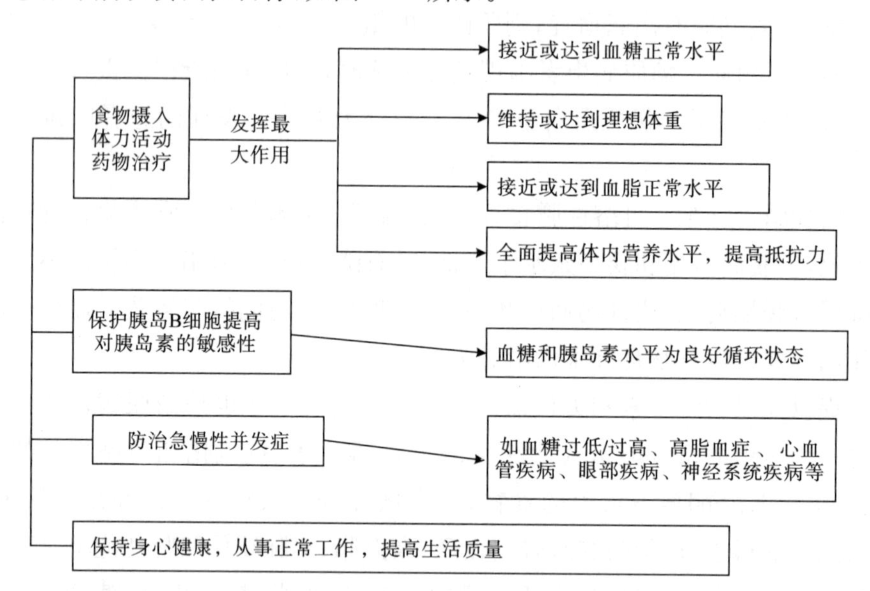

图 12-4　糖尿病饮食调控目标

②运动调控目标。运动是糖尿病的基本疗法之一，适应于轻中度 2 型糖尿病患者、肥胖的 2 型糖尿病患者(最为适合)、稳定的 1 型糖尿病患者、糖耐量降低者。运动具有三个方面的益处：

a. 提高胰岛素敏感性，改善血糖控制。

b. 加速脂肪分解，减轻体重，改善脂代谢，有利于预防糖尿病心血管并发症。

c. 增强体力及免疫力，并有助于改善精神状态，消除不良情绪。改善健康状况，提高生活质量。维持正常成人的体力和工作能力，保证儿童和青少年患者的正常生长发育。

③糖尿病患者运动禁忌。在以下情况下忌运动：各种急性感染期；心功能不

全、严重心律失常，并且活动后加重；严重糖尿病肾病；糖尿病足；严重的眼底病变；新近发生的血栓；血糖未得到较好控制（血糖>16.8 mmol/L）；酮症或酮症酸中毒等。

④糖尿病患者运动的注意事项。选择适宜的运动项目；避免脱水；注意保护足部，穿舒适的鞋袜；血糖控制很差时停止运动；避免在过冷或过热的环境中运动；运动中防止发生低血糖；运动前、中、后注意血压变化；用胰岛素者注意监测血糖。

12.3　营养与肥胖

12.3.1　肥胖概述

肥胖（obesity）是指人体脂肪过量储存，表现为脂肪细胞增多和（或）细胞体积增大，即全身脂肪组织块增大，与其他组织相比失去正常比例的一种状态，常表现为体重超过相应身高所确定的标准值 20%以上。根据国家统计局和国家卫生健康委员会的数据显示，中国人的超重率和肥胖率均不断上升。目前，肥胖已成为世界范围内的流行病，是 21 世纪严重危害人类生命健康的十大危险因素之一。

2012 年，中国居民营养与健康状况调查结果显示，我国成人超重率从 2002 年的 7.1%上升至 11.9%；成人肥胖率从 2002 年的 4.5%上升至 9.6%；6～18 岁儿童青少年超重率从 2002 年的 22.8%上升至 30.1%；6～18 岁儿童青少年肥胖率从 2002 年的 2.1%上升至 6.4%。

2014 年世界卫生组织公布的数据显示，全球逾 19 亿 18 岁以上成年人超重，其中有 6 亿多人肥胖。近年来，我国肥胖发病率也呈持续上升趋势，《中国居民营养与慢性病状况报告（2015 年）》显示，全国 18 岁及以上成人超重率为 30.1%，肥胖率为 11.9%，分别比 2002 年上升了 7.3 和 4.8 个百分点。从 1992 年到 2015 年，超重率从 13%上升到 30%，肥胖率从 3%上升到 12%。同时，中国儿童和青少年的肥胖率也在快速增加，从 2002 年到 2015 年，儿童和青少年超重率从4.5%上升到 9.6%，肥胖率从 2.1%上升到 6.4%。根据 2015 年中国肥胖指数，从地域上来说，北方肥胖指数（35%）高于南方（27%）。

对肥胖者和瘦者体内的脂肪、蛋白质、水分和其他成分的测定表明，肥胖者体重的增加主要来自脂肪，脂肪的含量比正常体重者高 50%以上，体内能量贮存（脂肪）的增加达到正常值的 200%。因此，肥胖是与人体中脂肪量密切相关的，脂肪量的多少是肥胖的主要表征。

正常人体的脂肪是有一定变化规律的。刚出生时，人体脂肪约占体重的

12%。新生儿期，体脂迅速增加，在6月龄时达到高峰，大约占体重的25%。在青春期前，体脂下降到占体重的15%～18%。在青春期，女性体脂增加至占体重的20%～25%。成年期后，脂肪量升高至占体重的30%～40%，而体重只增加10%～15%，此时，人的肥胖发生几率增大，特别是40岁以后。

12.3.2 肥瘦的衡量标准

成年期后，人的肥瘦通常用体质指数{BMI，BMI=体重(kg)/[身高(m)]^2}来表示。男性BMI：20～25为正常，BMI<20为消瘦，BMI>25为肥胖。女性BMI：19～24为正常，BMI<19为消瘦，BMI>24为肥胖。

12.3.3 肥胖的类型

按照病因，肥胖可分为以下三类：

(1)遗传性肥胖　肥胖相关基因突变导致的肥胖，有家族倾向性。

(2)继发性肥胖　由其他疾病导致的肥胖，常见的病因包括：①脑部肿瘤、外伤、炎症等后遗症，丘脑综合征候群等。②脑垂体前叶功能减退、垂体瘤等，糖尿病前期，胰腺瘤等。③肾上腺皮质增生或腺瘤使肾上腺皮质功能亢进，皮质醇分泌过分引起的库欣综合征。④甲状腺功能减退，并常伴有黏液性水肿。⑤性腺功能减退等。

(3)单纯性肥胖　单纯由营养过剩造成的全身性脂肪过量积累，占肥胖的绝大多数。

按肥胖表示形式，肥胖可分为以下两类：

(1)苹果型肥胖　腹部肥胖，俗称“将军肚”，多见于男性。这种肥胖很危险，与心脏病、脑卒中高度相关。

(2)鸭梨型肥胖　肚子不大，臀部和大腿粗，脂肪在外周，又叫外周型肥胖，多见于女性，这种肥胖者患心血管疾病、糖尿病的风险小于苹果型肥胖者。

12.3.4 发生肥胖的原因

肥胖的起因非常复杂，包括膳食因素、社会环境因素、遗传因素、神经内分泌因素等。多数人的肥胖主要是由于摄入能量多于消耗能量。

(1)膳食因素　当正常人的能量消耗与摄入能量相当时，机体不会产生肥胖。但是，当摄入能量大大超过机体的能量消耗时，多余的能量变成脂肪被机体贮存下来。特别是摄入过多的脂肪，更易于变成体脂贮存起来。例如，长期过量摄入甜食、饮料、高热量、高蛋白质、低纤维等食物，可导致肥胖；长期很晚才吃东西或睡前吃东西的人，因为晚上代谢低、吸收好，易导致肥胖；常因情绪高兴或伤心而不由自主地进食或暴饮暴食，导致热量过多，易肥胖；由于工作压力或生活习惯不良，饮食不能定时定量，不吃早餐，贪吃夜宵，过多食用零食，饮用大量甜饮料，都易导致肥胖。因此，不良的饮食习惯是导致肥胖的主要原因。

(2)社会环境因素　据统计，在发达国家中富裕阶层的肥胖几率比中下阶层的低。其原因是富裕阶层的人吃的都是优质食品，也较为注意营养的合理搭配，积极参加户内外体育活动。在一些发展中国家和贫穷国家，肥胖主要发生在富裕阶层，他们的营养意识还较淡薄，而且习惯大量进食高油脂食品。总之，除膳食因素外，体力活动少是造成人体肥胖的重要原因。

(3)遗传因素　一些肥胖患者常有家族肥胖历史。据统计，父母一方有肥胖，其子女肥胖几率为 40%～50%。父母双方都肥胖，其子女肥胖几率增加到 70%～80%。

(4)神经内分泌因素　神经内分泌在调节机体的饥饿与饱食方面发挥一定作用。情绪对食欲亦有很大影响，饱食终日容易引起肥胖。

12.3.5　肥胖的危害

肥胖对健康有很大的危害性，主要表现在以下两个方面：

(1)对儿童的危害　对儿童的危害主要包括：心血管疾病的危险性增加；易致混合型肺功能障碍；内分泌改变及免疫功能紊乱；智力和身体发育水平下降。

(2)对成年人的危害　对成年人的危害主要包括：增加死亡率；升高血压，增高心血管疾病发病率；增高血管阻力，加重心脏负担；增高糖尿病发病率，加重糖尿病的发展；增高胆囊疾病发病率；极度肥胖者常导致肺功能异常；导致内分泌和其他代谢发生异常，易患脂肪肝和胆石症；与肿瘤的发生密切相关，男性肥胖者的结肠癌、直肠癌、前列腺癌等癌症发病率增高，女性肥胖者的子宫癌、卵巢癌、宫颈癌、乳腺癌的发病率显著增高；过度的肥胖还会影响肺部呼吸，严重者会在睡眠时产生梗阻性睡眠呼吸暂停等。

肥胖的病死率与体质指数几乎呈线性关系。病死率高低与 BMI 的关系为：BMI<25，为极低度危险；BMI 为 25～30，为低度危险；BMI 为 30～35，为中度危险；BMI 为 35～40，为高度危险；BMI>40，为极高度危险。当 BMI＝35 时，病死率为30%～40%。

12.3.6　营养与减肥

人的肥胖受遗传因素和环境因素的影响，主要分为三种类型：①罕见的畸形肥胖，主要受遗传影响，是先天性的，这种肥胖有家族性。②遗传与环境因素相互作用而发生的肥胖，环境因素加速了肥胖的发生。③由环境因素造成的肥胖。后两类的肥胖可以通过改善环境因素，如调整饮食结构和营养平衡、改变饮食习惯加以预防和减肥。

营养与减肥的关系主要表现在以下几个方面：

(1)能量与减肥　人体对碳水化合物、脂肪、蛋白质等营养素吸收消化后，首先用于机体正常的能量消耗，多余的以脂肪形式贮存起来。一些营养学家和动物学专家通过长期研究与实验认为，在减肥过程中，增加热量消耗比减少热量摄取更为重要，运动能减少饥饿的感觉，并加速人体的新陈代谢，如打高尔夫、慢步走、骑自行车每小时能消耗能量 800～1000 kJ。

(2)碳水化合物与减肥　摄入低碳水化合物的膳食可使体重迅速下降，其原因是此时体内需要的能量只能从脂肪的代谢中得到满足，从而加速脂肪的消耗。因此，膳食纤维是既让人吃饱又不会使人发胖的减肥食品。因此，强化了膳食纤维的食品，可成为减肥的热门食品。

(3)蛋白质与减肥　虽然减少脂肪、碳水化合物的摄入量，以及节食或饥饿可快速减肥，但是，为了满足机体能量的需要，会大量消耗瘦肉组织中的蛋白质，可能会使机体的某些器官受损坏。理想的减肥方法是快速去除脂肪而又不损失肌肉中的蛋白质，在减少脂肪摄入量的同时，摄入易消化的蛋白质以满足机体的能量需求，可有效地减肥又不至于身体虚弱。多肽有可能成为蛋白质的补充物。

(4)平衡营养膳食与减肥　机体细胞、组织和器官的正常代谢是身体健康的保证。平衡的营养膳食的摄入是机体细胞、组织和器官正常代谢的前提。不平衡的营养膳食将会引起一系列的代谢混乱。机体对各营养素的要求是因人而异的。政府部门为指导人的健康所发表的膳食指导方针可作为正常人的参照和减肥的参考。特异的肥胖者的减肥，需要以代谢功能的特殊试验数据作为依据，以便正确地确定蛋白质、脂肪和碳水化合物的摄入比例。

12.3.7　肥胖的预防与膳食治疗原则

(1)肥胖的预防原则　肥胖的预防原则主要包括：加强运动；生活规律；心情舒畅；饮食清淡等。

(2)膳食控制原则　膳食控制原则主要包括：限制食量，科学节食；合理选择食物种类及配比(适量摄入糖，多吃蔬菜，饮水充足)；改掉不良的饮食习惯(每餐定时定量)。

①限制能量摄入。以保证机体能从事正常的活动为原则，能量控制在 800～1000 kcal/d。能量限制应逐渐降低，避免骤然下降。控制三大产能营养素的比例，蛋白质占总热能的 25%，脂肪占总热能的 10%，碳水化合物占总热能的 65%。在选择食物上，应多吃瘦肉、奶、水果、蔬菜和谷类食物，少吃肥肉等油脂含量高的食品。

②适当增加蛋白质供能比例。由于限制膳食能量的供给不仅会促使体脂消

耗增加，还会造成机体组织蛋白消耗，因此，低能膳食中的蛋白质比值必须予以提高；但蛋白质作为能源物质之一，摄入过多同样会引起肥胖，还会导致肝、肾机能不可逆的损伤，这些又决定了低能膳食中蛋白质的供给量不可过高。因此，对于采用低能膳食的肥胖者，其食物蛋白质的供能量应当控制在占膳食总能量的20%～30%。

③限制碳水化合物摄入。碳水化合物供能最为主要，也最为经济；正常情况下，其供能比例为55%～65%。碳水化合物饱食感低，可引起食欲增加，而肥胖者又常有食欲亢进现象，若为其所提供的低能膳食中碳水化合物的比例仍按正常要求，甚至高于正常要求，则患者必将难以忍受；为了防止酮病的出现和负氮平衡的加重以及维护神经系统正常能量代谢的需要，对碳水化合物的限制又不可过分苛求。因此，既要降低其比例，又不可过分降低；其提供能量以控制在膳食总能量的40%～55%为宜。为防止饥饿感，可吃纤维含量高的食品。

④限制脂肪摄入。过多摄入脂肪会引起酮病，这就要求在限制膳食能量供给时，必须对膳食脂肪的供给量也加以限制，而膳食脂肪具有较强的饱腻作用，能使食欲下降。为使膳食含能量较低而耐饿性又较强，不可对膳食脂肪限制过分苛求。所以，肥胖者膳食脂肪的供能量以控制在占膳食总能量的25%～30%为宜，任何过高或过低的脂肪供给都是不可取的。

⑤限制低分子糖、饱和脂肪酸和酒精饮料摄入。低分子糖类食品（如蔗糖、麦芽糖、糖果、蜜饯等）、饱和脂肪酸类食品（如肥肉、猪牛羊油、椰子油、可可油等）和酒精饮料，往往都是一些能量密度高而营养成分含量少的食品，而这恰恰正是肥胖者最为忌讳的。

⑥烹调方法及餐次。宜采用蒸、煮、烧、烤等烹调方法，忌用油煎、油炸的方法。餐次以三餐或更多为宜。

⑦其他原则。必须按正常标准要求，保证膳食有足够而平衡的维生素和矿物质供应。改掉不良饮食习惯，如暴饮暴食、吃零食、偏食等。

需慎重选择的食物有西点（含高碳水化合物、高脂肪、高能量）、油条（含高脂肪）、肉肠（含高脂肪、高钠）、果汁饮料（如橙汁，含高糖、高能量）、方便面（含高脂肪、高钠）、薯条（含高碳水化合物、高脂肪、高能量）等。

(3)肥胖预防与运动　预防肥胖的运动原则主要有：长期低强度的运动（如散步）与高强度运动一样有效；选择适合的、简便易行的运动方式和饮食疗法；运动必须长期坚持；可适当选择有氧运动的耐力性项目，如长跑、长距离步行、游泳、骑自行车等。

(4)肥胖预防与药物。

①肾上腺素类药物。该类药物直接作用于中枢神经系统，刺激去甲肾上腺素

的释放或阻断其再摄取，抑制食欲，减少摄食。其代表药物有苯丙胺、去甲麻黄碱、芬特明、安非拉酮、马吲哚等。其副作用包括焦虑、失眠、易怒、升高血压、心率加快、有成瘾性问题等。

②单胺类再摄取抑制剂。该药抑制单胺类(如去甲肾上腺素、5-羟色胺)的再摄取，减少摄食。其代表药物有盐酸西布曲明(别外澳曲轻、曲美)。其副作用包括口干、厌食、失眠、便秘、恶心、腹痛、眩晕等。脂肪酶抑制剂能抑制胰腺、胃肠中的羧酸酯酶和磷脂酶 A2 活性，减慢胃肠中脂肪的分解过程，进而减少脂肪吸收。脂肪酶抑制剂的代表药物为奥利司他(别名赛尼可)，是目前较为流行的减肥药。

③激素类药物(亦称代谢刺激剂)。该类药物主要以甲状腺素为代表，能提高机体的新陈代谢，增加脂肪的分解、消耗，从而减轻体重。但此类药物使用时若超过正常生理剂量，则对心血管系统产生不利影响。

④双胍类降血糖药。其药理作用为增加肌肉组织的无氧糖酵解，增加葡萄糖的利用并减少其在肠道的吸收，从而降低血糖。此类药物在治疗糖尿病时，常引起患者厌食而致体重减轻，利用这一副反应，可用于减肥治疗。

⑤中药。例如，由药用丹参 15 g、生山楂 30 g、半夏 15 g、荷叶 30 g、陈皮15 g、泽泻 15 g、甘草 10 g 等组成的二陈汤；由茯苓 12 g、桂枝 9 g、白术 15 g、甘草 6 g、党参 15 g、黄芪 30 g、山药 15 g、陈皮 6 g、半夏 9 g、薏苡仁 20 g、淫羊藿 12 g、巴戟天 12 g 等组成的苓桂术甘汤。

(5)肥胖预防与中医非药物治疗　目前，单纯性肥胖的研究已不仅仅局限于针刺、中药等，而是向穴位埋线、耳穴贴压、茶饮、穴位贴敷等全方位延伸发展，变得更加多元化。针刺＋艾灸、针刺＋拔罐、穴位埋线＋电针、穴位埋线＋耳穴贴压是联合干预方法中使用频次较多的，不同单一干预方法的排列组合大大拓宽了肥胖中医治疗的思路，并且具有较好的疗效。

(6)肥胖预防与健康教育　健康教育在预防肥胖方面起关键性作用，针对不同人群，健康教育的开展方式不同。如针对在校学生，可采取以下健康教育措施：

①学校方面。提供健康讲堂的时间和场所，认真贯彻医生讲授的健康知识及良好习惯，督促肥胖学生按时按量完成医生布置的健康计划，每次活动时间不低于 40 min，达到每日能量消耗量，完成健康运动卡，每周集中督查、整理学生完成状况。

②家庭方面。根据《中国居民膳食指南》，家长要重点突出增加早餐营养、限制孩子晚餐摄入量，增加食物中谷物、水果、蔬菜、豆类比值，配合学校制定的计划，督促孩子完成相应任务，减少孩子看电视、打游戏的时间，增加孩子睡眠时间等，监督孩子在家庭环境下遵循医生的计划和方案。

③医院方面。定时给肥胖儿童进行健康教育，宣传肥胖成因、危害及预防措施，指引学龄期儿童建立健康的饮食、运动习惯。根据肥胖儿童发展需求，制定特

色健康计划，包括每日膳食营养摄入、每日能量消耗等。

(7)肥胖预防与心理治疗　针对健康人群或肥胖人群，可采取一系列心理干预措施，用于预防肥胖或帮助减肥。例如，主动与患者交流、沟通，疏导负面心理及不良情绪，使其明白良好心态在治疗中的重要性；指导患者改变对疾病相关知识的认识，提高治疗信心；对存在的症状做好心理准备；加强心理护理干预，及时解答患者疑问，使患者保持信心与希望，使其意识到治疗是可以达到理想效果的。

12.4　营养与心血管疾病

12.4.1　心血管疾病概述

心血管疾病是心脏血管疾病和脑血管疾病的统称，泛指由于高脂血症、血液黏稠、动脉粥样硬化、高血压等导致的心脏、大脑及全身组织发生的缺血性或出血性疾病。心脏血管疾病以冠心病为主，表现为心绞痛、心肌梗死、心源性猝死等。脑血管疾病则是指脑血管破裂出血或血栓形成，俗称脑中风，包括脑出血、脑血栓和脑栓塞。

心血管疾病是死亡的重要原因，特别是在发达国家。据估计，1991 年，美国男、女的死亡人数中，43%是由心血管疾病引起的。每 5 个美国人中有 1 人在其生命过程中受到心血管疾病的威胁。在我国，死于心血管疾病的人数已由 20 世纪 50 年代约占死亡总数的 20%上升到现在的 50%以上，每年约有 100 万人死于心血管疾病。2018 年，国家心血管病中心发布的《中国心血管病报告 2017》显示，我国心血管疾病患病人数达 2.9 亿。

12.4.2　心血管疾病的影响因素

目前，一般认为，除了遗传等先天性因素和环境影响等因素外，膳食营养失调是引起心血管紊乱的主要原因。Keys 等(1986)对不同文化背景的人群进行比较后认为，血胆固醇浓度与心血管疾病的发生率之间呈正相关。可以通过膳食、药物治疗或两者兼用来降低血胆固醇浓度，使心血管疾病的发病率降低。血胆固醇浓度与人们日常摄入的膳食脂肪的摄入量、膳食脂肪中的脂肪酸种类和胆固醇的摄入量有关。

12.4.2.1　膳食脂肪的影响

在日常膳食中，摄入过多的膳食脂肪和胆固醇会导致血总胆固醇浓度增高，增加心血管疾病发生的危险。美国胆固醇教育项目对血总胆固醇水平≥5.2 mmol/L个体(2 岁以上的人群)的最新建议是脂肪摄入量要小于膳食总能量的 30%。中国营养协会推荐的膳食脂肪摄入量为膳食总能量的20%～30%。但是,研究还表明,血胆固醇浓度还与摄入的膳食脂肪的种类有关,更准确地说,是与膳食脂肪中的脂肪酸种类有关。

(1)饱和脂肪酸摄入量　饱和脂肪酸高的膳食脂肪(简称饱和脂肪)一般会导致血胆固醇浓度上升,但并不是所有的饱和脂肪酸都如此。6～10 个碳原子的短链脂肪酸和 18 个碳原子的硬脂酸对血胆固醇浓度的影响很小。12～16 个碳原子的饱和脂肪酸如豆蔻酸(12C)、月桂酸(14C)和棕榈酸(16C)具有升血脂的作用。因此,WHO 和中国营养学会均建议,饱和脂肪酸在膳食脂肪中的含量不能超过 1/3,即饱和脂肪的摄入量少于膳食总能量的 10%。

(2)单不饱和脂肪酸摄入量　单不饱和脂肪酸是指碳链上含有 1 个双键的脂肪酸,如油酸等,不会造成血胆固醇浓度升高。中国营养学会建议单不饱和脂肪的摄入量占摄入总能量的 10%左右。

(3)多不饱和脂肪酸摄入量　多不饱和脂肪酸是指碳链上含有 2 个以上双键的脂肪酸,如亚油酸、亚麻酸、花生四烯酸、二十碳五烯酸和二十二碳六烯酸等。通常对双键位置的描述,多是从甲基端开始数第一个双键出现的位置。亚油酸是 n-6 系列多不饱和脂肪酸(18∶2,ω-6),它在人体内不能合成,需要在膳食中摄取,是必需脂肪酸,是导致血胆固醇浓度下降的主要脂肪酸。

亚麻酸是 n-3 系列多不饱和脂肪酸,它被人体吸收后,通过延长碳链和减饱和作用,生成二十碳酸或进一步生成二十碳五烯酸(EPA,20∶5,n-3)和二十二碳六烯酸(DHA,22∶6,n-3)。它除了与亚油酸一样,具有降低血胆固醇浓度的作用外,还可降低血小板凝聚率和血压。EPA 和 DHA 还可在视网膜和大脑的结构膜中起重要作用。中国营养学会建议多不饱和脂肪酸供能以占总能量的 10%为宜,而且(n-6)∶(n-3)=(4～6)∶1。

(4)反式脂肪酸摄入量　自然界绝大多数不饱和脂肪酸都是顺式的。将油脂氢化转化成固态过程中会产生反式结构,如将植物油氢化转化成人造黄油。反式脂肪酸主要是油酸,进食反式油酸会使血胆固醇浓度上升。因此,摄入大量经氢化的人造黄油是不明智的。

12.4.2.2　膳食胆固醇的影响

心血管疾病除了与摄入膳食脂肪有关外,还与摄入膳食胆固醇有关。增加膳食胆固醇的摄入水平可使血胆固醇浓度升高,增加心血管疾病发生的危险,但影响程度不如饱和脂肪酸的影响大,而且只有当含胆固醇的食品同时富含饱和脂肪酸时,这种可能性才会发生。

胆固醇每天的摄入量要少于 300 mg。胆固醇含量较高的食物有蛋黄、动物的肝脏、肾脏、鱼卵、黄油和奶酪等。

可以通过以下途径减少心血管疾病发生的危险：首先，减少饮食中饱和脂肪酸、总脂肪和胆固醇的成分，如少吃含大量上述成分的肥猪肉、蛋黄、牛油、奶酪和冰淇淋等。其次，食用含大量多不饱和脂肪酸的植物油取代动物油。对高血脂患者，则建议饱和脂肪酸的摄入量要少于总能量的 7%，胆固醇每天摄入量少于 200 mg。

12.4.2.3　其他因素的影响

其他影响因素包括：膳食热能、碳水化合物（呈正相关）；膳食蛋白质（动物性蛋白质比植物性蛋白质更容易升高血胆固醇）；膳食纤维（呈负相关）；无机盐、微量元素（呈负相关）。

12.4.3　心血管疾病的膳食调整和控制原则

①控制总热能摄入，保持理想的体重。
②限制脂肪和胆固醇的摄入。
③多吃植物性蛋白质，少吃甜食。
④保证充足的膳食纤维和维生素的摄入。
⑤饮食宜清淡、少盐。
⑥适当多吃保护性食品，少饮酒、抽烟。

12.5　营养与高血压

12.5.1　高血压概述

血压是指血液在血管内流动，对血管壁产生的侧压力，包含收缩压和舒张压，如血压 120/80 mmHg，120 mmHg 为收缩压，80 mmHg 为舒张压。高血压是一种以动脉压增高为特征的疾病。

12.5.2　高血压的主要影响因素

①过量摄入钠。
②其他因素与高血压的关系。
③脂肪摄入过高。
④高纤维饮食。
⑤酒精、咖啡、香烟。

12.5.3　高血压的膳食调整和控制原则

①控制热量，降低体重，保持理想的标准体重。

②脂肪限量,减少动物脂肪的摄取,减少摄取含丰富胆固醇的食物,如蛋黄、肥肉、动物内脏、鱼子及带鱼。应多摄入不饱和脂肪酸,常吃水果和蔬菜。

③限制钠盐,每日用盐控制在 5 g 以下,最好是 3 g。

④选用优质的蛋白质食物,适当吃鱼和大豆及豆制品(如豆腐、豆腐干、豆腐皮等)。

⑤多选用含钾、镁、碘和锌高的食物。

⑥防止胰岛素分泌增加,防止暴饮暴食,减少碳水化合物的摄入。

⑦戒烟,限制饮酒。

⑧饮食宜清淡。

⑨饮食制度方面要有规律性,食不过饱,晚餐饮食要清淡,易于消化。

12.5.4 有助于控制血压的六种食物

①水。水能排除毒素。

②燕麦。燕麦中含有不饱和脂肪酸和亚油酸,可有效降血压。

③植物油。适量摄入可防动脉硬化。

④鱼。鱼能改善血管的弹性与通透性。

⑤苹果。苹果富含的钾能排除过多的钠。

⑥洋葱。洋葱扩张动脉,降低血管阻力。

12.5.5 高血压人群慎食的三种食物

①盐。盐导致水钠潴留,使血压升高。

②酒。酒精使血压升高。

③茶。过多的咖啡因会使血压升高。

12.6 营养与痛风

12.6.1 痛风概述

痛风(gout)是由于嘌呤代谢紊乱和(或)尿酸排泄减少,以高尿酸血症、尿酸盐沉积所导致的反复发作的急、慢性关节炎和肾脏损伤为特征表现的异质性疾病。高尿酸血症女性患者的尿酸高于 350 mmol/L;男性患者的尿酸高于 420 mmol/L。高尿酸血症患者只有出现尿酸盐(尿酸钠)结晶沉积、关节炎和(或)肾病、肾结石等时,才能称为痛风。约 15%的高尿酸血症患者发展为痛风。

目前,欧美国家高尿酸血症患病率为 2%～18%,痛风发病率为 0.13%～

0.37%。在美国，欧裔美国人得痛风的概率是非裔美国人的 2 倍。太平洋群岛的居民和新西兰毛利人发病率较高。

国家风湿病数据中心(Chinese Rheumatism Data Center，CRDC)网络注册及随访研究的阶段数据显示，截至 2016 年 2 月，基于全国 27 个省、自治区、直辖市 100 家医院的 6814 例痛风患者有效病例发现，我国痛风患者平均年龄为 48.28 岁(男性 47.95 岁，女性 53.14 岁)，逐步趋年轻化，男、女比例为 15∶1。超过 50%的痛风患者为超重或肥胖。首次痛风发作时的血尿酸水平，男性为 527 μmol/L，女性为516 μmol/L。痛风患者最主要的就诊原因是关节痛(男性为 41.2%，女性为 29.8%)，其次为乏力和发热。男女发病诱因有很大差异，男性患者最主要为饮酒诱发(25.5%)，其次为高嘌呤饮食(22.9%)和剧烈运动(6.2%)；女性患者最主要为高嘌呤饮食诱发(17.0%)，其次为突然受冷(11.2%)和剧烈运动(9.6%)。研究数据表明，广东省痛风患病率约为 1.62%，高尿酸血症患病率男性约为 28.32%，女性约为 16.29%。我国台湾、青岛等地痛风发病率最高。

12.6.2　痛风的临床表现

痛风的临床表现为无症状高尿酸血症、急性关节炎、痛风石性慢性关节炎和肾结石。痛风的病程分期包括无症状期、急性关节炎期、间歇期、慢性关节炎期和肾病变期。无症状期仅有波动性或持续性高尿酸血症。急性关节炎期多为受累关节突发性红、肿、热、痛，以单侧脚拇趾及第一跖趾关节最常见。未经合理治疗的痛风患者可在慢性关节炎期形成痛风石，是痛风的特征性损害。痛风在肾病变期会引起肾实质损害。

12.6.3　痛风的原因

尿酸其实是人体内一种必然的代谢物质。正常情况下，尿酸会由血液输送至肾脏随尿液排出体外。身体过量的尿酸会结成晶体沉积在关节内，从而引起剧痛。当人体血尿酸浓度过高时，尿酸即以钠盐的形式沉积在关节、软组织、软骨和肾脏中，引起组织的异物炎症，成为痛风的祸根。

(1)尿酸的来源　尿酸的来源主要有外源性来源和内源性来源两方面：①外源性来源约占 20%，主要是食物(如富含嘌呤或核蛋白的食物)摄入代谢或酗酒。②内源性来源约占 80%，主要是体内细胞代谢，如体内核苷酸或核蛋白的分解。

(2)尿酸的排泄　正常成人每天约产生尿酸 600 mg，其中 60%参与代谢，排泄 500～1000 mg。尿酸的排泄途径主要有经肠道排泄和经肾脏排泄两种，其中约 1/3 的尿酸在肠道内分解，每日约 200 mg；约 2/3 的尿酸经肾脏排泄，每日约 400 mg。经肾脏排泄的尿酸是营养防治的目标。

12.6.4 痛风的高危人群

①老年人(无论男女及是否肥胖)。

②30 岁以上肥胖的男性及绝经后女性。

③患有高血压、高血脂、高血糖(糖尿病)的患者。

④原因未明的关节炎,尤其是中年以上的患者,以单关节炎发作为特征。

⑤有痛风家族史的成员。

⑥长期嗜食肉类、有饮酒习惯的中老年人。

⑦长期从事脑力劳动、缺乏体力活动者。

⑧服用利尿剂等药物的人群。

对高危人群建议定期进行血尿酸检测,及早发现、及早治疗。

12.6.5 痛风的营养治疗措施

(1)限制嘌呤摄入 急性关节炎期:摄入嘌呤不超过 150 mg/d。慢性关节炎期:摄入嘌呤不宜超过 150 mg/d,每周 2 天按照急性期安排膳食,其余 5 天低嘌呤膳食。其中,嘌呤含量为 150～1000 mg/100 g 的食物属于高嘌呤食物;嘌呤含量为 25～150 mg/100 g 的食物属于中嘌呤食物;嘌呤含量为 0～25 mg/100 g 的食物属于低嘌呤食物。常见食物的嘌呤含量见表 12-3 至 12-5。

表 12-3 常见高嘌呤食物的嘌呤含量/(mg/100 g)

食物品种	嘌呤含量	食物品种	嘌呤含量	食物品种	嘌呤含量
鸡肝	293.5	鹅肉	165	干贝	390
鸭肝	301.5	乌鱼	183.2	牡蛎	426.3
猪肝	229.1	鲢鱼	202.4	扁鱼干	366.7
牛肝	169.5	小鱼干	1538.9	蛤蜊	316
猪小肠	262.2	海鳗	159.5	酵母粉	559.1
猪脾	270.6	秋刀鱼	355.4	紫菜	274
马肉	200	白带鱼	391.6	香菇	214

表 12-4 常见中嘌呤食物的嘌呤含量/(mg/100 g)

食物品种	嘌呤含量	食物品种	嘌呤含量	食物品种	嘌呤含量
花生	79	绿豆	75	海带	96
生牛排	106	燕麦	94	大麦	94
银耳	75.7	虾蟹	81.8	蚬子	114
兔肉	107	龙虾	118	鳕鱼	109

续表

食物品种	嘌呤含量	食物品种	嘌呤含量	食物品种	嘌呤含量
野兔	105	鳗鱼	113	豌豆	75.5
鱼翅	110.6	羊肉	111.5	鸽子肉	80
菜豆	58.5	小牛肝	107.5	豆干	66.6
鱼丸	63.2	猪大肠	101	牛肉	87
杏仁	37	笋干	53.6	小牛脑	92
鲑鱼	88	腰果	80.5	牛肚	79.8
鳝鱼	92.8	黑芝麻	57	牛肉	83.7
牛胸肉	120	猪脑	83	牛排(烤)	125
鸭肠	121	乌贼	89.9	鲍鱼	112.4
猪后腿骨	120	鸡心	125		

表 12-5　常见低嘌呤食物的嘌呤含量/(mg/100 g)

食物品种	嘌呤含量	食物品种	嘌呤含量	食物品种	嘌呤含量
白米	18.4	圆白菜	9.7	生菜	15.2
小米	7.3	芹菜	8.7	萝卜	7.5
糙米	22.4	韭菜	25	生竹笋	29
糯米	17.7	韭黄	16.8	腌菜	8.6
玉米	9.4	辣椒	14.2	南瓜	2.8
红薯	2.4	菠菜	13.3	鸡蛋白	3.7
面粉	17.1	荠菜	12.4	鸡蛋黄	2.6
米粉	11.1	苦瓜	11.3	薏米	25
淀粉	14.8	冬瓜	2.8	猪血	11.8
麦片	24.4	丝瓜	11.4	粉丝	3.8
通心粉	16.5	小黄瓜	14.6	米醋	1.5
马铃薯	3.6	茄子	14.3	芥蓝	18.5
胡萝卜	8.9	花椰菜	25	芋头	10.1
洋葱	3.5	木耳	8.8	大白菜	12.6
番茄	4.6	核桃	8.4	橙子	3
橘子	2.2	梨子	1.1	芒果	2
李子	4.2	香蕉	1.2	枇杷	1.3
苹果	1.3	木瓜	1.6	菠萝	0.9

续表

食物品种	嘌呤含量	食物品种	嘌呤含量	食物品种	嘌呤含量
红枣	6	黑枣	8.2	蜂蜜	1.2
冬瓜糖	7.1	瓜子	24	葡萄干	5.4
石榴	0.8	柚子	3		
樱桃	17	草莓	21		

(2)控制能量摄入,减轻体重　更高的BMI可增加痛风风险。痛风患者的能量摄入应比正常人低10%,需限制能量摄入,积极控制体重,保证BMI在适宜范围内。

(3)适量限制蛋白质和脂肪摄入　过量的动物蛋白质可促进尿酸的合成,在食物选择方面,需适当提高植物蛋白质的摄入量,以控制尿酸的合成。高脂肪摄入会影响尿酸排泄,痛风患者需选择低脂膳食。

(4)合理提供碳水化合物　碳水化合物可防止脂肪分解生成酮体,能促进尿酸排出。痛风患者摄入碳水化合物的能量需占总供给量的60%。另外,食物中的果糖可促进核酸分解,有利于降低尿酸的形成。

(5)提供足量的维生素和矿物质　足量的维生素和矿物质摄入可促进尿酸排出。

(6)供给充分的水分　痛风患者每天应摄入2～3 L水,可有效促进尿酸排出。

(7)增加新鲜蔬菜的摄入量　经常食用新鲜蔬菜是痛风发病的保护因素。

(8)禁用刺激性食物　需限酒或禁酒,饮茶对痛风无明显影响。

12.7　营养与免疫功能

12.7.1　免疫功能概述

人体的免疫功能俗称抵抗力,是人体与疾病作斗争的自身防线。它包括皮肤与黏膜,血液中白细胞(如巨噬细胞、中性粒细胞等)对病原微生物的吞噬作用,肝、脾等中的网状内皮细胞的吞噬消化作用及人体接触病原体后血清中产生的抗体(antibody)或免疫细胞(T细胞、B细胞等)的增殖、活化和免疫功能的发挥等。

营养状况的好坏直接影响着体内以上这些器官的结构和机能的发挥。因为上皮细胞、黏膜细胞、血中白细胞、胸腺、肝、脾以及血清中的抗体都是由蛋白质和其他各种营养素构成的,蛋白质和营养素是人体免疫功能的物质基础。

12.7.2 蛋白质营养不良对免疫功能的影响

蛋白质营养不良中最典型的是蛋白质-能量营养不良(protein-energy malnutrition,PEM)。PEM 患者极易发生感染,特别是细菌、病毒的感染,主要是由于患者的免疫功能受到显著抑制,具体表现为 T 细胞明显减少,巨噬细胞、中性粒细胞对病原体的杀伤能力减弱,同时营养不良还导致体内重要组织和器官萎缩而丧失其机能。

12.7.3 脂类对免疫功能的影响

目前的研究认为,适量摄入脂肪对人体增强免疫功能有益。动物实验表明,脂肪摄入过少或过高都使其受感染的患病率增高。此外,血浆胆固醇浓度增高,使机体细胞膜上胆固醇合成受阻,进而抑制淋巴细胞增殖。而且巨噬细胞的吞噬功能和细胞内清除抗原的能力也可因高胆固醇血症而降低。

12.7.4 维生素、微量元素对免疫功能的影响

维生素或微量元素缺乏往往与营养不良并存,已知某些维生素、微量元素缺乏对免疫细胞有不利的影响,见表 12-6。

表 12-6 维生素和微量元素缺乏对免疫细胞的影响

维生素或微量元素	T 细胞	B 细胞	巨噬细胞	中性粒细胞
维生素 A	+++	+++		
维生素 B_1		++		
维生素 B_2		++		
维生素 B_6	+++	+++		++
维生素 B_{12}	++	+		
生物素		+++		
维生素 B_5		+++		
维生素 B_9	++	+++		
维生素 C			++	++
维生素 D		++		++
维生素 E	++	++	++	
维生素 B_3		++		
锌	+++			
铁	+++	+		+++

续表

维生素或微量元素	T细胞	B细胞	巨噬细胞	中性粒细胞
铜			++	++
硒	++		++	

注:“+”表示轻度影响,“++”表示中度影响,“+++”表示显著影响。

(1)维生素A　维生素A除了在维护上皮细胞结构和功能的完整性方面起着重要作用外,在T细胞和B细胞的分裂反应中也具有重要作用。维生素A缺乏常常导致T细胞和B细胞对病原微生物等抗原的反应能力降低,患者易并发呼吸道和消化道感染。

(2)维生素B_6　维生素B_6是正常核酸和蛋白质合成所必需的物质,维生素B_6缺乏可明显地使T细胞和B细胞减少和功能减退。

(3)维生素C　维生素C参与免疫球蛋白的合成,维生素C摄入不足将影响淋巴细胞的功能。

(4)锌　由于锌是许多酶的组成成分或酶的激活剂,因此,缺乏锌影响包括免疫系统细胞在内的酶活性及细胞增殖。锌长期摄入低下,机体易感染疾病,而且免疫球蛋白比例异常。

(5)铜　铜也是体内很多酶的组成成分,铜缺乏时,动物易受致病微生物感染,而且死亡率明显上升。人膳食中铜过度缺乏,体内吞噬细胞数量减少,活性也降低。铜与超氧化物歧化酶的功能有密切关系,超氧化物歧化酶对保持细胞完整性起重要作用。

(6)铁　缺铁易引起贫血,贫血患者免疫功能降低,具体表现为体内T细胞比例降低。缺铁干扰核酸合成,因此,骨髓细胞核酸含量减少。此外,缺铁还引起吞噬细胞杀伤病菌的能力降低等。

12.8　营养与癌症

据统计,在引起癌症发病的因素中,除环境因素外,1/3的癌症与膳食有关。膳食摄入物的成分、膳食习惯、营养素摄入不足或过剩、营养素间的摄入不平衡都可能与癌症发病有关。

12.8.1　食物中的致癌物质

膳食中摄入致癌物质是导致癌症发生的重要原因之一。食物中的致癌物质主要有下列四大类。

(1)多环芳烃(polycyclic aromatic hydrocarbons, PAH)类致癌物　该类致癌

物包括苯并芘、苯蒽等。食物中的有机物经过高温烹调有可能分解成 PAH。用炭火烘烤富含脂肪或碳水化合物的食品有可能产生 PAH。

(2)杂环胺类致癌物　富含蛋白质的食物(如肉、鱼等)经高温分解会产生杂环胺类致癌物,如 2-氨基-3-甲基咪唑(4,5-f)喹啉(IQ)和 2-氨基-1-甲基-6-苯基咪唑(4,5-b)吡啶(PHIP)。这些物质是强致突变物,易引起结肠癌和乳腺癌等。

(3)亚硝酸盐致癌物　用盐腌制过的肉类中发现有亚硝胺类致癌物,如 *N*-二甲基亚硝胺和 *N*-亚硝基吡啶。

(4)黄曲霉毒素类致癌物　如黄曲霉毒素 B 是目前发现的最强的化学致癌物质,食品霉变易产生该物质。

12.8.2　营养与癌症的关系

合理的营养与膳食结构能发挥营养素各自的抗癌功能,有效地防止癌症的发生。相反,膳食中的营养素过多或不足及不当,亦有可能会转化为促癌物,诱导和促进癌症的发生。

(1)脂肪与癌症　高脂肪的膳食会促使化学物质诱发乳腺癌、结肠癌和前列腺癌。n-6 多不饱和脂肪酸有促进肿瘤发生的作用。n-3 多不饱和脂肪酸则有抑制癌症发生的作用。饱和脂肪酸和单不饱和脂肪酸的效应不像 n-6 或 n-3 多不饱和脂肪酸那么明确。

有证据表明,脂肪能刺激胆酸的释放,从而通过蛋白激酶 C 的参与,刺激结肠细胞增生。脂肪也可能通过影响雌激素代谢而促进乳腺癌的发生。动物试验表明,当脂肪含量由占总能量的 2%～5%增加到 20%～27%时,动物癌症发生率增加且发生时间提早。因此,高脂肪膳食人群的上述癌症的发病率远高于食用脂肪较少的人群。

(2)能量的摄入　膳食能量的摄入与癌症发生有明显的相关性。摄入过量能量的人(表现在体重过重和肥胖)易患胰腺癌。动物试验表明,限制 50%的能量摄入,自发性癌症发生率由对照的 52%下降至 27%。苯并芘诱发皮肤癌的发生率由对照的 65%下降至 22%。限制人类的膳食能量可减少自发性癌症和致癌物促癌的发生。体重超重的人比体重正常的人或较轻的人更容易患癌症。

(3)碳水化合物　动物试验表明,摄入高碳水化合物或高糖可抑制化学致癌物对动物癌症诱发的可能性。但是,对人类来说,摄入高精糖膳食(如高蔗糖)有发生结肠癌、直肠癌和乳腺癌的危险。摄入膳食纤维可防止大肠癌症的发生。

(4)乙醇　过量饮酒是发生食道癌、口腔癌、结肠癌、直肠癌、乳腺癌和肝癌的危险因素。在某些部位,乙醇与其他致癌因素起协同作用。

(5)蛋白质　食物中蛋白质含量较低,可促进癌变的发生。食管癌的高发区一般是土地贫瘠、居民营养欠佳、蛋白质摄入不足的地方。但是，摄入高蛋白质又与结肠癌、乳腺癌、胃癌和胰腺癌密切相关，可能与进入结肠的氨基酸通过发酵作用产生的氨有关。

12.8.3 食物中的抑癌物

食物中的一些营养素有抑制癌变的作用，这类物质称为抑癌物。

（1）多糖 膳食纤维与膳食淀粉的摄入量与结肠癌、直肠癌的发生呈显著的负相关。保护作用机制可能是进入结肠的多糖通过发酵产生短链脂肪酸（如乙酸、丙酸和丁酸等），从而使结肠内的酸度升高，降低二级胆酸的溶解度和毒性。丁酸有抑制 DNA 合成及刺激细胞分化的作用，从而产生某种保护效应。

植物多糖如枸杞多糖、香菇多糖、黑木耳多糖等生理活性物质，对抑癌、抗癌等具有很好的功效，能大大提高机体的免疫力，是目前研究和开发的热门。

（2）水果和蔬菜中的抑癌物 食用新鲜的水果和蔬菜，可降低大多数癌症的发生风险。水果蔬菜中含有大量的抗氧化剂，如维生素 C、维生素 E、类黄酮、β-类胡萝卜素等。

维生素 A 对癌症的抑制作用主要是防止上皮组织癌变，防止对 DNA 的内源性氧化损伤，抑制 DNA 的过度合成与基底细胞增生，使之维持良好的分化状态。此外，维生素 A 亦可抑制化学致癌物诱发肿瘤的形成。维生素 A 的前体 β-胡萝卜素也具有抑制肿瘤发生的作用。

维生素 C 能与亚硝酸盐形成中间产物，减少体内亚硝酸盐的含量，从而抑制强致癌物亚硝酸胺的合成或促使亚硝酸胺分解。维生素 C 还能够降低苯并芘和黄曲霉毒素 B_1 的致癌作用。

但是，近期对 β-类胡萝卜素、维生素 C 的人群肿瘤干预试验效果并不理想，人们寄希望于自由基消除剂维生素 E 对癌症的抑制。不过，食用新鲜水果和蔬菜可降低大多数人患癌症的危险性却是一致公认的，也许这是新鲜水果和蔬菜中活性物质协调效应的综合结果。

（3）微量元素 某些微量元素对癌症的抑制作用是当今生命科学领域的重要研究课题。目前，已知在膳食防癌中有重要作用的微量元素包括硒、碘、钼、锗、铁等。硒可防止一系列化学致癌物诱发肿瘤的作用；碘可预防甲状腺癌；钼可降低食管癌的发病率；缺铁常与食道和胃部肿瘤有关等。

癌症的病因很复杂，营养成分与癌症的关系也十分复杂。一些物质是致癌物，一些物质可能是促癌物，而另外一些物质却是抑癌物。因此，在兼顾营养需要和降低癌变危险性的前提下，控制或尽可能避免致癌物和促癌物的摄入量，充分发挥抑癌物的作用，平衡膳食结构，就有可能达到膳食抗癌的目的。

附　录

附录 1　中国居民膳食能量需要量(EER)

年龄(岁)/生理状况	男性 PAL						女性 PAL					
	轻(Ⅰ)		中(Ⅱ)		重(Ⅲ)		轻(Ⅰ)		中(Ⅱ)		重(Ⅲ)	
	MJ/d	Kcal/d	MJ/d	Kcal/d	MJ/d	Kcal/d	MJ/d	Kcal/d	MJ/d	Kcal/d	MJ/d	Kcal/d
0～	—	—	0.38[a]	90[b]	—	—	—	—	0.38[a]	90[b]	—	—
0.5～	—	—	0.33[a]	80[b]	—	—	—	—	0.33[a]	80[b]	—	—
1～	—	—	3.77	900	—	—	—	—	3.35	800	—	—
2～	—	—	4.60	1100	—	—	—	—	4.18	1000	—	—
3～	—	—	5.23	1250	—	—	—	—	5.02	1200	—	—
4～	—	—	5.44	1300	—	—	—	—	5.23	1250	—	—
5～	—	—	5.86	1400	—	—	—	—	5.44	1300	—	—
6～	5.86	1400	6.69	1600	7.53	1800	5.23	1250	6.07	1450	6.90	1650
7～	6.28	1500	7.11	1700	7.95	1900	5.65	1350	6.49	1550	7.32	1750
8～	6.90	1650	7.74	1850	8.79	2100	6.07	1450	7.11	1700	7.95	1900
9～	7.32	1750	8.37	2000	9.41	2250	6.49	1550	7.53	1800	8.37	2000
10～	7.53	1800	8.58	2050	9.62	2300	6.90	1650	7.95	1900	9.00	2150
11～	8.58	2050	9.83	2350	10.88	2600	7.53	1800	8.58	2050	9.62	2300
14～	10.46	2500	11.92	2850	13.39	3200	8.37	2000	9.62	2300	10.67	2550
18～	9.41	2250	10.88	2600	12.55	3000	7.53	1800	8.79	2100	10.04	2400
50～	8.79	2100	10.25	2450	11.72	2800	7.32	1750	8.58	2050	9.83	2350
65～	8.58	2050	9.83	2350	—	—	7.11	1700	8.16	1950	—	—
80～	7.95	1900	9.20	2200	—	—	6.28	1500	7.32	1750	—	—
孕妇(1周～12周)	—	—	—	—	—	—	7.53	1800	8.79	2100	10.04	2400
孕妇(13周～27周)	—	—	—	—	—	—	8.79	2100	10.04	2400	11.29	2700
孕妇(≥28周)	—	—	—	—	—	—	9.41	2250	10.67	2550	11.92	2850
哺乳期妇女	—	—	—	—	—	—	9.62	2300	10.88	2600	12.13	2900

注:“—”表示未制定;“a”单位为兆焦每天每千克体重[MJ/(kg·d)];“b”单位为千卡每天每千克体重[kcal/(kg·d)]。

附录 2 中国居民膳食蛋白质参考摄入量

单位:g/d

年龄(岁)/生理状况	男性		女性	
	EAR	RNI	EAR	RNI
0～	—	9[a]	—	9[a]
0.5～	15	20	15	20
1～	20	25	20	25
2～	20	25	20	25
3～	25	30	25	30
4～	25	30	25	30
5～	25	30	25	30
6～	25	35	25	35
7～	30	40	30	40
8～	30	40	30	40
9～	40	45	40	45
10～	40	50	40	50
11～	50	60	45	55
14～	60	75	50	60
18～	60	65	50	55
孕妇(1 周～12 周)	—	—	50	55
孕妇(13 周～27 周)	—	—	60	70
孕妇(≥28 周)	—	—	75	85
哺乳期妇女	—	—	70	80

注:“—”表示未制定;“a”表示 AI 值。

附录3 中国居民膳食脂肪、脂肪酸参考摄入量和可接受范围

单位:%(能量百分比)

年龄(岁)/生理状况	脂肪	饱和脂肪酸	n-6 多不饱和脂肪酸		n-3 多不饱和脂肪酸	
	AMDR	U-AMDR	AI[a]	AMDR[a]	AI[b]	AMDR
0～	48[c]	—	7.3	—	0.87	—
0.5～	40[c]	—	6.0	—	0.66	—
1～	35[c]	—	4.0	—	0.60	—
4～	20～30	<8	4.0	—	0.60	—
7～	20～30	<8	4.0	—	0.60	—
18～	20～30	<10	4.0	2.5～9.0	0.60	0.5～2.0
60～	20～30	<10	4.0	2.5～9.0	0.60	0.5～2.0
孕妇和哺乳期妇女	20～30	<10	4.0	2.5～9.0	0.60	0.5～2.0

注:"a"表示亚油酸数值;"b"表示 α-亚麻酸数值;"c"表示 AI 值。

附录4 中国居民膳食碳水化合物参考摄入量和可接受范围

年龄(岁)/生理状况	碳水化合物		添加糖
	EAR/(g/d)	AMDR/%	AMDR/%
0～	—	60[a]	—
0.5～	—	85[a]	—
1～	120	50～65	—
4～	120	50～65	<10
7～	120	50～65	<10
11～	150	50～65	<10
14～	150	50～65	<10
18～65	120	50～65	<10
孕妇	130	50～65	<10
哺乳期妇女	160	50～65	<10

注:"a"表示 AI 值,单位为 g。

附录 5　中国居民膳食常量元素参考摄入量

单位:mg/d

年龄(岁)/生理状况	钙			磷			镁		钾	钠	氯
	EAR	RNI	UL	EAR	RNI	UL	EAR	RNI	AI	AI	AI
0～	—	250[a]	1000	—	100[a]	—	—	20[a]	350	170	260
0.5～	—	250[a]	1500	—	180[a]	—	—	65[a]	550	350	550
1～	500	600	1500	250	300	—	110	140	900	700	1100
4～	650	800	2000	290	350	—	130	160	1200	900	1400
7～	800	1000	2000	400	470	—	180	220	1500	1200	1900
11～	1000	1200	2000	540	640	—	250	300	1900	1400	2200
14～	800	1000	2000	590	710	—	270	320	2200	1600	2500
18～	650	800	2000	600	720	3500	280	330	2000	1500	2300
50～	800	1000	2000	600	720	3500	280	330	2000	1400	2200
65～	800	1000	2000	590	700	3000	270	320	2000	1400	2200
80～	800	1000	2000	560	670	3000	260	310	2000	1300	2000
孕妇(1～12 周)	650	800	2000	600	720	3500	310	370	2000	1500	2300
孕妇(13～27 周)	810	1000	2000	600	720	3500	310	370	2000	1500	2300
孕妇(≥28 周)	810	1000	2000	600	720	3500	310	370	2000	1500	2300
哺乳期妇女	810	1000	2000	600	720	3500	280	330	2400	1500	2300

注:“—”表示未制定;“a”表示 AI 值。

附录 6　中国居民膳食微量元素参考摄入量

年龄(岁)/	铁/(mg/d)			碘/(μg/d)			锌/(μg/d)			硒/(μg/d)			铜/(mg/d)			钼/(μg/d)			铬/(μg/d)
生理状况	EAR	RNI	UL	EAR	RNI	UL	EAR	RNI	UL	EAR	RNI	UL	EAR	RNI	UL	EAR	RNI	UL	AI
0～	—	0.3[a]	—	—	85[a]	—	—	2[a]	—	—	15[a]	55	—	0.3[a]	—	—	2[a]	—	0.2
0.5～	7	10	—	—	115[a]	—	2.8	3.5	—	—	20[a]	80	—	0.3[a]	—	—	15[a]	—	4.0
1～	6	9	25	65	90	—	3.2	4.0	8	20	25	100	0.25	0.3	2.0	35	40	200	15
4～	7	10	30	65	90	200	4.6	5.5	12	25	30	150	0.30	0.4	3.0	40	50	300	20
7～	10	13	35	65	90	300	5.9	7.0	19	35	40	200	0.40	0.5	4.0	55	65	450	25
11～(男)	11	15	40	75	110	400	8.2	10.0	28	45	55	300	0.55	0.7	6.0	75	90	650	30
11～(女)	14	18					7.6	9.0											35
14～(男)	12	16	40	85	120	500	9.7	12.0	35	50	60	350	0.60	0.8	7.0	85	100	800	30
14～(女)	14	18					6.9	8.5											
18～(男)	9	12	42	85	120	600	10.4	12.5	40	50	60	400	0.60	0.8	8.0	85	100	900	30
18～(女)	15	20					6.1	7.5											
50～(男)	9	12	42	85	120	600	10.4	12.5	40	50	60	400	0.60	0.8	8.0	85	100	900	30
50～(女)							6.1	7.5											
孕妇(1～12周)	15	20	42	160	230	600	7.8	9.5	40	54	65	400	0.7	0.9	8.0	92	110	900	31
孕妇(13～27周)	19	24	42																34
孕妇(≥28周)	22	29	42																36
哺乳期妇女	18	24	42	170	240	600	9.9	12	40	65	78	400	1.1	1.4	8.0	88	103	900	37

注:"—"表示未制定;"a"表示 AI 值。

附录 7 中国居民膳食脂溶性维生素参考摄入量

年龄(岁)/生理状况	维生素 A/(μg RAE/d)					维生素 D/(μg/d)			维生素 E/(mg α-TE/d)		维生素 K/(μg/d)
	EAR		RNI		UL	EAR	RNI	UL	AI	UL	AI
	男	女	男	女							
0～	—		300[a]		600	—	10[a]	20	3	—	2
0.5～	—		350[a]		600	—	10[a]	20	4	—	10
1～	220		310		700	8	10	20	6	150	30
4～	260		360		900	8	10	30	7	200	40
7～	360		500		1500	8	10	45	9	350	50
11～	480	450	670	630	2100	8	10	50	13	500	70
14～	590	450	820	630	2700	8	10	50	14	600	75
18～	560	480	800	700	3000	8	10	50	14	700	80
50～	560	480	800	700	3000	8	10	50	14	700	80
65～	560	480	800	700	3000	8	15	50	14	700	80
80～	560	480	800	700	3000	8	15	50	14	700	80
孕妇(1～12 周)		480		700	3000	8	10	50	14	700	80
孕妇(13～27 周)		530		770	3000	8	10	50	14	700	80
孕妇(≥28 周)		530		770	3000	8	10	50	14	700	80
哺乳期妇女		880		1300	3000	8	10	50	17	700	85

注:“—”表示未制定;“a”表示 AI 值。

附录 8 中国居民膳食水溶性维生素参考摄入量

年龄(岁)/生理状况	维生素 B_1					维生素 B_2					维生素 B_6			
	EAR/(mg/d)		AI/(mg/d)	RNI/(mg/d)		EAR/(mg/d)		AI/(mg/d)	RNI/(mg/d)		EAR/(mg/d)	AI/(mg/d)	RNI/(mg/d)	UL/(mg/d)
	男	女		男	女	男	女		男	女				
0～	—	—	0.1	—	—	—	—	0.4	—	—	—	0.2	—	—
0.5～	—	—	0.3	—	—	—	—	0.5	—	—	—	0.4	—	—
1～	0.5	0.5	—	0.6	0.6	0.5	0.5	—	0.6	0.6	0.5	—	0.6	20
4～	0.6	0.6	—	0.8	0.8	0.6	0.6	—	0.7	0.7	0.6	—	0.7	25
7～	0.8	0.8	—	1.0	1.0	0.8	0.8	—	1.0	1.0	0.8	—	1.0	35
11～	1.1	1.0	—	1.3	1.1	1.1	0.9	—	1.3	1.1	1.1	—	1.3	45
14～	1.3	1.1	—	1.6	1.3	1.3	1.0	—	1.5	1.2	1.2	—	1.4	55
18～	1.2	1.0	—	1.4	1.2	1.2	1.0	—	1.4	1.2	1.2	—	1.4	60
50～	1.2	1.0	—	1.4	1.2	1.2	1.0	—	1.4	1.2	1.3	—	1.6	60
65～	1.2	1.0	—	1.4	1.2	1.2	1.0	—	1.4	1.2	1.3	—	1.6	60
80～	1.2	1.0	—	1.4	1.2	1.2	1.0	—	1.4	1.2	1.3	—	1.6	60
孕妇(1～12 周)		1.0	—		1.2		1.0	—		1.2	1.9	—	2.2	60
孕妇(13～27 周)		1.1	—		1.4		1.1	—		1.4	1.9	—	2.2	60
孕妇(≥28 周)		1.2	—		1.5		1.2	—		1.5	1.9	—	2.2	60
哺乳期妇女		1.2	—		1.5		1.2	—		1.5	1.4	—	1.7	60

续表

年龄(岁)/生理状况	维生素 B_{12}			维生素 B_5	维生素 B_9				维生素 B_3						烟酰胺
	EAR/(μg/d)	AI/(μg/d)	RNI/(μg/d)	AI/(mg/d)	EAR/(μg DFE/d)	AI/(μg DFE/d)	RNI/(μg DFE/d)	UI/(μg/d)	EAR/(mg NE/d)		AI/(mg NE/d)	RNI/(mg NE/d)		UL/(mg NE/d)	UL/(mg/d)
									男	女		男	女		
0～	—	0.3	—	1.7	—	65	—	—	—	—	2	—	—	—	—
0.5～	—	0.6	—	1.9	—	100	—	—	—	—	3	—	—	—	—
1～	0.8	—	1.0	2.1	130	—	160	300	5	5	—	6	6	10	100
4～	1.0	—	1.2	2.5	150	—	190	400	7	6	—	8	8	15	130
7～	1.3	—	1.6	3.5	210	—	250	600	9	8	—	11	10	20	180
11～	1.8	—	2.1	4.5	290	—	350	800	11	10	—	14	12	25	240
14～	2.0	—	2.4	5.0	320	—	400	900	14	11	—	16	13	30	280
18～	2.0	—	2.4	5.0	320	—	400	1000	12	10	—	15	12	35	310
50～	2.0	—	2.4	5.0	320	—	400	1000	12	10	—	14	12	35	310
65～	2.0	—	2.4	5.0	320	—	400	1000	11	9	—	14	11	35	300
80～	2.0	—	2.4	5.0	320	—	400	1000	11	8	—	13	10	30	280
孕妇(1～12周)	2.4	—	2.9	6.0	520	—	600	1000		10	—		12	35	310
孕妇(13～27周)	2.4	—	2.9	6.0	520	—	600	1000		10	—		12	35	310
孕妇(≥28周)	2.4	—	2.9	6.0	520	—	600	1000		10	—		12	35	310
哺乳期妇女	2.6	—	3.2	7.0	450	—	550	1000		12	—		15	35	310

注:“—”表示未制定;有些维生素未制定 UL,主要原因是研究资料不充分,并不表示过量摄入没有健康风险。

参考文献

[1]李凤林,张忠,李凤玉.食品营养学[M].北京:化学工业出版社,2009.

[2]张爱珍.临床营养学[M].3版.北京:人民卫生出版社,2016.

[3]石瑞.食品营养学[M].北京:化学工业出版社,2012.

[4]胡升灏.科学搭配——提高膳食蛋白质的生物价[J].烹调知识,2006(5):35－36.

[5]张燕婉.关于食品中必需氨基酸的营养评价[J].氨基酸杂志,1988(1):28－33.

[6]中华人民共和国国家卫生和计划生育委员会.中国居民膳食营养素参考摄入量:第1部分　宏量营养素:WS/T 578.1—2017[S].北京:中国标准出版社,2017.

[7]中华人民共和国国家卫生和计划生育委员会.中国居民膳食营养素参考摄入量:第2部分　常量元素:WS/T 578.2—2018[S].北京:中国标准出版社,2017.

[8]中华人民共和国国家卫生和计划生育委员会.中国居民膳食营养素参考摄入量:第3部分　微量元素:WS/T 578.3—2017[S].北京:中国标准出版社,2017.

[9]中华人民共和国国家卫生和计划生育委员会.中国居民膳食营养素参考摄入量:第4部分　脂溶性维生素:WS/T 578.4—2018[S].北京:中国标准出版社,2017.

[10]中华人民共和国国家卫生和计划生育委员会.中国居民膳食营养素参考摄入量:第5部分　水溶性维生素:WS/T 578.5—2018[S].北京:中国标准出版社,2017.

[11]孙远明.食品营养学[M].北京:科学出版社,2006.

[12]WHITNEY E, CATALDO C, ROLFES S. Understanding normal and clinical nutrition[M]. 6th ed. New York: West Publishing Company,2002.

[13]邓泽元.食品营养学[M].4版.北京:中国农业大学出版社,2016.

[14] HUANG T, WAHLQVIST M L, LI D. Docosahexaenoic acid decreases plasma homocysteine via regulating enzyme activity and mRNA expression involved in methionine metabolism[J]. Nutrition, 2010, 26: 112－119.

[15]国务院办公厅. 国务院办公厅关于印发中国食物与营养发展纲要(2014—2020年)的通知:国办发[2014]3号[A/OL]. (2014—01—28)[2020—05—25]. http://www.gov.cn/zwgk/2014—02/10/content_2581766.htm.

[16]琚腊红,于冬梅,许晓丽,等. 2010—2012年中国居民蛋类食物摄入状况及其变化趋势[J]. 卫生研究,2018,47(1):18—21.

[17]许世卫. 中国2020年食物与营养发展目标战略分析[J]. 中国食物与营养,2011,17(9):5—13.

[18]赵丽云,刘素,于冬梅,等. 我国居民膳食营养状况与《中国食物与营养发展纲要(2014—2020年)》相关目标的比较分析[J]. 中国食物与营养,2015,21(8):5—7.

[19]包蕾萍. 中国计划生育政策50年评估及未来方向[J]. 社会科学,2009,(6):67—77.

[20]BUFTON M W. Yesterday's science and policy: diet and disease revisited[J]. Epidemiology(Cambridge,Mass.),2000,11(4):474—476.

[21]MAHAN L K, ARLIN M. Krause's food, nutrition, and diet therapy[M]. 8th ed. Philadelphia: W. B. Saunders Co.,1992.

[22]罗新也,李麟波,冉淼,等. 五谷杂粮粥的研制[J]. 食品与发酵科技,2015,51(4):100—103.

[23]常素英,何武,贾凤梅,等. 中国儿童营养状况15年变化分析——5岁以下儿童贫血状况[J]. 卫生研究,2007,36(02):210—212.

[24]仲山民,黄丽. 食品营养学[M]. 武汉:华中科技大学出版社,2016.

[25]葛可佑. 公共营养师(基础知识)[M]. 2版. 北京:中国劳动社会保障出版社,2012.

[26]黄承钰,吕晓华. 特殊人群营养[M]. 北京:人民卫生出版社,2009.

[27]张立实,吕晓华. 基础营养学[M]. 北京:科学出版社,2018.

[28]葛可佑. 中国营养师培训教材[M]. 北京:人民卫生出版社,2013.

[29]中国营养学会. 中国居民膳食营养素参考摄入量(2013版)[M]. 北京:科学出版社,2014.

[30]张迅捷,赵琼. 营养配餐设计与实践[M]. 北京:中国医药科技出版社,2010.

[31]中国营养学会. 中国居民膳食指南2016[M]. 北京:人民卫生出版社,2016.

[32]彭景. 烹饪营养学[M]. 北京:中国轻工业出版社,2007.

[33]李勇. 营养与食品卫生学[M]. 北京:北京大学医学出版社,2005.

[34]马涛，肖志刚. 谷物加工工艺学[M]. 北京：科学出版社，2009.

[35]刘志皋. 食品营养学[M]. 二版. 北京：中国轻工业出版社，2008.

[36]迟殿忠. 关于食物蛋白质互补原理的应用及其计算方法的探讨[J]. 食品科学，1987，8(6)：16－19.

[37]杨月欣，王光亚，潘兴昌. 中国食物成分表 2002[M]. 北京：北京大学医学出版社，2002.

[38]陈学存. 应用营养学[M]. 北京：人民卫生出版社，1984.

[39]中国生理学会营养学会. 营养学基础与临床实践[M]. 北京：北京科学技术出版社，1986.

[40]吴德才，庄汉忠，郑仙梅. 实用营养手册[M]. 天津：天津科学技术出版社，1991.

[41]中国营养学会. 中国居民膳食营养素参考摄入量[M]. 北京：中国轻工出版社，2000.

[42]王银瑞. 食品营养学[M]. 西安：陕西科学技术出版社，1993.

[42]时昌龄，安平，郭海英，20～69 周岁年龄人群体脂分布情况的研究[J]. 浙江体育科学，2010，32(2)：109－111，116.